湿陷性黄土工程建设技术

周 恒 狄圣杰 张 莹 著

中国建筑工业出版社

图书在版编目（CIP）数据

湿陷性黄土工程建设技术 / 周恒，狄圣杰，张莹著
. — 北京：中国建筑工业出版社，2024.3
ISBN 978-7-112-29559-3

Ⅰ. ①湿… Ⅱ. ①周… ②狄… ③张… Ⅲ. ①湿陷性黄土 - 黄土区 - 工程施工 - 研究 Ⅳ. ①TU7

中国国家版本馆 CIP 数据核字（2023）第 253112 号

责任编辑：刘瑞霞　李静伟
责任校对：姜小莲

湿陷性黄土工程建设技术
周　恒　狄圣杰　张　莹　著
*
中国建筑工业出版社出版、发行（北京海淀三里河路 9 号）
各地新华书店、建筑书店经销
国排高科（北京）信息技术有限公司制版
建工社（河北）印刷有限公司印刷
*
开本：787 毫米 × 1092 毫米　1/16　印张：20　字数：431 千字
2024 年 2 月第一版　2024 年 2 月第一次印刷
定价：**85.00** 元
ISBN 978-7-112-29559-3
（42099）

FOREWORD 前　言

黄土具有大孔隙、欠压密、水敏性强的特点，黄土区在工业、交通、建筑、农业、水利等工程建设中产生诸多问题。季节性的冻融作用严重影响着黄土的力学性质。在旱区寒区黄土工程建设中，土体中水的迁移使其水力与力学行为发生变化，进而显著影响其变形和稳定性，可能诱发工程灾害。“一带一路”沿线国家与地区的基础工程建设的迅猛发展，黄土湿陷、水气迁移及冻融特性等基础研究的程度影响工程建设，填沟造地、西气东输、高速公路铁路等基础设施及生态环境保护等相关工程对黄土力学提出了更高的要求。

本书将湿陷性黄土地区建设中的相关理论、经验和实践总结提升为“湿陷性黄土工程建设技术”，形成湿陷性的分析理论、评价方法、分析平台及应对措施，提出了湿陷性黄土增湿变形系列试验仪器、黄土增湿加载变形演化机理、复杂环境下黄土抗湿陷措施及地基绿色设计施工创新技术等系统性成果，本书研究成果解决了湿陷性黄土地区工程设计建设过程中的增湿试验方法与技术、湿载特性和机理、湿陷灾害控制关键技术等工程难题，推动工程勘察、分析、设计、施工技术的发展，具有很强的工程实践价值和学术意义。本书内容作为湿陷性黄土地区工程建设的集成技术，除市政工程、轨道交通及建筑工程应用外，还可推广应用至水利工程、新能源建设、大型机场建设、电力工程建设、公路交通建设、高铁建设等涉及湿陷性黄土所有地基、基础工程建设中，为湿陷性黄土地区的工程设计、施工和运行管理提供重要参考。

本书由中国电建集团西北勘测设计研究院有限公司周恒、狄圣杰、张莹担任主编，西安理工大学刘奉银、王丽琴、姚晓亮、王丽萍，西北大学谢婉丽等参与编写。各章节主要编写人员及分工如下：第1章由周恒编写；第2、3章由狄圣杰、谢婉丽、穆青翼、胡向阳编写；第4、5章由刘奉银、蒲诚、姚晓亮、张莹编写；第6、7章由张莹、黄鹏、刘静、姬阳编写；第8、9章由王丽琴、张莹、王丽萍编写；第10、11章由狄圣杰、王丽萍、徐高、严耿升编写；第12章由周恒、狄圣杰编写。全书由周恒、狄圣杰、张莹统稿。

CONTENTS 目录

第 1 章 概　述

1.1 目的和意义

在我国，黄土的分布面积约占国土面积的 6.6%，覆盖在西北、华北以及东北松辽平原等地，西起新疆伊犁，东至山东胶东，北起吉林、内蒙古，南至云南、西藏。被称为黄土高原的黄河中游地区是我国黄土分布最典型的地区。一般来说，原状黄土孔隙比大、含水率低、水敏性强，因此其具有易发生湿陷的特殊性质，对黄土地区工程建设影响很大，常使黄土区工业、交通、建筑、农业、水利等工程建设中产生诸多问题。另外，黄土主要分布在我国的北方地区，季节性的冻融作用也严重影响着黄土的力学性质。在旱区寒区黄土工程建设中，土体中水的迁移不可避免，使其水力与力学行为发生变化，进而显著影响其变形和稳定性，可能诱发工程灾害。以陕西省境内的公路工程为例，据不完全统计，气候变化致使路基的黄土覆盖层水分分布和应力传递特征剧变，诱发数千处不均匀沉降，从而产生路基、路面维修与维护的额外经济投入已逾数亿元。因此，持水特性及其水气运动特征影响着湿陷性黄土力学性质。“一带一路”沿线国家与地区的基础工程建设的迅猛发展与一系列基础设施、生态环境保护工程等相关工程对黄土力学提出了更高的要求。因此，研究黄土在荷载和浸水及温度变化条件下，即力-水-热作用下湿陷性黄土的力学特性，对黄土力学的发展具有重要的理论意义，对黄土地区的工程建设具有重要意义。

我国城市市政工程领域的市政设施是指包括政府、法人或公民出资建造的各种建筑物、构筑物、设备等，主要包括城市道路、市政轨道交通、排水排污管道、供水、热、气的管网、地下调蓄库等（图 1.1-1）。近年来，我国市政设施建设注重资源节约、绿色和谐的理念，第十二届全国人民代表大会第五次会议的政府工作报告中明确提出：统筹城乡地上地下建设、再开工建设城市地下综合管廊 2000 公里以上，启动消除城区重点易涝区段三年行动，推进“海绵城市”建设，使城市既有“面子”、更有“里子”。在新形势下，大型市政工程包括城市综合管廊和地下调蓄库等将成为市政设施建设和发展的重要方向。

我国西北地区黄土分布广泛，且普遍具有较强的湿陷性。黄土主要由骨架颗粒、孔隙和胶结物三部分组成，其中胶结物质主要是黏土矿物、碳酸钙、水溶盐等。黄土被水浸湿后，水分子楔入颗粒间破坏原有连接并造成盐类溶解，土结构迅速破坏，土体抗剪强度降低，在自重或上部荷载的作用下发生显著下沉，这就是黄土的湿陷性。在湿陷性黄土地区修建市政工程设施不可避免地会面临地基浸水湿陷的问题。市政工程相较于其他土木工程，集中荷载较小，但大部分属于线性工程，故其对地基强度要求不高，而对沉降尤其是不均匀沉降的控制要求较高。因此，对于西北黄土地区的市政设施建设，尤其是对于地下综合管廊和地下调蓄库这类可能会出现漏水渗水情况的市政设施，解决因黄土地基湿陷变形导致的构筑物破坏问题是工程建设的关键。

(a) 城市地下管廊概念图

(b) 城市综合管廊示意图

图 1.1-1　大型市政工程示意图

目前，黄土地基湿陷导致上部结构变形的应对措施主要从地基处理方面入手，常见的处理方法有强夯、换填、灰土挤密桩等。已有众多研究成果证明了上述方法对隧道、路堤和构筑物等市政设施下的湿陷性黄土地基具有良好的处理效果，但尚未有针对地下综合管廊和调蓄库这类新兴市政设施的湿陷性黄土地基处理技术的研究。除了地基处理，加强结构自身的抗湿陷性能也是解决黄土地基湿陷病害的有效方法，但目前从市政设施结构自身角度出发的地基湿陷性应对技术较为缺乏。

本书以城市大型基础设施如综合管廊和地下调蓄库为研究对象，针对湿陷性黄土地区浸水导致的地基变形，从而诱发市政工程结构局部显著变形的问题，开展模型试验和数值模拟研究，得出其结构抗湿陷措施和地基处理新方法，提出市政设施黄土地基湿陷性应对技术，研究成果可为湿陷性黄土地区大型地下结构城市地下综合管廊、地下调蓄库等市政设施建设提供理论和技术支持。

湿陷性一直以来是影响黄土地区岩土工程稳定性的重要影响因素。随着近年来黄土地区深大基坑开挖工程以及地下结构工程的密集开展，由湿陷性所造成的工程问题日益突出。考虑到黄土湿陷性所造成的工程危害，已有大量工作针对黄土地区深大基坑开挖过程中的基坑失稳和支护技术等方面开展了系统研究。就目前来看，现有的工作大多针对既定工程地质条件下（含水率、密度和工程参数等）基坑开挖过程中的受力变形过程以及破坏形式。在此基础上分析研究不同支护形式下的基坑稳定性，并提出相应支护方案和设计参数。在实际施工过程中，由于地表降水或气温的季节性变化，基坑开挖过程中裸露在外的土体往往会经历完整的增湿或者冻融过程。在这些过程中，土体力学性质会随着增湿或冻融过程发生时间和空间上的变化。显然，使用传统的基坑开挖和支护技术评价方法无法准确评价增湿和冻融过程影响下的基坑边坡稳定性和相应支护方案的适用性。因此，进一步开展湿陷性黄土地区增湿和冻融过程中复杂城市环境下大型基坑开挖变形、稳定性分析及支护技术研究具有重要现实意义。

在地下结构受力分析及其与地基土相互作用方面，目前的研究大多集中于非湿陷性土体，在此基础上基于传统结构分析方法进行地下结构构件受力分析。湿陷性黄土在增湿过程中由于其原有结构强度的降低，致使其力学性质在时间和空间上发生显著变化。相应的，土体在增湿过程中地下结构（如地下调蓄库）与土的相互作用有别于非湿陷性土体。机械套用非湿陷性土的相关研究结论以及施工规范往往会出现较大的偏差。因此充分考虑土体增湿过程中地下调蓄库结构-土间的相互作用形成地基-结构空间计算一体化受力分析方法，是开展湿陷性黄土地区地下调蓄库结构受力分析及优化设计研究所面临的问题和挑战。

我国黄土的分布面积约 $6.4 \times 10^5 km^2$，其中黄土高原地区连续覆盖的黄土面积达 $2.7 \times 10^5 km^2$，主要分布在西北部地区，涉及山西、陕西、甘肃、河南、宁夏、内蒙古等省份，这些地区交通路网相对稀疏，是目前及未来很长一段时间内国家政策支持的重点发展区域。依据《中长期铁路网规划（2008 年调整）》的要求，黄土地区已先后建成“四纵四横”客运专线骨架网中的一横—徐兰高铁（包括郑西、西宝、宝兰客运专线），以及依据最新版《中长期铁路网规划（2016）》，在我国西北部片区还将有大量的铁路项目开工建设，如新“八纵八横”高速铁路通道中的呼南通道、京昆通道、包（银）海通道、兰（西）广通道、京兰通道、青银通道；普速铁路中的太原—中卫线、兰州—重庆线、太原—侯马—西安线等。随着城市化进程的加剧，西北部地区的省会城市，如西安、太原、兰州等城市核心区的用地矛盾也愈发突出，而向地下拓展空间是经实践证实的、行之有效的方法。以西安为例，依据 2018 年 7 月西安地铁发布的关中城市群都市区城市轨道交通线网规划第二次环评公示，西安未来将有 23 条轨道交通线路，覆盖关中城市群，规划总长度为 986km，截至 2019 年 12 月建成运营的线路仅有 5 条，里程长度共计 161.36km，可见在未来相当长的一段时期内地铁建设将是城市建设的重点。此外，为了打造更为环保高效的城市有机体，地下综合体、地下管廊和地下调蓄库等设施的建设也在不断推进中。

我国黄土均形成于地质年代的第四纪时期，按具体世代可划分为新近堆积黄土（全新世 Q_4）、马兰黄土（晚更新世 Q_3）、离石黄土（中更新世 Q_2）和午城黄土（早更新世 Q_1），前两种统称为新黄土，具有湿陷性，又称作湿陷性黄土；后两种统称为老黄土，一般不具备湿陷性。新老黄土常具有不同方向的原生与构造节理，特别是垂直节理发育，并具有一定的延续性，多孔性、疏松、松散结构，密度低；不抗水的粒间结构使黄土遇水易崩解、剥落，除具有湿陷性外，还易产生潜蚀。

黄土特殊工程性质给黄土高原地区诸多的工程建设带来极大挑战，其中的关键问题之一为如何构建稳定的黄土地基，使其具有相应设计要求的力学性能、耐久性能及变形性能。既有研究和工程实践证明：黄土地基改性处理可有效解决建筑地基的变形及沉降问题，提高建筑地基的稳定性。黄土地基加固方法众多，使用改性材料（固化剂）加固黄土由于具有因地制宜、就地取材和施工简单等特点而得以广泛使用。但传统改性材料，如石灰、水泥、水玻璃等，在长期的使用过程中逐渐显现出许多问题，已满足不了工程建设发展需要。如石灰改性黄土的强度相对较低，且耐水性较差；水泥改性黄土的强度高、耐水性好，但其收缩性大，容易开裂，且会对环境造成一定的影响。因此，基于可持续发展理念的改性湿陷性黄土功能化利用研究对广大黄土地区的工程建设意义重大。

1.2 湿陷性黄土工程建设现状

1.2.1 黄土的结构性研究现状

黄土的物理特性一般从黄土的粒度、湿度、密度与结构（构度）四个方面来讨论。结构性是黄土物质结构特性的具体表现，是决定黄土力学性质的依据，因为它不仅是黄土水敏性的重要依据，又是土力学研究中既非常重要、又研究较少的问题。结构性的变化与应力的变化、土的扰动和土的增湿等都有密切关系，近些年来，黄土结构性的研究由以往的某种描述结构性大小的参数发展到通过土力学的基本试验来寻找一个可以综合描述土结构性的指标。这类综合性的土结构性指标不仅可以作为土结构性的基本参数，还弥补了土力学中长期以来在反映土物理性质上的缺陷，同时可以被引入到研究土变形强度的本构关系中去。同时确定综合结构势参数可以采用最简单的压缩试验和直剪试验，也可以采用较复杂的三轴试验或真三轴试验。在简单试验的成果与复杂试验的成果之间找到实质的联系，可以为问题的解决找到一条更加快捷的途径。

1.2.2 土的湿载变形研究现状

黄土一旦浸水其强度就会显著降低，压缩性增大，还可能产生湿陷。浸水饱和导致的湿陷变形和含水率增大导致的增湿湿陷变形可统称为湿陷变形，是广义上的湿陷变形。湿陷变形与压缩变形的增大都是在湿载条件下产生的，统一把它们叫作湿载变形。

湿陷变形的外因是水和荷载，内因就是其架空的接触式联结结构，外因主要通过内因起作用。因此，湿载变形与结构性的关系不言而喻。黄土结构性是造成其湿陷性的重要原因，结构性越大，湿陷系数相应也越大；黄土的结构屈服压力与其结构强度呈线性关系；非饱和原状黄土压缩曲线产生转折的原因是其结构性较强所致，土的压缩曲线可以用饱和黄土的压缩曲线来描述；准先期固结压力、压缩段斜率均随着结构性增大而线性增大；黄土结构强度随初始含水率的增大呈降低趋势；黄土湿陷前后土体的微结构发生了明显变化。

以上研究表明：在湿载作用下黄土表现出来的特殊变形性质取决于其结构性，湿载变形的发展与结构性的变化是相对应的，结构性参数的变化能很好地反映这一过程，但其仅限于定性的说明。

1.2.3 黄土的水敏性研究现状

黄土遇水后崩解、湿陷、溶蚀，在荷载作用下继而产生流变、液化、滑动等变形破坏现象，这些现象都可以归属“黄土水敏性”的宏观外部表现。目前尚未发现将这些宏观现象统一起来，采用“黄土水敏性”概念来表征的研究报道。国内外与黄土水敏性相关的研究成果主要集中在黄土湿陷、崩解、流变、液化等某个单一的现象及其物理、化学、力学机理上，研究切入点归纳起来主要包括黄土物理微结构、水岩物理化学作用和宏观力学特性三方面。

在黄土水敏性相关的微观结构研究方面，国外学者 Šajgalik 采用扫描电镜研究了斯洛伐克黄土结构特征，并从微观角度对黄土崩解机理进行了解释，认为黄土崩解受各种内外因素决定，而水是最重要的因素之一。Derbyshire 等研究了不同含水率的黄土高原马兰黄土的强度参数，并指出孔隙大小、孔径、颗粒形态等微结构特征是黄土水敏性发挥效应的内在原因，说明水敏性研究中必须重视黄土微结构的协同作用。我国学者先后系统研究了我国各地区黄土的微结构特征，确定了黄土高原地区黄土的微结构模型，并用来解释黄土湿陷性。

在黄土水敏性相关的宏观力学特性研究方面，国外学者系统研究了不同层位黄土强度和稳定性随着含水率的变化规律。谢定义将黄土水敏性的宏观力学特性研究概括为黄土强度和黄土湿陷性研究两大块，且呈现出了由浸水湿陷量到湿陷敏感性，由狭义的浸水饱和湿陷到广义的浸水增湿湿陷，由单调的增湿变形到增湿减湿、间歇性湿陷变形，由增（减）湿路径到增（减）湿路径与加（卸）荷路径的耦合，由湿陷性到湿剪性以及由宏观特性分析到宏、微观结合的力学特性分析等诸多方面的发展趋势。

1.2.4 黄土持水及水气迁移特性研究现状

湿陷性黄土持水特性及其水气运动特征显著影响黄土的力学特性。持水特性可用持水曲线（亦称土水特征曲线）描述，表示基质吸力ψ与湿度（体积含水率θ_w、重量含水率w或饱和度S_r）的关系。土壤学和岩土工程领域从土样的持水试验结果出发，利用试验分析和理论推导等手段较为系统地研究了持水曲线模型，主要有经验模型、考虑应力和孔隙比的模型、低含水率范围的模型、理论模型、基于颗粒级配曲线的预测模型。非饱和渗透特性可用非饱和渗透系数函数（基质吸力或湿度与非饱和渗透系数k_w的关系）描述。土壤学和岩土工程领域从土样的非饱和渗透试验结果出发，利用试验分析和理论推导等手段较为系统地研究了渗透函数，主要有宏观模型、分形模型、电导率模型、模拟低含水率范围内薄膜流动的模型。

要认识水、气运移机理，不仅要确定土样的持水曲线，而且还需确定渗气系数与土中气相含量的关系，已有试验表明这两者之间的关系呈非线性趋势。在描述这种关系时，常常将渗气系数与其在土样完全干燥时的最大值作比值，用这种处理方法得到的数学关系称为相对渗气系数函数。相对渗气系数函数的描述原理与非饱和渗透系数函数类似：Tuli 等、Yang 等以及 Kuang 等分别采用 Kosugi 模型和 van Genuchten 模型描述持水曲线，而后均利用 Mualmen 模型提出了非饱和渗透系数函数和相对渗气系数函数的描述方法（仅在幂指数取值上有所不同）。

上述持水曲线模型及非饱和渗透系数函数研究虽已取得了很多有价值的研究成果，却不同程度地引入了未知经验参数，而估算这些参数时可能存在显著的不确定性，影响对持水及水气两相渗透试验结果预测的可靠度。值得注意的是：Arya 模型虽以土样的颗粒级配曲线和孔隙比为基础，仅含有两个未知经验参数，但 Arya 等在评价传统 Arya 模型对不同种土持水曲线的预测效果时发现：当该模型的两个经验参数取值偏差在 10%范围内变化时，对持水曲线的预测误差将在 50%～280%范围大幅波动。不仅如此，由于土孔隙特征复杂，因而在水气两相渗透系数的预测过程中若未考虑对水、气流动过程的模拟而仅通过引入经验参数以实现对实测数据的预测，则可能会削弱预测函数的适用性，由此可见，若从能够反映土结构特征的物理力学性质（如颗粒级配曲线、土粒密度、干密度及饱和渗透系数）出发，描述土孔隙内水气两相的流动特征的预测方法可能适用性更强。

1.2.5 黄土冻融循环力学特性研究现状

工程实践中，有不少压实黄土地基、路基在运行较长时间后出现二次（或多次）湿陷病害。由此可见，黄土地基处理后，湿陷性是否完全消除及环境温度的变化是否造成黄土冻融循环后力学性质的劣化是值得探讨的问题。冻融作为一种风化作用，强烈地改变着土的物理力学特性。已有大量研究表明，在冻融作用下由于土体中水分迁移以及冰水相变造成的土体结构改变，其液塑性指数、土颗粒级配、渗透系数、孔隙比和干密度均会产生相应变化。在物理性质变化的同时，土的力学性质也发生相应改变。经历了冻融作用后，土的压缩模量、剪切强度参数（黏聚力和内摩擦角）以及表征土体受力历史的前期固结压力均会改变，这些均来源于冻融作用对土体结构的影响。已有的研究中试验条件以及研究土样种类的不同，所得到的冻融作用对各物理力学参数的影响规律也不尽相同，根据以往的研究结果难以得到统一的结论。基于此现状，需对不同初始条件土体开展系统的冻融作用前后物理力学性质的试验研究，以期完整揭示冻融作用对不同初始状态土体物理力学性质的影响规律。

土体各项物理力学指标在冻融作用前后均会发生显著改变，在工程应用方面使用诸多变化的物理指标进行构筑物基础稳定性评价时，往往存在无法确定某个物理指标对构筑物基础变形稳定性的显著影响而产生较大预测误差的情况。例如，季节冻土区新修路基的冻融沉降以及人工冻结法施工中产生的冻结壁的过大冻融变形。因此需要开展物理力学指标对构筑物基础土体变形沉降影响的显著性分析，得到冻融作用相关的显著性影响指标。

1.2.6 黄土勘察评价技术研究现状

关于黄土的湿陷性勘察评价问题，国内外研究人员进行了大量的研究工作，积累了丰富的研究成果。崔自治等针对黄土自重湿陷量计算值与实测值不一致的问题，进行了黄土自重湿陷性评价的理论与试验研究，通过深入分析室内及现场浸水试验条件，提出了黄土自重湿陷性室内评价的改进理论。邵生俊等依据大量的现场试坑浸水试验和室内湿陷性试验结果，区分不同黄土地区，分析了场地浸水自重湿陷变形实测值与计算值之间的关系，确定了陇西地区、陇东—陕北—晋西地区、关中地区和其他地区自重湿陷变形计算值的修正系数。另外，现有黄土湿陷性的勘察都是在一般条件下进行的，对于非饱和黄土中由于水气迁移及冻融循环造成的湿陷性的改变还未见报道。

综上分析可见，近年来，虽然在黄土的结构性、浸水饱和及增湿湿陷、黄土水敏性、持水及水气迁移特性及冻融循环力学特性等方面已经开展了大量的研究工作，对湿陷性黄土勘察评价技术也进行了不少的改进研究，取得了丰硕的研究成果，但是对黄土力-水-热作用下的力学特性的研究仍显不足。随着我国西部经济建设步伐的加快，出现了如填沟造地、西气东输、高速公路铁路等重大基础工程建设项目，急需针对黄土力-水-热作用下的力学特性进行系统研究，为黄土湿陷性的正确勘察及黄土地区各类重大基础工程建设的地基处理提供理论依据。

目前，对于隧道、路堤、桥梁等市政设施黄土地基湿陷应对措施的研究较多，而对于大型市政设施如城市综合管廊、地下调蓄库的地基湿陷应对技术研究尚处于起步阶段。以下从市政结构抗湿陷措施和湿陷性地基处理两方面，对市政设施黄土地基湿陷性应对技术的研究工作进行介绍。

1.2.7 市政结构抗湿陷措施

黄土地区大型市政结构的建设部分是基于国内海绵城市构建而兴起的。国外关于海绵城市的研究起源于20世纪末的英、美、澳等国，而国内对海绵城市的研究和实践刚起步且应用范围存在一定的局限性，尚未形成一个完整体系。海绵城市作为一种新的城市发展模式，是指通过加强城市规划建设管理，充分发挥建筑、道路和绿地、水系等生态系统对雨水的吸纳、蓄渗和缓释作用，有效控制雨水径流，实现自然积存、自然渗透、自然净化的城市发展方式，遵循“渗、滞、蓄、净、用、排”的六字方针，将雨水进行渗透、滞留、积蓄、净化、循环使用，并与排水密切结合。我国黄土主要分布在陕西、甘肃等地，分布面积约为64万km^2，其中60%的黄土都具有不同程度的湿陷性，湿陷性黄土的特征是在上覆压力和浸水的共同作用下，土体结构破坏，产生除压缩变形以外的附加沉降变形，且湿陷具有突然、强烈和不可逆的固有特性。因此，随着黄土地区经济建设的发展，黄土的湿陷评价是工程建设中首先要解决的问题，它决定着地基处理方案的合理选择和设计，严重影响着工程投资与进度。

黄土地基发生湿陷变形后，地下结构的受力状态发生改变，以城市地下综合管廊为例，学者们开展了一些现场试验、室内试验等。王恒栋等采用综合管廊足尺试验对预制综合管廊整体及带有纵横两个方向的接头进行了受力分析，提出了预制拼装综合管廊接头的破坏机制及计算模型，但是综合管廊断面及接头样式多变，试验结果的适用性受到一定限制。田子玄针对预制混凝土管廊的钢筋连接方式、管廊节点形式进行双舱管廊足尺试验研究和分析。王灵仙等针对郑州市某地下综合管廊实际工程，采用有限元软件 ABAQUS 对所设计的综合管廊主体结构整体及相关构件进行受力性能分析。王述红等对预制矩形箱涵受力性能模拟及其潜在的破坏模式进行了研究。上述分析在一定程度上弥补了综合管廊研究领域的空白，但是关于综合管廊在特殊土特别是湿陷性黄土地区的不均匀沉降导致的受力变形、管廊优化及相对应的配套施工技术研究还存在较大缺陷。

地基不均匀沉降引起的市政工程结构整体受力影响方面，魏纲等通过国内外 19 座沉管隧道的沉降实测数据，分析施工期间沉降、工后沉降、总沉降以及施工期间沉降和总沉降引起的管段首尾沉降差、管段之间接头处沉降差的变化规律表明施工期间沉降是沉管隧道总沉降的主要原因。周舟等基于文克尔地基，建立了港珠澳沉管隧道荷载-结构法三维有限元模型，采用“初始应力法”对预应力锚索进行了模拟。考虑地基不均匀变化，分析了施加预应力锚索对沉管隧道节段总体沉降、接头变形量、内力等的影响。

地下结构变形缝的设置长度、变形缝宽度等决定了地下结构在纵向上的抗变形能力，关于地下结构变形缝方面的研究，Jan 对混凝土沉管隧道的结构设计进行了详细研究。严松宏等根据沉管隧道地震反应分析的数学模型，建立了南京长江隧道的离散化分析模型，就管段刚性连接、铰接和弹性连接 3 种情况对该隧道接头的动力性能进行了比较计算，分析了地基动弹模、地基抗力系数的变化对管段接头力学性能的影响。刘鹏等依据沉管隧道接头的构造特征，分析了各部件的作用机理，利用端钢壳、GINA 止水带、OMEGA 止水带和剪力键橡胶垫板的应力-变形关系，在接头几何变形协调的基础上，对沉管隧道接头进行受力分析，建立了沉管隧道接头刚度计算模型。

不同防水方式以及防水材料的耐久性是决定湿陷性黄土地基是否发生湿陷变形的又一主要因素，管敏鑫阐述了对沉管隧道接头防水和管段本体防水应各自具有双重防水性能的有关技术以及外防水结构形式的一些看法，并对 GINA 外止水带的几种不同形式提出了个人观点；陆明针对现在及将来广泛应用于公共交通隧道、给排水隧道及污水隧道的沉管隧道施工方法，对沉管隧道管段接头首道防线，也是最重要防线的 GINA 止水带进行试验研究及数值模拟研究。

目前，在湿陷性地基上的大型结构工程计算理论和方法中考虑了增湿，而不是饱和湿陷，对促进黄土地基处理方法的成熟，尤其是研究大厚度湿陷性黄土的处理措施有重要意义。但是，对于湿陷性黄土地区的大型市政结构设施安全控制问题多注重结构防水，忽略了实际工程设计中增湿作用对市政工程地基及工程结构的影响。更应该综合考虑湿陷地基的变形量从而引发的市政结构的变形，形成地基土-结构整体考虑的设计思路。

1.2.8 湿陷性黄土地基处理方法

场地自重湿陷性黄土的主要处理目标是在地基压缩层内采取处理措施，以改善土的物理力学性质，使土的压缩性降低、承载力提高、湿陷性消除。目前，我国湿陷性黄土地区最常用的地基处理方法包括强夯法、换填法、灰土挤密桩复合地基和桩基础等。

强夯法是利用重力机械将重锤起吊一定高度后，突然释放，重锤从高处自由下落对地基产生强大的冲击能，在地基土中产生巨大的应力波来破坏土体原有的大孔隙结构，随后土体重新固结，承载力提高。同时，强夯还提高了土层的均匀程度，减少地基的差异沉降。强夯对黄土湿陷性的消除效果明显，一般可达 8～10m。强夯法的优点是施工简单、效率高、造价低、处理加固效果显著，缺点是振动和噪声较大。市政设施大多修建于人口密集区域，强夯处理产生的振动和噪声会影响周围居民的生活与生产。因此，市政设施湿陷性黄土地基处理方法不宜选用强夯法。

换填法是将基底以下湿陷性土层全部挖除或挖到预计的深度，然后用灰土、二灰土或素土分层夯实回填，形成灰土或素土垫层，垫层厚度一般为 1～3m。换填法可以消除垫层范围内黄土的湿陷性，其施工简易，效果显著，是一种常用的地基浅层湿陷性处理或部分处理的方法，但其对提高地基承载力的作用较小。对于地下综合管廊这种质量较轻的市政设施，换填法是经济绿色的地基处理方法，但对于地下调蓄库这种荷载较大的市政设施，灰土或素土垫层的承载力或将不足。

灰土挤密桩是利用沉管、冲击或爆扩等方法，在土中成孔挤密，然后在孔中分层填入灰土并夯实，在成孔和夯实过程中，原处于桩孔部位的土全部挤入周围土层中，使距桩周一定距离内的天然土得到挤密，从而消除桩间土的湿陷性并提高承载力。灰土桩是一种柔性桩，灰土挤密桩地基上部荷载由桩和桩间土共同承担，挤密后的地基为复合地基，上部荷载通过其往下传递时应力要扩散，而且比天然地基扩散得更快，在加固深度以下，附加应力将大大减少。灰土挤密桩法可处理湿陷性黄土的厚度为 5～15m。灰土挤密桩法的优点是可以显著提高地基承载力，但相较于强夯法和换填法，其施工过程较为复杂且造价高。朱彦鹏等已对灰土挤密桩处理大厚度自重湿陷性黄土地区综合管廊地基开展了浸水试验研究，建议地基处理宽度为管廊每边延伸控制在 2m。除以上常见方法以外，学者们对碎石桩复合地基、刚-柔性桩复合地基、CFG 桩复合地基、建筑垃圾挤密桩复合地基等处理湿陷性黄土地基的方法也开展了探索研究。

综上可见，换填法简便经济，复合地基承载力高，两种方法各有优点，若能提出一种施工简便、绿色经济的复合地基处理方法，将大大提高湿陷性黄土地区市政设施建设的经济效益和安全性。

为解决市政设施黄土地基湿陷性问题，本书结合模型试验和数值模拟，研究湿陷性黄土地区地基变形及破坏模式，揭示黄土湿陷过程中的荷载空间分布及应力释放特征，提出湿陷性黄土地基土工格栅加筋复合地基处理技术；并开展湿陷性黄土地区地基-结构协同变形以及湿陷性黄土加筋地基的变形和承载特性研究，提出黄土地区结构抗湿陷措施，以及湿陷性黄土加筋地基的设计方法。研究成果为湿陷性黄土地区的市政设施建设提供理论和技术支持。

1.2.9 冻融作用下基坑边坡稳定性分析方法及应用技术研究现状

现阶段融土地区基坑边坡稳定性分析方法主要包括极限平衡法和强度折减法，对于受冻融作用影响的基坑，其稳定性还会受到季节冻结层的范围、土体物理力学性质的变化等多种因素的影响。根据摩尔-库仑模型提出考虑内摩擦角和黏聚力随温度变化的拟合函数，进而应用强度折减法分析地表温度变化对冻土边坡稳定性的影响。杜东宁以沈阳某基坑工程为例，在弹性矩阵中引入考虑黏聚力、压缩模量和弹性模量的冻融损伤因子，对冻融循环作用下基坑的变形情况展开研究。李国锋提出热-流-力三场耦合的简化算法，确定不同月份下坡体的冻融深度，并采用摩尔-库仑模型和以应变为变量的相对安全系数对冻融循环作用下的边坡进行稳定性分析。Subramanian 以日本北海道地区的坡体为例，基于非饱和土的修正摩尔-库仑强度准则，采用极限平衡法对坡体进行稳定性分析，并总结了坡角、降雨/雪量、融雪水量等 7 种因素对坡体稳定性的影响。Qin 以新疆某水库为例，创建能描述内摩擦角、黏聚力与滑动面温度之间关系的程序，并通过非饱和土的修正摩尔-库仑强度准则和极限平衡法分析了外界温度变化和冻融循环次数对水库岸坡变形情况和长期稳定性的影响。

现有研究成果为冻融作用下基坑边坡工程的稳定性分析工作提供了重要基础，但仍存在局限性，主要包括：缺少深大基坑的相关研究，冻融作用对基坑稳定性的影响规律尚不明确；基坑稳定性影响因素的相关研究重点围绕温度等环境因素展开，忽略了土体自身不同初始状态等内因的影响；通常采用弹性类或理想弹塑性本构模型进行计算，忽略了土体前期固结压力的显著变化，导致坡体应力应变发展情况和稳定性分析结果不够合理。

1.2.10 增湿作用下调蓄水库土-结构相互作用分析方法及应用技术研究现状

目前的水工建筑设计过程中，对大坝、堤防等有水渗透工程进行渗流场及应力场的分析大多都是分开独立进行的，如：首先进行渗流分析，然后根据渗流分析的结果给予坝体或堤身不同部分以不同的材料参数之后再对其进行应力及稳定性方面的分析。这种方法从本质上来说并未客观、真实地考虑应力场和渗流场之间相互耦合的关系。为解决黄土受增湿作用引发的工程问题，学者们已经提出了一系列数值计算方法。柴军瑞、仵彦卿等认为土体的渗透系数不是常数，而是其孔隙率的函数，并分别给出了砂土及黏土渗透系数与孔隙率之间的关系式假定固体颗粒受力后不发生变形，体积应变完全是由于其中孔隙体积的变化而把匀质土坝坝体及其中的渗流都看成是各向同性的连续介质；推导出了均质土坝渗流场与应力场耦合分析的连续介质数学模型，详细分析和研究了渗流场与应力场相互耦合有限元模型计算过程及其原理，并用该双场耦合有限元理论对匀质土坝进行了求解。张巍等建立用渗透张量模拟非均匀各向异性，用改进丢单元法迭代自由水面等理论基础编制的渗流分析三维有限元计算程序，成功求解复杂渗流场，但该方法并未考虑结构的力学场情况。叶永等借助 Comsol Multiphysics 数值模拟软件，研究混凝土重力坝断面二维渗流与应力场耦合模型，该方法以 Richards 方程及软件内置结构力学模块为数学计算基础，研究耦合-不耦合作用的区别，对黄土区水-力的耦合计算提供理论借鉴。张村等基于矿井采空区建立地下水库并研究其稳定性问题，采用基于 UDEC 和 FLAC 计算根据煤柱坝体中含水率的变化考虑含水率计算煤体强度软化情况。徐轶，徐青为求解复杂渗流场的自由面、饱和-非饱和渗流场中关于多场耦合分析等问题利用 Comsol Multiphysics 软件进行基于 Darcy 定律、Richards 方程及自定义偏微分方程等数值模拟，提出关于自由面求解问题的新思路以及非饱和渗流计算参数的处理技术实现了关于重力坝断面二维渗流场与应力场、温度场三场的耦合分析。更多相关研究，例如在我国湿陷性黄土区城市西安、太原、兰州等，增湿作用对城市地下工程的影响一直存在，如黄土的湿陷变形对地下结构的影响机理、地铁运营期间的环境变化对地下结构的影响、地铁地下结构地基湿陷量计算方法及地基剩余湿陷量允许值等。柳厚祥，李宁等对国内外大量尾矿坝的勘查试验数据资料进行了详细的分类统计与归纳，指出了尾矿坝的渗透系数与应力场、中值粒径及初始渗透系数之间的经验关系式。

现有的关于力学场-水分场耦合的方法基于水坝、矿区采空区存水等工程，考虑非饱和渗流对周围土体增湿影响时并未全面考虑土强度参数，即非饱和土中水对土体黏聚力、内摩擦角存在的影响，在应用于地下结构中时缺乏关于土-结构一体化计算即不仅需要考虑土体的力学状态亦需考虑在土-结构相互作用下关于结构的应力计算，并未实现增湿情况下土-结构相互作用的空间一体化计算。

1.2.11 增湿作用下基坑稳定性分析方法和应用技术研究现状

1）黄土增湿变形特性

现阶段对于黄土增湿变形特性的研究较多，黄土增湿变形在水力耦合的相互作用下产生，其具有两大特点：（1）突变性，即当增湿达到一定湿度时，会有较大的增湿变形突然产生；（2）不可逆性，即增湿变形是一种纯塑性变形，具有不可逆性。而对于原状黄土的增湿变形研究大多是饱水湿陷变形研究，并用湿陷系数来评价湿陷特性以及进行计算（陕西省建筑科学研究设计院，2004）。刘祖典等推导出变形模量和黄土湿陷变形二者的理论关系并进行湿陷变形计算，可以减小用湿陷性系数进行湿陷变形计算时产生的误差。陈正汉等通过三轴等应力比湿陷试验，提出按地基不同分区应力状态计算湿陷性变形。焦五一等通过研究载荷试验变形曲线，提出一套利用弦线模量计算黄土湿陷变形的新方法。邢义川等通过离心模型试验发现与现场试验结果相近，提出基于离心模型试验研究黄土湿陷变形的新方法。邵生俊等提出了一种新的评价黄土湿陷变形的原位砂井渗水饱和黄土试验方法，可以避免室内试验法不准确以及原位大坑浸水试验法的费时费力。Zheng 提出利用扫描电镜获取结构参数用以讨论湿陷性与各微观结构参数的关系，从而进一步评价黄土湿陷性。Gao 对黄土样品进行扫描电镜、压汞法、X 射线等试验研究从微观尺度解释湿陷性黄土地基加固机理。李虎军通过对既有黄土隧道地表进行大面积现场浸水试验，揭示黄土湿陷性变形对隧道结构的影响。Zang 通过对黄土地区地裂缝的形成及扩大机理进行研究，揭示湿陷性黄土湿陷变形特性。

近年来，大家对黄土的基本性质进行了深入研究，也取得了较多的成果，但是对黄土湿陷变形在工程领域的认识仍有不足，因此深入研究黄土的工程特性具有重要意义。

2）基坑稳定性分析方法

随着历史时代的发展，基坑工程已经受到设计、施工等建筑界人员的高度重视。目前，国内外学者均对基坑工程展开了大量研究，其中著名岩土专家太沙基等从大量的工程实践中对基坑内土体以及支护物的内力受基坑开挖方式的影响展开深层次的研究探索，根据对实际基坑工程开挖监测结果分析率先提出能够评价基坑稳定性与计算支护构件承载力的总应力原理，为推动研究基坑稳定性工作，制定国际规范做出了巨大贡献。现如今基坑整体稳定性分析方法多种多样，包括瑞典条分法、简化 Bishop 法、Janbu 法、Spencer 法、极限分析上下限有限元法、强度折减有限元法等。

Griffiths 等研究人员最早提出强度折减有限元分析方法。该方法在结合一般的弹塑性有限元计算原理、强度折减概念与极限平衡原理基础上，通过增大计算过程中的强度折减系数直至计算结果不收敛即表明边坡已经失稳破坏，最终将临界状态的折减因子看作边坡稳定的安全系数。由于强度折减法可以克服极限平衡方法中土体假设为刚体的缺点及通过计算得出滑裂面，并且非常方便地考虑岩土体的非线性本构关系，因此成为研究基坑边坡稳定性分析的热门研究点。

国内外学者研究成果也较多，程雪松等研究基坑坑底隆起稳定性，提出对土体抗剪强度和围护结构抗弯强度的强度折减有限元法，通过大量数值模拟与实际工程案例相结合验证该方法的必要性。李忠超等通过研究软黏土深基坑稳定性，对比传统经验公式法和强度折减有限元法的安全系数计算，发现模拟不排水基坑开挖时，二者计算结果与实际情况较符合。陈福全等研究内撑式基坑开挖的抗隆起稳定性，发现强度折减有限元分析法可以很好地分析基坑极限状态下破坏形式及基底隆起稳定性。赵杰和邵龙潭针对放坡无支护和水泥土搅拌桩土钉支护的基坑边坡，应用两类有限元分析方法对其稳定性进行研究，最终发现两种方法计算出来最终破坏形式是一致的。李永刚采用强度折减法论证一种新的基坑坑底隆起稳定性计算方法,结果表明改进方法具有一定的工程案例实用性及计算方法简便性。Su 等研究软黏土深基坑的基底稳定性，考虑软黏土强度各向异性、非均匀性及墙体深度对基坑的影响，并通过对比实际工程案例验证该方法的适用性。

虽然现阶段对基坑变形研究较为成熟，但是可以看出大多都是针对软土深基坑工程的研究，缺少针对湿陷性黄土深基坑工程的研究。随着西部大开发战略的实施，越来越多的重大项目都面临着湿陷性黄土的问题，因此研究湿陷性黄土基坑开挖具有重要现实意义。

1.2.12 黄土功能化利用研究

1）材料分类

当通过添加改性材料的方法对湿陷性黄土进行改性处理时,按照改性材料的成分不同,可分为以下几类。

（1）无机化合物类

无机化合物类的改性材料多为粉末状，包含主固化剂和助固化剂（不必须）。常见的主固化剂，如石灰、水泥、粉煤灰等，还有各类酸类、硫酸盐、其他无机盐和表面活性剂等材料是助固化剂。无机化合物与土壤中的水反应生成的胶凝水化物既能自行硬化形成土骨架，也能与土颗粒内的活性物质发生反应，增强土颗粒间的结合力。水化产物中产生的不溶于水的晶体填充孔隙,同时也能与土颗粒粘结形成土骨架。通过这一系列物理化学反应,强化土颗粒间的结构连接，改善土颗粒之间界面接触的本质，进而达到改良土体的目的。

（2）有机化合物类

有机化合物类改性材料多为液体状，主要有通过石油磺化而得到的离子类固化剂，还有由改性水玻璃、环氧树脂类、高分子材料类及表面活化剂等组成的有机聚合物类固化剂。有机化合物类改性材料主要通过离子交换、化学键作用、高分子链接等，使土颗粒更加紧密，同时减少水对土颗粒的吸附作用。如抗疏力固化剂即属于此类，包括水剂 C444 和粉剂 SD。该固化剂来源于瑞士，配方保密，主要针对黏性土壤而研发，可以加速黏性土壤的再石化进程；还有如 SH 高分子固化剂、复合 BTS 固化剂等。

（3）生物酶类

生物酶类改性材料多为液体状，是由有机质发酵而成的多酶基产品。生物酶类土壤固化剂按照一定比例制成水溶液，然后与土壤拌合，酶的催化作用能加快反应速度，促进黏土矿物离子的交换反应、水解和水化、凝聚反应等；而固化酶溶液的比表面积很大，能够吸附小颗粒土，使土壤形成致密的板状结构，在外力碾压下，提升了土层的强度和抗渗性能，如泰然酶（TerraZyme）、微生物诱导碳酸钙沉积（MICP）等。

不同固化剂具有不同的特点，一般来说，无机化合物改性材料的使用范围较广，有机化合物改性材料适用于含水率较低的土壤，生物酶类改性材料由于价格昂贵且受环境影响较大适用于比较极端的条件。

2）黄土功能化利用改性机理

黄土地基改性处理的本质是在掌握黄土物理力学特性及其致灾机制的基础上，利用性能稳定的改性材料或通过强夯、挤密桩等手段，改变黄土内部颗粒接触情况和减少土体内部孔隙体积，从而改善黄土结构中存在的多孔隙、弱胶结等特性，增强黄土抗压缩变形能力，提高土体的强度和降低其水敏感性。

（1）物理改性处理及效果

黄土的物理改性机制是从物理角度改变黄土的内部孔隙大小、颗粒组分与排布形式，同时阻碍黄土内部形成贯通的渗流通道，具体措施包括利用外加荷载（如强夯法、挤密桩法、堆载及震动碾压等）和添加改性材料实现。

工程中常用强夯法和挤密桩法处理湿陷性黄土地基，通过外界荷载作用使黄土原有的大孔隙结构发生改变，架空孔隙坍塌和颗粒重新排布使土体结构趋于密实，颗粒间的接触面积显著增加，从而提高地基土的强度，降低其压缩性。既有研究表明，强夯和挤密桩处理可以显著减轻黄土的湿陷性，使地基土的抗剪强度显著增加，因此在处理黄土地基湿陷时被广泛采用。王兰民等、何开明等和王谦等的研究表明，强夯法和挤密桩法对于黄土地基的震陷性同样适用，强夯处理黄土地基湿陷性的方法在有效深度范围内可以完全消除黄土地基的震陷性，其处理的干密度指标随着含水率的提高而提高；但对于可液化的高含水率黄土，当地震烈度大于 8 度时，强夯和挤密桩法不能完全消除地基土的液化势。

当利用改性材料进行黄土的物理改性时，多选用黏粒含量高的黏土类物质，如膨润土、高岭土等，其原理是通过增加黏粒含量改善黄土内部颗粒间的粘结作用，并使微小的黏粒落入黄土颗粒间的架空孔隙中，使土体更加趋于密实，从而提高黄土的强度，降低其渗透性。然而研究表明，在饱和状态下，黄土中黏粒含量的增加可在一定程度上提高其抗液化强度，但当土中黏粒含量超过 19%时，黏粒在黄土结构中的作用从胶结作用逐渐转化为润滑作用，从而使土体的抗液化强度降低。

此外，研究人员尝试在黄土中掺加抗疏力固化剂以提高黄土的力学性能和稳定性。其原理是利用抗疏力固化剂使土壤内部水膜与土体分离，并由空气负压与土壤内部结合力形成不可逆转的黏聚力，促使土体内部结构改变，从而达到抗渗透、提高承载力以及减小变形等稳固土体的目的。

（2）化学改性处理方法及效果

化学改性处理的机制是利用固化剂与水的作用及其与黄土中可溶性盐类的化学反应，产生具有显著胶结作用的物质，这些物质附着在黄土颗粒表面并填充于颗粒间的孔隙之中，增强了土颗粒之间的粘结强度，使土体的强度和稳定性增大。如水泥水化反应生成的具有胶体和结晶性质的水化物、石灰吸水反应及水-胶连接作用生成的具有胶结性的硅化物和铝化物胶体、粉煤灰硅化反应形成的结晶以及水玻璃凝结形成的硅胶胶体等，均能够提高土体的胶结作用。此外，改性材料中的高价金属离子可以置换黄土中一价的阳离子，使小颗粒形成较为稳定的团絮状结构，如水泥、石灰和粉煤灰等改性材料中的Ca^{2+}离子置换土体中 Na^{+}、K^{+}并附着在颗粒表面，使土颗粒形成聚粒，从而有效提高土体的稳定性。从实用性出发，水泥和石灰是工程中应用较为广泛的添加剂，能有效提高黄土强度；从环保经济的角度出发，粉煤灰作为二次利用资源，不仅可有效降低建筑地基处理的成本，而且能够充分利用本地废料从而达到保护环境的效果。

当黄土中加入改性材料时，实际的改性过程往往是物理和化学作用兼有，如水泥改性黄土时，水化作用增强颗粒间粘结作用，水泥中的小颗粒填充孔隙，部分水化生成物填充和压缩土体中既有孔隙等。

改性机理中的基本作用可总结为填充、挤密、包裹、胶结及凝聚。不同改性材料与黄土颗粒结合时，依据材料特性的不同，反应为不同作用的组合，最终表现为具有不同特征的改性土。

3）目前存在的问题

既有改性材料中，水泥和石灰改性黄土能够显著提高地基承载力，理论成果丰富，在工民建的基础工程及交通工程中得到了广泛应用，并在部分规范中得以标准化，如《公路路面基层施工技术细则》JTG/T F20—2015 中对石灰土提供了 5 个掺量配比。但在长期土壤固化工程中，水泥、石灰等传统改性材料的不足之处逐渐显现出来，已满足不了工程建设发展需要。以石灰为改性材料的改性土强度发展缓慢，往往会影响施工进度，且当掺量超出一定范围后，强度会下降，因而无法用于改性土强度要求高的工程。石灰改性土干缩大、失水易开裂、浸水易软化、水稳定性差。水泥改性土固化干缩和温缩较大，易开裂，引起无侧限抗压强度、抗渗、抗冻、抗冲刷性能下降。此外，水玻璃复合浆液对于黄土地层的加固作用显著、起效快，但由于造价较高且施工较为复杂，多用于富水地段的止水处理或复杂地层隧道施工时的超前加固，同时由于水玻璃有一定的毒性，实际使用中存在一定的风险，易造成环境污染。

岩土工程的可持续发展要求工程建设应尽量减少对周围环境的影响，黄土改性处理在考虑工程适用性和经济性的同时，在环境保护方面的要求也越来越高。目前黄土改性的新型环保改性材料的研发和应用仍处于初始阶段，缺乏系统性，定量化和标准化程度也较低。

基于现有工程实践、文献调研及既有研究成果，本书从湿陷性黄土的颗粒组成及特点出发，分别选择合适的环保添加剂，利用试验确定满足水稳性提升和防渗隔离的材料配比，并针对具体施工场景，提出精细化的高效绿色工法。

1.3 依托工程概况

在黄土地区工程建设中，黄土的湿陷性影响着工程的安全稳定，本书依托各类工程建设中的地基工程，考虑黄土结构性与湿陷性的关系，拓宽了湿陷性分析的途径和思路。本研究主要依托西安市幸福林带工程、西北水电及新能源科技产业中心工程、西安地铁10号线工程、百度云计算（西安）数据中心工程、西安小寨区海绵城市育才中学地下调蓄库工程等10余个项目，依托工程概况如下。

1.3.1 西安市幸福林带工程

1）基本概况

西安市幸福林带工程位于西影路与万寿南路路口北侧。车站东侧为幸福林带地下空间建筑工程，与地铁线路平行布置；西侧为万寿路综合管廊，与地铁线路平行布置，与出入口通道垂直相交，从出入口通道下方穿过；北侧建工路综合管廊与地铁线路垂直交叉布置，从地铁上方穿过，为地下二层12.50m宽岛式站台车站，车站总长426.99m，标准段宽21.60m，轨面埋深约16.45m，标准段底板埋深约17.10m，如图1.3-1所示，地铁与幸福林带地下空间建筑工程、综合管廊将采用大基坑同期开挖，拟采用明挖法施工，周边环境复杂。

幸福林带建设工程地下综合空间全段为地下两层设计，结构类型为现浇钢筋混凝土框架，采用大开挖方式施工，标准段采用8.4m × 10.5m柱网，可满足商业大空间的需求，局部（冰球馆、篮球馆、游泳馆等）区间根据需要采用大跨度结构，跨度约42.0m。地下一层大跨度空间采用预应力混凝土梁结构，以满足屋顶种植要求；根据场地内地裂缝分布位置，调整建筑平面布置，合理避让地裂缝；本工程属于超长结构，设计采用混凝土中掺加膨胀剂、设置后浇带分段施工等结构措施。

图1.3-1 拟建项目北侧鸟瞰效果图

地下综合空间标准段标准组合条件下的基底平均压力为 50～100kPa，大跨度区间柱下荷载一般可达 10000kN，最大可达 11500kN；设计使用年限为 50 年，结构安全等级为一级，防水等级标准为二级，结构构件的裂缝控制等级均为三级；按《湿陷性黄土地区建筑标准》GB 50025—2018 划分地下综合空间标准段建筑物分类主要为丙类，大跨度结构段场馆划分为乙类。

2）地层岩性

根据西安城市工程地质图集，拟建场地地层主要由全新统洪积层和上更新统风积黄土层组成。

（1）全新统（Q_4）

上全新统冲积层，分布于浐灞河河漫滩上，以砾石、卵石、砾砂为主。

上全新统洪坡积层为次生黄土状土，有两种类型：一种具有新近堆积黄土的特征，呈黄褐或褐黄色，分布于塬梁陡崖的坡脚、白鹿塬塬边、冲沟口的小型洪积扇上，厚度一般小于 6m；另一种为黑垆土型，呈片叶状分布在二级阶地以上各地貌单元的表层，厚度一般 1～3m。工程性质可与马兰黄土类比。

下全新统冲积层，分布在渭河及浐灞河一级阶地上。上部为黄土状土，下部为砂土。渭河一级阶地下部为中、粗砂和砾砂，上细下粗；浐灞河一级阶地下部为砾砂、卵砾石。厚度 20～30m。

（2）上更新统（Q_3）

上更新统风积，上部为黄土，具湿陷性，底部为棕红色、褐红色古土壤。该层广泛覆盖二、三级阶地、黄土梁洼及黄土塬等地貌单元，层厚 8～17m。

上更新统冲积层，分布在渭河、浐灞河二级阶地上。渭河二级阶地由粉质黏土与较厚层的中、粗砂组成，下部见砾砂；浐灞河二级阶地以卵砾石为主。层厚 25～40m。

上更新统冲洪积层，分布在渭河、浐灞河二级阶地上，以粉质黏土为主，夹中、粗、细砂薄层或透镜体，层厚 20～30m。在黄土梁洼西部洼地中的局部地段，亦见有薄层砂夹于第一层古土壤中。

西安轨道交通 8 号线等驾坡车站、西影路与万寿南路路口北侧深厚湿陷性黄土地层深大站点综合体基坑工程等和包含内涝整治、积水点改造、管网工程、泵站工程、市政道路工程和建筑小区改造的西安小寨区域海绵城市建设项目，有相当长的线路位于大面积的湿陷性黄土地层中。在穿越湿陷性黄土时，市政工程结构周边均为湿陷性黄土，尤其是下卧土层具有较大的湿陷性。

1.3.2　西安小寨区域海绵城市建设项目

1）基本概况

西安小寨区域海绵城市建设项目，包含内涝整治、积水点改造、管网工程、泵站工程、市政道路工程和建筑小区改造工程，如图 1.3-2 所示。项目所涉及的大型市政设施地基工程均是湿陷性黄土与挡水、储水、排水、治水及静动水循环等水土相互作用息息相关。

随着西安城市规模的扩大，越来越多的城市地下项目应运而生。位于西安市小寨区兴善寺东街育才中学的地下调蓄水库于 2017 年 7 月开工建设，并于 2019 年年内完工，建设范围西起太白南路、东至西延路雁塔南路；南起电子二路雁南一路、北至南二环，面积 11.38km^2，如图 1.3-3 所示。地下调蓄水库的使用达到四个方面的成效，使该区域城市内涝由现状的 1～3 年一遇提升至 5 年一遇；区域内完成雨污分流、雨水管网无污水直接排入河流；城市热岛效应有所缓解；实现区域内雨水资源化利用率由 0 提升至 10%；技术上层层突破解决了湿陷性土地吸水塌陷施工难度大的问题和建成区建筑密集、管网混杂的复杂施工环境的问题。

图 1.3-2　建成效果图

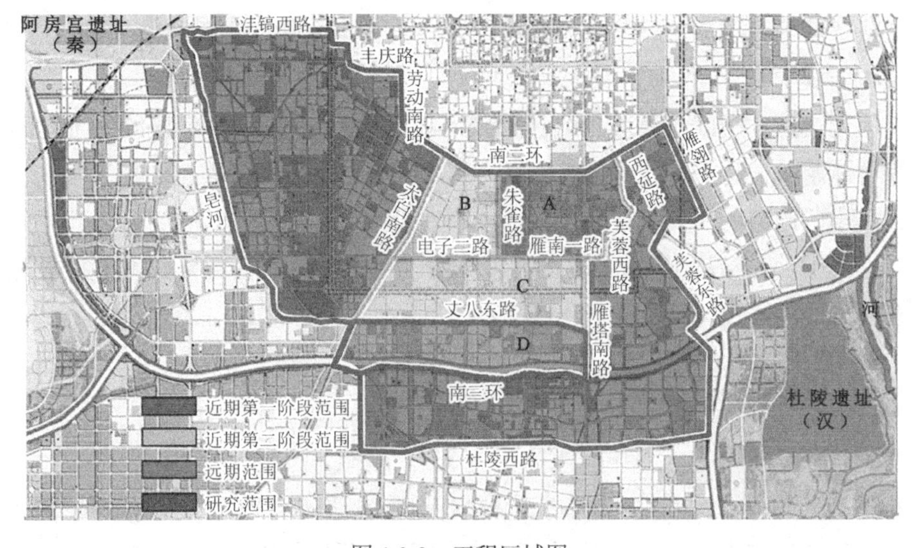

图 1.3-3　工程区域图

2）地层岩性

根据地层岩性、时代成因及工程特性，对区域内岩土体进行工程地质分层，主要地层及其特征分述如下：

（1）黄土类土

①黄土状土，灰黄色，以粉粒为主，大孔隙发育，具湿陷性，主要分布于一级阶地上。

②黄土，包括自早更新世到晚更新世各个时期的黄土，但由于早更新世黄土和中更新世早期黄土埋藏较深，一般地基涉及的黄土主要为中更新世晚期黄土和晚更新世黄土。

晚更新世黄土，黄褐色，大孔发育，土质疏松，具有湿陷性。底部古土壤呈棕褐色，块状结构，富含白色、钙质粉末、钙质结核，见铁锰黑色斑点。

中更新世晚期黄土，呈褐黄色，孔隙不发育，局部顶层有轻微湿陷性，上部夹有四层棕色古土壤。

（2）黏性土

西安市所见黏性土，几乎均为粉质黏土，仅在皂河一级阶地极个别处见薄层黏土，粉质黏土的成因多为冲积、冲-洪积，亦有冲-湖积，颜色呈黄褐色—褐黄色，中更新世的粉质黏土呈黄棕色，冲-湖积的则呈现黄绿—深灰色。该层分布一般较厚，工程性能较好。

（3）粉土

分布于各河流的一、二级阶地的局部地段，皂河冲洪积平原一级阶地出现稍多，多呈灰黄—黄褐色。该层分布一般较薄，工程性能稳定。

（4）砂土

工程区内粉砂、细砂、中砂、粗砂、砾砂均有存在，但分布最多的是中砂和中粗砂，占砂土层的70%以上，颜色以灰黄为主，成分以石英为主，长石次之，含少量黏性土和黑色矿物，一般均埋于地下水位以下，为主要的含水层。

①粉细砂层主要分布于皂河和渭河一级阶地，由全新世冲-洪积和冲积而成，呈稍密—中密状态，少数粉细砂层呈松散状态，在8度地震条件下具有地震液化可能性。在皂河和渭河二级阶地上，亦有少量晚更新世堆积的粉细砂，中密—密实状态，少数粉细砂层呈松散状态，不具地震液化可能性。

②中粗砂层，各级河流阶地及黄土梁洼区均有分布，但旱河、渭河一级阶地最多，二级阶地次之。一级阶地全新世的中、粗砂层，呈中密状态。但有少数中砂层呈松散—稍密状态，具有地震液化可能性，二、三级阶地及黄土梁洼区的晚更新世中粗砂层，呈中密—密实状态，不具地震液化可能性。

（5）圆砾土

圆砾土主要分布在浐河、灞河河漫滩及各级阶地上，岩性以卵石、圆砾以及含砂卵石为主，成分以花岗岩、石英岩为主，粒径较粗。在渭河、皂河一级阶地及渭河二级阶地堆积层中亦见有圆砾土，层较薄，粒径较小。

1.3.3 百度云计算技术（西安）数据中心工程

1）工程概况

百度云计算技术（西安）数据中心项目位于西安市南郊航天新城内，东邻航天东路，西邻神州六路支二，南邻航新路，北邻航创路，如图 1.3-4 所示。场地东高西低，北侧中部有一黄土梁，梁北侧地势低洼。场地西南角有一干涸鱼池，深约 2m。勘探点孔口地面标高介于 541.29～550.62m。根据钻探结果及原始地形地貌资料，勘察场地地貌单元属黄土塬。

图 1.3-4 建成效果图

2）地层岩性

根据现场钻探（探井）描述、原位测试及室内土工试验结果，可将钻探深度范围内地层划分为 13 层，现对各层地基土分层描述如下：

①素填土：黄褐色，以粉质黏土为主，含有较多植物根系及少量砖瓦碎块。场地局部地段分布有杂填土，以建筑垃圾为主，含大量砖瓦碎块。该层层厚 0.30～5.80m，层底标高 538.51～548.30m。

②黄土状土（粉质黏土）：褐黄色，坚硬，针状孔隙发育，含大孔、虫孔。该层具中等湿陷性，局部湿陷性强烈，湿陷系数平均值$\delta_S = 0.033$，压缩系数平均值$a_{0.1\text{-}0.2} = 0.19\text{MPa}^{-1}$，属中压缩性土。该层局部缺失。该层层厚 0.30～3.20m，层底深度 0.60～3.80m，层底标高 542.10～546.58m。

③黑垆土：棕褐色，坚硬，局部可塑。针状孔隙发育，含少量大孔，团块构造，含少量钙质结核。该层具有轻微湿陷性，局部湿陷性强烈，湿陷系数平均值$\delta_S = 0.022$，压缩系数平均值$a_{0.1\text{-}0.2} = 0.17\text{MPa}^{-1}$，属中压缩性土，局部高压缩性。该层厚度 0.30～2.10m，层底深度 1.20～5.00m，层底标高 540.38～545.88m。

④黄土：黄褐色，硬塑，局部可塑。针状孔及大孔发育，含白色钙质条纹及个别钙质

结核，偶见蜗牛壳。具中等湿陷性，局部湿陷性强烈，湿陷系数平均值$\delta_S = 0.037$，压缩系数平均值$a_{0.1\text{-}0.2} = 0.19\text{MPa}^{-1}$，属中压缩性土。该层厚度 0.40～9.80m，层底深度 1.80～14.40m，层底标高 532.95～539.86m。

④黄土：黄褐色，可塑。针状孔及大孔发育，含白色钙质条纹及个别钙质结核，偶见蜗牛壳。具中等湿陷性，湿陷系数平均值$\delta_S = 0.044$，压缩系数平均值$a_{0.1\text{-}0.2} = 0.71\text{MPa}^{-1}$，属高压缩性土。该夹层厚度 1.60～5.20m。

⑤古土壤：红褐色—棕褐色，坚硬。孔隙发育，块状结构，含白色钙质条纹及钙质结核，底部钙质结核含量较多。该层局部具中等湿陷性，压缩系数平均值$a_{0.1\text{-}0.2} = 0.13\text{MPa}^{-1}$，属中压缩性土。该层厚度 1.70～5.00m，层底深度 6.10～17.50m，层底标高 529.87～535.92m。

1.3.4 西北水电及新能源科技产业中心项目

1）基本概况

西北水电及新能源科技产业中心（二期）项目工程场地位于西安市长安区，附近地形最低处为场地东北侧的潏河河床，场地位于潏河左岸，地貌单元属一级黄土台塬。场地原为农业用地，地势较为平坦，场地地形略呈南高北低、东高西低之势，地面高程介于 470.75～477.45m 之间。场地现状为东侧是东配楼，北侧是绿化地，西侧为水电三局项目部，南侧为神禾四路，如图 1.3-5 所示。场地内除一期部分水泥地表及草坪外，均有厚度 0.5～3.5m 的人工填土覆盖，其中南部地表有一期建设工程中倾倒的高 1～3m 不等的建筑垃圾堆。

图 1.3-5 西北水电及新能源科技产业中心图

2）地层岩性

根据现场勘探揭露的地层资料分析，拟建场地 65m 深度范围内地基土按其沉积年代、成因类型及其物理力学性质自上而下可划分为 16 个地层。各地层岩性描述如下：

（1）第四纪全新世（Q_4）

①层人工填土（Q_4^{ml}）：该层包括素填土和杂填土。素填土：黄褐色，稍湿—湿，土质

不均，以粉质黏土为主，含植物根系等。杂填土：杂色，以建筑垃圾及生活垃圾为主，粉质黏土充填。该层一般厚度 0.5～3.5m，层底高程 469.68～474.89m。

（2）第四纪上更新世（Q_3）

马兰黄土上部（Q_3^2）

②层黄土（Q_3^{2eol}）：风积黄土，黄褐色，硬塑，具虫孔及大孔，含少量蜗牛壳碎片、植物根系及铁锰质斑点。层底埋深 8.70～12.30m，层厚 6.30～10.30m，层底高程 461.07～466.59m。

马兰黄土下部（Q_3^1）

③层古土壤（Q_3^{1el}）：残积，红褐色，硬塑，团块状结构，针状孔隙发育，含菌丝、钙质条纹，该层底部钙质结核局部富集成层（厚度约 0.3m）。层底埋深 12.30～16.00m，层厚 2.50～3.90m，层底高程 457.57～462.99m。

（3）第四纪中更新世（Q_2）

离石黄土上部（Q_2^2）

④层黄土（Q_2^{2eol}）：风积黄土，黄褐—褐黄色，硬塑。针状孔隙及大孔发育，偶见蜗牛壳。该层层厚 8.60～11.3m，层底深度 21.90～25.30m，层底高程 447.56～453.19m。

⑤层古土壤（Q_2^{2el}）：残积，棕红色，坚硬，局部硬塑。具团块状结构，含白色钙质条纹。该层层厚 3.1～5.0m，层底深度 25.6～27.8m，层底高程 444.25～448.41m。中间夹 0.5～1.3m 厚的薄层黄土，为红二条。

⑥层黄土（Q_2^{2eol}）：风积黄土，黄褐—褐黄色，硬塑—可塑。针状孔隙及大孔发育，偶见蜗牛壳。层底深度 31.0～33.2m，层底高程 438.94～442.46m。

⑦层古土壤（Q_2^{2el}）：残积，棕红色，坚硬，局部硬塑。具团块状结构，含白色钙质条纹。该层层厚 2.3～4.2m，层底深度 33.5～36.7m，层底高程 435.86～439.46m。

⑧层黄土（Q_2^{2eol}）：风积黄土，黄褐—褐黄色，硬塑—可塑。针状孔隙及大孔发育，偶见蜗牛壳。该层层厚 3.00～4.90m，层底深度 38.1～39.8m，层底高程 432.45～435.11m。

⑨层古土壤（Q_2^{2el}）：残积，棕红色，坚硬，局部硬塑。具团块状结构，含白色钙质条纹。该层层厚 2.0～3.1m，层底深度 41.3～42m，层底高程 431.37～432.66m。

⑩层黄土（Q_2^{2eol}）：风积黄土，黄褐—褐黄色，硬塑—可塑。针状孔隙及大孔发育，偶见蜗牛壳。该层层厚 4.0～5.6m，层底深度 45.8～47.6m，层底高程 426.41～428.66m。

离石黄土下部（Q_2^1）

⑪层古土壤（Q_2^{1el}）：残积，棕红色，颜色较深，坚硬，局部硬塑。具团块状结构，含白色钙质条纹。该层层厚 1.9～2.5m，层底深度 48.2～49.5m，层底高程 424.51～426.26m。中间夹两条薄层黄土，为红三条。

⑫层黄土（Q_2^{1eol}）：风积黄土，黄褐—褐黄色，硬塑—可塑。针状孔隙及大孔发育，偶见蜗牛壳。该层层厚 1.7～2.4m，层底深度 50.2～51.3m，层底高程 422.51～424.26m。

⑬层古土壤（Q_2^{1el}）：残积，棕红色，坚硬，局部硬塑。具团块状结构，含白色钙质条纹。该层层厚2.0～2.6m，层底深度52.6～53.7m，层底高程420.31～421.76m。

⑭层黄土（Q_2^{1eol}）：风积黄土，黄褐—褐黄色，硬塑—可塑。针状孔隙及大孔发育，偶见蜗牛壳。该层层厚4.6～4.9m，层底深度57.3～57.8m，层底高程415.57～417.06m。

⑮层古土壤（Q_2^{1el}）：残积，棕红色，坚硬，局部硬塑。具团块状结构，含白色钙质条纹。该层层厚4.8～5.1m，层底深度62.2～62.9m，层底高程410.47～412.16m。

⑯层黄土（Q_2^{1eol}）：风积黄土，黄褐—褐黄色，硬塑—可塑。针状孔隙及大孔发育，偶见蜗牛壳。此次勘探未穿透该层。

1.3.5 金辉环球广场二期项目

（1）基本概况

金辉环球广场项目场地位于西安市南郊金水路与雁塔南路丁字口东北角，规划总用地面积为28398m^2，总建筑面积为90413.9m^2。其中金辉环球广场项目在建二期工程规划总建筑面积14863.9m^2，地下建筑面积为5485m^2。根据金辉环球广场主体建筑物布置格局的要求，项目基坑形状为三角形，宽度自北向南逐渐变小，如图1.3-6所示，基坑南北方向长约250m，北侧宽约150m，南侧宽约22m。基坑东侧为G地块，与H基坑相距约50m。因现地面起伏，基坑开挖深度为18.2～28.1m，采用排桩＋预应力锚索支护方案。

图1.3-6 金辉环球广场项目图

（2）地层岩性

素填土：黄褐色，稍湿—湿，土质不均，以粉质黏土为主，含砖渣、灰渣等，该层一般厚0.30～5.00m，最大厚度6.30m，层底高程478.69～484.42m。

黄土（粉质黏土）：黄褐—褐黄色，坚硬—硬塑，局部可塑，稍湿。土质均匀，可见大孔，针状孔发育，含少量蜗牛壳碎片，零星钙质结核。湿陷系数平均值0.046，具中等湿陷性，局部湿陷性强烈，压缩系数平均值0.29MPa^{-1}，属中压缩性土。该层层厚1.80～9.40m；

层底深度 6.50～11.30m，层底高程 470.79～478.66m。

古土壤（粉质黏土）：棕褐色—棕红色，硬塑，局部坚硬，稍湿。具团块状结构，可见针状孔，含白色钙质条纹及少量钙质结核，底部钙质结核富集成层。该层不具湿陷性。压缩系数平均值 0.14MPa^{-1}，属中压缩性土。该层层厚 2.50～4.40m；层底深度 9.00～15.80m，层底高程 466.39～476.08m。

黄土（粉质黏土）：褐黄色，局部黄褐色，硬塑，局部可塑，稍湿—湿，质均匀，可见大孔，针状孔发育，含少量蜗牛壳碎片。湿陷系数平均值 0.016，具轻微湿陷性，局部湿陷性中等，压缩系数平均值 0.18MPa^{-1}，属中压缩性土。该层层厚 8.20～10.00m；层底深度 17.8～24.9m，层底高程 457.29～467.28m。

古土壤与黄土（粉质黏土）：硬塑—可塑，稍湿—湿，该层俗称“红二条”，上下均为红褐色—棕红色古土壤，具团块状结构，可见针状孔，含白色钙质条纹及少量钙质结核，底部钙质结核富集成层。中部夹有 1m 左右厚的褐黄色黄土，偶见蜗牛壳，该层不具湿陷性。压缩系数平均值 0.17MPa^{-1}，属中压缩性土。该层层厚 4.00～5.20m；层底深度 21.80～29.00m，层底高程 453.10～463.28m。

黄土（粉质黏土）：褐黄色，可塑，稍湿。土质均匀，具针状孔，含少量蜗牛壳碎片，该层不具湿陷性。压缩系数平均值 0.17MPa^{-1}，属中压缩性土。该层层厚 3.30～5.00m；层底深度 25.80～33.00m，层底高程 448.10～459.28m。

古土壤（粉质黏土）：棕红色，可塑—硬塑，湿。团块状结构，含钙质条纹，少量钙质结核。该层不具湿陷性。压缩系数平均值 0.18MPa^{-1}，属中压缩性土。该层层厚 2.50～4.00m；层底深度 28.30～34.50m，层底高程 449.17～456.78m。

黄土（粉质黏土）：褐黄色，可塑—软塑，湿—饱和。土质均匀，具针状孔，该层不具湿陷性。压缩系数平均值 0.22MPa^{-1}，属中压缩性土。该层层厚 2.90～4.00m；层底深度 32.20～37.50m，层底高程 446.7～452.88m。

古土壤（粉质黏土）：棕红色，可塑，湿—饱和。具团块状结构，含钙质条纹，钙质结核。该层不具湿陷性。压缩系数平均值 0.25MPa^{-1}，属中压缩性土。该层层厚 2.60～3.40m；层底深度 34.80～39.20m，层底高程 445.36～450.28m。

黄土（粉质黏土）：褐黄色，软塑，湿—饱和。土质均匀，具针状孔，钻探时局部有缩孔现象。该层不具湿陷性。压缩系数平均值 0.33MPa^{-1}，属中压缩性土。该层层厚 4.40～5.80m；层底深度 39.20～41.60m，层底高程 443.66～445.88m。

古土壤（粉质黏土）：棕红色，硬塑—可塑，湿—饱和。具团块状结构，含钙质条纹，钙质结核。该层不具湿陷性。压缩系数平均值 0.19MPa^{-1}，属中压缩性土。该层层厚 3.10～3.50m；层底深度 44.50～44.70m，层底高程 440.56～440.60m。

黄土（粉质黏土）：褐黄色，可塑，饱和。土质均匀，具针状孔，含少量钙质结核。压缩系数平均值 0.22MPa^{-1}，属中压缩性土。勘察阶段未钻穿该层，最大揭露厚度 0.50m，最大钻探深度45m，最低钻至高程444.10m。

古土壤（粉质黏土）：棕红色，可塑—硬塑，饱和。具团块状结构，含钙质条纹，少量钙质结核。压缩系数平均值0.23MPa^{-1}，属中压缩性土。该层层厚1.10～3.80m；层底深度52.40～64.00m，层底高程416.97～431.89m。

第2章

湿陷性黄土勘察评价方法研究

2.1 湿陷性黄土勘察的一般要求

黄土主要分布于中纬度干旱、半干旱地区，面积达1300万km^2，仅我国分布面积就达64万km^2，其中湿陷性黄土分布面积达27万km^2。以我国兰州为例，地处黄河中游河谷盆地内，黄土广泛分布于该地区，厚度几米至几十米、几百米，其中九洲台黄土厚度达336m，分布的黄土从第四纪早更新世（Q_1）午城黄土，到全新世（Q_4）黄土状土。尤其是在湿陷性黄土场地上进行建设时，其地基处理不当，极易受到自重或自重与外荷载共同作用下受水浸湿而产生附加下沉，从而引起建筑物的不均匀沉降，造成事故。

湿陷性黄土场地勘察应严格执行《湿陷性黄土地区建筑标准》GB 50025—2018及《岩土工程勘察规范》（2009年版）GB 50021—2001中有关条款。在勘察过程中，应对相关试验指标数据进行对比分析，提出合理的地基处理措施建议，勘察成果的质量好坏直接影响建筑物的安全性和工程造价。因此，采用合理的勘察手段尤为重要。

黄土地基的勘察工作应着重查明地层时代、成因、湿陷性土层的厚度，湿陷系数、自重湿陷系数和湿陷起始压力随深度变化，场地湿陷类型和地基湿陷级别的平面分布，变形参数和承载力，地下水等环境水的变化趋势和其他工程地质条件。并结合建筑物的特点和设计要求，对场地、地基作出工程地质评价，对地基处理措施提出合理的建议。

2.1.1 湿陷性黄土的性质特征

湿陷性黄土在力和水的作用下产生湿陷性，湿陷性黄土有以下特征：

（1）孔隙比：变化在0.85～1.24之间，大多数在1.0～1.1之间，随深度增大而减小。

（2）天然含水率：含水率低时，结构强度较高，湿陷性强烈；随含水率的增大，结构强度降低，湿陷性减弱。

（3）液限：一般当液限小于30%时，湿陷性较强；当液限大于30%时，湿陷性较弱。

（4）压缩性：我国湿陷性黄土的压缩系数介于0.1～1.0MPa^{-1}之间，除土的天然含水率的影响外，地质年代是一个重要因素。

2.1.2　新近堆积黄土的野外特征

（1）堆积环境：黄土塬、梁、峁的坡脚和斜坡后缘，冲沟两侧及沟口处的洪积扇和山前坡积地带，河道拐弯处的内侧，河漫滩及低阶地，山间凹地的表部，平原上被掩埋的池沼洼地。

（2）颜色：灰黄、黄褐、棕褐，常相杂或相间。

（3）结构：土质不均匀、松散、大孔排列杂乱。常混有岩性不一的土块，多虫孔和植物根孔，锹挖容易。

（4）包含物：常含有机质，斑状或条状氧化铁；在大孔壁上常有白色钙质粉末。在深色土中，白色物呈菌丝状或条纹状分布；在浅色土中，白色物呈星点状分布，有时混钙质结核，呈零星分布。

2.1.3　湿陷性黄土的勘察

1）湿陷性黄土的勘察要点

（1）勘探点的布置应遵循相关规范对勘探间距要求，根据建筑物的总平面图，建筑类别和场地工程地质条件布设，在不同的地貌单元、不同地貌位置必须有勘探点。

（2）黄土地基的勘察工作应着重查明地层时代、成因、湿陷性土层的厚度，湿陷系数、自重湿陷系数和湿陷起始压力随深度变化，场地湿陷类型和地基湿陷级别的平面分布，变形参数和承载力，地下水等环境水的变化趋势和其他工程地质条件。并结合建筑物的特点和设计要求，对场地、地基作出评价，对地基处理措施提出建议。

（3）采取天然湿度、密度和结构的 I 级土试样。取土勘探点中，探井的数量应为取土孔总数的 1/3～1/2，并不宜少于 3 个。

（4）为评价地层均匀性和土的力学性质，宜采用室内试验和原位测试相结合的方法。

（5）勘探点深度除应大于压缩层深度外，对于非自重湿陷性黄土场地还应大于基础底面下 10m。对于自重湿陷性黄土场地，当基础底面以下湿陷性黄土厚度大于 10m 时，对陕西、陇东、陕北和晋西地区，不应小于基础底面下 15m；其他地区不应小于基础底面下 10m；对甲、乙类建筑物，应有一定数量的取样勘探点穿透湿陷性土层。

（6）在特定条件下，季节性降水或定期灌溉等会影响黄土的湿陷性评价，在勘察和评价时应根据具体情况加以考虑。

（7）试验要求

①室内测定湿陷系数的压力，应自基础底面（初步勘察时，自地面下 1.3m）算起，10m 以内应用 200kPa，10m 以下至非湿陷土层顶面，应用其上覆土的饱和自重压力；当基底压力大于 300kPa 时，宜按实际压力测定湿陷系数。

②新建地区的甲、乙类建筑，宜采用试验坑浸水试验实测自重湿陷量，其他建筑可按

室内试验测定的自重湿陷系数计算自重湿陷量。

（8）原位测试：一般黄土可采用标准贯入试验、触探试验、圆锥动力触探试验判定土的均匀性、密实度、承载力等。对于饱和黄土采取原状土样困难较大时，宜采用十字板剪切试验测定不排水抗剪强度和灵敏度。对于附加压力和自重压力大于 300kPa 的建筑场地或有特殊要求的建筑场地，应采用现场浸水静载荷试验。

2）黄土地基的湿陷性评价

黄土湿陷性评价按第 3.5.2 节进行，黄土场地湿陷类型与等级按第 3.5.4 节进行，黄土工程水敏性按第 3.6.2 节进行。

3）承载力特征值的确定

地基承载力直接影响建筑物的安全和正常使用。在选用确定承载力方法时，应本着准确而又合理的方法综合确定，做到既安全可靠，又经济合理。原则如下：

（1）地基承载力特征值，应保证地基在稳定的条件下，使建筑物的沉降量不超过允许值；

（2）甲、乙类建筑的地基承载力特征值可根据静载荷试验或其他原位测试、公式计算，并结合工程实践经验等方法综合确定；

（3）当有充分依据时，对丙、丁类建筑可根据当地经验确定；

（4）对天然含水率小于塑限含水率的土，可按塑限含水率确定土的承载力。

2.1.4 地基处理措施

地基处理措施的目的在于破坏湿陷性黄土的大孔结构，以便全部或部分消除地基的湿陷性，从根本上避免或削弱湿陷现象的发生。常用的地基处理方法有垫层法、重锤夯实法、强夯法、挤密法、预浸水法、化学加固法等。

厚度处理：厚度处理包括消除建筑物地基全部湿陷量和消除建筑物地基部分湿陷量两种。非自重湿陷性黄土和自重湿陷性黄土消除全部湿陷量厚度的处理方法是不同的，非自重湿陷性黄土是将基础底面以下附加压力与上覆土的饱和自重压力和比湿陷值之和大或者与之相等的所有土层进行处理。部分湿陷性黄土由于附加压力不足，地基受到水的浸湿也不会导致地基的湿陷变形。对自重湿陷性黄土场地基础底面以下的全部湿陷性黄土层进行处理，以消除建筑物地基的全部湿陷量。针对乙类和丙类建筑，只需要消除地基的部分湿陷量。同时，防水效果不佳也会导致生活用水渗漏，对建筑造成危害。技术人员要注意下部未处理湿陷性黄土层的剩余湿陷值不能超过标准要求。

防水措施：湿陷性黄土建筑工程防水措施不达标，直接导致建筑工程后期的不均匀沉降和墙体裂缝等，直接影响了建筑工程的整体质量。排水管道漏水、建筑物周围场地积水和暖气管漏水等都会导致地基受到水分的浸湿。勘察人员在勘察过程中，要注意提高建筑物的设计标高，以便其排水，并避免与水池过近导致水池内的水对其造成影响。同时，用散水将基槽覆盖，避免雨水对地基的侵入。技术人员要重视建筑物内部的管道质量，确保整体基础设施的完善。

（1）整片土垫层法

该地基处理方法在丙类建筑物中被广泛应用，通过整片换土处理，原有的高压缩性、大孔隙比土经重新分层回填、碾压变为低压缩性较为密实的土层，且有良好的均匀性。经多个工程实践证明，地基强度明显提高，湿陷性消除。

整片土垫层法主要包括素土垫层和灰土垫层，素土垫层每层虚铺厚度约 30cm，灰土垫层每层虚铺厚度约 20cm，灰土要求过筛、拌匀、无杂质，均采用大吨位的压路机碾压使垫层质量满足设计及规范要求。整片土（或灰土）垫层法的施工质量用压实系数进行控制，以现场层层跟踪检测试验为主，在每层表面以下的 2/3 厚度处 100～500m^2 取 3 个检测点，检验土（或灰土）的干密度与室内击实试验确定的最优含水率，对最大干密度进行比较控制，确定压实系数是否达到设计要求。一般采用压板静载荷试验或轻型动力触探法测定垫层的承载力特征值。

（2）灰土挤密桩法

灰土挤密桩法属于一种柔性桩复合地基，它通过夯实的桩身和挤密的桩间土达到提高地基强度的目的，又通过桩间土的挤密达到消除湿陷性的目的，是湿陷性黄土地区重要的地基处理方法之一。采用击实试验确定灰土的最大干密度，设计时按《湿陷性黄土地区建筑标准》GB 50025—2018 第 6.4.2 条计算出能满足消除湿陷性的挤密孔孔距。灰土挤密桩施工时成孔一般采用沉管挤密，土体被强制挤向桩孔四周，使四周土的孔隙比减小，从而增加了土体的密实度，降低土的压缩性，提高土体的承载力。当天然土的含水率接近最佳含水率时挤密效果最好，含水率过高或过低均会影响挤密效果，因此要注意采用挤密桩时土的各种条件。

灰土挤密桩法质量控制的关键是对桩孔夯填质量的控制，必须有专人进行监督，质量检测时应把桩间土的挤密系数、湿陷性的消除程度和桩身土的压实系数、压缩系数作为重点，可跟踪检测，也可通过开挖桩孔对桩身土和桩间土每 1.0m 分别取样，测定桩身土和桩间土的干密度、含水率、湿陷系数和压缩系数等物理指标。灰土挤密桩处理地基后，可采用静载荷试验确定复合地基的承载力特征值，经过多次试验证明，其承载力特征值多在 200～250kPa，地基承载能力明显提高。

（3）强夯法

工程实践表明，强夯法具有地基加固效果显著、施工工艺简单、节约材料、工期短和适用范围广等优点。采用强夯法处理大厚度湿陷性黄土地基，对于提高地基土强度和均匀性、降低压缩性、消除湿陷性、提高抗渗性等具有明显的效果。目前强夯法用于消除黄土湿陷性的夯击能量已达到约 12000kN · m，有效处理深度可达到起夯面以下 11m 左右。为取得较理想的处理效果，夯击遍数宜为 2～4 遍，处理后再将表层松土清除。在施工过程中，合理确定施工参数如夯锤质量、夯击次数、夯间距、间歇时间、落距和夯击遍数等至关重要，同时也宜对土的天然含水率进行控制，采用增湿、晾干或其他措施使地基土的含水率接近最优含水率，以达到最佳的处理效果。强夯法处理地基后，检测的重点应是判定其有效加固深度是否达到设计要求，第一标准应检测是否消除湿陷性，以湿陷系数$\delta_s <$ 0.015 作为判别指标。因此检测手段应采用探井取不扰动土样进行室内试验，测定土的干密度、压缩系数和湿陷系数，这些指标达到要求后，一般情况下也可满足承载力的要求，或在地基强夯结束 30d 左右，采用压板静载荷试验测定。

（4）预浸水法

预浸水法是在修建建筑物前预先对湿陷性黄土场地大面积浸水，使土体在饱和自重压力作用下发生湿陷密实，以消除黄土层的湿陷性。

由于特殊的地质历史条件，湿陷性黄土在沉积的过程中上覆压力增长速率比颗粒间固化联结键强度的增长速率要慢得多，使固结定形的土体总是处在欠压密状态下，形成了比较疏松的高孔隙度结构，具有湿陷性。湿陷性黄土的结构性在力或水的作用下将遭受破坏而使强度丧失，而欠压密的高孔隙度则为其产生附加下沉提供了必要的体积变化条件。因此，欠压密的架空式孔隙结构与水和力的作用就会导致黄土地基突发性、不连续性、不可逆性的失稳破坏。

预浸水法是处理湿陷性黄土地基的方法之一。黄土骨架结构在水的作用下，颗粒之间的粘结力丧失，而在上部压力和自重的作用下产生沉降。土是一种多孔材料，当土中的孔隙相通时，形成水流的通道，在重力作用下，孔隙中的自由水在土中发生流动。由于土的孔隙细小，黏滞阻力大，所以在大多数情况下，水在孔隙中的流动缓慢且不均匀。当水头造成不均匀下沉（塌陷）时，使换填层原有的平底出现凹凸不平，颗粒堆中力的分布发生了变化且换填层材料内搭起了新的拱。

预浸水法一般适用于湿陷性黄土厚度大、湿陷性强烈的自重湿陷性黄土场地。由于浸水会引起土体内部应力状态改变，场地周围地表下沉开裂并容易造成“跑水”穿洞，改变地基或边坡的稳定条件，造成溃坝、影响附近建筑物的安全隐患，所以在空旷的新建地区较为适用。在已建地区采用时，浸水场地与已建建筑物之间要留有足够的安全距离。

（5）钻孔夯密桩法

钻孔夯密桩法是处理地下水位以上湿陷性黄土、新近堆积黄土、素填土和杂填土的一种地基加固方法，属排土性成孔法。它是利用长螺旋钻机在地基中成孔，然后采用质量为 1.3～2.0t 的夯锤，在孔中分层填入素土或灰土等后夯实而成土桩。若填料采用灰土，将石灰和土按一定体积比例（2∶8 或 3∶7）拌合，并在桩孔内夯实加密后形成桩，这种材料在化学性能上具有气硬性和水硬性，由于石灰内带正电荷钙离子与带负电荷黏土颗粒相互吸附，形成胶体凝聚，并随着灰土龄期增长，土体固化作用提高，使灰土逐渐增加强度。在力学性能上，它可达到挤密地基的效果，提高地基承载力，消除湿陷性，确保沉降均匀并减小沉降量。

（6）桩基础

当甲、乙类建筑需要采用灌注桩基础时，桩端必须穿透湿陷性黄土层，坐落在稳定的砂卵石层或基岩层上，由于桩侧自重湿陷性黄土浸水饱和时桩侧会产生负摩阻力，设计时应考虑负摩阻力的影响，一般现场做浸水桩基载荷试验确定单桩竖向承载力。

2.2　砂井浸水试验在黄土勘察评价中应用

常宁基地项目建设区位于西安市长安区，东邻城南大道，西邻常祥街，北接神禾五路，南连神禾四路。场地地面标高约为 473m，整体地势较为平坦，地貌单元属一级黄土台塬（神禾塬）。地质勘察揭示地下水埋深约为 33m，试验场地 60m 深度范围内地层从上到下由人工填土、第四系上更新统（Q_3）的黄土与古土壤以及第四系中更新统（Q_2）的黄土与古土壤的互层组成。

砂井浸水试验方法是一种用于黄土湿陷变形，尤其是深层黄土湿陷变形的原位探测方法。本次在常宁基地项目工程场地附近选择 3 组具有代表性的位置进行现场砂井浸水试验。3 个砂井（SJ01、SJ02 和 SJ03）试验点位置如图 2.2-1 所示，3 个砂井大致呈等边三角形分布，位于拟建建筑物的外轮廓线之内和主体结构范围之外，水源和电源相对较近，满足试验过程对水量的需求，而且试验场地位置平坦、开阔，地表无硬化。试验的总体开展情况如表 2.2-1 所示，砂井载荷浸水试验 2 组，分别为 5m 的砂井 SJ01 和 15m 的砂井 SJ02；砂井浸水试验 1 组，为 24m 的砂井 SJ03。根据勘察成果，选取离试验场地较近的探井 TJ02 和 TJ10（图 2.2-1）的室内试验资料，并结合现场砂井浸水试验结果，为常宁基地二期项目湿陷性黄土地基处理提供技术支撑。

试验总体情况表　　　　表 2.2-1

试验名称	砂井编号	砂井深度/m	井底压力/kPa
砂井载荷浸水试验	SJ01	5	380
	SJ02	15	520
砂井浸水试验	SJ03	24	饱和自重压力

下面分别对这 3 个砂井的试验方案、步骤、结果作出说明和分析。

2.2.1　一号砂井载荷浸水试验

1）试验方案及实施过程

（1）试验设计和测点布设

砂井荷载浸水试验的核心是砂井底部地层在试验压力作用下沉降稳定后，向砂井里注水，使砂井深度范围内和井底以下的地层浸水饱和，附加下沉稳定，试验终止。

一号砂井开挖深度为 5m，等于拟建建筑物的基础埋置深度，井底压力等于办公楼 A 座的基底压力 380kPa。在砂井底埋置沉降板，测试其沉降变形。一号砂井载荷浸水试验通过控制砂井深度和井底压力，可以模拟 A 座办公楼在荷载作用下沉降变形和浸水饱和后的湿陷变形发展规律。一号砂井载荷浸水试验的监测点布置如图 2.2-1、图 2.2-2 所示。

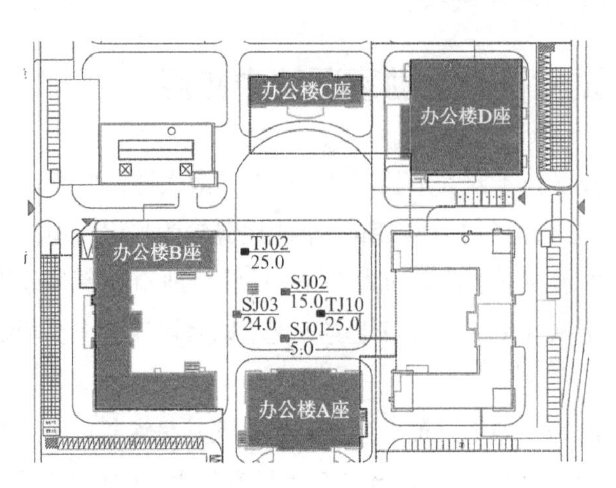

图 2.2-1　砂井位置图

一号砂井共布设沉降观测标点 11 个：深标点 4 个，浅标点 6 个，中心标点 1 个。深标点编号为 S1～S4，深度分别为 3m、7m、10m 和 13m，在以砂井中心为圆心，半径为 1.5m 的圆周上均匀分布，用于量测不同埋深土层的湿陷变形量。浅标点编号为 Q1～Q6，埋深均为 0.5m，Q1 和 Q2 位于砂井储水试坑内，距砂井中心 0.8m，用于量测试坑表面土层的湿陷量；Q3～Q6 位于砂井的一个径向上，间距 1.2m，最远距砂井中心 4.8m，量测砂井径向上的地表沉降。中心标点 1 个，编号为 C，监测井底以下地层的变形规律。

一号砂井布设土壤水分监测计 1 组，共 6 个，分布于深标点的同一圆周上，如图 2.2-2 及图 2.2-3 所示，深度分别为 3m、7m、10m、13m、15m 和 18m，可测得浸水过程中各层土含水率变化。

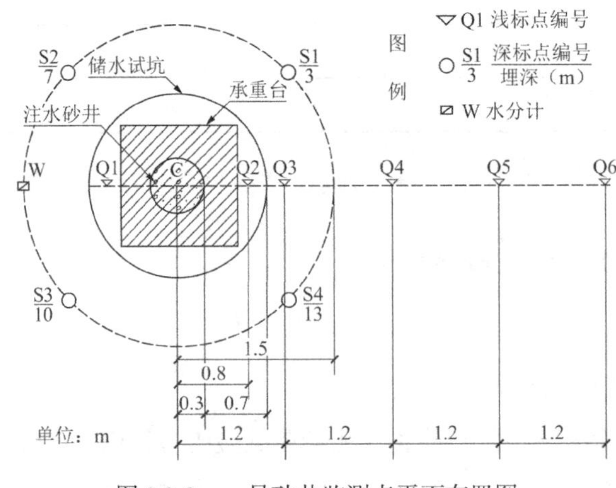

图 2.2-2　一号砂井监测点平面布置图

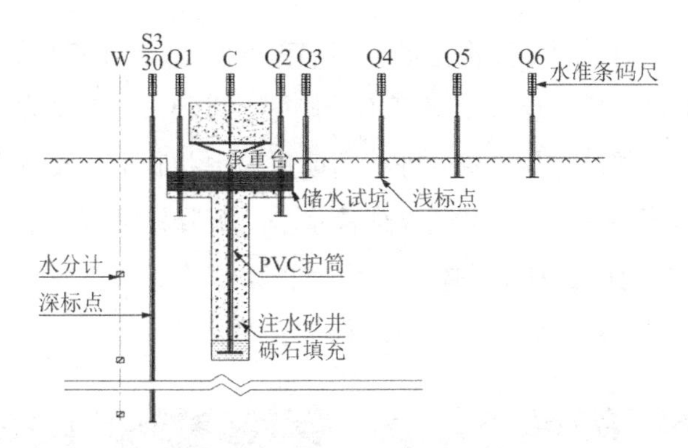

图 2.2-3　一号砂井监测点剖面布置图

砂井载荷浸水试验流程图见图 2.2-4。具体实施步骤如下。

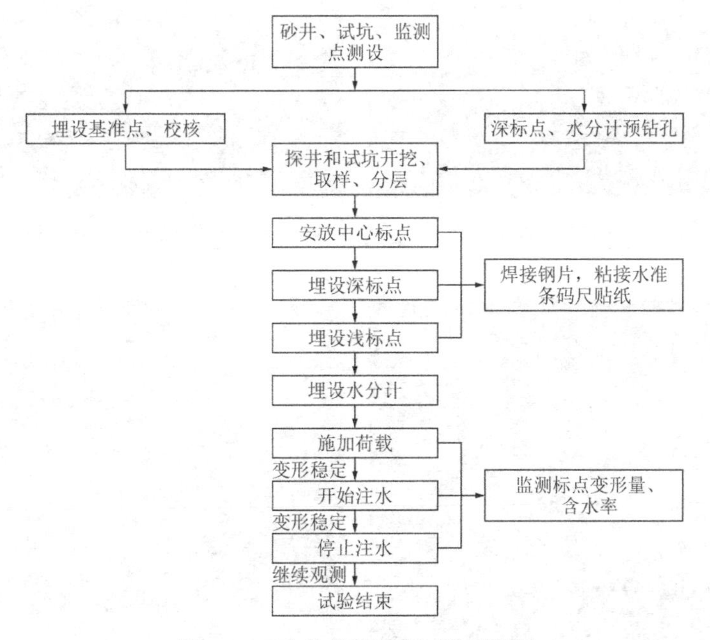

图 2.2-4　砂井载荷浸水试验流程图

步骤 1：在选定的具有代表性的试验地点平整场地。将注水砂井和储水试坑的大小及位置、各沉降标点和水分计的埋设位置按图纸的要求测设在场地上以便施工。

步骤 2：在深标点及水分计埋深位置进行预钻孔，如图 2.2-5 所示，孔径 108mm，确保钻孔竖直。钻孔完成后封口，防止孔内水分蒸发。

步骤 3：开挖直径 0.5m 的探井，如图 2.2-6 所示，开挖至探测深度，去除井底浮土、整平。以探井为中心，人工开挖直径 2m、深度 0.8m 试坑，开挖过程见图 2.2-7，人工开挖过程中取原状土做室内试验。

步骤 4：砂井底清除开挖虚土，铺设透水砂垫层厚 10cm，夯实井底砂垫层；在探井内吊装安放焊接好的沉降杆，见图 2.2-8，沉降杆下端固定圆形沉降板，上端固定方形承重台，沉降杆、沉降板和承重台的具体尺寸见表 2.2-2。承重台与沉降杆之间连接 4 处互成 90°的支撑，承重台距试坑底面不宜太高，根据场地湿陷程度而定，此次高度设计为 1m，如图 2.2-3 所示，沉降杆外套 PVC 护筒，保证沉降杆不受侧限，可随地层变形自由升降；再均匀灌入 20cm 厚度的中细砂，起缓冲作用，减少砾石回填过程中井底土层及沉降板受砾石下落冲击产生的变形；回填砾石至井口处，保证承载板水平、沉降杆竖直。承载板一角上焊接一根沉降杆，在杆顶部焊接钢片，钢片具体尺寸见表 2.2-2，在钢片上粘结水准条码尺贴纸，见图 2.2-9、图 2.2-10，用于量测砂井中心沉降杆 C 的变形量。

图 2.2-5　深标点预钻孔

图 2.2-6　探井开挖

图 2.2-7　人工开挖试坑

图 2.2-8　中心沉降杆及承重台吊装

图 2.2-9　焊接钢片

图 2.2-10　粘结水准条码尺

步骤 5：清除钻孔底浮土，向深标点钻孔内逐节连接下放深标点沉降板及沉降杆至井底，孔口出露 2m，见图 2.2-11，出露地表的顶端焊接钢片，在钢片上粘结水准条码尺贴纸，方便后期采用电子水准仪读数；沉降杆外套上 PVC 护筒，保证其不受侧壁摩擦影响，自由沉降，PVC 护筒出露孔口 1m，护筒外围空隙用砂砾石回填密实，客观上也起到加强渗水的作用。

步骤 6：在浅标点埋设位置开挖直径 40cm、深 50cm 的圆坑，整平坑底。浅标点沉降板和沉降杆焊接在一起，见图 2.2-12。将组合好的沉降杆放于坑内，地表出露 2m，出露地表的顶端焊接钢片，在钢片上粘接水准条码尺贴纸，方便后期采用电子水准仪读数；杆外套上 PVC 护筒，出露地表 1m，确保标杆竖直，分层回填素土并夯实。

步骤 7：下放埋设水分计，见图 2.2-13，经埋设前及埋设后的读数校值，确定水分计正常工作后，利用探槽取得并预先碾压好的素土进行回填，分层夯实，并不断用测绳测量回填高度，待回填夯实到下一设计深度时下放埋设下一个水分计，直至设计的水分计全部埋设完毕且素土回填密实至孔口，尽量保证浸水过程中不会由于孔内渗透速度的增大，加快水分计的变化速率。埋设完成后电缆线引出孔口外缘 20m，在地表固定集线盒，用以保护水分计读数接头。

步骤 8：清理试坑底面浮土，在试坑侧壁和试坑边缘铺设防水塑料布，在塑料布上铺设 10cm 厚度的砾石，防止侧壁在浸水过程中坍塌。

步骤 9：依据不同工程条件确定井底测试湿陷性黄土地层的上覆压力，本次采用设计基底压力作为井底承压板的荷载。在砂井内灌入砂砾石并在安置的承重台上放置混凝土配重，要求砂井底部单位面积承受的重力等于试验设计荷载。

步骤 10：砂井试验准备工作完成后，见图 2.2-14，对各沉降标点及水分计进行连续监测，待完全稳定后开始注水，变形稳定标准为最后 5d 的平均变形量小于 1mm/d。浸水过程中保证试坑内的水头高度大于 30cm，并持续观测记录各类监测数据、注水量及地表裂缝发展情况，直到土层变形稳定后可以停止注水，其稳定标准为最后 5d 的平均湿陷量小于 1mm/d。根据《湿陷性黄土地区建筑标准》GB 50025—2018 的有关规定，停止注水后，应继续观测不少于 10d，且连续 5d 的平均沉降量不大于 1mm/d，试验终止。

图 2.2-11　埋设深标点沉降杆

图 2.2-12　浅标点沉降杆及水分计

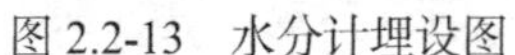

图 2.2-13　水分计埋设图

图 2.2-14　砂井载荷浸水试验一隅

砂井载荷浸水试验过程中所用构件包括沉降杆、沉降板、承重台等，需要去钢材加工厂预制，具体尺寸详见表 2.2-2。

构件尺寸表　　**表** 2.2-2

名称	类型编号	尺寸	用途说明
沉降板	A	$\phi = 40$cm，$d = 25$mm	井底沉降板，承受上部荷载
	B	$\phi = 20$cm，$d = 5$mm	浅标点沉降板
	C	$\phi = 10$cm，$d = 5$mm	深标点沉降板
沉降杆	A	外径$\phi = 102$mm，内径$\phi = 52$mm	中心沉降杆，传递荷载
	B	内径$\phi = 20$mm	深、浅标点通用沉降杆
PVC 套管	A	$\phi = 160$mm	套于 A 类沉降杆外
	B	$\phi = 50$mm	套于 B 类沉降杆外
承重台	—	1.3m × 1.3m，$d = 3$cm	放置混凝土配重
钢片	—	50cm × 10cm，$d = 2$mm	粘贴水准条码尺贴纸

注：表中ϕ为直径，d为厚度。

（2）试验观测

①变形量观测

本次变形观测采用高精度精密天宝数字水准仪 DINI03 配合铟瓦水准尺进行测量，按二级变形测量精度要求进行观测，可以满足本次沉降观测的要求。

在浸水试验场地建立一个基准网，基准网由 4 个基准点 BM01、BM02、BM03、NO.02 组成，呈附合水准路线形式。基准点 NO.02 为科研办公楼的沉降观测点，如图 2.2-15 所示，根据沉降观测报告，该楼的平均沉降速率为 0.0067mm/d，说明已达到稳定状态。基准点 BM01、BM02、BM03 采用电钻预制孔埋置水泥砂浆浇灌方式固定埋设，见图 2.2-16，并对基准面进行打磨，以保证试验的精确性。

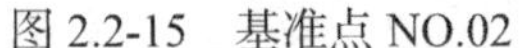
图 2.2-15　基准点 NO.02

图 2.2-16　观测基准点制作

变形观测基准网采用相对高程基准系。假设 NO.02 高程为 100.00000m，其他点的高程以 NO.02 作为起算点，并多次对其他基准点的高程进行检核，确保基准点稳定可靠。

试验前各类变形观测点埋设后，每天测读一次高程，连续 3d。待测量值稳定后，作为初始读数。正式浸水前再测量一次，并与上述初始读数进行校核。

观测工作从 2021 年 5 月 29 日开始，同年 7 月 18 日结束，历时 50d，其中基准网观测 7 次，对标点观测 35 次。图 2.2-17 为现场人员用水准仪对沉降标点进行观测。加载开始后对标点的观测从 2021 年 6 月 2 日上午开始，前期每天观测一次（除大雨、大风等不具观测条件的天气外），后期两天观测一次。对当日的观测资料、观测结果及时进行统计、计算，并绘制变形量变化曲线，适时与现场其他工作人员及时沟通，以便能准确掌握变形趋势和变形规律，使各项工作顺利进行。

②水分计观测

为了测得浸水过程中各层土含水率的变化，本次试验在试坑外布置水分计并在浸水过程中进行了体积含水率的测定，对采集器采集到的土壤水分传感器数据进行存储和归档。水分计观测采用定时观测的方法进行测读。浸水期间每天对所有水分计进行读数（个别下雨天气除外），停水后每两天读数一次。图 2.2-18 为现场工作人员进行土壤水分数据的采集。

图 2.2-17　沉降观测

图 2.2-18　读取水分计数据

③注水量观测

本次现场浸水试验前期以水管供水为主，由于砂井深度较大，这种间歇性的方式不能保证试坑里有稳定的水头，中后期采用水管与水车同时供水，可以维持砂井试坑内的水位保持不变。有研究表明，通过间歇浸水试验表明，在给定的压力下，对某一特定试样来说，其总的湿陷变形量为一定值，等于该压力下一次充分浸水的湿陷变形量，而与浸水次数无关。所以，即使是间歇性供水，只要保证试验土层饱和，土层湿陷性能够充分发挥即可。

试验前在出水口安置水表，并记录水表初始读数。试验过程中试验人员每天记录注水量，并及时作好试验情况及异常情况记录。

④试验现象

从 2021 年 6 月 1 日上午 10 点左右施加荷载开始，持续对试坑边沿及周围进行巡查。截至 2021 年 7 月 9 日停水，浸水试坑周边未见明显由湿陷引起的裂缝，图 2.2-19 为浸水过程中现场照片。

图 2.2-19　试验开始第 32d 现场照片

2）试验数据与分析

（1）注水过程

砂井注水从加载变形稳定后开始，即从 2021 年 6 月 9 日上午 12 点开始，至 2021 年 7 月 9 日终止注水，历时 30d，每天注水量以能让试坑内水头高度保持在 30cm 左右为准，并安排固定人员定时测读注水量以保证数据的准确。开始阶段（6 月 9 日至 6 月 16 日）采用水管供水，水量不能满足要求。6 月 17 日以后同时采用水管与水车供水，可以维持砂井试坑内的水位保持不变。

注水期间每天对注水量进行详细的记录，单天注水量和累计注水量随时间的变化曲线见图 2.2-20。

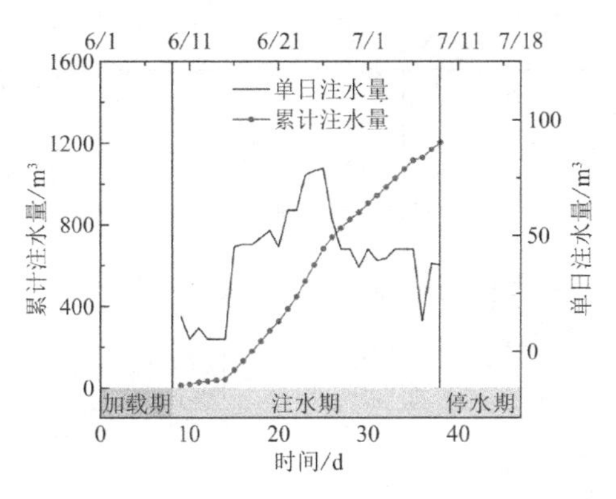

图 2.2-20　注水量随时间变化曲线

在注水 15d 后，根据各标点沉降量观测值判断，已经达到停水的要求，但为了保证砂井周围土体完全达到饱和，试验没有停止注水而是继续向砂井注水。本试验共向砂井内注水 1207m³，平均日注水量约 40m³；最大日注水量发生在 6 月 26 日，为 79m³，最小日注水量发生在 6 月 13 日、14 日、15 日，为 5m³。日注水量呈初期较小，中后期基本保持稳定的规律。

（2）水分计数据分析

此次砂井载荷浸水试验采用水分传感器采集到的数据为土壤体积含水率，绘制各水分传感器处土体体积含水率与单日注水量的变化曲线，详见图 2.2-21。图 2.2-21（a）、（b）、（c）、（d）、（e）、（f）为距井中心 1.3m 处埋深分别为 3m、7m、10m、13m、15m、18m 时水分计监测数据随时间的变化曲线。

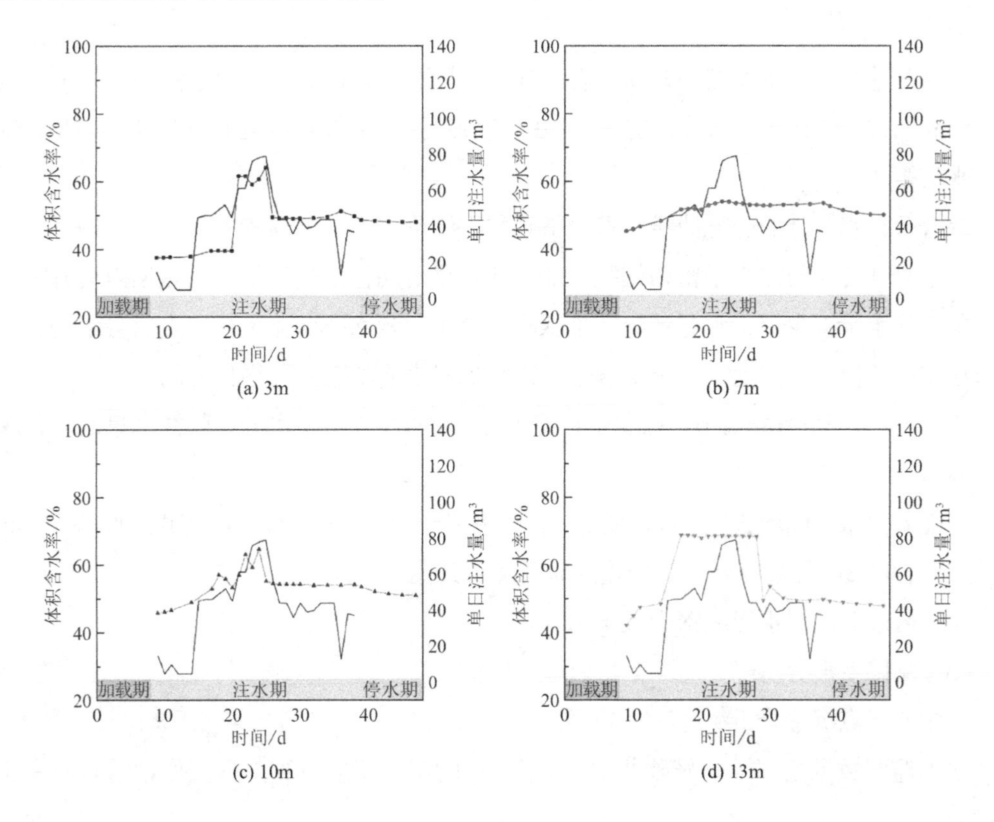

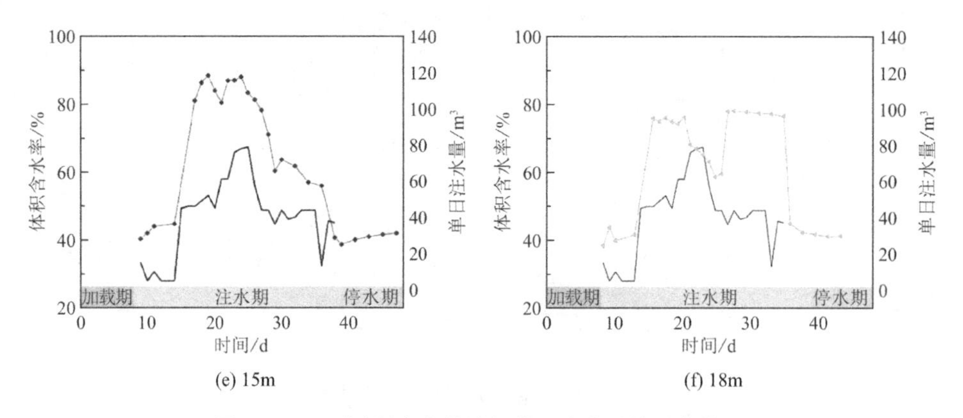

图 2.2-21　不同深度水分计与单日注水量关系曲线图

从水分计单日注水量随时间变化情况来看，水分计（除 7m 处）的变化与单日注水量的大小密切相关，随注水量增加而增加，反之亦然。7m 处水分计在浸水和停水过程中变化幅度很小，介于 45.3%～54.0%之间，但总体上呈先增加、后减小、最后稳定的规律，这与回填素土的密实度有关。体积含水率是土体中水的体积与土体总体积的比值，因此钻孔回填越密实，孔隙率越小，浸水饱和后孔隙水的体积越小，导致浸水后体积含水率变幅较小。7m、15m 与 18m 处水分计正好相反，注水量增大后含水率激增，停水后含水率骤降，变化差值高达 30%，浸水期最大体积含水率达到 80%以上。造成这种情况的原因主要是埋设水分计时素土回填不密实，土体中大孔隙发育，浸水时自由水能快速充满孔隙，停水时也能快速消散。

从水分计初次产生突变的时间来看，3m 处水分计发生最晚，在浸水后第 12d 产生突变；13m、15m 和 18m 处水分计均在第 6d 产生突变；7m 和 10m 处水分计突变最早，发生在浸水后第 3d。

综合分析水分计的变化曲线，可以得到如下结论：

①水分计变化与注水量密切相关。随着注水量增加，水分计量测值短期内会有突增变化，单日注水量减少后，水分计会产生骤降，停水后含水率变化缓慢，之后会维持在一个相对稳定的数值上，据此推测土壤含水率恢复到浸水前状态需要很长时间。

②水分计的测量值与回填土的密实度有关。密实度越小，水分计随注水量的变化越剧烈，峰值越大。

③随着浸水时间增长，注水量增加，总体呈现出 5m 以上水分计的变化时间晚于 5m 以下的规律，即 3m 处水分计开始变化的时间晚于其他水分计。

④一号砂井的浸水影响深度大于 18m。

（3）湿陷变形分析

①中心标点沉降分析

根据监测数据绘制了一号砂井中心标点 C 的累计变形量和单日变形量随时间变化关

系，如图 2.2-22 所示。中心标点 C 沉降板埋设于砂井底部，沉降板承受来自砂井砾石及承重台上混凝土配重的压力，用于监测井底以下土层在载荷浸水条件下的变形。

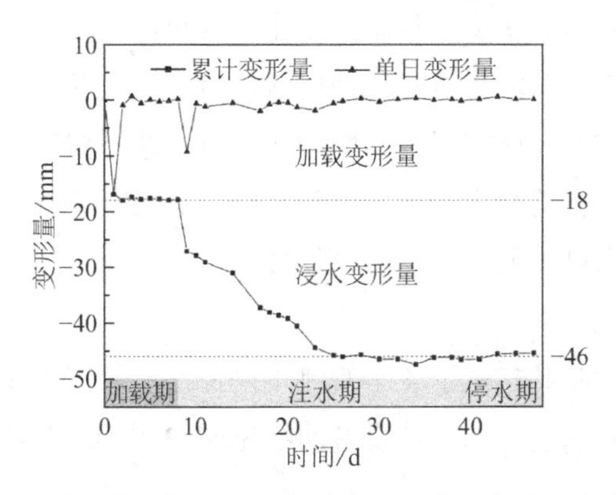

图 2.2-22 一号砂井中心标点 C 的累计变形及单日变形量随时间变化曲线

由图 2.2-22 可知，标点 C 的总变形量包括两部分，即加载变形量和浸水变形量。加载累计变形量为 18mm，单天最大加载变形量为 17mm；浸水累计变形量为 28mm，单天最大浸水变形量为 9mm。在设计荷载 380kPa 的作用下，中心标点 C 在加载 1d 之后，加载变形量达到稳定值，直到注水开始，均保持在稳定值左右。浸水开始后，水分通过砾石孔隙直接导入砂井底部，沉降标点迅速发生变化，结合图 2.2-22 可以看出，浸水变形发生在浸水前期，单日变形量大，变形速率大，随后逐渐降低至稳定值不变，反映出黄土湿陷突变性的特点。

②浅标点沉降分析

本次试验共布置浅标点 6 个，如图 2.2-3 所示，历时 47d，共观测 31 次。浅标点变形量反映的是地表面以下地层的总变形量，一号砂井实测浅标点累计变形量随时间变化曲线见图 2.2-23。

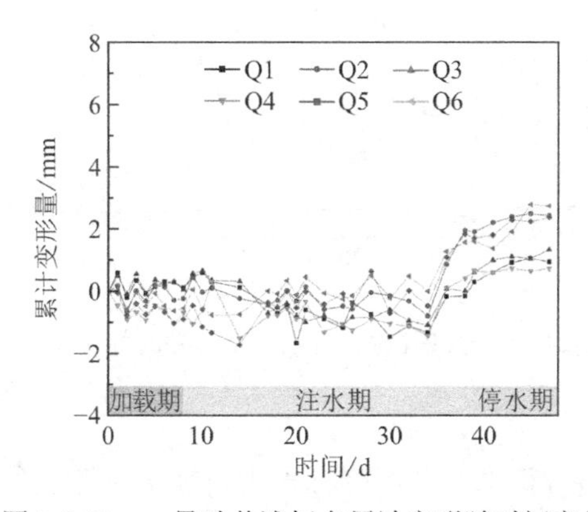

图 2.2-23 一号砂井浅标点累计变形随时间变化线

加载期：浅标点变形量在−1～1mm 之间不断波动，没有明显的升降变化，说明承重台加载对砂井周围地层没有显著影响。

注水期：注水期间各浅标点变形量都很小，但是出现了明显的抬升情况，最大抬升点为 Q6，其抬升量近 3mm，这表明砂井浸水径向影响范围（距砂井中心）至少为 4.8m。

停水期：各浅标点基本处于稳定状态，变化量很小。

总体而言，一号砂井载荷浸水试验的地面浅标点呈抬升状态，该现象与机械工业勘察设计研究院有限公司完成的“西安财经学院现场试坑浸水试验”结果比较相似，该试验的试坑地层在浸水过程中也有几毫米的上升。此次试验场地距西安财经学院直线距离仅 2km，从而验证了砂井载荷浸水试验的合理性和可行性。

③深标点沉降分析

一号砂井载荷浸水试验共布置了 4 个观测不同深度土层变形量的深标点。根据测量数据，绘制了各深标点随时间变化的累计变形曲线见图 2.2-24，分析可知，深标点变形大致有如下特征：

加载期：深标点变形量的变化与浅标点类似，在−1～1mm 之间不断波动，没有明显的升降变化，说明承重台加载对砂井周围地层没有显著影响。

注水期：注水期间各深标点变形量都很小，处于缓慢抬升状态，最大抬升量不超过 4mm。

停水期：各深标点基本处于稳定状态，变化量很小，直至观测结束，其最大变化量不超过 1mm。

一号砂井试验中深标点变形量均较小，可能与砂井试验中的水分入渗条件有关。由于注水砂井与深标点能加速水体入渗，使得深部地层较早的达到饱和而产生湿陷变形，但此时中间部位地层尚未浸水饱和，而使饱和部位地层上覆压力难以达到正常状态。

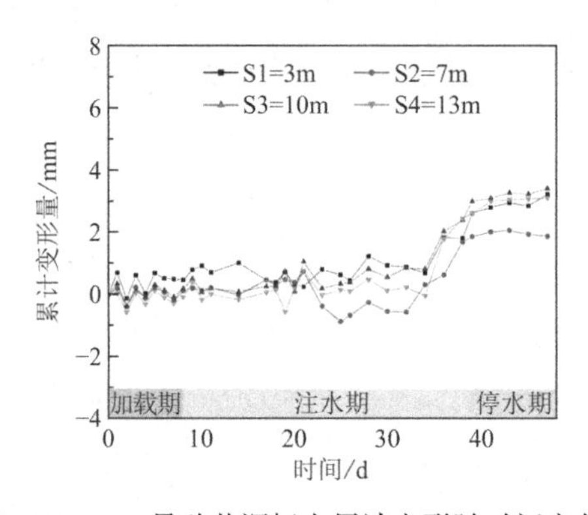

图 2.2-24　一号砂井深标点累计变形随时间变化曲线

3）试验结论

一号砂井载荷浸水试验过程中对各沉降标点进行变形观测，结果显示各沉降标点除中心标点外均未发生明显沉降变形，反而略有抬升。根据观测结果可知中心标点 C 的浸水累计变形量为 28mm，这可以模拟地基在实际基底压力下的湿陷量实测值，为常宁基地二期项目黄土地基的湿陷等级判定提供依据。

2.2.2　二号砂井载荷浸水试验

二号砂井开挖深度为 15m，中心承压板穿过第一层上更新统古土壤，坐落于第二层中更新统黄土上，井底中心承压板承受压力为 520kPa，等于上覆土天然自重压力与湿陷起始压力之和。二号砂井载荷浸水试验通过控制井底压力，可以模拟 15m 处地层在湿陷起始压力作用下沉降变形和浸水饱和后的湿陷变形发展规律。二号砂井载荷浸水试验的监测点布置如图 2.2-25、图 2.2-26 所示。

二号砂井载荷浸水试验过程中对各沉降标点进行变形观测，结果显示各沉降标点除中心标点外均未发生明显沉降变形，反而略有抬升。根据观测结果可知中心标点 C 的浸水累计变形量为 96mm，这可以近似代表埋深 15m 的地基在上覆土天然自重压力与湿陷起始压力作用下的湿陷量实测值，为常宁基地二期项目黄土地基基础的设计提供参考依据。

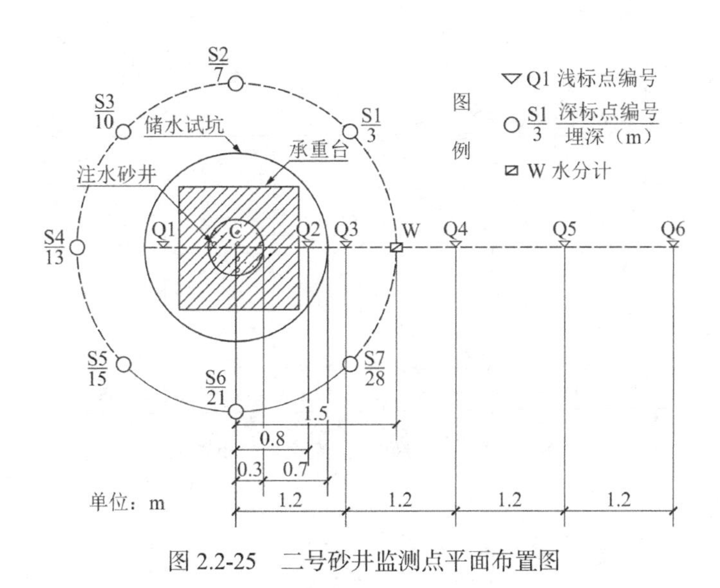

图 2.2-25　二号砂井监测点平面布置图

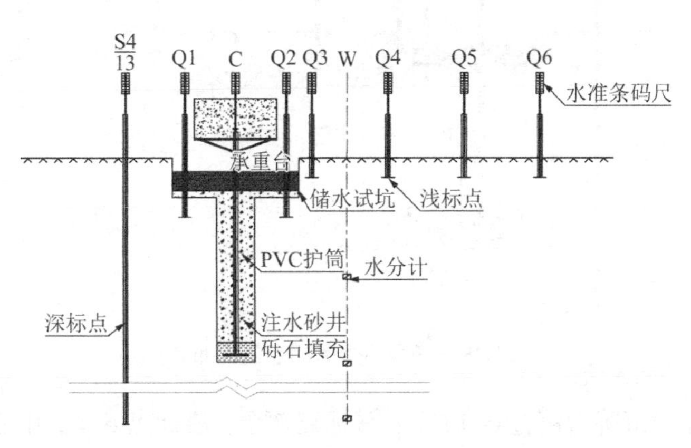

图 2.2-26　二号砂井监测点剖面布置图

2.2.3 三号砂井浸水试验

三号砂井开挖深度为24m，即中心承压板的埋深为24m，贯穿室内试验确定的湿陷性土层。砂井浸水试验的核心是控制砂井内饱和砾石的高度，要求砂井井底单位面积饱和砾石的重力等于实际饱和黄土土柱的重力，相当于把饱和黄土土柱替换成相应重量的饱和砾石柱体。这样不仅能将水直接导入某一深层湿陷性黄土地层，以此来测定该地层以下黄土的湿陷变形量，还能使砂井周围地层快速饱和，得到砂井浸润范围和浸水影响深度内土体的自重湿陷变形。因此，三号砂井浸水试验可以测定砂井场地的湿陷变形及井底湿陷性土层的沉降变形，为常宁基地二期项目提供一种新的黄土湿陷性评价方法。三号砂井浸水试验的监测点布置如图2.2-27、图2.2-28所示。

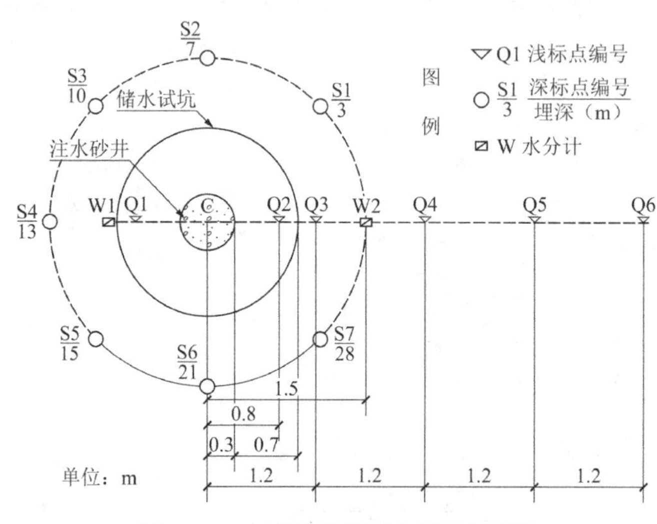

图2.2-27 三号砂井监测点平面布置图

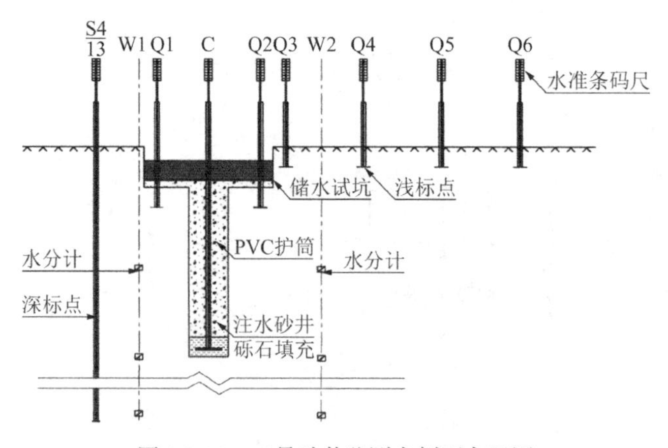

图2.2-28 三号砂井监测点剖面布置图

三号砂井共布设沉降观测标点14个：深标点7个，浅标点6个，中心标点1个。深标点编号为S1～S7，深度分别为3m、7m、10m、13m、15m、21m和28m，在以砂井中心为圆心、半径为 1.5m 的圆周上均匀分布，用于量测不同埋深土层的湿陷变形量。浅标点编号为 Q1～Q6，埋深均为 0.5m，具体位置见图 2.2-27，用于量测砂井径向地表沉降。中心标点 1 个，编号为 C，监测井底以下地层的变形规律。

三号砂井布设土壤水分监测计 2 组，共 15 个，如图 2.2-27 所示的 W1、W2，W1 组水分计位于试坑边缘，距离砂井中心 1m，水分计埋深为 5m、8.5m、14.5m 和 17m；W2 组水分计共 6 个，分布在距井中心 1.3m 的竖向上，也就是说，W2 组水分计和深标点分布在同一圆周上，这样能更好地反映含水率变化与湿陷变形的关系，其埋深分别为 3m、5m、15m、19m、21m 和 28m。与一号、二号砂井类似，深标点沉降都是不升反降，可能与古土壤层的岩桥作用和弱膨胀性有关。

砂井浸水试验过程中对各沉降标点进行变形观测，结果显示各沉降标点均未发生明显沉降变形，场地浅标点最大自重湿陷量为 6.5mm，小于 70mm，判定试验场地属于非自重湿陷性黄土场地。依据《湿陷性黄土地区建筑标准》GB 50025—2018 中第 4.4.2 条规定：按自重湿陷量实测值和自重湿陷量计算值判定出现矛盾时，应按自重湿陷量实测值判定。因此，可以判定试验场地为非自重湿陷性黄土场地。该结论可以作为常宁基地二期项目地基处理设计的依据。

2.3　现场试坑浸水试验

西安地铁 4 号线南段分布有大厚度湿陷性黄土，湿陷性黄土层最大厚度达 25m，计算最大湿陷量近 1m，地铁结构底板下的黄土仍具有自重湿陷性，受湿陷性黄土影响的地铁线路长度约为 6km，为了准确查明场地湿陷类型，本次在地铁线路研究区段附近选择 2 组具有代表性的位置进行现场浸水试验。根据现场浸水试验结果并结合地铁工程特点制定相应的地基处理措施，为地铁 4 号线南段大厚度湿陷性黄土地基处理提供技术支撑。

2.3.1　一号场地试坑浸水试验

在认真分析现有勘察资料及紧密结合设计要求的前提下，浸水试验场地的选择还应遵循以下原则：

（1）地貌单元及地层应在该段具有代表性；

（2）湿陷性黄土分布连续；

（3）黄土的湿陷程度相对较严重；

（4）场地附近应有充足的水源。

在航天东路—神舟大道沿线附近初步选取 2 处场地（TJ1、TJ2 所在位置）作为本次试坑浸水试验的拟选场地（图 2.3-1），在此基础上，进一步开挖探井进行室内土工试验，选取最具代表性的试验场地。

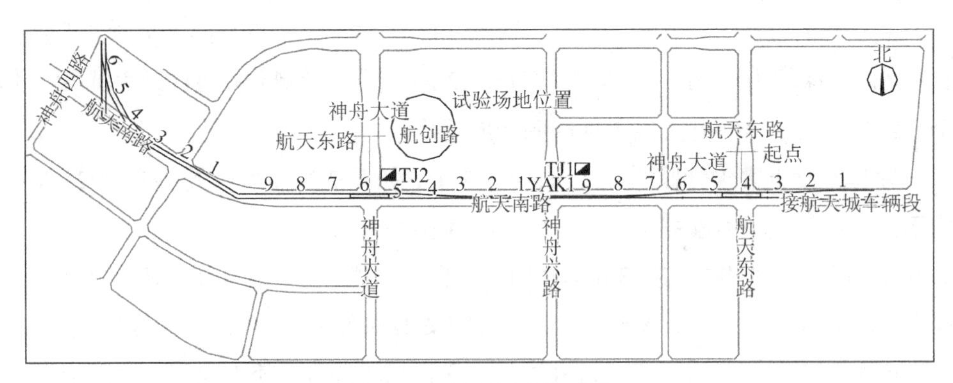

图 2.3-1 拟选场地位置图

拟选的 2 处试验场地均位于黄土塬地貌，与本次代表区段地貌相同。拟选的 2 处试验场地地层与本次代表区段地层一致、物理力学性质相似，2 处拟选场地均具有代表性。拟选的 2 处试验场地均为自重湿陷性黄土场地。根据调查，TJ2 号探井试验场地附近有 4 口民用水井，初步估算能够满足试验过程对水量的需求，而且试验场地位置平坦、开阔；TJ1 号探井试验场地附近没有找到试验需要的水源。

综上分析，最终选取 TJ2 号探井所在试验场地作为一号浸水试验场地，其里程为 YAK1 + 480.000 左右，地理位置位于西安市长安区阳村西南角，经纬度坐标为东经 108°58′47.63″、北纬 34°8′40.84″，距线路直线距离约 60m。

1）试验场地浸水试验方案设计

（1）试坑设计和测点布设

一号试验场地采用地表浸水自然下渗模式，场地内设置的观测控制点、工作基点、深标点、浅标点、水分计、孔隙水压力计、水位观测孔、土压力盒等的平面位置见图 2.3-2。

①试坑尺寸

根据探井揭露的试验场地岩土工程条件，试验场地湿陷性土层的下限深度为 22m 左右，为了使试坑底面以下全部湿陷性土层受水浸湿达到饱和并充分产生自重湿陷，本次大面积现场浸水试验依据《湿陷性黄土地区建筑规范》GB 50025—2004 第 4.3.8 条规定，试验试坑呈圆形，直径 25m，深度 0.5m，在浸水坑底部铺设 10cm 厚砾石。

②沉降观测点设置

本次试验共布置沉降观测标点 78 个，其中浅标点 42 个、深标点 36 个。

a. 浅标点的布设

浅标点用以测量地面（湿陷）变形及其影响范围。由中心向坑边 3 个方向放射状布置 A、B、C 3 条测线，3 条测线成 120°夹角。每条测线坑内布置 6 个观测地面湿陷变形的浅标点，每条测线第 1 个浅标点距圆心 1.3m，之后浅标点间距为 2m；在坑外沿 3 条测线设置观测地面变形的浅标点，第 1 个浅标点距坑边 1m，第 2、3、4、5、6 个浅标点间距为 2m，第 7 个浅标点间距为 4m，第 8 个浅标点间距为 5m，详见图 2.3-2 及图 2.3-3。

b. 深标点的布设

深标点用以观测不同深度土层的自重湿陷变形量，本次采用的深标点均为机械式深标点。在试坑中心布置了 H、J、K、L、M、N 六条测线，每条测线布置 6 个深标点，每条测线第 1 个深标点距圆心 1.3m，之后深标点间距为 2m；根据土层埋深及厚度，结合与地铁结构空间关系，每个土层具体布置数量及深度原则如下：

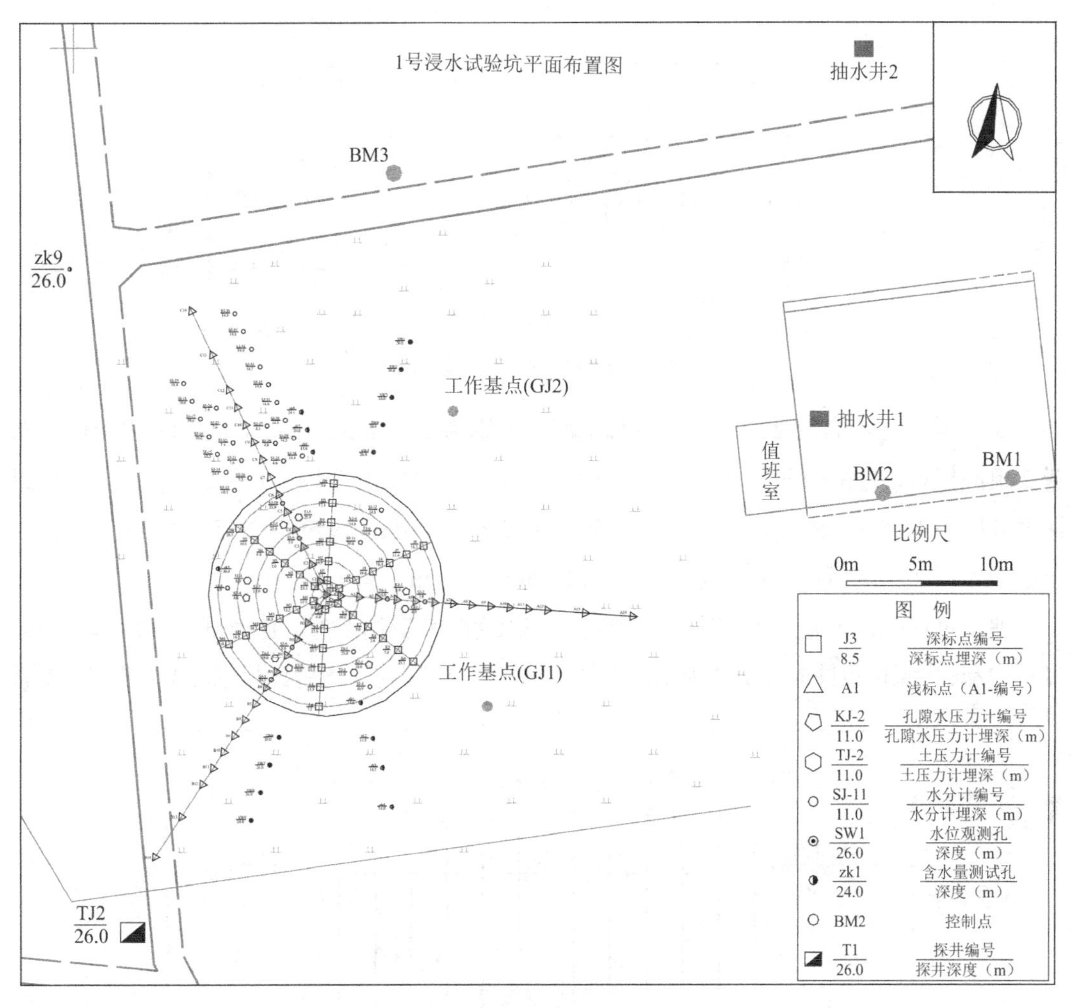

图 2.3-2　浸水试验场地平面布置图

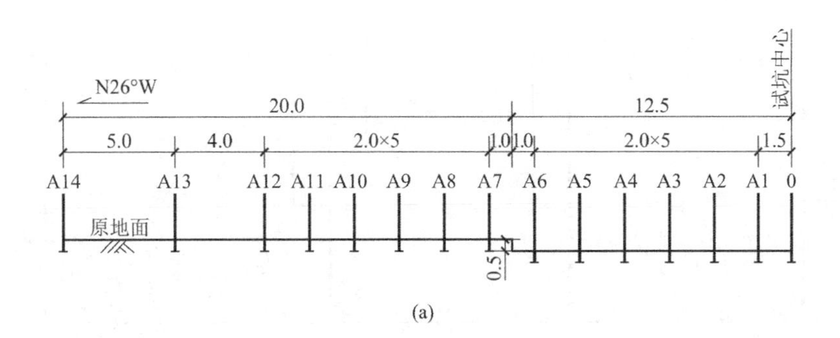

(a)

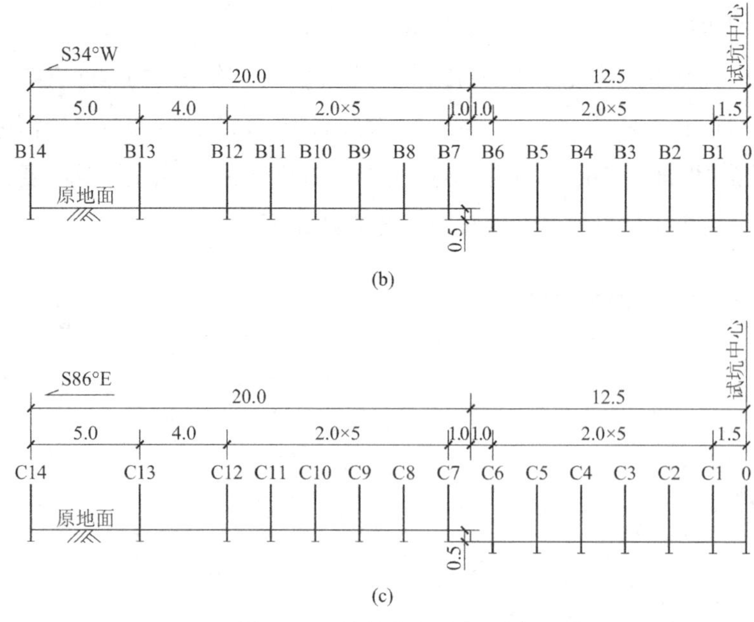

图 2.3-3　浅标点立面布置图

Q_3新黄土层中布置 2 组深标点，每组深度分别为 2m、4m、6m、8.5m；Q_3古土壤中布置 2 组深标点，每组深度分别为 9.5m、10.5m、11.6m；Q_2老黄土中布置 2 组深标点，每组深度分别为 13.5m、14.5m、15.5m、16.5m、17.5m、18.5m、19.5m、20.5m、21.3m；Q_2古土壤中布置 2 组深标点，每组深度分别为 23.5m、26.0m。

埋设过程中，受施工工艺影响，个别标点深度略有变化。为了加速试坑内地基土层的浸水饱和，将深标点同时作为渗水孔，即在套管外填充砂砾石，布置详见图 2.3-2 及图 2.3-4。

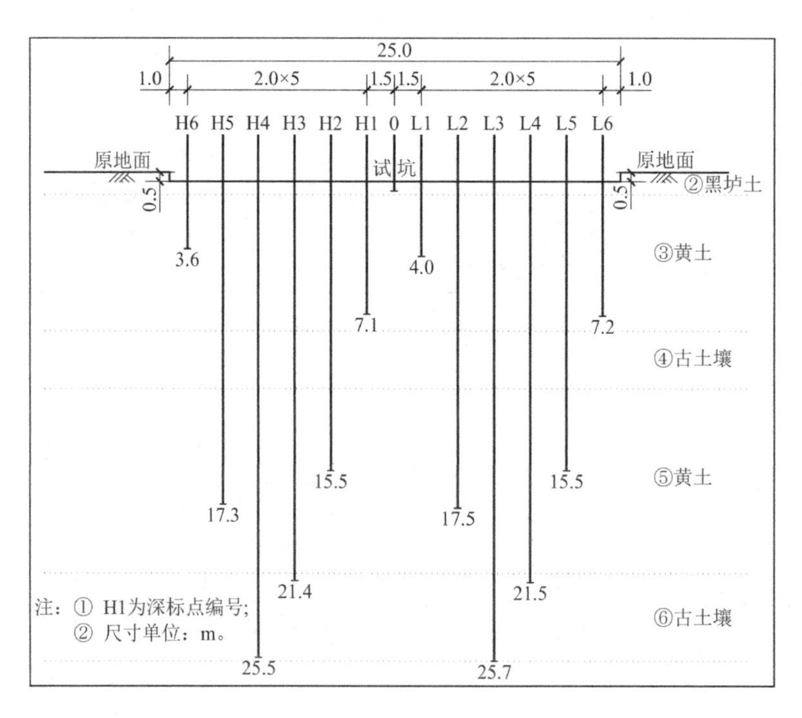

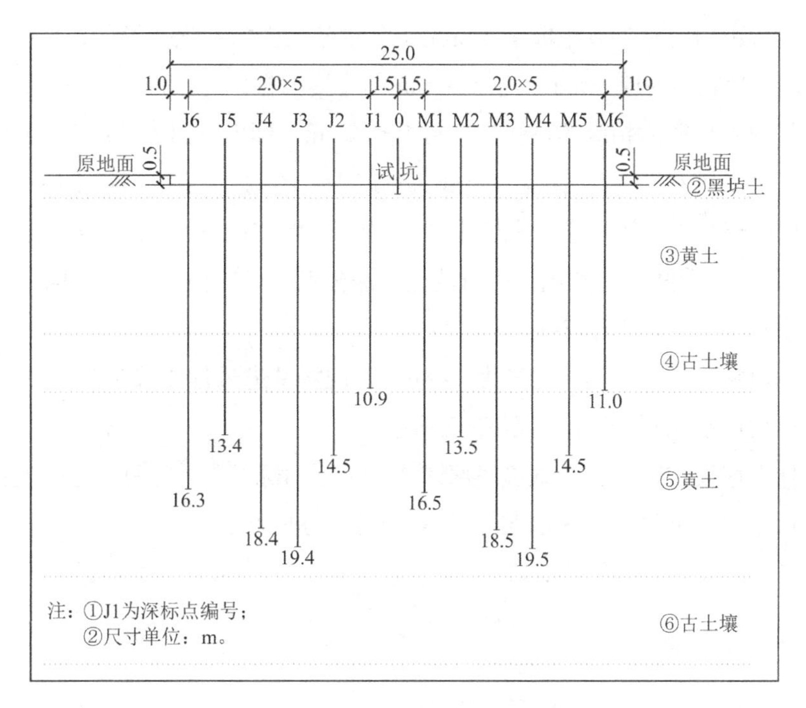

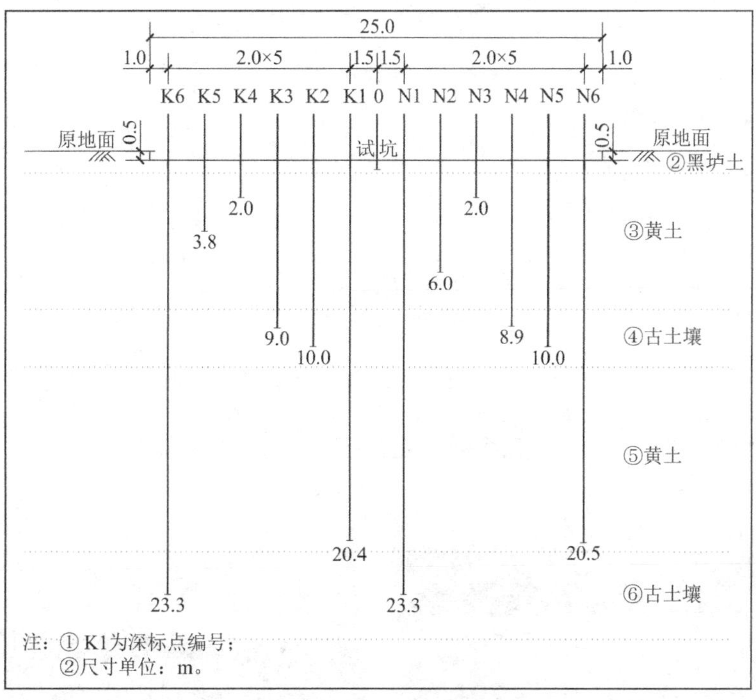

图 2.3-4　深标点立面布置图

c. 沉降标点埋设

浅标点底座浅坑为人工挖掘，均要求清除表层浮土和耕土，坐落于原状土层之上，并人工轻拍夯实。浅标标杆采用镀锌钢管，管径 25mm，试坑内管长均为 2.5m，试坑外管长均为 2.0m，底座为 15cm × 15cm × 0.3cm 的钢板。

深标点装置由内管和外管组成。内管用于测量各层土的湿陷变形量，采用镀锌钢管，管径 25mm，内管底座为厚 3mm、直径 50mm 的圆形钢板，直接位于拟埋设的土层顶面；每个深标点的内管长度为相应的钻孔深度再上延 2.5m，即内管出露地面 2.5m。

深标点外管采用 PVC 管，管径 60mm，其作用在于保护内管，当各土层产生自重湿陷时，内管可以随着自由下沉而不受孔壁土层的影响；PVC 管地面出露 100cm，距孔底距离为 50cm；外管与钻孔间的空隙用砂砾石填充。深标点的设置构造见图 2.3-5，深标点、浅标点埋设效果见图 2.3-6、图 2.3-7。

深标点孔由钻机成孔，钻孔直径为 108mm，现场钻进过程要求在钻至预定深度 0.4m 左右停钻，然后用清孔器分次清孔至要求深度。

深、浅标点埋设结束后，在试坑底部铺 10cm 厚的砾石，并在每个标点的顶部固定供观测湿陷变形量用的钢尺，使用水准仪对标点及钢尺进行调直。

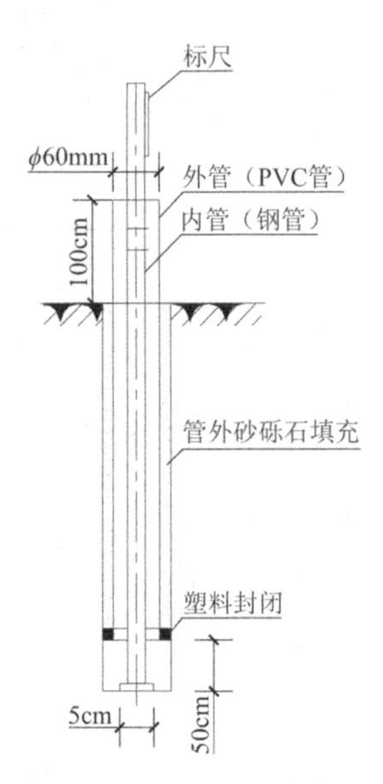

图 2.3-5 深标点设置构造图

图 2.3-6 埋设的深标点

图 2.3-7 埋设的浅标点

d. 传感器埋深

为了测得浸水过程中各层土含水率变化，分析研究浸水区地下浸润边界及时空变化规律，本次试验在试坑内及试坑外布置水分计。水分计埋深方案如下：

坑内不同土层同一深度分别布设 2 组土壤水分计，根据地层分层条件，每组水分计布设深度分别为 4m、8m（新黄土）、11m（古土壤）、15m、19m（老黄土）、23m（古土壤）；第一组水分计以试坑中心为圆心，6.5m 为半径同心圆布置；第二组水分计以试坑中心为圆心，10.5m 为半径同心圆布置。

坑外在 C 组浅标点附近布置深度不同的 4 排水分计，各排水分计埋置深度分别为 4.0m、8.0m、11.0m、15.0m，其中埋深 4.0m 水分计 3 个、8.0m 水分计 5 个、11.0m 水分计 7 个、15.0m 水分计 8 个，埋设位置详见一号浸水试验平面布置图图 2.3-2。

土壤水分计埋设采用预钻孔埋设方式，即采用钻机预钻至设计深度，埋置水分计，经埋设前及埋设后的读数校值，确定水分计工作正常后，利用预先筛好的素土进行回填，如图 2.3-8 所示。根据埋置深度不同，分层夯实，同时间隔 2m 利用素混凝土进行止水，确保浸水过程中，不会由于钻孔内渗流速度的增大，加快水分计的变化速率。

为了分析研究浸水过程中不同深度孔隙水压力的变化规律，本次在试验过程中埋设孔隙水压力计 6 组，深度分别为 4m、8m、11m、15m、19m、23m。

孔隙水压力计埋设采用预钻孔埋设方式，埋设前将孔压在水中浸泡 30min，待透水石充分饱和之后采用预制砂袋包裹孔压传感器。埋设时预先在钻孔内回填 20cm 细砂，将孔压计下入预设深度后，回填 30cm 细砂，最后利用预先筛好的素土进行回填夯实，如图 2.3-9 所示。根据埋置深度不同，分层夯实，同时间隔 2m 利用素混凝土进行止水，确保浸水过程中不会由于钻孔内渗流速度的增大加快孔压计的变化速率。

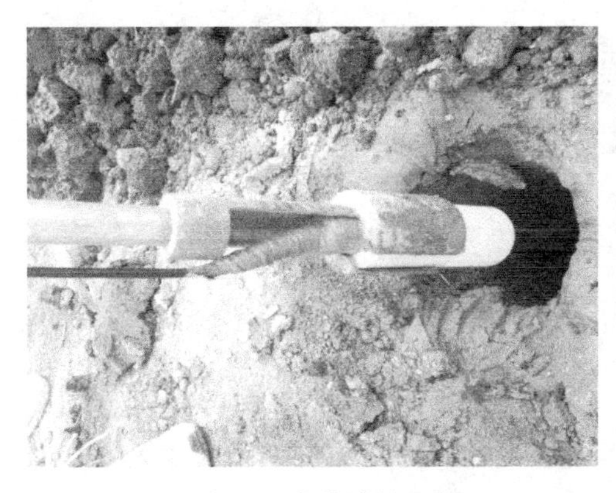

图 2.3-8　水分计的埋设

图 2.3-9　孔隙水压力计的埋设

e. 水位观测孔的布设

本次试验在试坑南北方向各布置了一排水位观测孔，水位观测孔采用钻机成孔，过滤器采用孔眼 PVC 管，孔心纵距小于 50mm，每周孔数 8～10 个，穿孔直径为 20mm，PVC

管外采用纱网包裹。孔周围用砂砾石填充，孔深均为 26m，第一个水位观测孔离试坑边沿 3m，观测孔间距为 3m，共计 9 个水位观测孔。

（2）观测项目与现场测试

①变形量观测

A. 观测设备及观测标准

本次变形观测采用高精度精密水准仪配合铟瓦水准尺进行测量，按二级变形测量精度要求进行观测，可以满足本次沉降观测的要求。

本次试验变形观测执行的规范有：

国家标准《湿陷性黄土地区建筑规范》GB 50025—2004；

行业标准《建筑变形测量规范》JGJ 8—2007。

B. 基准点和观测基点的设立

a. 在浸水试验场地建立一个基准网，基准网由 5 个基准点 BM1、BM2、BM3、BM4、BM5 及 2 个工作基点 GJ1、GJ2 组成，呈附合水准路线形式。其中 BM1、BM2 分别设置在场地东侧已建 6 层居民房框架结构柱上，BM3 设置在场地正北建筑围墙转角柱上，3 个基准点分别距浸水试坑为 58m、33m、44m。同时为了保持水准路线的不变，对临时转点也作了固定处理。基准点布设情况见图 2.3-10。

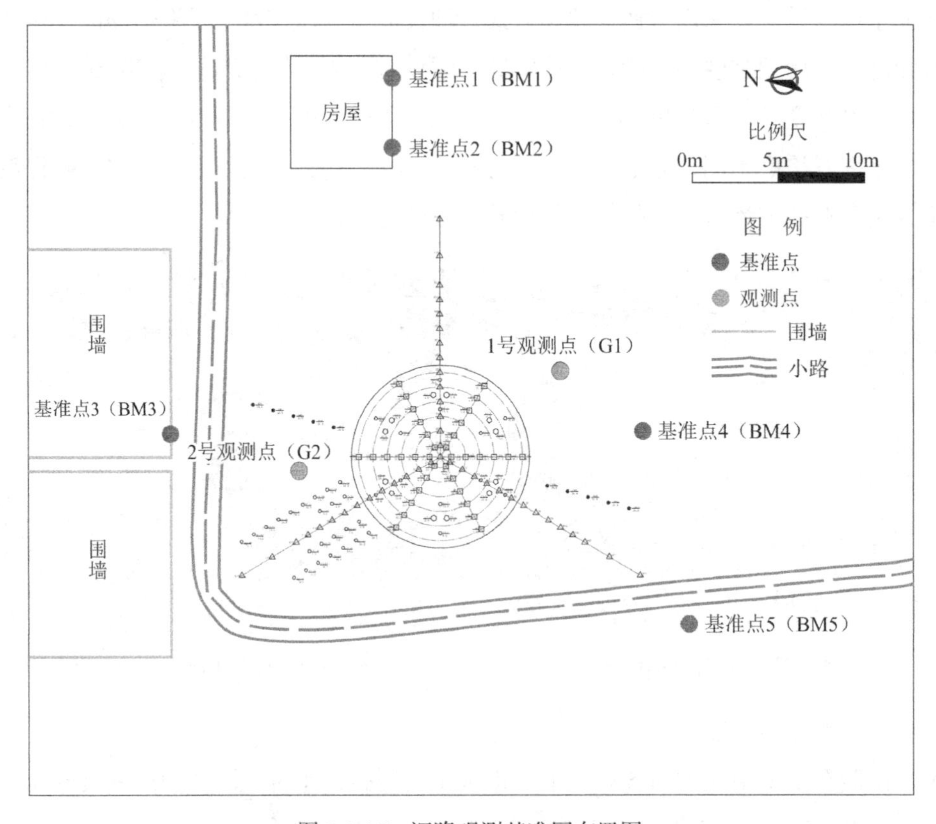

图 2.3-10　沉降观测基准网布置图

b. 基准点采用膨胀螺栓固定于建筑物柱体位置或采用电钻预制孔埋置钢筋水泥浇灌方式固定埋设，并对基准面进行打磨，以保证试验的精确性。

c. 变形观测基准网采用相对高程基准系。假设 BM2 高程为 0.0000m，其他点的高程以 BM2 作为起算点，并多次对其他基准点的高程进行检核，确保基准点稳定可靠。

d. 观测周期：为了保证观测的精度，按照二级变形测量的精度要求，采用几何水准测量方法，保持网形、线路、仪器和人员不变，对沉降观测基准网每周进行 3～7 次复测。检查基准点间的高差变化，分析基准点的稳定性。

试验前在各类变形观测点埋设后，每天测读一次高程，连续 3d。待测值稳定后，作为初始读数。正式浸水前再测量一次，并与上述初始读数进行校核。二级水准测量要求在闭合水准测量时，闭合差的绝对值不大于 $1.0\sqrt{n}$mm（n为测站数）。

C. 仪器i角检校场

为消除水准仪视准线与水准线不平行引起的i角差对测量结果的影响，也为了解仪器的性能状况，在试验场地内建立了一个临时的i角检验场。检验周期为 1 次/周。

D. 沉降观测及数据统计

各类变形观测点埋设后，为了最大限度地减小因浸水对试坑周围地面影响而产生的观测误差，每天在距试坑边缘约 10m 的固定观测站上进行观测。同时，由于观测点数量多且分布密集，为避免观测过程中出现记录错误，提高观测精度，采用中视法在视窗范围内分别读标尺两个不同刻度值，以检核观测数据。

观测工作从 2012 年 7 月 21 日开始，同年 9 月 20 日结束，历时 61d，其中基准网观测 20 次，对标点观测 64 次。浸水开始后对标点的观测从 2012 年 7 月 24 日上午开始，每天观测一次（除大雨、大风等不具观测条件的天气外）。对当日的观测资料、观测结果及时进行统计、计算，并绘制变形量变化曲线，适时与现场其他工作人员及时沟通，以便能准确掌握变形趋势和变形规律，使各项工作顺利进行。

②裂缝观测

从 2012 年 7 月 24 日中午 12 点开始注水，每天对试坑边沿及周围变形进行观测。

③浸水影响范围观测

为了测得浸水过程中各层土含水率变化，分析研究浸水区土层浸润边界及时程变化，本次试验在试坑内及试坑外布置水分计并在浸水过程中进行了体积含水率的测定。水分计观测采用定时观测辅以个别重点连续观测的方法进行测读。

浸水前期（7 月 24 日至 8 月 4 日）每隔 2h 对所有水分计进行读数，并根据埋深深度依次选择 4m、8m、11m、15m、19m、23m 进行重点采集读数，自动采集读数时间间隔为 10min，每个连续读数停止标准为：水分计读数变化（增大）稳定后，随即对下一深度进行自动采集读数。浸水后期（8 月 4 日至 8 月 26 日）每天读数两次，停水后（8 月 26 日至 9 月 2 日），每间隔 6h 读数一次，9 月 2 日至 9 月 30 日 1～2d 读数一次，9 月 30 日至 12 月

21 日 5～10d 观测一次。

每天上午 9:00 利用水位计对坑边的 9 个水位观测孔进行测量，从 7 月 24 日开始注水直到 8 月 26 日停水，水位观测孔内均没有观测到自由水。

④注水量观测

本次现场浸水试验采用固定水井供水、水泵抽水的方式，试验前在水泵出水口安置水表并记录水表初始读数。试验过程中试验人员每天记录注水量，并及时作好试验情况及异常情况记录。

（3）试验浸水情况

①试验流程

浸水试验全过程的流程图见图 2.3-11。

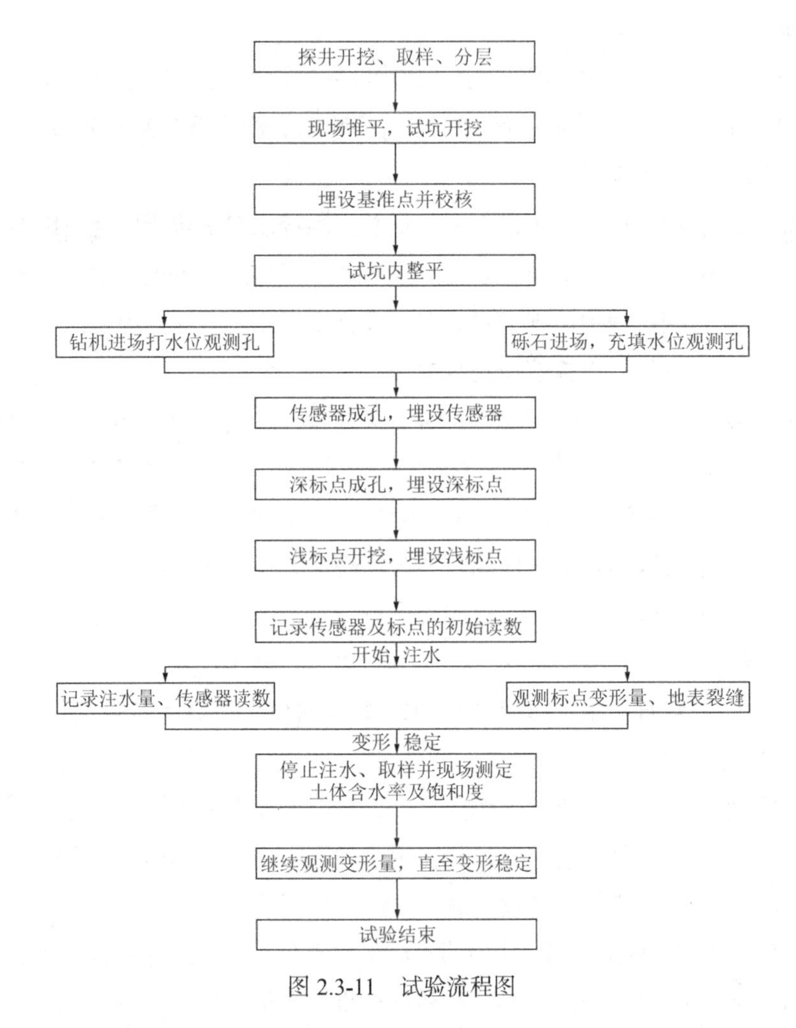

图 2.3-11　试验流程图

②停止浸水条件和变形稳定标准

根据《湿陷性黄土地区建筑规范》GB 50025—2004 的有关规定，浸水及湿陷稳定标准如下：

a. 浸水过程中试坑内的水头高度保持在 30cm 左右，至土层变形稳定后可以停止注水，变形稳定标准为最后 5d 的平均变形量小于 1mm/d；

b. 试坑内停止注水后，应继续观测不少于 10d，当出现连续 5d 的平均下沉量不大于 1mm/d 时，试验终止。

本次试验试坑直径为 25m，大于试验场地湿陷性黄土下限深度（20.6m），因此试坑直径满足《湿陷性黄土地区建筑规范》GB 50025—2004 的要求。试验过程中始终保持试坑内水头大于 30cm，浸水历时达 34d，根据取样及观测，地基土已充分饱和；停水及终止试验时地基土的沉降速度和观测天数均满足上述规范要求。本次试验过程中，采取了有效措施，对试验用水给予最大保证；试验过程中浸水水头等保持正常，保证了本次试验成果的准确性和可靠性。

2）现场试验数据与分析

（1）注水量与蒸发量

①注水量

试坑注水从 2012 年 7 月 24 日上午 12 点开始，至 2012 年 8 月 26 日终止注水，历时 34d，每天注水量以能让试坑内水头高度保持在 30cm 左右为准，并安排固定人员定时测读注水量以保证数据的准确。开始阶段试坑渗水速度较快，7 月 24 日至 8 月 1 日使用两口机井同时注水；8 月 2 日以后，采用两口机井间歇性注水。

注水期间每天对注水量进行详细的记录。在注水 15d 后，根据各标点沉降量观测值判断，已经达到停水的要求，但为了保证试坑内土体完全达到饱和，试验继续向试坑注水。本试验共向试坑内注水 12034m³，平均日注水量约 354m³；最大日注水量发生在 7 月 25 日，为 560m³，最小日注水量发生在 8 月 19 日，为 274m³。日注水量呈初期较大，后期逐渐减小的规律，符合浸水试验注水量需求变化特征。单天注水量和累计注水量随时间的变化曲线见图 2.3-12。

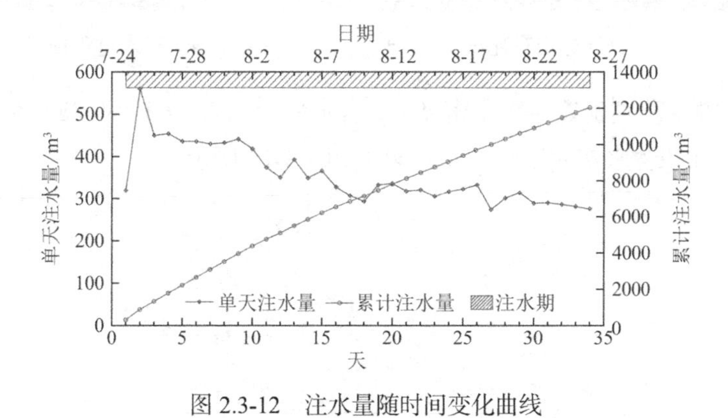

图 2.3-12　注水量随时间变化曲线

②现场蒸发试验

为了研究浸水过程中试坑中水的蒸发量，本次设计了一个简易的蒸发量测试试验，试验过程所用到的试验仪器有烧杯（量程为 250mL）、天平、温度计、游标卡尺等。

试验原理：烧杯中放入一定量的水，将烧杯放于距试坑不远位置处，在一定的时间内测量烧杯中水量的变化，计算烧杯中水在一定时间内的蒸发量，进而换算试坑面积在该种工况下的蒸发量。试验过程中未考虑天气变化的影响。

试验时间从2012年8月28日早上9:25分开始至2012年8月29日早上9:25分结束，当天最高温度约37℃，通过计算该天烧杯中水质量减少29.19g，烧杯截面面积为0.0036m^2，试坑的面积为514.7m^2，通过计算，试坑1d水的蒸发量为4161.6kg，约4.16m^3。试坑浸水33d，浸水过程总蒸发量约为137.33m^3，与本次浸水试验注水量12034m^{3}相比，蒸发量约为注水量的1%，加之试验期间降雨量也没有考虑，所以蒸发量可以忽略不计。

（2）土壤水分计数据分析

①土壤水分计的标定

土壤水分计传感器的实测结果为体积含水率，岩土工程中通常采用质量含水率，两者之间存在一定的换算关系，有关资料表明，两者之间为近线性关系。考虑到厂家出厂时标定所采用的土性和试验场地土性不一致，本次对水分计进行现场标定，如图2.3-13及图2.3-14所示。

标定原理为：配制同一干密度下，4个不同质量含水率试样，分别测定其质量含水率和体积含水率，找出其两种含水率之间的线性关系。

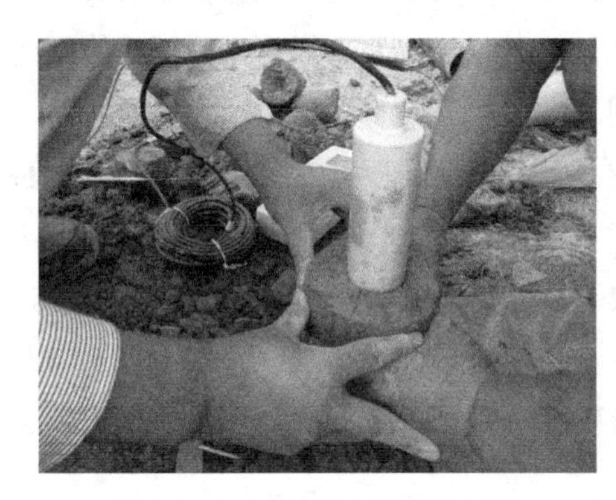

图2.3-13　水分计标定对比试验

图2.3-14　浸水过程现场钻探

以新黄土为例，分别配置3组干密度下，含水率分别为24.35%、28.0%、30.0%、32.0%重塑样，并进行体积含水率测定，测定结果如图2.3-15所示。

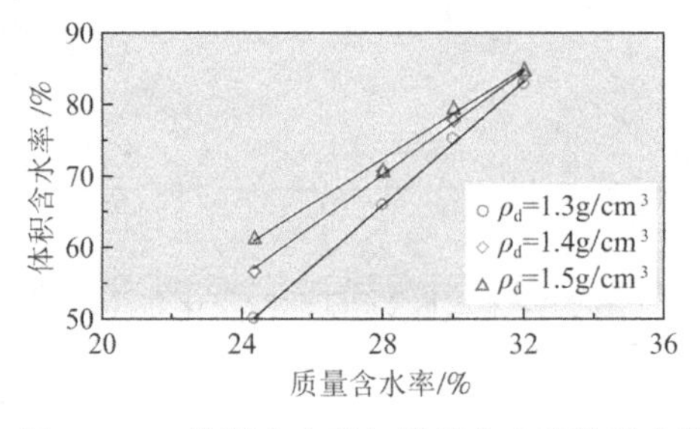

图2.3-15　体积含水率与质量含水率关系曲线

图2.3-15表明，体积含水率与质量含水率呈近线性关系，体积含水率与干密度正相关。

在上述试验结果的基础上，本次采用浸水前后水分计的读数及相应部位质量含水率的数值对水分计进行线性标定，部分水分计标定关系如图 2.3-16 所示。

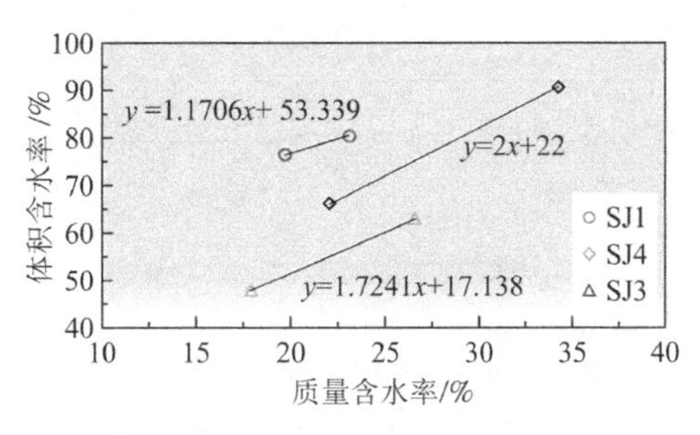

图 2.3-16　水分计标定关系

②土壤水分计变化曲线分析

根据上述标定方法，对水分计的测量值进行换算，绘制各水分计随浸水历时的变化曲线，详见图 2.3-17～图 2.3-21。

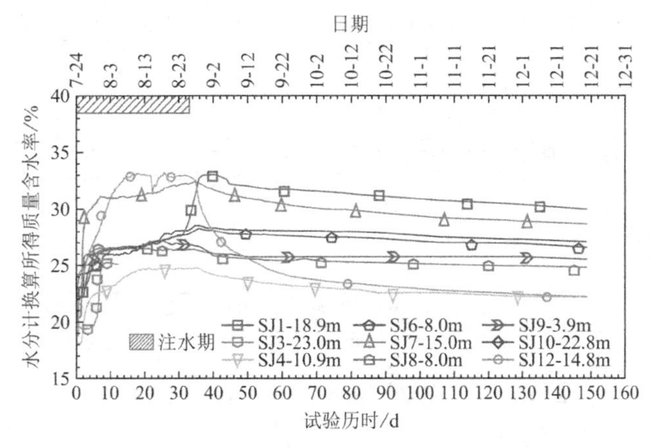

图 2.3-17　试坑内水分计监测曲线图

注：SJ3、SJ1 在监测一段时间后损坏，因此本次仅绘制其部分数据。

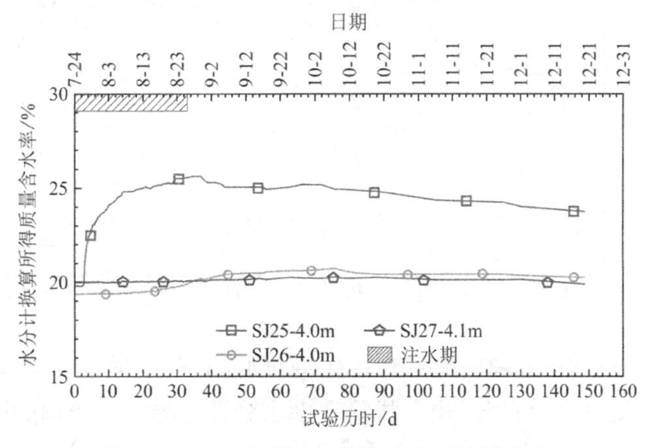

图 2.3-18　试坑外 4m 深度水分计监测曲线

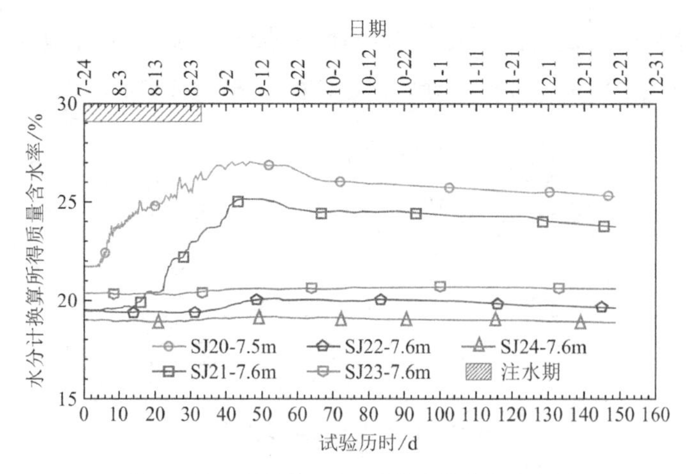

图 2.3-19 试坑外 7.6m 深度水分计监测曲线

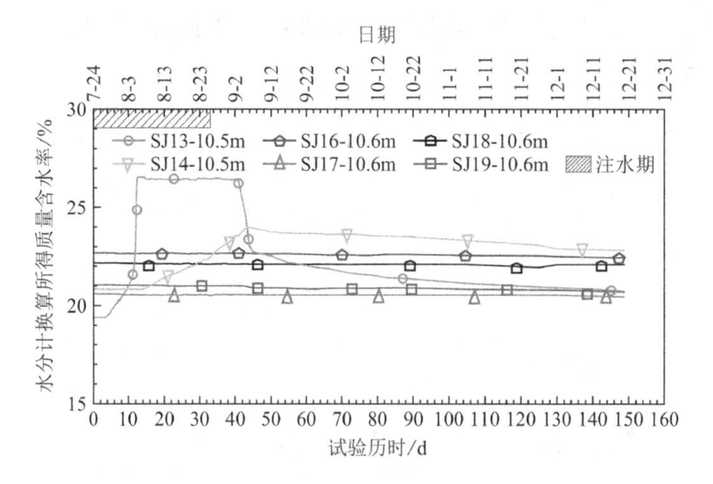

图 2.3-20 试坑外 10.6m 深度水分计监测曲线

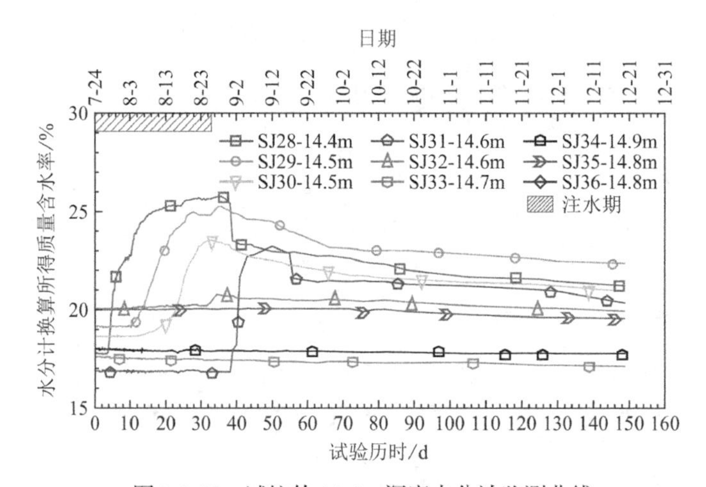

图 2.3-21 试坑外 14.6m 深度水分计监测曲线

由图 2.3-17～图 2.3-21 可以看出，排除个别水分计受渗水孔影响的因素，综合分析判定，浸水 20h 后，4m 处水分计开始变化，浸水 148h 后 23m 处水分计开始变化，由此表明浸水 20h 后水渗入 4m，浸水 6d 后渗流水头已经达到 23m。

综合分析试坑内水分计的变化曲线（图 2.3-17），可以得到如下结论：

a. 随着浸水时间增长，注水量增加，水分计总计呈现出由上至下逐渐开始变化的规律，但由于渗水孔及土非均质性的影响，下部个别水分计的变化时间早于上部，同一深度水分计的变化时间亦有所差异；

b. 水分计变化呈双曲线形增长趋势，浸水 5～15d 后土壤基本达到饱和状态，停水后 1～5d 含水率减小速率较快，之后含水率变化缓慢，据此推测土壤含水率恢复到浸水前状态需要很长时间；

c. 坑内黄土的饱和含水率为 28%～33%，古土壤的饱和含水率为 24%～27%。

图 2.3-18～图 2.3-21 为坑外距坑边不同距离、不同深度处水分计的变化曲线，分析得出如下结论：

a. 埋设在同一深度距坑边不同距离处的水分计，第一个水分计首先发生变化，随着距坑边距离的增加，其水分计变化依次滞后至不变。

b. 4m、7.6m、10.6m、14.6m 深度的影响范围即浸水入渗影响范围分别距坑边约 4m、6m、8m、10m。

c. 停水之后继续对水分计进行监测，停水 3 个月后其水分计测量值变化量不到 2%，说明地基土体含水率恢复到天然状态下需要很长时间。

（3）浸水影响范围的确定

①试坑浸水在竖向的影响

为确定本次试验浸水在竖向的影响，停水之后在试坑内完成 2 个钻孔（钻孔编号 ZK1、ZK5），浸水前后 0～26m 土体含水率的变化见表 2.3-1，浸水前后含水率随深度变化关系见图 2.3-22。

浸水前后试坑下土层含水率的变化　　表 2.3-1

取土深度/m	浸水前/%			浸水后/%			含水率平均增量/%
	ZK1	ZK5	平均值	ZK1	ZK5	平均值	
0.5	17.70	20.34	19.02				
1.0	18.40	20.44	19.42	30.85	30.08	30.46	11.04
1.3	21.34	22.08	21.71	30.28	30.19	30.24	8.53
2.0	23.60	22.55	23.08	30.90	30.47	30.69	7.61
2.5	21.15	21.37	21.26	32.89	29.20	31.04	9.78
3.0	20.60	22.27	21.34	31.05	28.43	29.74	8.30
3.5	22.08	21.94	22.01	30.99	27.15	29.07	7.06
4.0	21.20	22.02	21.61	31.17	26.09	28.63	7.02
4.5	22.14	21.36	21.85	25.91	25.47	25.69	3.84

续表

取土深度/m	浸水前/%			浸水后/%			含水率平均增量/%
	ZK1	ZK5	平均值	ZK1	ZK5	平均值	
5.0	20.50	20.40	20.45	27.27	26.74	27.01	6.56
5.5	20.83	21.74	21.28	26.80	26.81	26.80	5.52
6.0	20.40	20.67	20.53	26.06	27.15	26.60	6.07
6.5	21.12	20.71	20.91	25.61	27.59	26.60	5.68
7.0	19.40	20.58	19.99	26.92	26.25	26.59	6.59
7.5	20.47	21.08	20.78	27.76	26.12	26.94	6.17
8.0	21.60	22.49	22.04	26.97	26.36	26.66	4.62
8.5	20.31	21.36	20.89	27.84	27.80	27.82	6.94
9.0	22.20	20.97	21.39	29.20	27.70	28.45	6.86
9.5	21.97	21.38	21.77	27.05	26.11	26.58	4.81
10.0	22.70	20.25	21.37	24.90	24.82	24.86	3.38
10.5	20.76	20.07	20.42	26.07	25.14	25.61	5.19
11.0	20.50	19.47	19.99	26.59	26.23	26.41	6.42
11.3	19.34	20.58	19.96	24.68	25.63	25.16	5.20
12.0	20.80	18.19	19.50	26.21	26.21	26.21	6.71
12.5	18.03	19.12	18.58	25.43	26.92	26.17	7.60
13.0	17.70	17.61	17.65	28.51	28.05	28.28	10.63
13.5	17.92	17.68	17.80	33.95	32.66	33.31	15.51
14.0	24.00	23.47	23.73	34.51	32.90	33.70	9.97
14.5	24.78	23.38	24.08	33.09	30.43	31.76	7.68
15.0	25.80	24.56	25.18	32.92	28.13	30.52	5.34
15.5	22.47	22.67	22.57	32.22	29.04	30.63	8.06
16.0	18.70	20.48	19.59	29.76	28.63	29.19	9.60
16.5	20.84	20.14	20.49	26.29	28.74	27.52	7.02
17.0	21.30	22.64	22.02	31.96	28.51	30.24	8.22
17.5	21.37	21.31	21.39	29.15	30.86	30.00	8.51
18.0	24.70	23.74	24.22	30.01	32.31	31.16	6.94
18.5	23.64	24.87	24.25	34.57	29.85	32.21	7.96
19.0	23.20	23.04	23.12	34.32	28.29	31.30	8.18
19.5	23.65	24.63	24.14	30.11	30.02	30.06	5.92
20.0	22.20	22.37	22.29	30.34	32.18	31.26	8.98
20.5	21.35	21.73	21.39	30.07	29.24	29.66	8.07
21.0	21.30	20.92	21.11	30.18	28.76	29.47	8.36

续表

取土深度/m	浸水前/%			浸水后/%			含水率平均增量/%
	ZK1	ZK5	平均值	ZK1	ZK5	平均值	
21.3	23.75	21.92	22.83	27.22	27.03	27.13	4.29
22.0	22.42	22.24	22.33	30.56	27.42	28.99	6.66
22.5	23.41	21.74	22.57	29.15	28.87	29.01	6.43
23.0	19.70	19.04	19.37	27.43	27.92	27.67	8.30
23.5	20.21	19.94	20.08	25.85	26.95	26.40	6.32
24.0	21.30	21.18	21.29	26.83	27.50	27.17	5.88
24.5	22.74	20.30	21.32	27.55	28.37	27.96	6.44
25.0	21.80	22.34	22.07		26.89	26.89	4.82
25.5	21.38	23.44	22.46		35.40	35.40	12.94
26.0	22.40	22.57	22.49		33.83	33.83	11.34

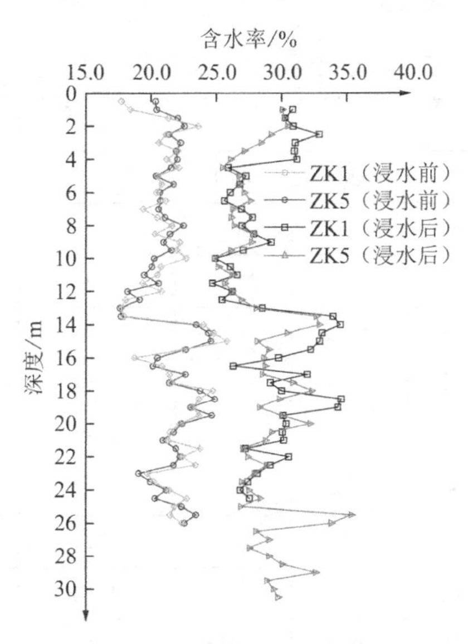

图 2.3-22　试坑内土体浸水前后含水率随深度变化关系

从表 2.3-2 及图 2.3-22 可以看出，浸水前 0～26m 土体的平均含水率为 19%～25%，浸水后 0～26m 土体的平均含水率为 24%～35%，坑内地基土较浸水前含水率增大 6%～10%。试坑浸水竖向影响范围大于室内试验确定的自重湿陷土层厚度。

②试坑浸水在径向的影响范围

为确定本次试验浸水在径向的影响范围，2012 年 8 月 26 日至 2012 年 8 月 28 日在试坑南北两侧及试坑内完成了机械钻孔 8 个（图 2.3-23），南侧钻孔距浸水坑边沿的距离分别为 3.0m、6.0m、10.0m，北侧钻孔距浸水坑边沿的距离分别为 2.0m、4.0m、6.0m。每个钻孔内均间隔 0.5m 采取扰动土样，现场进行含水率试验。

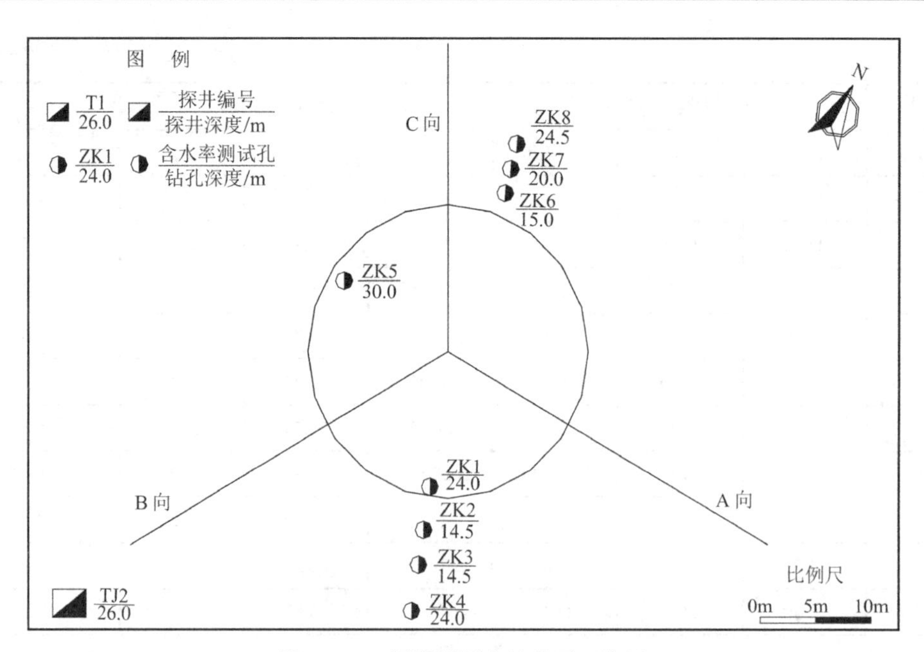

图 2.3-23 浸润线测定钻孔平面位置

浸水前后试坑径向土层含水率的变化 表 2.3-2

取样深度/m	浸水前/%	浸水后/%			浸水前/%	浸水后/%		
	ZK1	ZK2	ZK3	ZK4	ZK5	ZK6	ZK7	ZK8
距坑边距离	—	3m	6m	10m	—	2m	4m	6m
0.5	17.70	21.96	23.28	22.97	20.34	21.32	22.35	20.34
1.0	18.40	21.25	20.25	20.38	20.44	22.28	21.72	20.60
1.3	21.34	20.61	19.74	21.17	22.08	22.28	21.63	21.16
2.0	23.60	22.32	20.14	20.20	22.55	27.53	23.76	22.94
2.5	21.15	26.56	20.60	21.17	21.37	24.33	21.30	20.51
3.0	20.60	27.20	20.98	21.88	22.27	22.26	22.13	20.77
3.5	22.08	26.60	19.88	20.41	21.94	23.89	21.73	20.24
4.0	21.20	23.90	20.57	20.72	22.02	25.41	20.98	21.62
4.5	22.14	24.13	21.81	20.76	21.36	24.02	22.89	21.26
5.0	20.50	23.25	19.53	20.36	20.40	25.76	23.57	22.29
5.5	20.83	23.56	22.48	21.30	21.74	25.26	22.75	20.97
6.0	20.40	23.00	20.27	21.11	20.67	26.93	23.50	20.05
6.5	21.12	23.82	21.78	20.49	20.71	27.25	23.38	21.36
7.0	19.40	22.67	20.20	19.96	20.58	25.51	25.00	20.35
7.5	20.47	23.74	20.85	20.97	21.08	25.97	26.10	20.72
8.0	21.60	24.78	21.81	22.08	22.49	25.80	25.03	21.77
8.5	20.31	26.19	25.54	21.17	21.36	26.77	24.72	21.15

续表

取样深度/m	浸水前/%	浸水后/%			浸水前/%	浸水后/%		
	ZK1	ZK2	ZK3	ZK4	ZK5	ZK6	ZK7	ZK8
9.0	22.20	25.69	25.80	22.23	20.97	26.19	23.53	22.79
9.5	21.97	26.95	24.57	21.66	21.38	25.72	23.26	23.10
10.0	22.70	24.80	23.73	20.54	20.25	24.28	24.20	22.10
10.5	20.76	25.29	23.92	20.17	20.07	25.18	23.45	23.19
11.0	20.50	25.56	23.57	20.83	19.47	24.97	24.07	23.24
11.3	19.34	24.47	23.09	20.79	20.58	25.33	23.99	22.41
12.0	20.80	25.70	22.29	18.07	18.19	31.61	25.82	23.40
12.5	18.03	26.65	23.37	17.91	19.12	30.88	30.82	20.15
13.0	17.70	27.96	22.25	17.82	17.61	28.87	28.47	18.84
13.5	17.92	29.76	25.62	18.14	17.68	28.45	28.61	24.39
14.0	24.00	30.24	25.77	24.24	23.47	30.09	29.03	26.48
14.5	24.78	29.50	27.16	26.21	23.38	28.80	28.09	26.69
15.0	25.80		27.80	26.58	24.56		28.18	27.57
15.5	22.47		27.32	25.32	22.67		29.40	25.03
16.0	18.70		26.78	23.58	20.48		27.06	26.65
16.5	20.84		24.94	22.95	20.14		26.96	25.75
17.0	21.30		27.31	24.99	22.64		28.46	28.03
17.5	21.37		28.20	23.93	21.31		27.80	28.38
18.0	24.70		29.39	26.40	23.74		26.22	27.66
18.5	23.64		29.27	25.26	24.87		28.74	28.80
19.0	23.20		30.54	26.54	23.04		28.13	27.30
19.5	23.65		29.19	26.19	24.63		28.68	26.89
20.0	22.20		29.87	25.86	22.37		30.68	30.10
20.5	21.35			26.59	21.73			29.09
21.0	21.30			27.13	20.92			28.11
21.3	23.75			25.20	21.92			26.33
22.0	22.42			25.66	22.24			27.04
22.5	23.41			26.12	21.74			27.23
23.0	19.70			26.58	19.04			26.89
23.5	20.21			27.04	19.94			26.46
24.0	21.30				21.18			25.94
24.5	22.74				20.30			27.56

续表

取样深度/m	浸水前/%	浸水后/%			浸水前/%	浸水后/%		
	ZK1	ZK2	ZK3	ZK4	ZK5	ZK6	ZK7	ZK8
25.0	21.80				22.34			
25.5	21.38				23.44			
26.0	22.40				22.57			

浸水前后 0～26m 土体含水率的变化如图 2.3-24～图 2.3-29 所示。

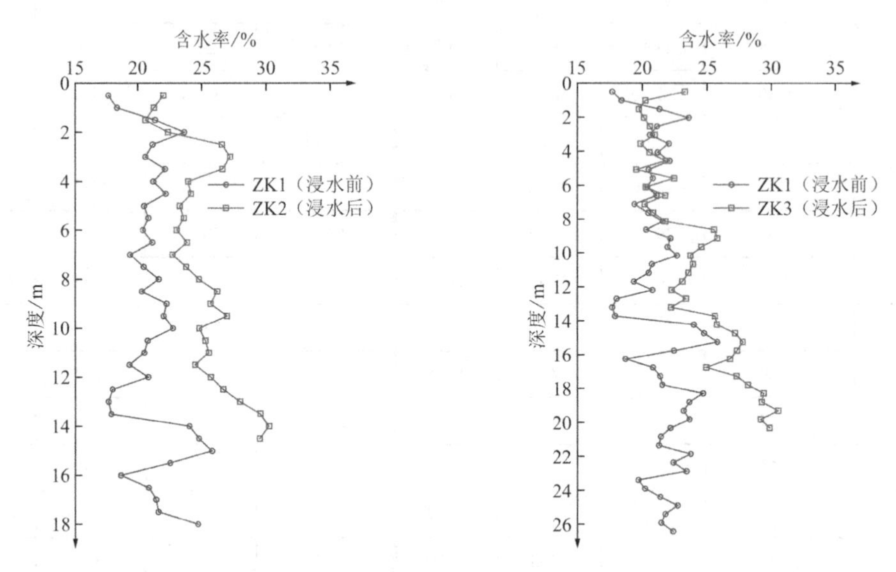

图 2.3-24　南侧距坑边 3m 土体浸水前后含水率随深度变化关系

图 2.3-25　南侧距坑边 6m 土体浸水前后含水率随深度变化关系

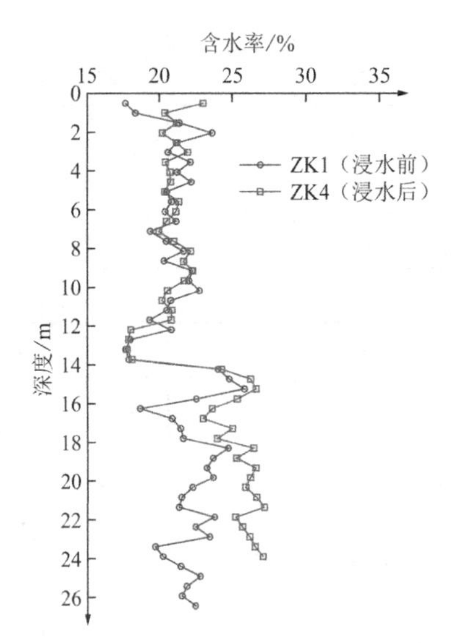

图 2.3-26　南侧距坑边 10m 浸水前后孔隙比随深度关系

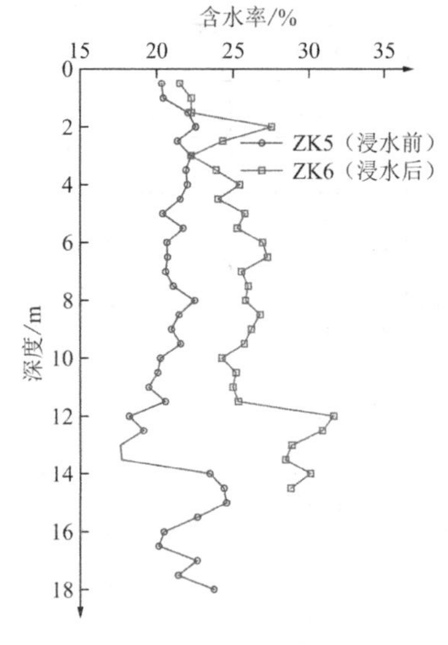

图 2.3-27　北侧距坑边 2m 土体浸水前后含水率随深度变化关系

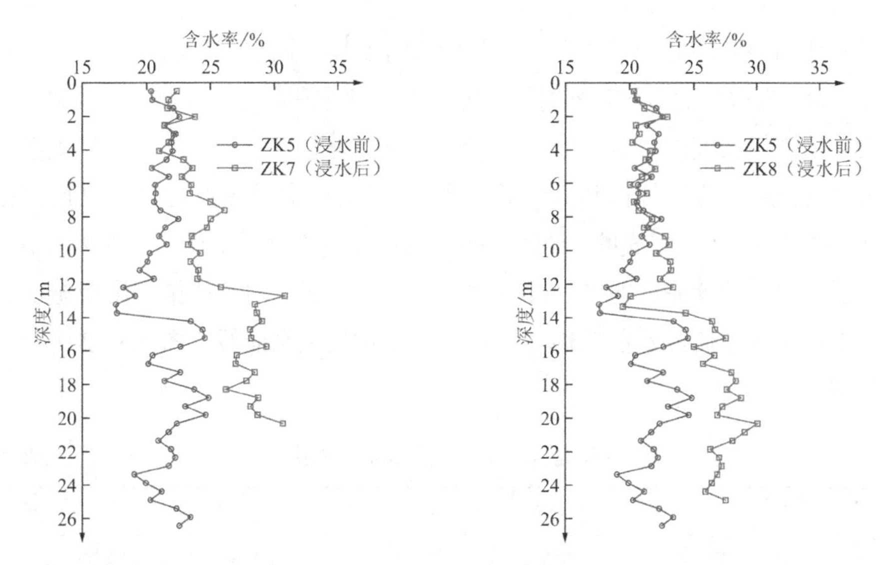

图 2.3-28　北侧距坑边 4m 土体浸水前后含水率随深度关系　图 2.3-29　北侧距坑边 6m 浸水前后孔隙比随深度变化关系

确定浸水在径向影响范围的方法：根据试坑外钻孔浸水前后含水率对比结果，确定浸水的最终影响范围，同时结合水分计的监测结果，绘制不同浸水时间段的浸润线。

以北侧含水率测试孔结果为例，ZK6 孔 2.0m 以下土样的含水率测试曲线逐渐偏离浸水前含水率曲线，表明 ZK6 在 2.0m 以下受到水的浸湿作用，为浸润区；ZK7、ZK8 钻孔土样测试结果与浸水前基本相同，由此认为 ZK7、ZK8 以上没有受到水的浸湿作用，为非浸润区，由此绘制最终浸润线。根据水分计的监测结果，埋深 4m 处变化时间为 20h；距坑外 2m，埋深 4m 处的变化时间为 96h，据此可绘制出浸水 20h 的浸润线。利用上述方法绘制的浸润线如图 2.3-30 所示。

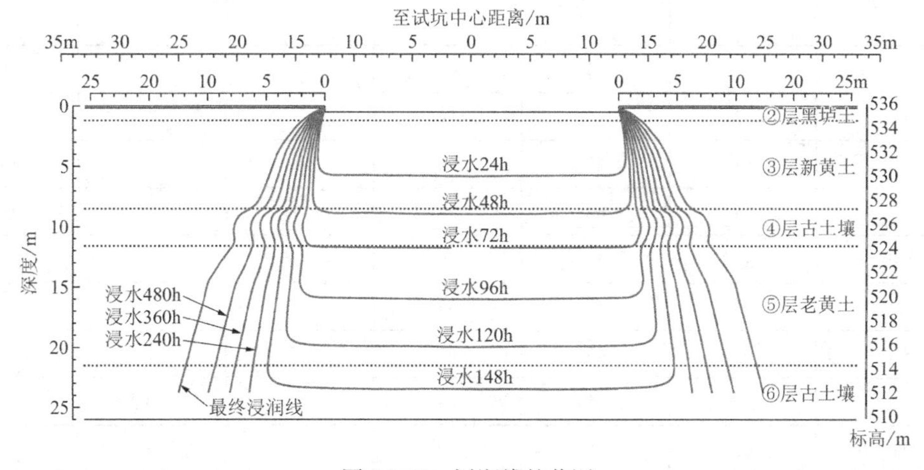

图 2.3-30　浸润线的范围

③饱和范围的确定

根据现场钻探情况，当土样含水率发生较大变化时，间隔 1m 取原状土样进行室内试验，同时现场切取环刀，根据含水率及天然密度计算饱和度，两者结合，判定饱和范围。一般认为，当饱和度$S_r > 85\%$时，认为土体达到饱和状态；因此，本次取$S_r > 85\%$为饱和界限，绘制饱和范围。表 2.3-3、表 2.3-4 分别为浸水前后试坑内、外土层饱和度的变化，可以看出：坑内试样饱和度较低，大部分介于 70%～80%之间，其原因在于试坑内的钻孔是在停水 4d 后完成的，导致试验停水后孔隙水迅速下渗，土体含水率及其饱和度大大降低。根据后续完成的二号坑浸水试验成果，试坑内土体饱和度应全部达到饱和状态。图 2.3-31 为土体浸水前后饱和度随深度变化的关系曲线，图 2.3-32 为浸润区、饱和区的范围。

浸水前后试坑内土层饱和度的变化 **表 2.3-3**

取土深度/m	浸水前/%			浸水后/%		平均增量/%
	TJ1	TJ2	平均值	ZK1	ZK5	
1.0	68	48	58		74	6
2.0	52	49	51	72		21
3.0	54	46	50		73	23
4.0	66	68	67	74		7
5.0	73	65	69		75	6
6.0	69	68	68	78		10
7.0	73	66	69		77	8
8.0	67	64	65	74		9
9.0	73	62	68		80	12
10.0	73	75	74	78		4
11.0	76	75	75		80	5
12.0	63	73	68	75		7
13.0	67	75	71		78	7
14.0	56	63	60	74		14
15.0	55	60	58		74	16
16.0	48	45	46	72		16
17.0	56	55	55		85	30
18.0	62	65	63	76		13
19.0	65	61	63		81	18
20.0	61	58	59	82		23
21.0	58	55	57		72	15
22.0	64	62	63	89		26
23.0	70	66	68		78	10

续表

取土深度/m	浸水前/%			浸水后/%		平均增量/%
	TJ1	TJ2	平均值	ZK1	ZK5	
24.0	69	69	69	77		8
25.0	73	67	70		80	10

浸水前后试坑外径向饱和度的变化　　表 2.3-4

取土深度/m	浸水前/%		浸水后/%		浸水后/%			
	TJ2		ZK2	ZK3	ZK4	ZK6	ZK7	ZK8
距坑边距离	—		3m	6m	10m	2m	4m	6m
1.0	48	—	—	—	—	—	—	
2.0	49	—	—	—	—	—	—	
3.0	46	—	—	—	—	—	—	
4.0	68	—	—	—	77	—	—	
5.0	65	—	—	—	81	—	—	
6.0	68	—	—	—	85	—	—	
7.0	66	71	—	—	87	—	—	
8.0	64	79	—	—	86	—	—	
9.0	62	85	—	—	91	—	—	
10.0	75	88	—	—	89	79	—	
11.0	75	90	76	—	—	81	—	
12.0	73	87	81	—	—	84	—	
13.0	75	87	72	—	88	85	69	
14.0	63	86	78	—	—	87	76	
15.0	60	—	76	69	87	90	75	
16.0	45	—	80	74	—	87	81	
17.0	55	—	79	76	—	89	86	
18.0	65	—	84	76	—	86	88	
19.0	61	—	88	78	—	87	89	
20.0	58	—	92	75	—	95	84	
21.0	55	—	—	72	—	—	88	
22.0	62	—	—	79	—	—	91	
23.0	66	—	—	83	—	—	92	
24.0	69	—	—	82	—	—	86	
25.0	67	—	—	—	—	—	88	

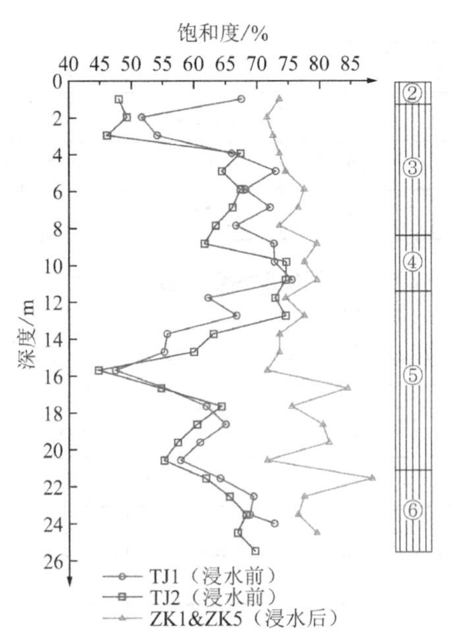

图 2.3-31　土体浸水前后饱和度随深度变化关系

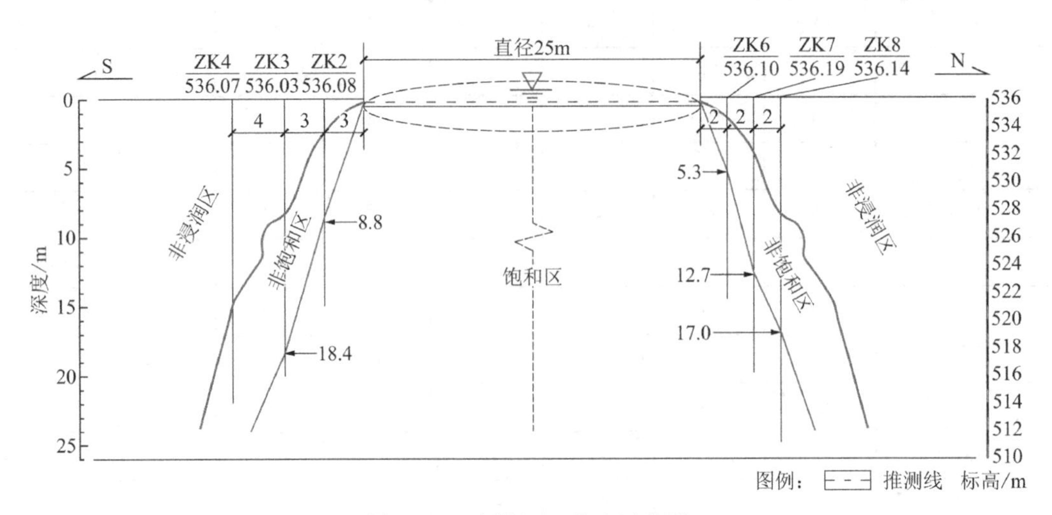

图 2.3-32　浸润区、饱和区范围

从图 2.3-32 可以看出，地基土在浸水后的浸水影响范围形状类似一个倒置的漏斗，在第一层古土壤处向外突出，这是由于该层古土壤及其与下卧黄土过渡土层致密，从而起到相对隔水层的作用，浸水向水平向渗透。浸湿区与饱和区的影响范围随深度的增加而逐渐增大，浸润线与试坑边缘垂直向约 28°，饱和范围小于浸润范围，饱和区与试坑边缘垂直向约 17°，深度 25m 处浸润线的影响范围距坑边约 12m。

（4）孔隙水压力测试分析

为了测量不同深度土体中孔隙水压力的变化，试验前在坑内布设了孔隙水压力计，孔隙水压力随注水时间变化曲线见图 2.3-33。

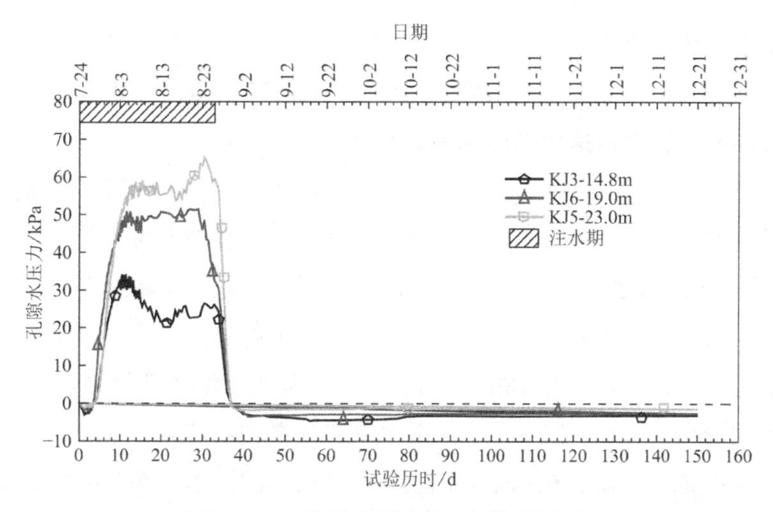

图 2.3-33　孔隙水压力随时间变化关系

从图 2.3-33 可以看出，孔隙水压力计埋设后，土体处于非饱和土状态，由于基质吸力存在，土体中孔隙水压力为负值，测试压力值在−1.2～−1.7kPa；浸水前期，由于未受到下渗水的影响，孔隙水压力一直为负压；浸水 3d 后，孔隙水压力开始逐渐增加；浸水 30d 后，孔隙水压力达到最大值，最大值约 60kPa；之后随着试坑中水土的变化，孔压略有波动；停水后，孔隙水压力迅速减小；2～3d 后孔压降到负值，数值略大于初始值，之后孔压基本维持不变。

（5）坑内土体浸水后湿陷性分析

为了分析试坑内地基土浸水后是否仍具有湿陷性，停水以后，在试坑内完成了 2 个钻孔（ZK1、ZK5），并取得原状土进行了黄土湿陷性试验。

从图 2.3-34、图 2.3-35 可以看出，地基土浸水以后其湿陷系数、自重湿陷系数均小于 0.015。

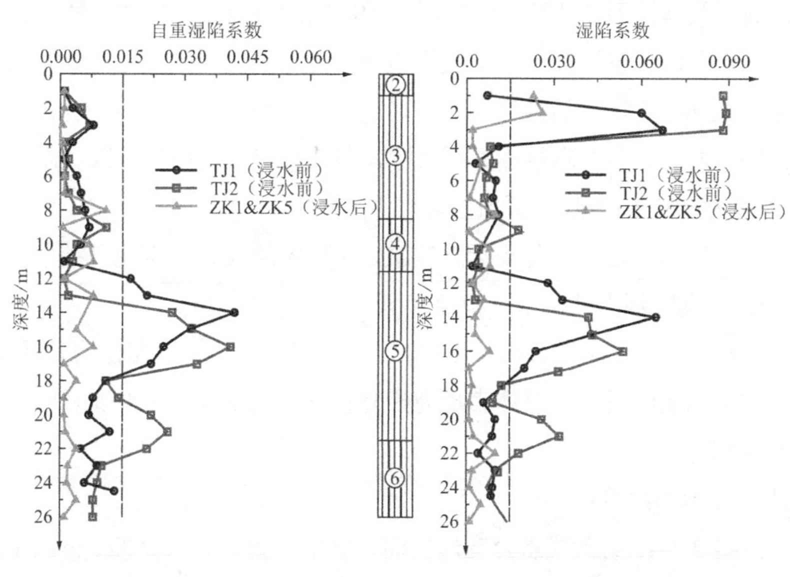

图 2.3-34　土体浸水前后自重湿陷系数随深度变化关系

图 2.3-35　土体浸水前后湿陷系数随深度变化关系

（6）土中水优势渗流方向

根据水分计及水位观测孔观测结果，当水体自上而下入渗时，垂直向渗透较快，但受深度及土层性质影响，渗透速率随即减缓。

根据监测结果，垂直向 45h 即可到达 Q_3 古土壤层底部，130h 后可浸水到非湿陷土层顶部。Q_3 古土壤层以上水入渗较快，与孔隙比较大、垂直孔隙发育有关，停水后饱和度下降较快，4d 后一般饱和度 ≤ 80%。古土壤底部及 Q_2 黄土顶部干密度大，孔隙比较小，有相对隔水作用，致水向下渗入能力降低，并有侧向渗水趋势。

水平向渗透较慢，但对于具有相对隔水土层处，如古土壤底部及 Q_2 黄土顶部，土干密度较大，孔隙比较小，属相对隔水层，此处水平向渗透相对较强。

根据图 2.3-32 也可看出，在水平方向上，南北两侧的浸水影响范围基本相同，但南侧的饱和区略大于北侧，与前述地层倾覆亦比较吻合。综合分析，水在地基土中以垂直渗流为主，水平向渗透较弱。

（7）深浅标点变形分析

本次试验共布置浅标点 42 个，变形观测从 2012 年 7 月 21 日开始，2012 年 7 月 24 日开始注水，至 2012 年 10 月 14 日观测结束，累计观测 56 次，持续时间 87d。

①浅标点变形量

A. 地表累计变形量

根据实测变形观测数据绘制的各浅标点累计变形量随时间的变化曲线见图 2.3-36～图 2.3-38，间隔一定时间绘制出各浅标点测线组合变形剖面图见图 2.3-39～图 2.3-41，位移为正值表示抬升，负值表示下沉。

根据观测数据及其绘制的浅标点随时间变形曲线图可以反映出如下特征：

抬升段：浸水期内，各浅标点处于缓慢抬升状态，绝大多数标点达到其抬升峰值，最大抬升量不超过 9mm，15d 以后各标点相对稳定，其变化量在 1mm 左右波动。

下降段：停水之后对各标点继续进行观测，各浅标点处于缓慢下降状态，降幅量均小于 3mm，此过程为地基土固结沉降的过程。

稳定段：观测第 48d 之后，各浅标点整体处于稳定阶段，直至观测结束，其最大变化量不超过 2mm，各沉降标点处于基本稳定状态。

通过对图 2.3-36～图 2.3-38 分析可以得出，观测期间各浅标点变化均表现为浸水抬升，停水先下降后趋于稳定的过程，总体表现为抬升状态。此现象与“西安财经学院现场浸水试验”结果比较相似。

B. 测线组合变形剖面分析

图 2.3-39～图 2.3-41 为测线组合变形剖面，横坐标为各标点至 O1 标点（试坑中心）的距离，纵坐标为累计变形量，不同曲线代表浸水的时间不同。从图 2.3-39～图 2.3-41 得出以下结论：

a. 平面分布特征

从整体趋势上看坑内浅标点的抬升量高于坑外浅标点的抬升量。

b. 各标点均呈抬升状态

观测过程中坑内浅标点出现了明显的抬升状态，最大抬升点为 A6 标点，其抬升量约 7mm；坑外浅标点随着与试坑中心点距离的增加抬升量逐渐减小，其中最大抬升量不大于 4mm。

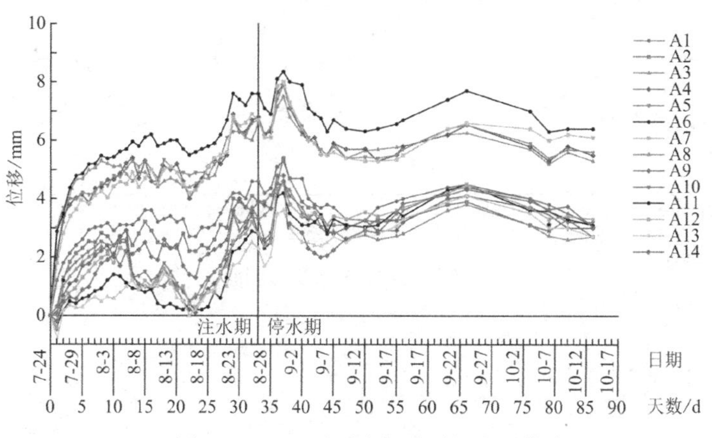

图 2.3-36　A 系列浅标随时间变形曲线

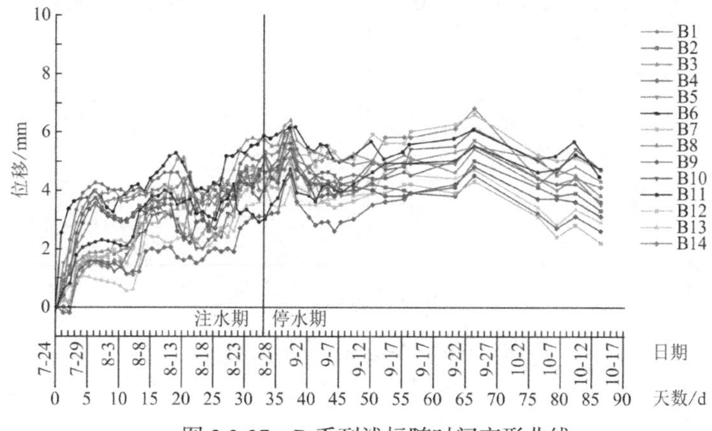

图 2.3-37　B 系列浅标随时间变形曲线

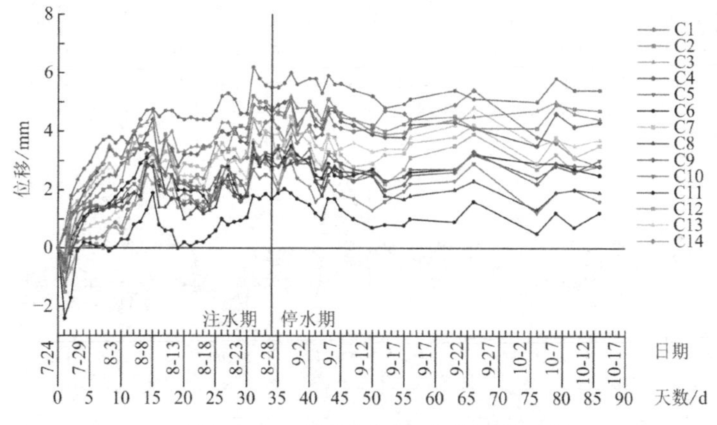

图 2.3-38　C 系列浅标随时间变形曲线

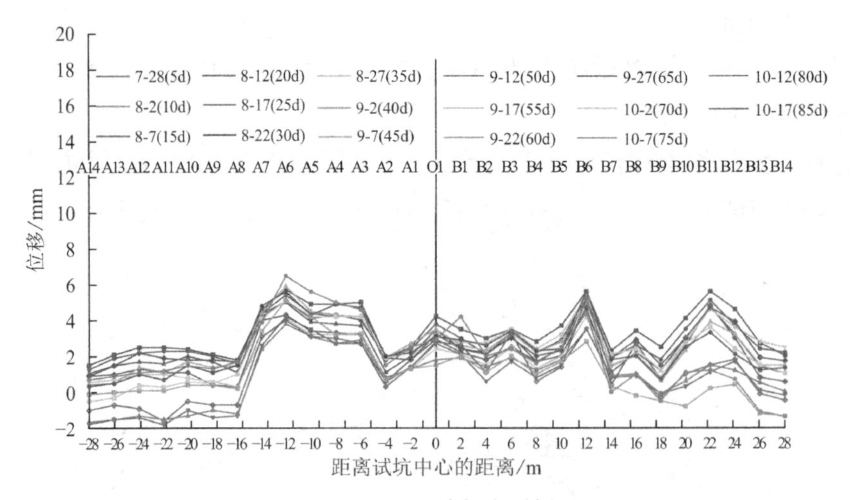

图 2.3-39　A-B 浅标变形剖面

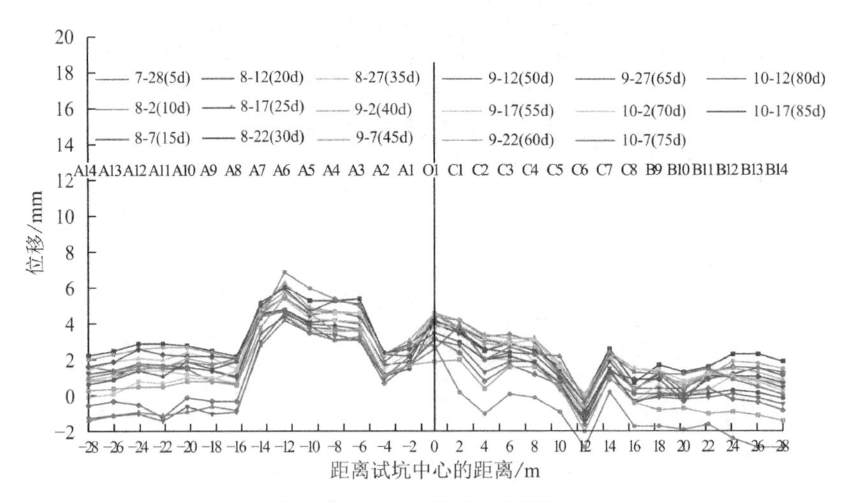

图 2.3-40　A-C 浅标变形剖面

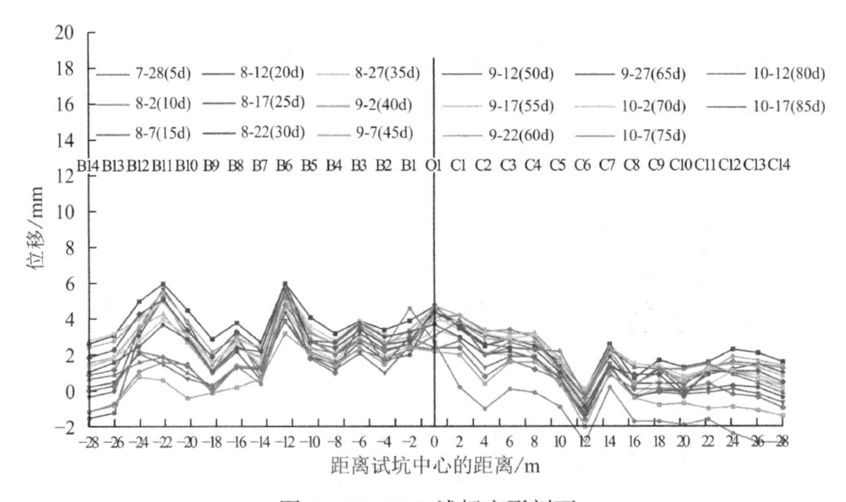

图 2.3-41　B-C 浅标变形剖面

c. 单天地表变形量

根据测量成果绘制的各浅标点单天变形量曲线见图 2.3-42～图 2.3-44。

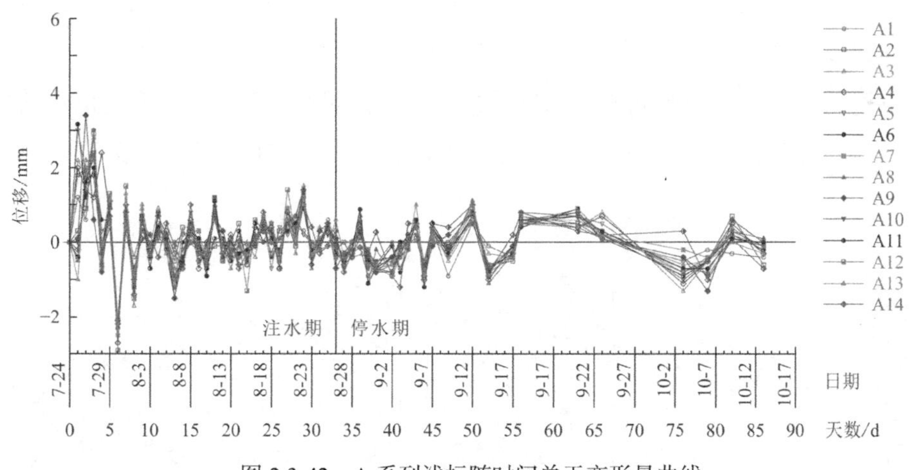

图 2.3-42　A 系列浅标随时间单天变形量曲线

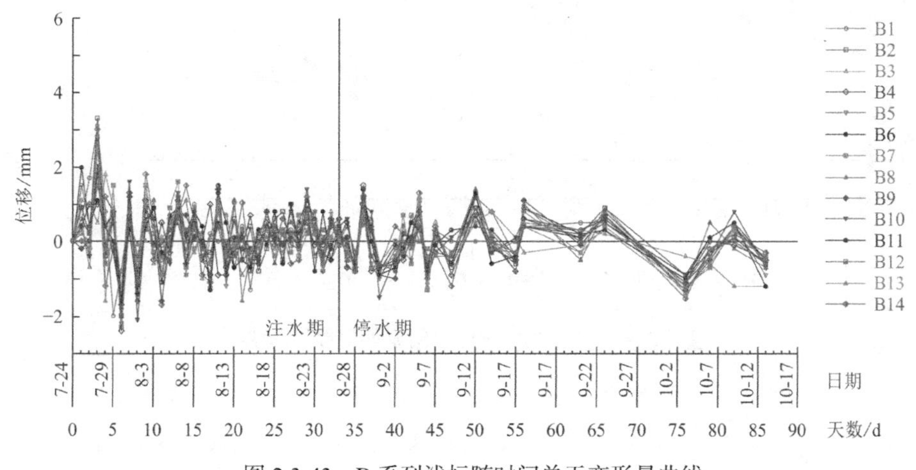

图 2.3-43　B 系列浅标随时间单天变形量曲线

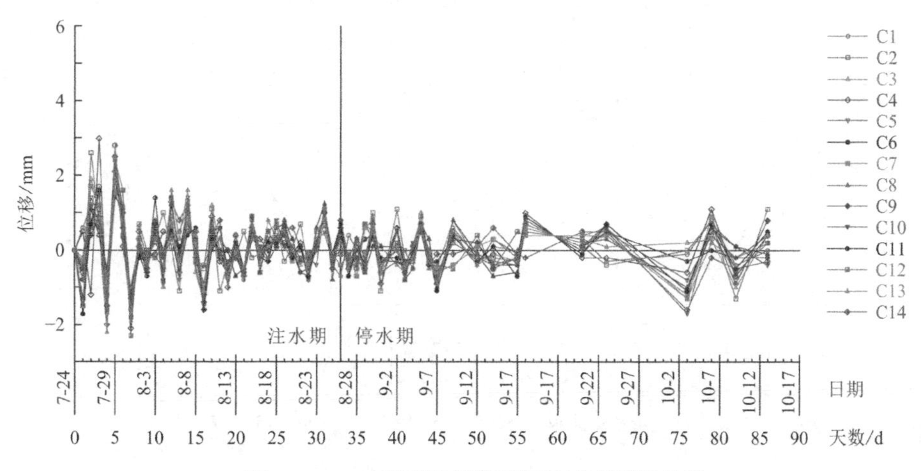

图 2.3-44　C 系列浅标随时间单天变形量曲线

分析图 2.3-42～图 2.3-44 可以反映出如下特征：观测过程初期（浸水 1～10d）呈现抬升状态，位移变化相对较大；观测第 10～87d，各标点单日位移变化减小并趋于稳定。

②深部沉降

本次试验共布置 36 个观测不同深度土层自重湿陷量的深标点。根据测量数据，绘制了各深标点随时间变化的累计变形曲线见图 2.3-45～图 2.3-50，深标点变形大致有如下特征：

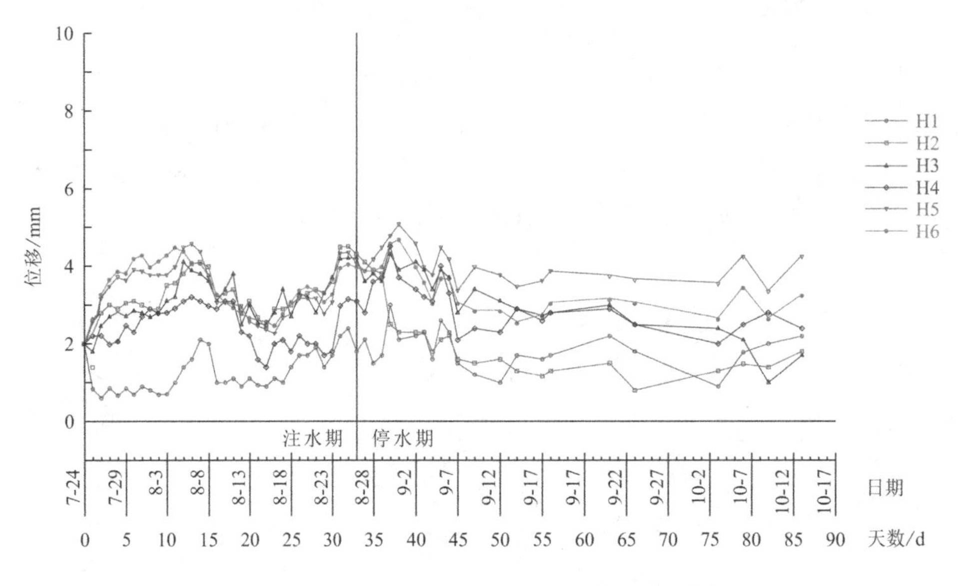

图 2.3-45　H 系列深标随时间累计变形量曲线

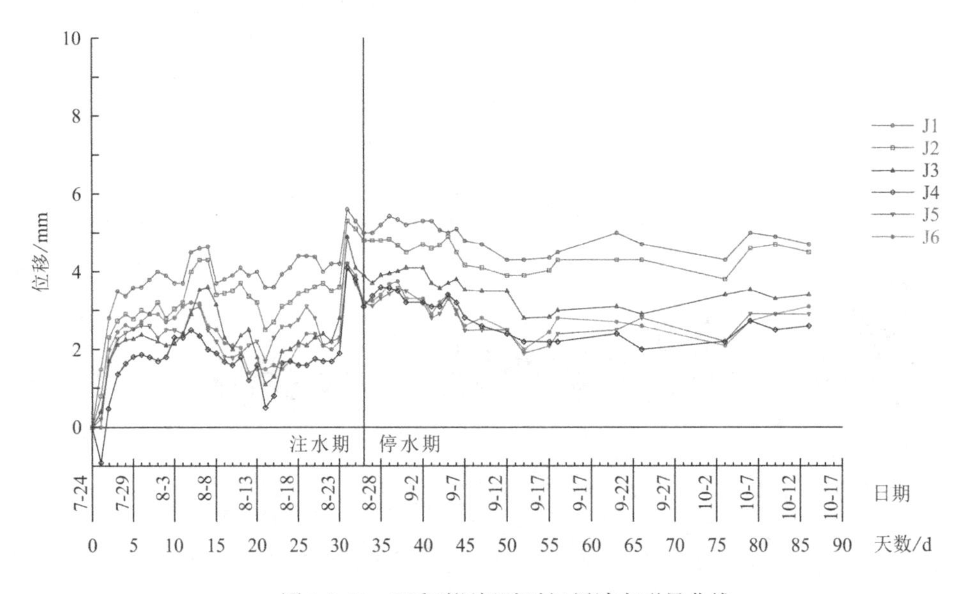

图 2.3-46　J 系列深标随时间累计变形量曲线

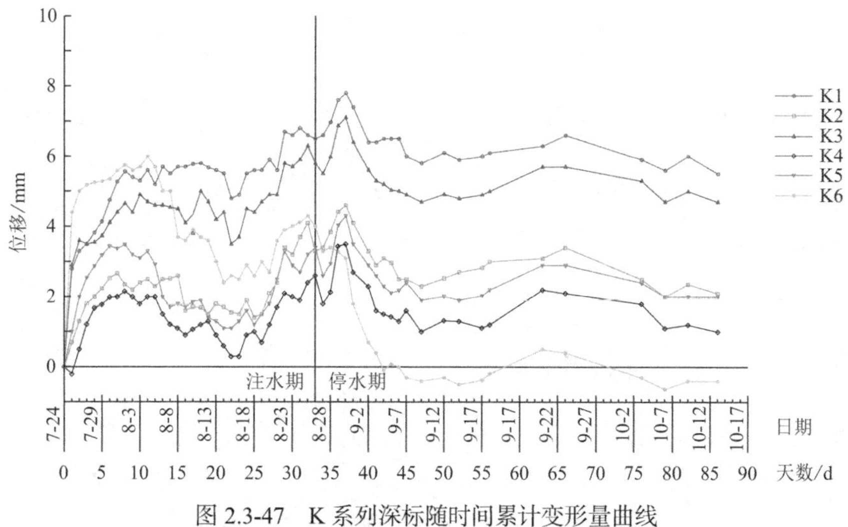

图 2.3-47　K 系列深标随时间累计变形量曲线

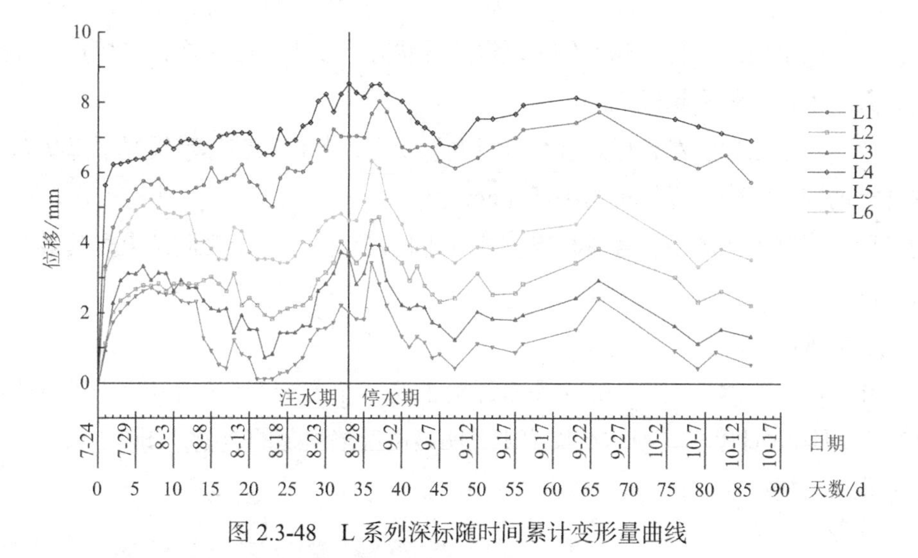

图 2.3-48　L 系列深标随时间累计变形量曲线

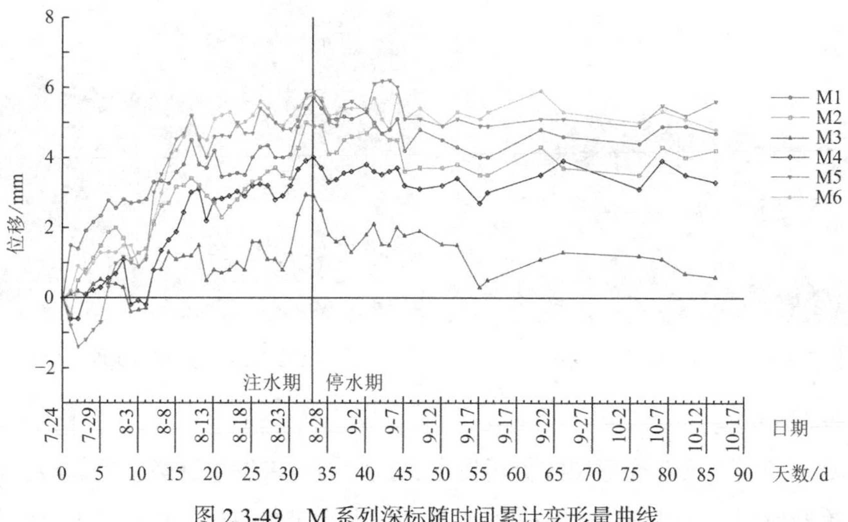

图 2.3-49　M 系列深标随时间累计变形量曲线

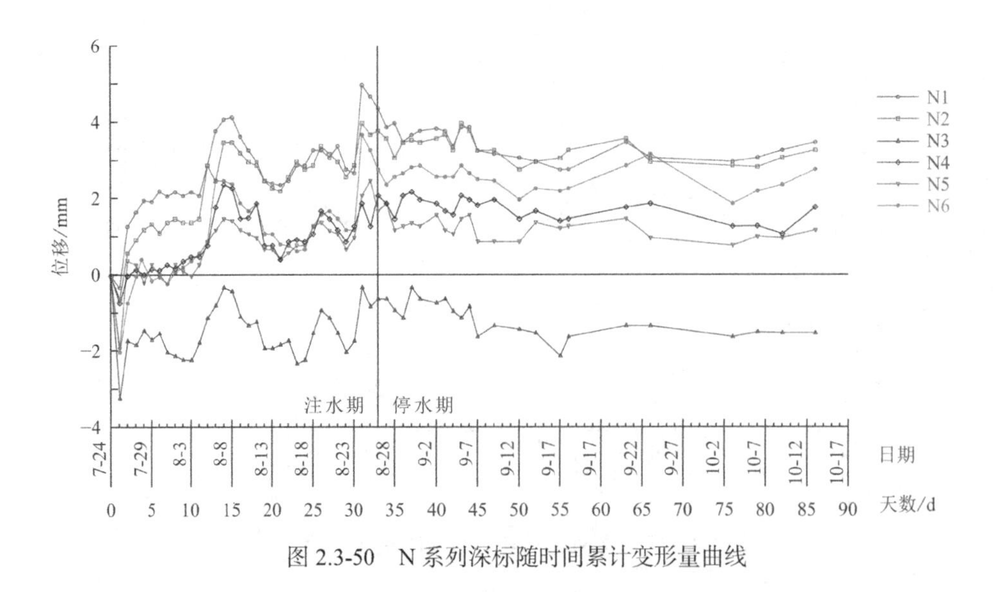

图 2.3-50　N 系列深标随时间累计变形量曲线

抬升段：浸水期内，各深标点处于缓慢抬升状态，浸水 15d 左右，各标点抬升量达到最大值，其最大抬升量不超过 9mm。

下降段：停水之后，对各标点继续进行变形观测，各标点整体呈缓慢下降状态，表现为停水之后的固结沉降，降幅量均小于 3mm。

稳定段：观测第 48d 后，各深标点整体处于稳定阶段，直至观测结束，其最大变化量不超过 1mm。

（8）裂缝观测

从 2012 年 7 月 24 日中午 12 点左右开始注水，持续对试坑边沿及周围进行巡查。截至 2012 年 8 月 26 日停水，浸水坑周边未见明显由湿陷引起的裂缝，图 2.3-51、图 2.3-52 为浸水过程中现场照片。

图 2.3-51　浸水 14d 现场照片

图 2.3-52　浸水 32d 现场照片

（9）膨胀性试验

通过对现场浸水试验变形曲线分析发现，试验场地未发生沉降，反而略有抬升，为了寻找其抬升原因，本次在试验场地 26m 范围内取土进行自由膨胀率试验，试验结果见

图 2.3-53。图 2.3-53 显示土颗粒具有一定的吸水膨胀性。

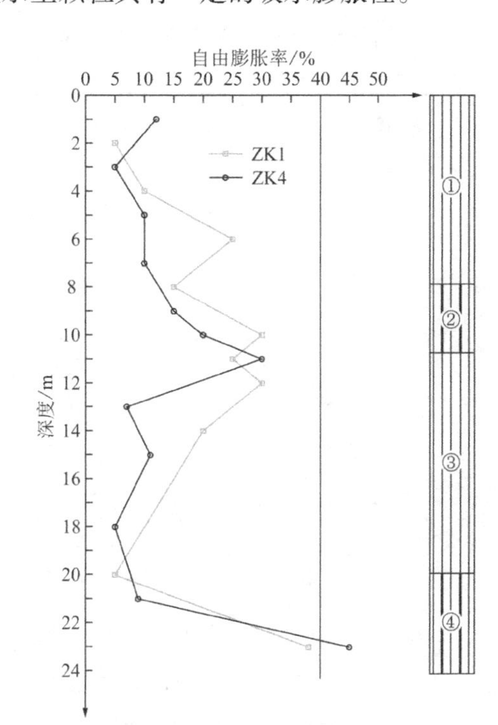

图 2.3-53　自由膨胀率随深度变化关系

3）试验结论

根据初勘报告及试验前进行的探井取样室内试验结果，计算判定试验场地为自重湿陷性黄土场地。现场试坑浸水试验过程中对各沉降标点进行变形观测，结果各沉降标点均未发生明显沉降变形，反而略有抬升，可以判定试验场地为非自重湿陷性黄土场地。依据《湿陷性黄土地区建筑规范》GB 50025—2004 中第 4.2.3 条及第 4.4.3 条规定：对新建地区的甲类建筑和乙类中的重要建筑，应按规定进行现场试坑浸水试验，并应按自重湿陷量的实测值判定场地湿陷类型，当自重湿陷量的实测值和计算值出现矛盾时，应以实测值为准。因此，可以判定试验场地所代表的地铁线路区段为非自重湿陷性黄土场地。

2.3.2　二号场地试坑浸水试验

在航创路—飞天路区间右侧初步选取两处场地（TJ6、TJ7 所在位置）做为试坑浸水的拟选场地（图 2.3-54），再进一步开挖探井取样进行室内土工试验，选取最具代表性的试验场地。

拟选的 2 处试验场地均位于黄土塬地貌，与本次代表区段地貌相同。拟选的 2 处试验场地地层与本次代表区段地层一致、物理力学性质相似，均具有代表性。拟选的 2 处试验场地均为自重湿陷性黄土场地，且③层 Q_3 黄土不具自重湿陷性，⑤层 Q_2 黄土具自重湿陷性，自重湿陷土层埋深分别为 11～18m 和 13～23m，与初勘报告揭示本区段湿陷类型及湿陷等级相同。TJ6 处自重湿陷量大，因此 TJ6 处最具代表性。根据调查，TJ6 号探井试验场地附近有 2 口民用水井，初步估算能够满足试验过程对水量的需求。

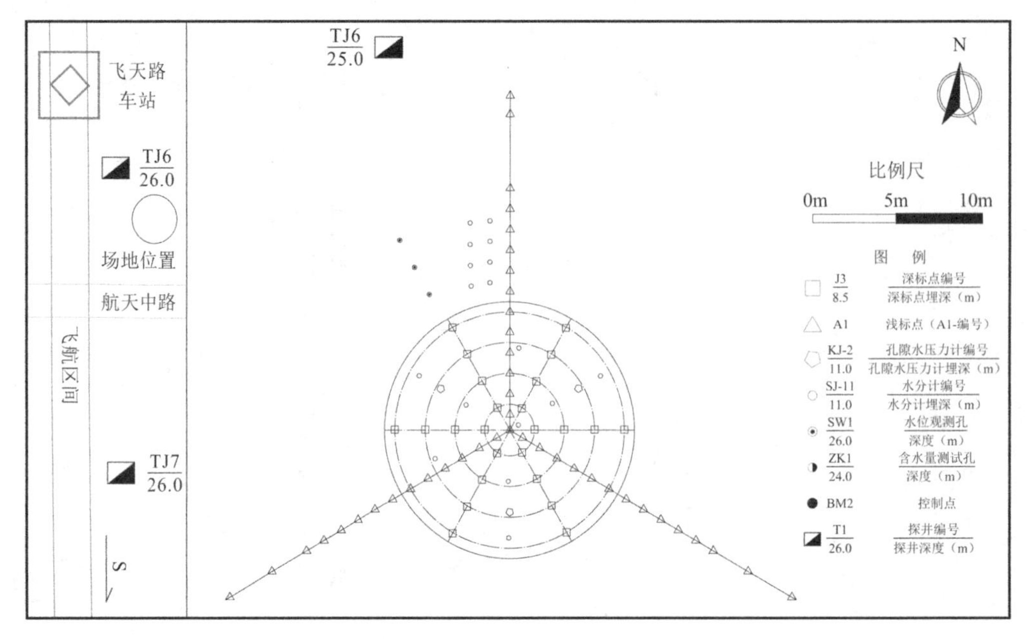

图 2.3-54 拟选场地位置图

综合以上分析，最终确定 TJ6 号探井所在试验场地做为二号浸水试验场地，其里程为 YAK4 + 090.00 左右，地理位置位于西安市长安区航天中路与神州四路十字东北角（原高望堆村西侧），经纬度坐标为东经 108°58′15.19″、北纬 34°9′41.38″，距线路直线距离约 70m。

根据初勘报告及试验前进行的探井取样室内试验结果，计算判定试验场地为自重湿陷性黄土场地。同样的，与一号场地类似，现场试坑浸水试验过程中对各沉降标点进行变形观测，结果各沉降标点均未发生明显沉降变形，反而略有抬升，可以判定试验场地为非自重湿陷性黄土场地。依据《湿陷性黄土地区建筑规范》GB 50025—2004 中第 4.2.3 条及第 4.4.3 条的规定，可以判定试验场地所代表的地铁线路区段为非自重湿陷性黄土场地。

2.4 “卸荷”市政工程湿陷性黄土评价方法研究

2.4.1 黄土湿陷性评价标准

随着国民经济建设的蓬勃发展，全国性的工业民用建筑工程、交通运输工程、水利水电工程都大面积出现。在西北黄土高原地区的建设工程，首先要考虑的重大问题就是区域性甚至地区性湿陷性黄土的存在。黄土因为其土体自身特有的大孔隙性、水敏性和欠固结性等物理特性和工程特性，使得黄土在遇水（浸水）和受压条件下发生突然的大变形，这种变形不同于一般的压缩变形，具有突发性且均为塑性变形，通常表现为突然性湿陷。因此，导致黄土发生湿陷的必要条件主要有两点，即水和上覆压力作用。

基于以上两个引发条件，从 20 世纪 60 年代开始，我国制定了湿陷性黄土地区建筑规范并已经实施到了第六代，目前实施的规范为《湿陷性黄土地区建筑标准》GB 50025—2018（简称黄土规范）。这部规范是现行唯一涉及黄土湿陷性场地评价的标准，各个行业均在依据这个标准开展黄土场地的湿陷性评价工作。此系列标准融合了近几十年内我国广大黄土工程科技工作者的心血与成果，以及广大黄土地区建设者的汗水与智慧的结晶，为我国黄土地区工程建设做出了巨大贡献。

2.4.2 “卸荷”市政工程黄土湿陷性评价问题及分析

由于各个行业的特点和建（构）筑物的结构形式各有不同，黄土在实际工程建设当中所处的工程环境差别很大。大多数情况下，黄土在工程建设过程中作为受力体或持力层是要受到荷载作用的，至少这个荷载等于或者高于自重应力的，然而在当前一些工程领域，黄土地基不但不用承担额外的附加应力反而被“减负”，比如在市政综合廊道工程、地下调蓄库工程、城市线缆沟工程等建设过程中，由于黄土层开挖后无需再次回填，或者回填物质荷载小于开挖移走的物质重量，导致黄土地基发生了“卸荷”现象，在这种另类特殊工程条件下，使得现行黄土规范应用于此类工程行业时存在一定的局限性。谢定义总结了黄土规范的主要特点如下：

（1）以工业民用建筑的湿陷性黄土地基为主要对象，不涉及水工及道路建筑中湿陷性黄土的边坡与洞室，并且以湿陷性土层充分浸水的情况为基础。

（2）把对建筑场地黄土湿陷等级评定的结果与建（构）筑物重要性相结合，作为地基适宜性评判和地基湿陷性处理的根本依据。

（3）将黄土场地湿陷等级的划分以地基的计算自重湿陷量和总湿陷量为依据，并在它们的计算中分别引入考虑土质地区差异、受力状态与浸水概率的修正系数。计算自重湿陷量为全部湿陷性土层各点在其上黄土饱和自重压力作用下饱和浸水时的湿陷量；总湿陷量为一定范围内的湿陷性黄土层各点在自重压力和附加压力共同作用下饱和浸水时的湿陷量，其计算范围视地基土的湿陷类型和建（构）筑物等级而定。

（4）地基处理原则是对于甲类建筑全部消除地基的湿陷量，对于乙、丙类建筑部分消除地基的湿陷量。在部分消除地基湿陷量时，需要限定地基的剩余湿陷量值和处理厚度（对不同类建筑分别提出），并要求采取相应的排水措施和结构措施。

“卸荷”市政工程一般多集中于城市轨道交通地下工程、明挖渠道或暗挖廊道工程等，黄土被开挖卸荷后，一种是零回填，另一种是轻物质回填，而且经常在结构设计时需要增设防水防渗措施，对这种“卸荷”工程黄土地基做湿陷性评价时，若按照现行黄土规范，导致黄土可产生湿陷工程特性的两个先决条件明显是不满足的。同时，不同于一般的建（构）筑物对变形沉降的允许值要求，比如未设渠道衬砌和板模结构的渠基础，只要允许沉降量满足相应工程规范要求即可。

综上所述，现行黄土规范在对“卸荷”市政工程黄土地基做湿陷性评价时，存在一些不符合工程实际的问题，张爱军等针对大型渠道工程湿陷性评价时，提出了现行黄土规范的几个问题：

（1）挖方渠道上覆荷载是卸荷状态，黄土规范以加荷为主编制，两者不相符；即使是填方渠道其基底压力会随着填筑高度的不同而不同，与黄土规范规定的200kPa或者300kPa相差较大。

（2）黄土规范以整个黄土层完全饱和湿陷量为评价标准，但实际上渠基很多部位处于非饱和增湿状态，特别是在设置防渗层时，会造成对场地湿陷程度的大幅度高估，因此，应该从可能增湿的角度考虑才能符合实际。

（3）防渗层是渠道工程的重要设施，对渠基湿陷有重要影响，不能简单地将之当作安全措施考虑。如何在湿陷性评价中考虑防渗层的作用是需要解决的问题。

（4）大型渠道的重要性等级与其输水流量有关，重要性的等级标准应该与黄土规范规定的思路不同。

（5）计算自重湿陷量时的起算高程是一个需要解决的问题，是从原始地面、渠道顶部还是渠道底部算起；同时在整个渠道断面上，从渠道左岸到右岸边界之间宽度较大，地面高程变化一般较大，以哪个位置的高程为准也是一个需要解决的问题。

由于在“卸荷”市政工程中，黄土的应力状态和水环境均与黄土规范中给出的湿陷性评价指标的计算有诸多不太符合的地方，本研究针对应力状态和水环境提出基于增湿的黄土湿陷性指标评价，同时结合相关工程规范中对允许沉降量的规定，对评判标准做出部分改动，最终建立起一整套针对“卸荷”类市政工程的“新型”湿陷性评价体系，以期计算出符合工程实际情况的湿陷评价量，对黄土地区市政“卸荷”工程的黄土地基处理提供一定的设计参考依据。

2.4.3 “卸荷”市政工程黄土地基湿陷性评价体系

黄土的湿陷性评价工作主要在工程勘察和设计阶段进行开展，评价的目的主要是想办法减轻甚至消除上部建（构）筑物结构因为黄土湿陷带来的危害性和经济财产损失。目前，行业内同意采纳的思路是通过评估黄土的湿陷性等级，再进一步确定工程处理措施和处理深度，以此作为黄土地区建（构）筑物设计的基础，对工程的安全施工具有一定的保障作用。湿陷性评价主要采用三项要素来决定评价结论，即评价量、评价量的计算、湿陷等级评价标准。前文已经详细介绍了黄土规范中将黄土自重湿陷量和湿陷量作为评价量，评价标准运用表2.4-1进行湿陷分级。考虑到“卸荷”市政工程的特殊性，提出基于不同含水率和实际压力条件下的“含水率化湿陷量”湿陷评价体系，将卸荷黄土地基湿陷评价量改为含水率化湿陷量，并用Δ_p表示。其基本理念与上文提到的增湿理念相似，考虑黄土在非饱和状态下最可能产生的湿陷量。具体评价思路为：

（1）场地地基土概化分层。勘察现场进行探井开挖，并在探井中按照竖直井深间隔 1m 取样，取值预估非湿陷性土层顶部（一般取到底部，因为探井开挖深度已经考虑了预估湿陷深度下限），利用以上土样开展一系列室内试验，以获取所需的基本物理指标，主要包括：含水率、密度、相对密度、孔隙比、颗粒级配和界限含水率。同时，还需要测黄土土水特征曲线、黄土饱和渗透系数。对于冻土地区，表层受冻融影响的土层应该测定受到多次冻融循环的黄土土样的饱和渗透系数；采用单线法或者双线法进行各层黄土土样室内压缩试验，测定各层黄土达到饱和时的湿陷系数，最大压力根据基底压力或上部荷载确定，最小达到 400kPa 以上，同时计算各层黄土的湿陷起始压力；选择典型土层，进行从初始饱和度增湿到不同饱和度（从非饱和到饱和含水率）各级压力下的黄土压缩试验，得到增湿到不同饱和度时的增湿变形系数。定义不同地层从初始含水率（由取样测定得出）增湿到不同饱和度时的增湿变形系数与完全饱和湿陷系数的比值称为折算比值α，其计算公式为：

$$\alpha=\frac{\delta_s'}{\delta_s}\times 100 \tag{2.4-1}$$

式中：α、δ_s'、δ_s——折算比值（%）、增湿到某一饱和度时的增湿变形系数和完全饱和湿陷系数。

仍然以湿陷系数是否大于 0.015 作为评价黄土的湿陷性界限。绘制完全饱和下湿陷系数与上覆压力的关系曲线，以及折算比值与饱和度、上覆压力的关系曲线。

上述（1）部分思路与现行黄土规范试验思路和目的基本相同，但是增加了黄土土水特征曲线的试验，测定了黄土的饱和渗透系数，新提出了黄土增湿变形系数的概念，其总体增加多出来的试验和参数主要为了体现出黄土在非饱和状态下的湿陷量。

（2）采用非饱和渗流有限元方法计算地基渗流场，得出地基黄土层的含水率分布场。这部分是新增加的内容，主要是为了得到黄土层饱和度的分布场或者含水率（湿度场），为增湿变形的计算提供参数支撑。

（3）依据含水率分布场和增湿试验结果选择折算比值α，采用实际上部荷载压力，用分层总和法计算出地基的“含水率化湿陷量”，用之评价地基的湿陷性。

$$\Delta_p=\beta_0\sum_{i=1}^{n}\alpha_i\delta_{si}h_i \tag{2.4-2}$$

式中：Δ_p——含水率化湿陷量（mm）；

α_i——第i层土在实际压力下增湿到某含水率时的折算比值；

δ_{si}——第i层土在实际压力下的饱和湿陷系数；

h_i——第i层黄土层厚度（mm）；

β_0——地区修正系数。

自重湿陷量计算与黄土规范中推荐计算方法相同，在确定黄土地基的湿陷类型后，若场地为非自重湿陷性场地类型，对于“卸荷”工程或开挖工程而言，卸荷作用后上覆荷载压力将小于自重压力。考虑到黄土地基发生湿陷的两个条件为水的作用和上覆压力作用，可将其直接判定为非湿陷性黄土地基。对自重湿陷性黄土而言，可以直接采用上述计算方法得到“含水率化湿陷量”。

以上计算方法中的重点在于折算比值的计算，而计算折算比值需要在得知场地地基的饱和度场的前提下才能进行下一步计算，因此在确定场地的饱和度场时必须在本构模型和边界参数的确定方面概化结果尽量结合实际情况。含水率化湿陷量的计算仍然采用分层总和法，与黄土规范不同之处在于参数不同，此湿陷量计算公式计算的是非饱和黄土的实际湿陷量，并非饱和湿陷量，计算结果更接近现实情况，避免一律饱和化计算的缺陷。

（4）卸荷工程湿陷等级划分。针对卸荷工程黄土地基，在得到含水率化湿陷量之后，需要进行湿陷等级分级，进而确定湿陷性黄土地基的处理措施和结构设计。卸荷工程不同于工业与民用建筑工程，并非在黄土地基上部的荷载压力大于土体自重。因此，本体系中湿陷性判别标准应该与卸荷工程相关标准中所要求的建（构）筑物允许沉降量做比较而定。比如，参照《渠道防渗衬砌工程技术标准》GB/T 50600—2020 和《渠系工程抗冻胀设计规范》SL 23—2006 的要求，在允许沉降变形为 30～50mm 的前提条件下，确定了基于“含水率化湿陷量”的卸荷工程黄土地基湿陷等级确定标准见表 2.4-1。

渠道工程黄土地基湿陷性等级划分表 表 2.4-1

Δ_p/mm	自重湿陷性黄土场地				非自重湿陷性黄土场地
	$\Delta_p \leqslant 50$	$50 < \Delta_p \leqslant 150$	$150 < \Delta_p \leqslant 350$	$\Delta_p < 350$	—
湿陷等级	Ⅰ	Ⅱ	Ⅲ	Ⅳ	无湿陷

需要注意的是，此评价标准指出，如果湿陷性黄土类型为非自重湿陷性黄土，则黄土地基无湿陷。自重湿陷性黄土场地评价量选择“含水率化湿陷量”比较切合实际，同时计算应该选取开挖之前地基顶面计算，偏于安全。另外，湿陷等级的评判界限值选取了渠道工程相关规范规定的允许变形量，与房屋建筑的一般允许变形量不同。在运用本评价体系和标准时，可以针对卸荷工程类型选择各自工程需要遵循的规范要求自行设立评判标准界限值，进行湿陷性等级的判定。

2.5 小结

（1）一号砂井载荷浸水试验过程中对各沉降标点进行变形观测，结果各沉降标点除中心标点外均未发生明显沉降变形，反而略有抬升。根据观测结果可知一号砂井中心标点 C 的浸水累计变形量为 28mm，这可以模拟地基在实际基底压力下的湿陷量实测值，据此判定常宁基地二期项目的湿陷性黄土地基的湿陷等级为Ⅰ（轻微）。

（2）二号砂井载荷浸水试验结果与一号砂井类似，各沉降标点除中心标点外均未发生明显沉降变形，反而略有抬升。根据观测结果可知二号砂井中心标点 C 的浸水累计变形量为 96mm，这可以近似代表埋深 15m 的地基在上覆土天然自重压力与湿陷起始压力作用下的湿陷量实测值，为常宁基地二期项目黄土地基基础的设计提供参考依据。

（3）三号砂井浸水试验各沉降标点均未发生明显自重湿陷沉降，判定试验场地为非自重湿陷性黄土场地。

（4）完成的 2 组现场试坑浸水试验在研究范围地铁线路通过区段具有代表性，一号场地位置位于拟建地铁 4 号线 YAK1 + 480.0m 北侧约 60m 处，室内试验自重湿陷土层埋深介于 13～23m，计算自重湿陷量为 182mm，现场试坑浸水试验各沉降标点均未发生明显自重湿陷沉降；二号场地位置位于拟建地铁 4 号线 YAK4 + 090.00m 东侧约 70m 处，室内试验自重湿陷土层埋深介于 11～17m，计算自重湿陷量为 112mm，现场试坑浸水试验各沉降标点均未发生明显自重湿陷沉降；依此判定 2 组试验场地为非自重湿陷性黄土场地，试验结论可以作为代表区段范围地基处理设计的依据。

（5）不同于工业与民用建筑行业黄土地基一般会受压，“卸荷”市政工程中存在黄土地基不但不用承担额外的附加应力反而被“减负”，该类工程的黄土地基湿陷性评价必须考虑实际含水率和实际压力两个条件，得到了基于“含水率化湿陷量”作为湿陷性评价量，能更好地对诸如轨道交通地下工程、综合管廊工程、地下调蓄库工程等开挖或者卸荷工程的黄土地基湿陷性做出更符合实际要求的评价。

第3章

湿陷性黄土湿载变形特性及水敏性评价方法研究

黄土的湿陷性是在浸水条件下结构破坏表现出来的一种特殊工程性质，结构性的不同及其在力、水作用下的变化是其发生脆性破坏、湿陷变形的重要原因，随着国家发展战略需求，西北黄土地区的基础设施建设规模日益高涨。在黄土地区开展工程建设，对黄土的湿载变形机理和相应的水敏性评价方法进行研究是进行前期工程设计和保障后期工程构筑物服役性能的重要前提。因此本书从分析黄土初始结构性出发，针对湿陷性黄土湿载变形特性及水敏性展开一系列的相关研究。

3.1 试验方案及试验结果

Q_3、Q_2黄土在黄土地区分布最为广泛，也是构成黄土场地与地基的主要黄土类型，因此本书在西安市或周边选取6个场地采取Q_3、Q_2黄土样，土样的物理性质指标见表3.1-1。

不同取土场地黄土的基本物性指标　　表3.1-1

土样	物理性质指标						
	初始孔隙比 e_0	土粒相对密度 G_s	干密度ρ_d/（g/cm³）	初始含水率 w_0/%	液限w_L/%	塑限w_P/%	塑性指数I_P
Q_3黄土1	1.00	2.70	1.35	18.0	32	23	9
Q_3黄土2	0.985	2.70	1.36	17.0	32.5	22.5	10
Q_3黄土3	1.03	2.70	1.33	10.8	31.3	21.3	10
Q_3黄土4	0.993	2.70	1.35	19.2	33.3	19.9	13.4
Q_2黄土1	0.985	2.70	1.36	22.0	33.5	20.5	13
Q_2黄土2	0.849	2.70	1.36	19.0	34.5	21	13.5

3.1.1 试验方案

1）无侧限抗压强度试验

本书对原状土、湿密状态相同的重塑土及原状饱和土三种不同结构状态的黄土进行无侧限抗压强度试验，分别测定其峰值强度。本试验采用圆柱形试样，其尺寸为直径 39.1mm、高 80mm。对 Q_3 黄土 1、Q_3 黄土 2、Q_3 黄土 3、Q_2 黄土 1、Q_2 黄土 2 5 个不同场地的黄土进行含水率分别为 2%、5%、10%、15%、18%、20%、25%、28%及饱和状态下的无侧限抗压强度试验，对 Q_3 黄土 4 进行含水率分别为 10%、13%、16%、19%、23%及饱和状态下的无侧限抗压强度试验。

2）压缩试验

本书对 Q_3 黄土 1、Q_3 黄土 2、Q_3 黄土 3、Q_2 黄土 1、Q_2 黄土 2 5 个不同场地的原状黄土做了不同含水率（2%、5%、10%、15%、18%、20%、25%、28%及饱和）下的侧限压缩试验，对原状 Q_3 黄土 4 进行了含水率分别为 10%、13%、16%、19%、23%及饱和状态下的侧限压缩试验，压力分别为 12.5kPa、25kPa、50kPa、100kPa、200kPa、400kPa、800kPa、1600kPa、3200kPa。本试验所用试样高 20mm，面积 30cm^2。压缩试验在高压固结仪下进行，试样制备后及时进行试验。

3.1.2 试验结果

按照试验方案进行试验，不同含水率下的 6 个场地原状黄土单轴抗压强度试验的应力-应变曲线见图 3.1-1，重塑黄土的应力-应变曲线见图 3.1-2，侧限条件下原状黄土的 e-lg p 曲线见图 3.1-3。

从图 3.1-1 可以看出：6 个场地的原状黄土在不同含水率下的应力-应变曲线均呈软化型，但含水率不同时，应力-应变曲线的软化程度不同。在含水率较低时，其应力-应变曲线表现为强软化型，试样的破坏属于脆性破坏；随着含水率的增加，应力-应变曲线表现出的软化程度逐渐降低，成为弱软化型，说明原状黄土均具有较强的结构性。从图 3.1-2（a）可以看出：重塑 Q_3 黄土 1 在低含水率时其单轴抗压强度试验应力-应变曲线仍然表现为软化型，随着含水率的增加，迅速表现为弱软化型；含水率大于等于 15%时，应力-应变曲线转化为理想塑性或弱硬化型，说明在含水率小于 15%时，虽然经重塑扰动，黄土的原始固化联结键有所破坏，但是重塑过程中又获得了一定的结构强度，黄土的结构性未完全破坏，因而表现为软化型。从图 3.1-2（b）、（c）、（e）、（f）可以看出：重塑 Q_3 黄土 2、Q_3 黄土 3、Q_2 黄土 1、Q_2 黄土 2 在含水率达到或大于 25%时其应力-应变曲线才表现为理想塑性型或弱硬化型，应力-应变曲线形式转变的界限含水率比重塑 Q_3 黄土 1 的高，这主要与各黄土的结构性对含水率增加的不同反应有关。从图 3.1-2（d）可以看出：在试验的含水率范围内，重塑 Q_3 黄土 4 均是软化型曲线，并未出现理想塑性或硬化型曲线，说明这种重塑黄土的应力-应变曲线形式转变的界限含水率要大于 23%。

从图 3.1-3 可以看出：侧限状态下，在竖向荷载的作用下，不同含水率黄土的孔隙比均逐渐减小。

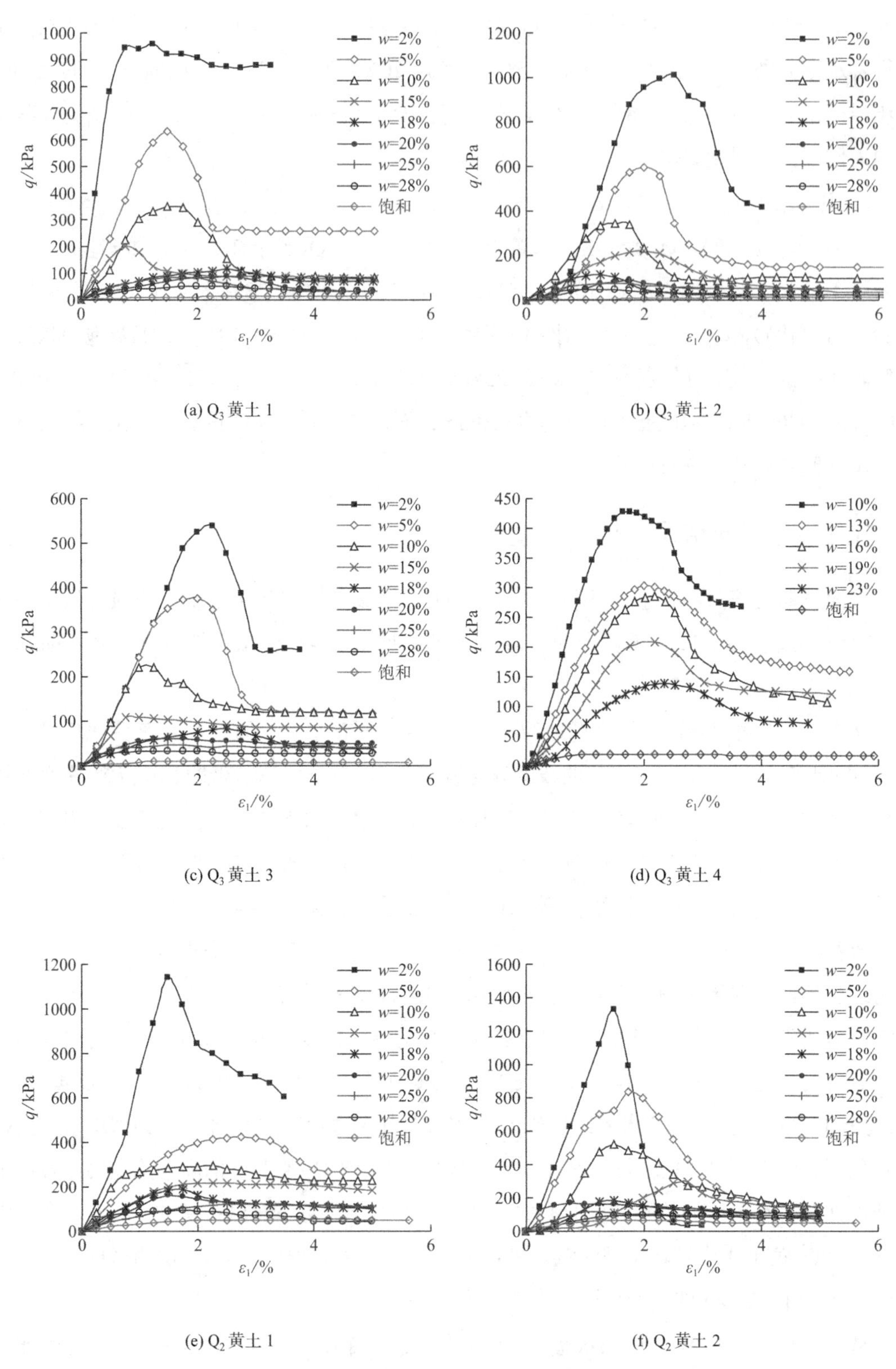

(a) Q_3 黄土 1

(b) Q_3 黄土 2

(c) Q_3 黄土 3

(d) Q_3 黄土 4

(e) Q_2 黄土 1

(f) Q_2 黄土 2

图 3.1-1　不同含水率原状黄土应力-应变曲线（$\sigma_3 = 0$）

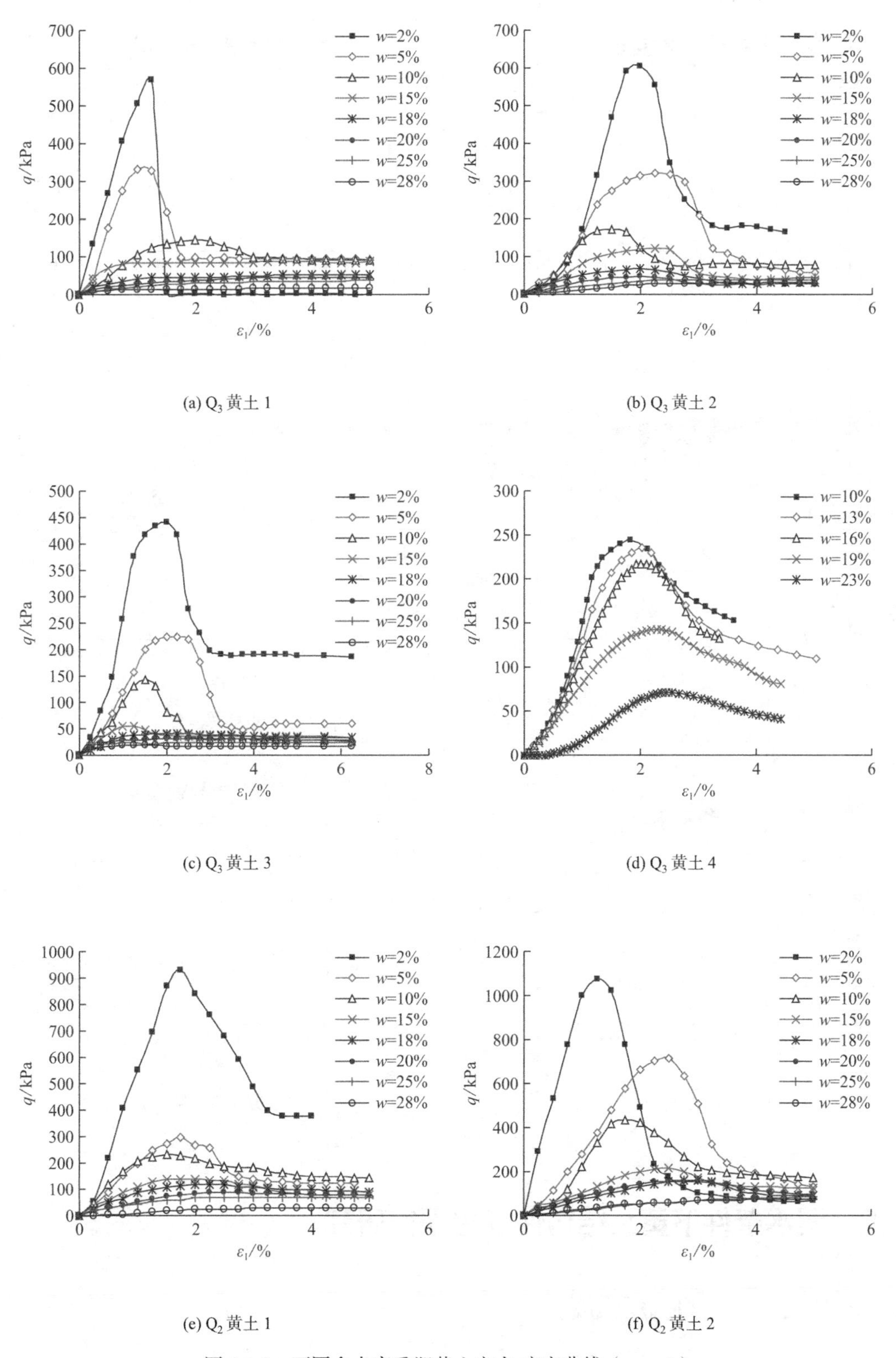

图 3.1-2 不同含水率重塑黄土应力-应变曲线（$\sigma_3 = 0$）

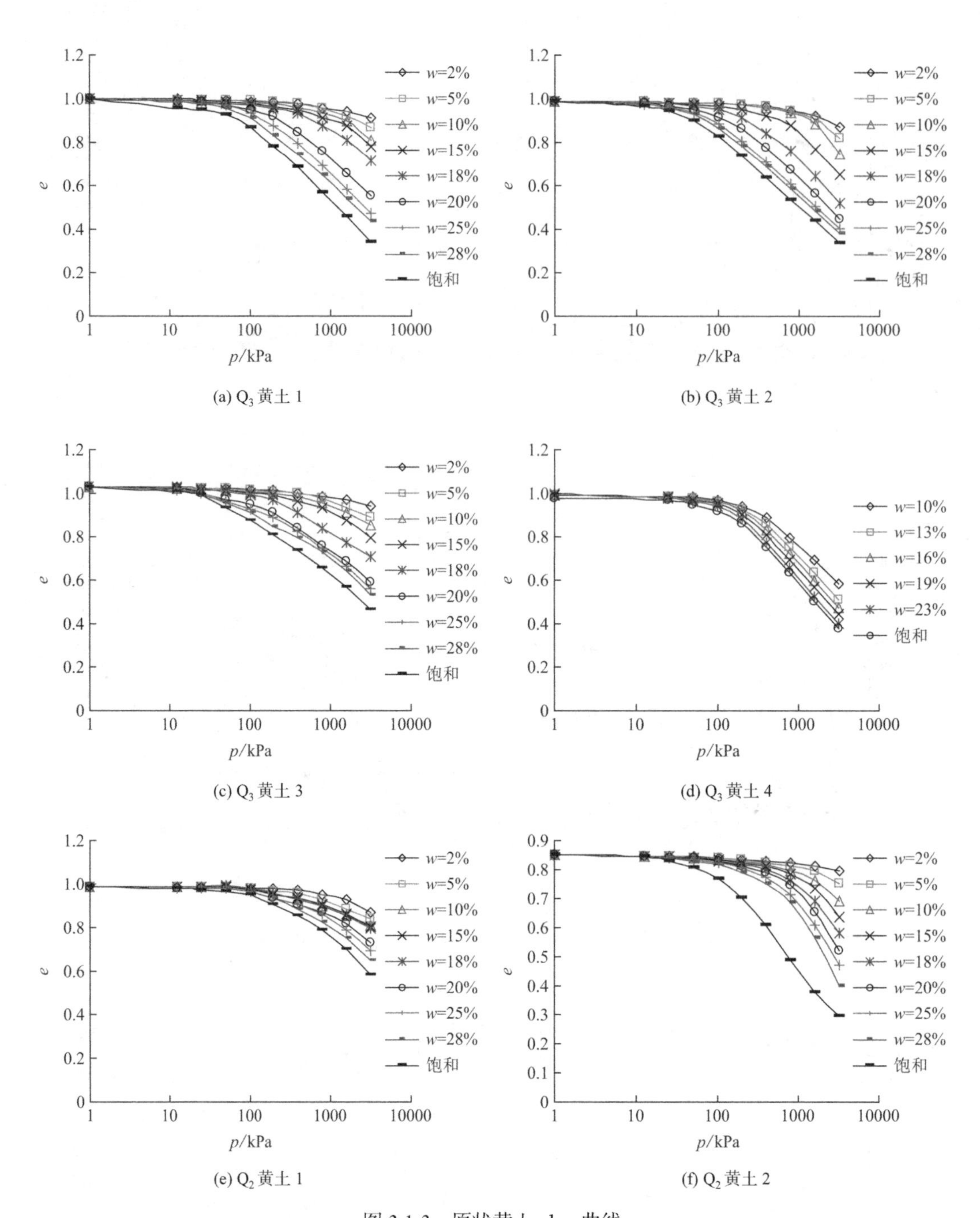

图 3.1-3　原状黄土 e-lg p 曲线

3.2　浸水条件下黄土结构性变化规律研究

3.2.1　黄土的抗压强度

6 个不同场地的原状、重塑黄土单轴抗压强度随含水率的变化曲线见图 3.2-1、图 3.2-2。

从图 3.2-1、图 3.2-2 可以看出：随着含水率的增加，不同黄土的单轴抗压强度都在减小，说明各黄土的原始联结和排列的稳定性均随含水率的增加而降低。含水率较小时，单轴抗压强度的变化幅度很大；随着含水率的增加，单轴抗压强度的降低幅度逐渐减小。在含水率超过 20%后，这种变化更加趋缓，说明黄土对水很敏感，即其浸水灵敏度很强。从整体上来说，Q_2 黄土的单轴抗压强度随含水率的变化曲线较 Q_3 黄土的曲线位置高，说明同一含水率下 Q_2 黄土的单轴抗压强度通常比 Q_3 黄土大。对比图 3.2-1、图 3.2-2 可以看出：原状黄土与重塑黄土的单轴抗压强度随含水率的变化曲线对于各黄土来说，规律相近；原状黄土单轴抗压强度大的，相应的重塑黄土单轴抗压强度也大，说明各黄土由于重塑扰动引起的结构强度损失的变化类似。

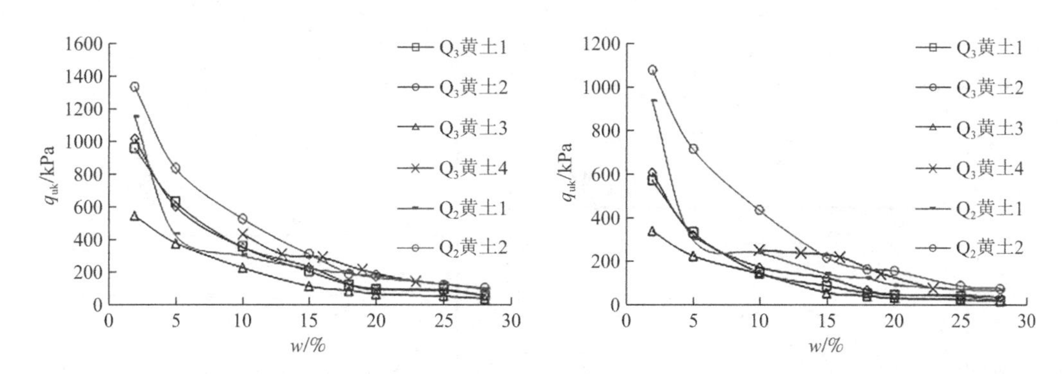

图 3.2-1 原状黄土单轴抗压强度随含水率变化　　图 3.2-2 重塑黄土单轴抗压强度随含水率的变化

3.2.2 黄土扰动及浸水结构性分析

黄土是一种具有典型结构性的土，其初始结构性指标。构度的表达式(3.2-1)也可写为：

$$m_{\mathrm{u}} = m_{\mathrm{d}} m_{\mathrm{w}} = \frac{q_{\mathrm{uo}}}{q_{\mathrm{ur}}} \cdot \frac{q_{\mathrm{uo}}}{q_{\mathrm{us}}} \tag{3.2-1}$$

式中：m_{d}、m_{w}——为扰动灵敏度和浸水灵敏度，反映了原状土结构完全扰动后强度降低的潜在变化及原状土完全浸水饱和后强度降低的潜在变化。

其中，$m_{\mathrm{d}} = \frac{q_{\mathrm{uo}}}{q_{\mathrm{ur}}}$　$m_{\mathrm{w}} = \frac{q_{\mathrm{uo}}}{q_{\mathrm{us}}}$

q_{uo}、q_{ur}、q_{us}——为原状土、湿密状态相同的重塑土、饱和原状土的无侧限抗压强度。

由此可见，构度是扰动灵敏度和浸水灵敏度的乘积。扰动灵敏度和浸水灵敏度越大，土的构度越大，结构性越强；反之则小。同时，扰动灵敏度反映了原状土具有排列和连接特征的结构被重塑后的敏感程度，而浸水灵敏度则反映了黄土遇水后强度丧失对水的敏感程度。构度越大，土遭受扰动和浸水作用的强度变化越大，对工程的潜在危害越大。对于湿陷性黄土而言，遇水后强度降低较多，对土结构性影响较大的是浸水作用；而对于非湿陷性黄土，浸水作用后强度变化较小。

（1）扰动灵敏度分析

不同黄土的扰动灵敏度m_d随含水率变化曲线见图 3.2-3。

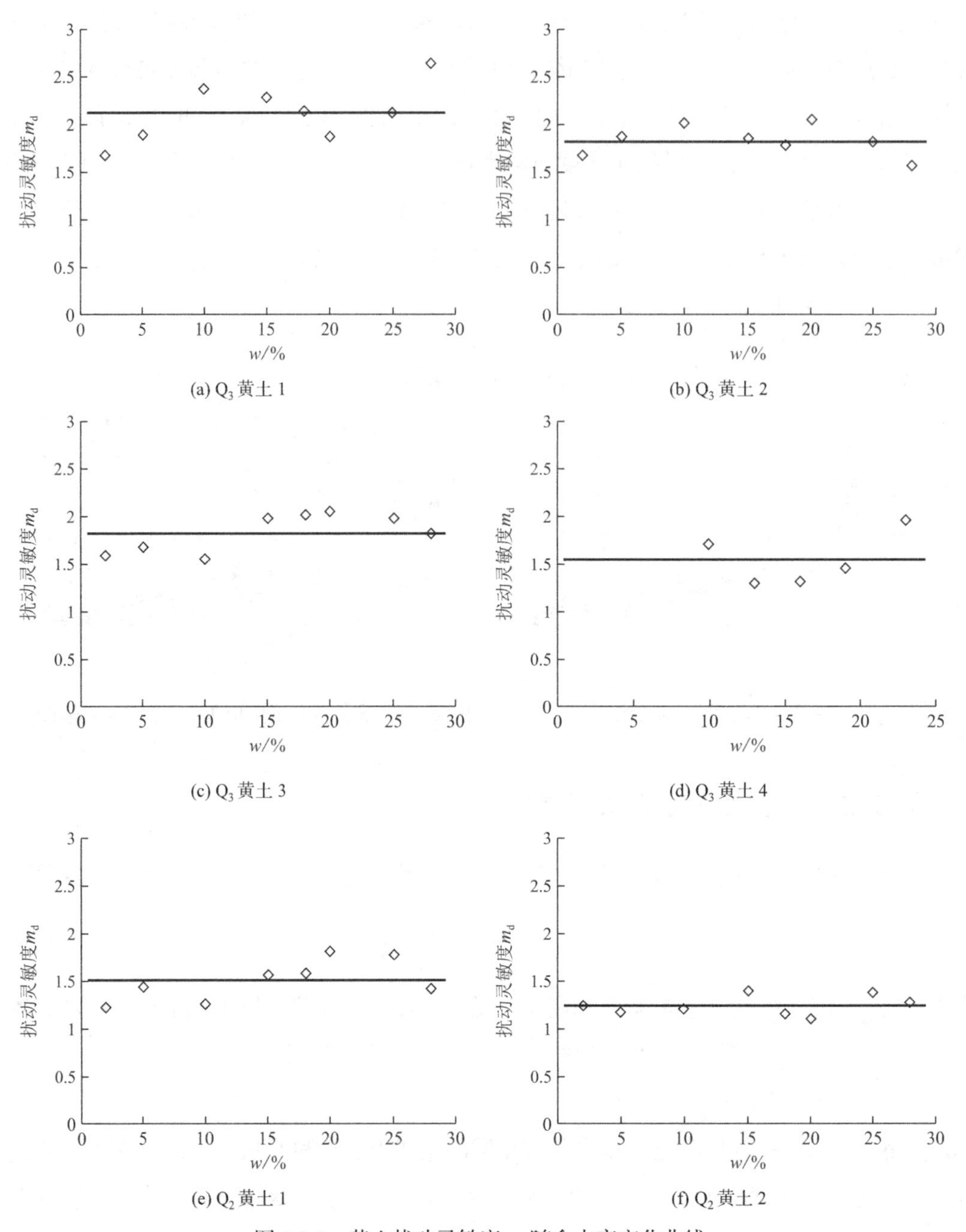

图 3.2-3 黄土扰动灵敏度m_d随含水率变化曲线

扰动灵敏度m_d反映了重塑对黄土结构的扰动效应，从图 3.2-3 中可以看出：随含水率的增加，各黄土的扰动灵敏度m_d变化不大，基本上是在某一值附近波动，可以认为黄土的扰动灵敏度随含水率的变化基本保持不变，即在不同含水率下重塑导致土骨架排列的变化效果基本相同，对黄土结构性的影响较小。

（2）浸水灵敏度分析

前面已经提及，黄土结构对水具有很强的敏感性，不同黄土的浸水灵敏度m_w随含水率变化曲线见图 3.2-4。

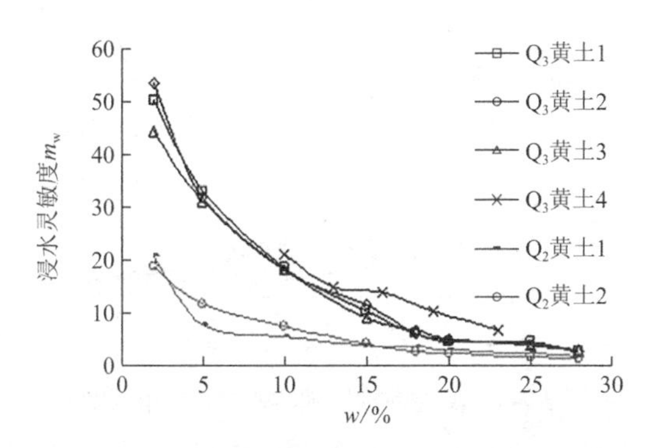

图 3.2-4　各黄土浸水灵敏度m_w随含水率变化曲线

浸水灵敏度m_w反映了浸水对黄土结构的湿化效应，从图 3.2-4 中可以看出：随着含水率的增加，不同黄土的浸水灵敏度均在减小。在含水率较小时，各黄土的浸水灵敏度m_w变化很大，随着含水率的增加，浸水灵敏度m_w的变化逐渐减小。在含水率增大到接近土体饱和时，各黄土的浸水灵敏度变化均很小而且相互接近。对比图 3.2-1 可知，各黄土浸水灵敏度随含水率的变化规律与其原状黄土单轴抗压强度随含水率的变化规律相似，各黄土浸水灵敏度m_w随含水率基本呈指数形变化，它们共同说明了水是影响黄土结构和力学性质最重要的一个方面。浸水后黄土颗粒胶结物的可溶解成分被溶解，黄土的整体结构性被急速破坏，由于水膜的楔入，颗粒之间的摩擦力也迅速减小，导致黄土的强度急剧降低。但对不同黄土而言，这种效应是不同的。

3.2.3　黄土初始结构性分析

通过式(3.2-1)计算其相应的构度m_u，得到试验黄土的构度随含水率的变化曲线，如图 3.2-5 所示。

在图 3.2-5 中，黄土构度随含水率的变化呈指数形变化。土的原始结构越强，重塑扰动后土的强度损失越大，得到的单轴抗压强度越小，即扰动灵敏度m_d越大，相应土的扰动结构性就越大；土的排列越不稳定，胶结固化键越弱，浸水后在力的作用下结构性破坏越大，得到的单轴抗压强度越小，即浸水灵敏度m_w越大，相应土的浸水结构性就越大，可见结构性的强弱与扰动灵敏度和浸水灵敏度的大小有直接关系，两者之积构度m_u的大小将这种效应放大，可直接而灵敏地反映土体结构性的强弱。构度指标m_u越大，结构性越强，反之越弱。一般认为，重塑的、增湿土体的单轴抗压强度不会大于原状土体的单轴抗压强度，因此构度m_u一定大于等于 1。从图 3.2-5 可以看出：随着含水率的增加，各黄土的构度在不断减小，说明随着含水率的增加，黄土的原始胶结不断瓦解，固化联结键不断地遭到破坏，黄土的结构性不断降低。整体而言，Q_3 黄土的构度大于 Q_2 黄土。黄土的湿陷来自浸水时结构的破坏，说明在浸水条件下 Q_3 黄土的湿陷性普遍大于 Q_2 黄土。

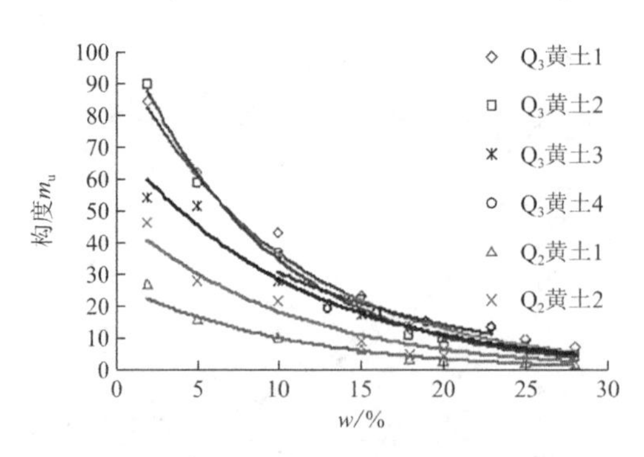

图 3.2-5　黄土的构度随含水率的变化曲线

黄土的各个物理指标对其构度的大小都有或多或少的影响。土体是三相体系，需确定三个独立的物理性质比例指标及合适的物理状态指标才能确定土体的湿度、密度，反映其粒度。物理指标不同，黄土的结构性就不同。构度是无量纲的量，为与构度保持量纲一致，定义如下的综合物理量Z来分析其与构度的关系，Z的表达式为：

$$Z = I_{\mathrm{L}} \cdot I_{\mathrm{P}} \cdot \frac{\rho_{\mathrm{d}}}{\rho_{\mathrm{w}}} \cdot \frac{\rho_{\mathrm{d}}}{\rho_{\mathrm{sat}}} = (w - w_{\mathrm{p}}) \frac{\rho_{\mathrm{d}}^2}{\rho_{\mathrm{sat}} \rho_{\mathrm{w}}} \tag{3.2-2}$$

式中：Z——综合物理量；

w、w_{P}、I_{P}、I_{L}、ρ_{d}、ρ_{sat}——黄土的含水率、塑限、塑性指数、液性指数、干密度、饱和密度；

ρ_{w}——水的密度。

根据式(3.2-2)计算各黄土在不同含水率下的综合物理量Z，作构度与综合物理量Z的关系曲线见图 3.2-6，其中综合物理量Z为横坐标，$\ln(m_{\mathrm{u}} - 1)$为纵坐标。

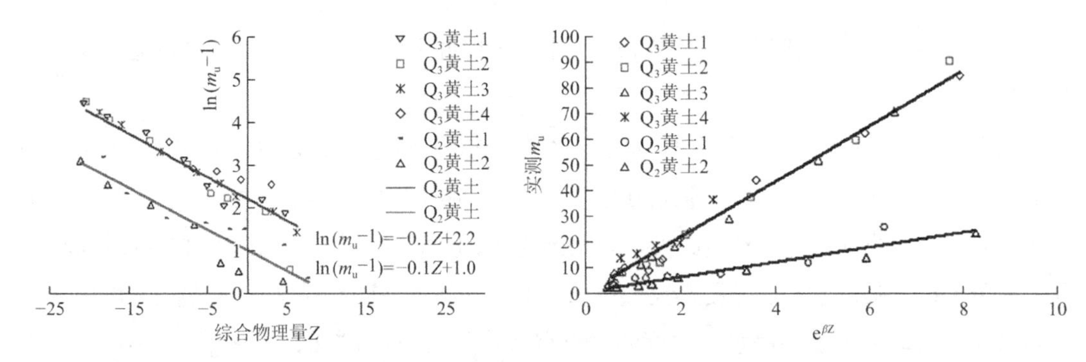

图 3.2-6　黄土构度与综合物理量Z的关系曲线　　图 3.2-7　实测构度m_{u}与$\mathrm{e}^{\beta Z}$的关系

从图 3.2-6 可以看出，对西安 Q_3 黄土、Q_2 黄土的$\ln(m_{\mathrm{u}} - 1)$与综合物理量Z基本均呈直线关系，且不同沉积时代、不同地区的直线基本相互平行，其斜率均为-0.1。对此直线关系进行转换，即可得到黄土的构度m_{u}与综合物理量Z呈如下的指数形关系：

$$\mathrm{Q_3}\text{黄土：}m_\mathrm{u} = 10.7\mathrm{e}^{\beta Z} + 1 \tag{3.2-3}$$

$$\mathrm{Q_2}\text{黄土：}m_\mathrm{u} = 2.9\mathrm{e}^{\beta Z} + 1 \tag{3.2-4}$$

式(3.2-3)、式(3.2-4)分别为西安 Q_3、Q_2 黄土构度指标与综合物理量之间的定量计算公式。根据式(3.2-3)、式(3.2-4)计算各黄土的构度m_u，与实测黄土的构度m_u之间的关系曲线如图 3.2-7 所示。从图 3.2-7 可以看出，利用物理指标计算得到的黄土构度指标与实测值非常接近。

3.3　原状黄土的结构性与其压缩屈服的关系研究

对不同含水率下的压缩试验（图 3.1-3），计算其不同荷载作用下压缩稳定后的沉降，计算相应荷载下黄土的孔隙比e，绘制出不同含水率下黄土的e-lg p压缩曲线。

从图 3.1-3 中各黄土不同含水率下的e-lg p曲线的形态可看出：在含水率较小时，在试验的压力范围内其e-lg p压缩曲线并未出现第三阶段或第三阶段不明显；含水率大于 15%后，第三阶段逐渐显现且明朗化，因此仿照卡萨格兰德确定土体先期固结压力的方法，从图 3.1-3 上确定出含水率大于 15%时各黄土的压缩屈服应力p_{sc}；含水率小于 15%时各黄土的压缩屈服应力p_{sc}可根据曲线的形态估算，由此得到的压缩屈服压力随含水率的变化曲线见图 3.3-1。

从图 3.1-3 与图 3.3-1 可得：黄土的构度指标与压缩屈服应力均随含水率的增大而减小，同时随含水率的增大，构度变化幅度小的黄土，其压缩屈服应力变化幅度也小；沉积时代相同的黄土，构度越大，其压缩屈服应力越大，两者呈线性关系；黄土的沉积时代不同，其构度与压缩屈服应力的线性关系就不同，如图 3.3-2 所示。

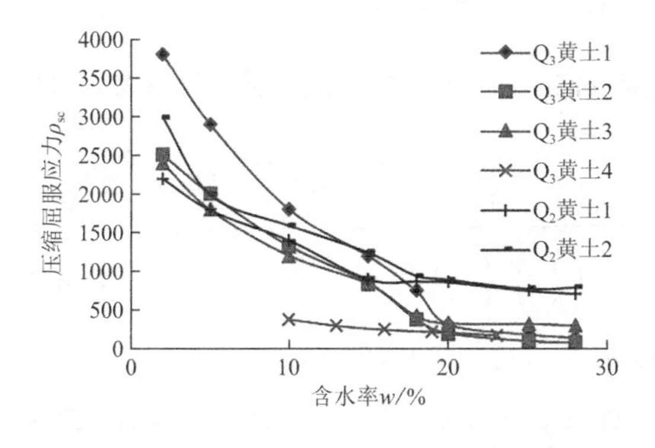

图 3.3-1　黄土压缩屈服压力随含水率的变化曲线

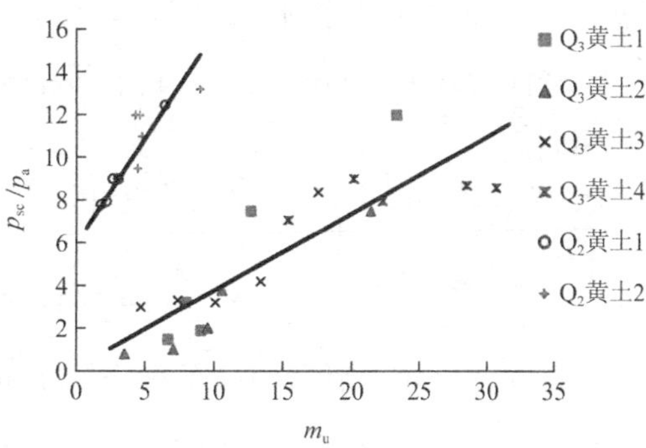

图 3.3-2　黄土m_u-p_{sc}/p_a关系曲线

图 3.3-2 表明，Q_2 黄土和 Q_3 黄土的p_{sc}/p_a-m_u关系曲线分布在两个不同位置，说明对于不同沉积时期黄土的p_{sc}/p_a-m_u关系曲线是不同的。对同一时代的黄土来说，黄土构度m_u越大，压缩屈服应力p_{sc}越大，基本呈线性规律。当构度指标相同时，Q_2 黄土的压缩屈服应

力要明显大于 Q_3 黄土的压缩屈服应力，说明 Q_2 黄土压缩时达到结构屈服破坏所需的荷载比 Q_3 黄土大得多，即相同的力、水条件下 Q_2 黄土的压缩性要明显小于 Q_3 黄土的压缩性，进一步说明了黄土的形成年代、湿度情况不同，其压缩变形特性也是不同的。

如前所述，图 3.3-2 中黄土的m_u-p_{sc}/p_a关系基本呈线性变化，其关系式分别为：

$$Q_3\text{黄土：}p_{sc} = 0.36m_u p_a \tag{3.3-1}$$

$$Q_2\text{黄土：}p_{sc} = (1.02m_u + 5.5)p_a \tag{3.3-2}$$

式(3.3-1)、式(3.3-2)分别为 Q_3、Q_2 黄土的构度与压缩屈服应力之间的定量关系式。若已知黄土的构度指标m_u，由式(3.3-1)可计算出 Q_3 黄土的压缩屈服应力p_{sc}，由式(3.3-2)可计算出 Q_2 黄土的压缩屈服应力p_{sc}。

3.4 基于结构性的黄土湿载变形特性研究

侧限条件下，理论上应力可无限增大，但应变有界。复合幂指数（CPE）模型可描述各种类型的应力-应变曲线，因此，根据 CPE 模型，应力应变互换位置，则侧限条件下土体的应力-应变曲线可表示为：

$$\varepsilon = n_0\left\{1 - A\exp\left[-\alpha\left(\frac{p}{p_a}\right)^{\beta}\right]\right\} \tag{3.4-1}$$

式中：ε——侧限条件下的竖向应变；

p——侧限条件下的竖向荷载（kPa）；

p_a——标准大气压；

n_0——初始孔隙率；

A——与压缩阶段有关的系数，原位压缩阶段$A > 1$，再压缩阶段$A = 1$；

α、β——与土性及含水率有关的系数。

当竖向荷载$p \to +\infty$时，$\varepsilon \to n_0$，即在侧限条件下，应变不能无限增长，其最大值为其孔隙率n_0。

因$\varepsilon = \frac{e_0-e}{1+e_0}$，$n_0 = \frac{e_0}{1+e_0}$，并将$\frac{p}{p_a}$除以$\frac{p_{sc}}{p_a}$，由式(3.4-1)可得：

$$e = e_0 A\exp\left[-\alpha\left(\frac{p}{p_{sc}}\right)^{\beta}\right] \tag{3.4-2}$$

根据式(3.4-2)，将图 3.1-3 的横坐标变换为$\frac{p}{p_{sc}}$，可得图 3.4-1。

从图 3.4-1 可以看出：横坐标变换为$\frac{p}{p_{sc}}$后，各黄土不同含水率下压缩曲线的转折点统一到了横坐标$\frac{p}{p_{sc}} = 1$ 的位置，且各黄土不同含水率下的压缩曲线分布在一个很窄的带中，几乎重合于同一位置，趋近于同一曲线上，归一化的效果很明显。随着$\frac{p}{p_{sc}}$值的增大，曲线纵坐标孔隙比e值均从各黄土的初始孔隙比e_0开始减小，说明通过单位化压缩屈服应力后，不同含水率下的曲线会得到归一效果，试验黄土压缩曲线具有可归一化的特性。初始孔隙比

e_0不同，曲线的开始位置就不同。将式(3.4-2)中左右两侧同时除以e_0，则式(3.4-2)转变为：

$$\frac{e}{e_0} = A\exp\left[-\alpha\left(\frac{p}{p_{\mathrm{sc}}}\right)^{\beta}\right] \tag{3.4-3}$$

从式(3.4-3)可以看出：此时纵坐标可转换为$\frac{e}{e_0}$，经进一步纵坐标转换的曲线，如图 3.4-2 所示。

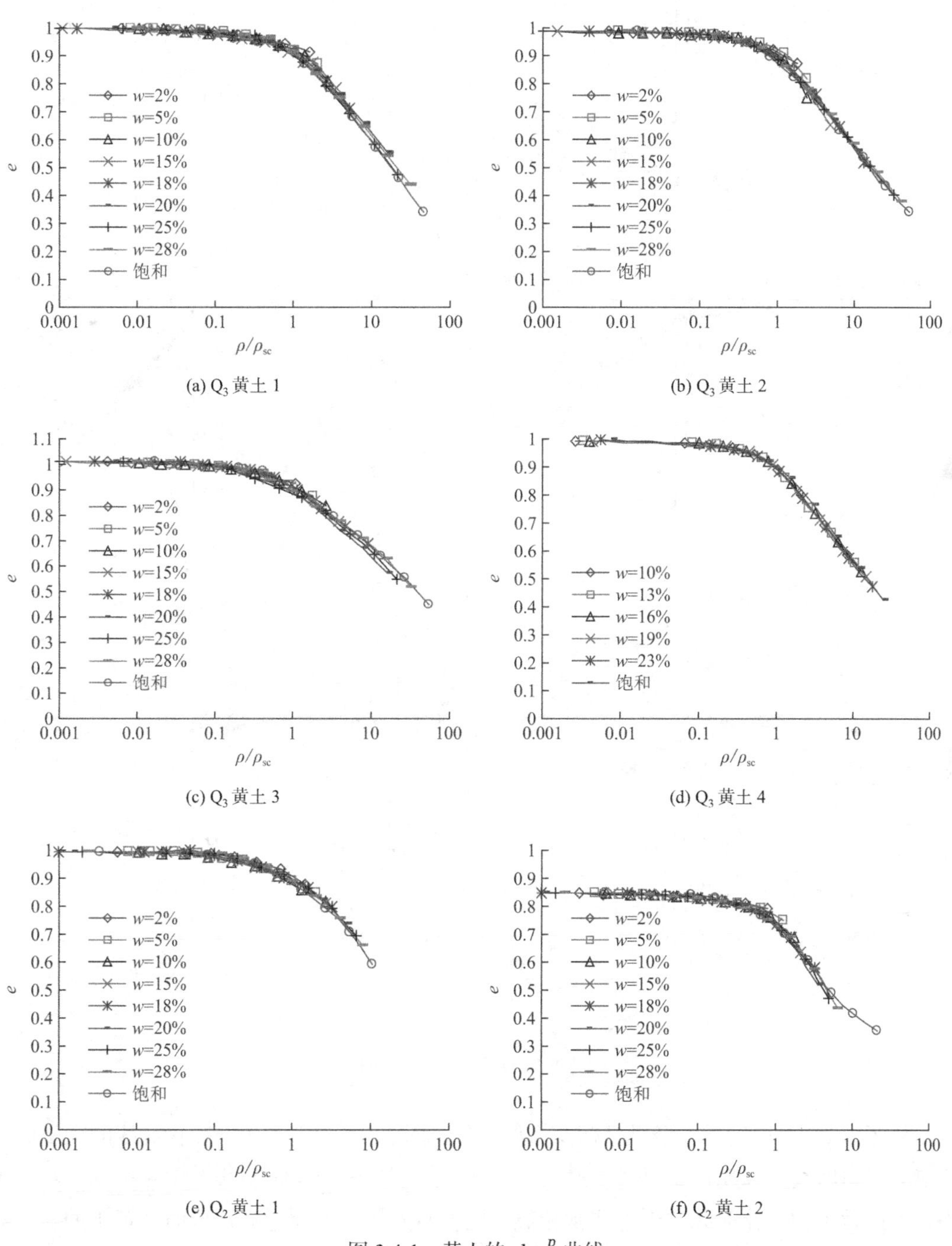

图 3.4-1　黄土的e-$\lg\frac{p}{p_{\mathrm{sc}}}$曲线

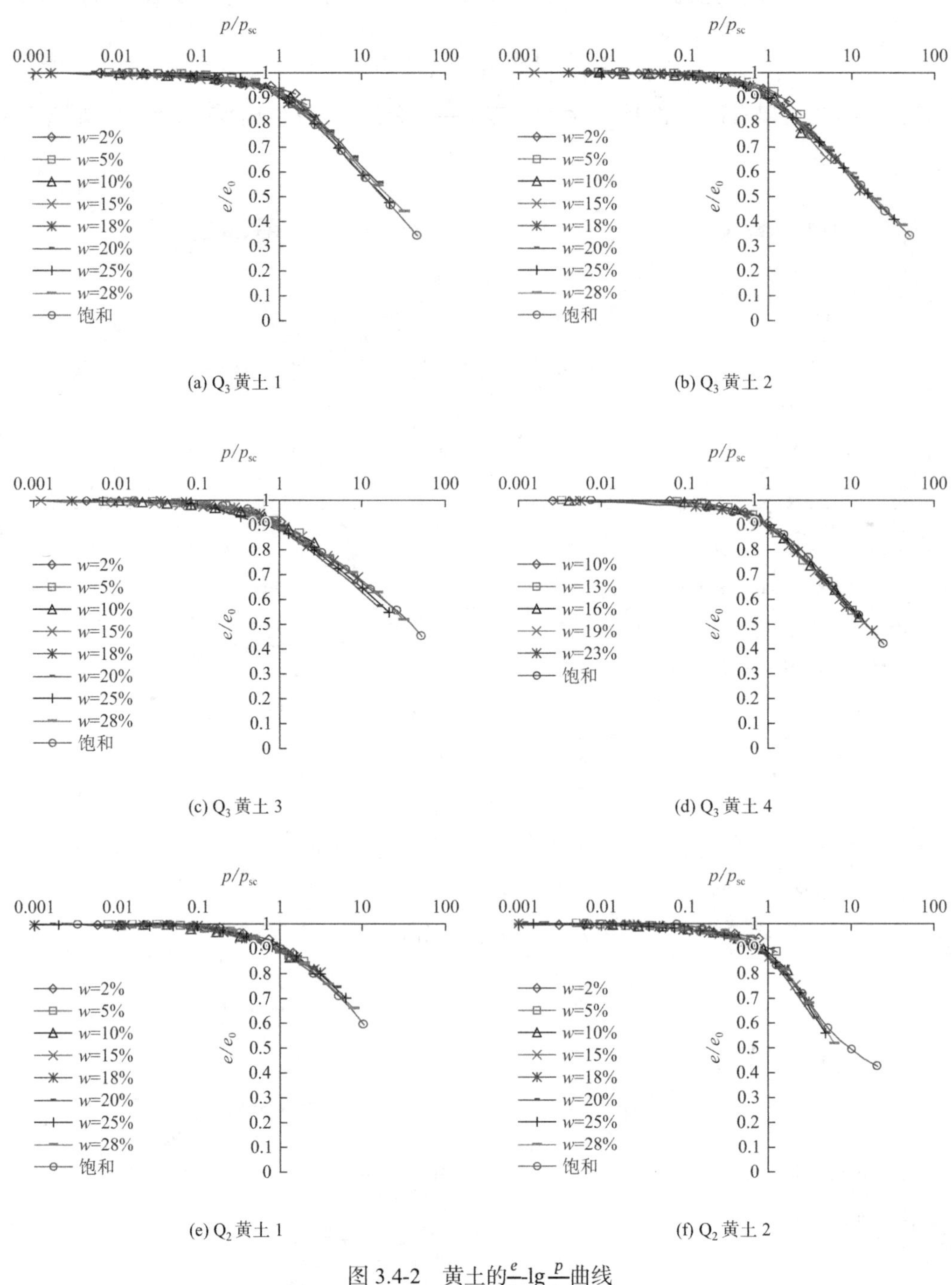

(a) Q_3 黄土 1

(b) Q_3 黄土 2

(c) Q_3 黄土 3

(d) Q_3 黄土 4

(e) Q_2 黄土 1

(f) Q_2 黄土 2

图 3.4-2　黄土的$\frac{e}{e_0}$-lg$\frac{p}{p_{sc}}$曲线

从图 3.4-2 可以看出：经纵坐标变换后，前述图 3.4-1 中各黄土归一化曲线的纵坐标最大值从各自的初始孔隙比e_0均统一到了 1，各黄土$\frac{e}{e_0}$-lg$\frac{p}{p_{sc}}$压缩曲线的纵坐标均从 1 开始减小，不同黄土归一化曲线的形态非常相似，则将不同场地不同地质形成时期黄土的$\frac{e}{e_0}$-lg$\frac{p}{p_{sc}}$曲线合并于同一坐标系中进行比较，见图 3.4-3。

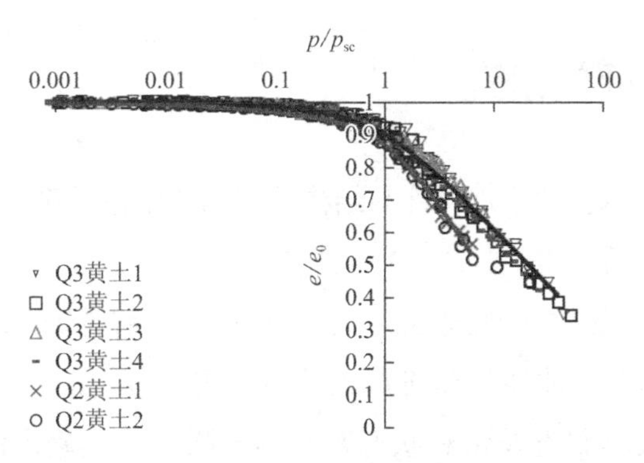

图 3.4-3　不同沉积时期黄土$\frac{e}{e_0}$-lg$\frac{p}{p_{sc}}$关系曲线

从图 3.4-3 可以看出：4 个不同场地的 Q_3 黄土的e/e_0-lg(p/p_{sc})曲线近似重合于同一曲线位置；类似地，2 个不同场地 Q_2 黄土的e/e_0-lg(p/p_{sc})曲线也几乎相互重叠，但 Q_3 黄土与 Q_2 黄土曲线重叠的位置有差别，说明通过对压缩曲线横、纵坐标的变换，不仅同一场地黄土的压缩曲线具有归一化的特性，而且同一形成时代不同场地的黄土也可归一化到同一曲线位置，说明形成时代相同的黄土的压缩曲线也具有归一化的特性。将图中 Q_3、Q_2 黄土归一化曲线分别以$p/p_{sc}=1$为界进行拟合，则图 3.4-3 中 Q_3、Q_2 黄土的归一化曲线表达式分别为：

Q_3 黄土：

$$\begin{cases} \dfrac{e}{e_0} = \exp\left[-0.1\left(\dfrac{p}{p_{sc}}\right)^{0.8}\right] & p \leqslant p_{sc} \\ \dfrac{e}{e_0} = 1.6\exp\left[-0.57\left(\dfrac{p}{p_{sc}}\right)^{0.26}\right] & p > p_{sc} \end{cases} \tag{3.4-4}$$

Q_2 黄土：

$$\begin{cases} \dfrac{e}{e_0} = \exp\left[-0.14\left(\dfrac{p}{p_{sc}}\right)^{0.7}\right] & p \leqslant p_{sc} \\ \dfrac{e}{e_0} = 1.6\exp\left[-0.61\left(\dfrac{p}{p_{sc}}\right)^{0.27}\right] & p > p_{sc} \end{cases} \tag{3.4-5}$$

从式(3.4-4)、式(3.4-5)可以看出：压缩荷载p与压缩屈服应力p_{sc}的大小关系不同，相应阶段黄土的压缩曲线表达式中的系数A、α、β就不同。在$p \leqslant p_{sc}$时，Q_3 黄土与 Q_2 黄土的系数A均为 1，说明在此范围时，黄土处于结构强度发挥的再压缩阶段，随着荷载p的增加，孔隙比e从初始孔隙比e_0逐渐减小；在$p > p_{sc}$时，Q_3 黄土与 Q_2 黄土的系数A均大于 1，说明在此范围时，黄土结构发生破坏，进入原始压缩阶段，由于原始压缩阶段所对应的初始孔隙比一定比室内所测得的初始孔隙比e_0大，因此系数A必然大于 1。

若其他场地的 Q_3 黄土与 Q_2 黄土的压缩曲线也可归一化到图 3.4-3 相应的曲线位置，则在已知初始孔隙比e_0及压缩屈服应力p_{sc}的情况下，可计算得到相应黄土的压缩曲线。

3.5 黄土湿陷性评价研究

前面得出了Q_3、Q_2黄土的物理特性与结构性之间的定量关系式(3.2-3)、式(3.2-4)；Q_3、Q_2黄土压缩曲线归一化后的表达式(3.4-3)或式(3.4-4)及Q_3、Q_2黄土的压缩屈服应力p_{sc}与构度m_u之间关系的表达式(3.3-1)或式(3.3-2)。于是，根据前述研究结果，总结出一种考虑初始结构性，通过计算压缩曲线从而对黄土的湿陷进行分析的一种方法，具体计算过程为：首先依据各层土天然状态及饱和状态基本物理指标分别确定的综合物理量Z，应用式(3.2-3)、式(3.2-4)确定构度m_u，再由式(3.3-1)或式(3.3-2)分别确定其压缩屈服应力p_{sc}，然后根据式(3.4-3)或式(3.4-4)分别得出天然状态及饱和状态或所需分析的湿度条件下相应黄土的压缩曲线，从而计算相应含水率黄土的湿陷系数等变形指标，最后累计得出黄土场地或地基的（自重）湿陷量，据此对黄土的湿陷性进行评价，并对相应黄土的湿陷性依据规范的等级划分标准进行湿陷性评价。此方法在计算过程中考虑了黄土的初始结构性，因此这里称之为考虑结构性的变形计算方法，简称为结构性方法。

3.5.1 黄土湿陷系数的计算

黄土在浸水条件下的湿陷性用湿陷系数δ_s表示，其计算式为：

$$\delta_s = \frac{h_p - h'_p}{h_0} \tag{3.5-1}$$

$$\delta_s = \frac{e_p - e'_p}{1 + e_0} \tag{3.5-2}$$

式中：h_p、e_p——天然含水率的原状试样，加至一定压力时压缩稳定后的高度和孔隙比；

h'_p、e'_p——浸水（饱和）前述下沉稳定的试样，继续压缩稳定后的高度和孔隙比；

h_0、e_0——试样的原始高度和初始孔隙比。

根据考虑结构性的计算方法，可由实际黄土不同深度处的自重应力与附加应力之和计算相对应的湿陷系数δ_s，这样更符合实际。黄土在实际压力作用下的湿陷性，用计算所得的湿陷系数δ_s进行判定。

3.5.2 黄土湿陷量的计算

（1）自重湿陷量Δ_{zs}

应用本章自重湿陷系数的计算方法，得到黄土场地不同深度黄土的自重湿陷系数，按下式可计算出湿陷性黄土场地的自重湿陷量Δ_{zs}：

$$\Delta_{zs} = \sum_{i=1}^{n} \delta_{zsi} h_i \tag{3.5-3}$$

式中：δ_{zsi}——第i层土的自重湿陷系数；

h_i——第i层土的厚度（mm）。

场地自重湿陷量的计算值Δ_{zs}，自天然地面算起，至其下非自重湿陷性黄土层的顶面止，其中自重湿陷系数δ_{zs}值小于0.015的土层不累计。

由于本章计算自重湿陷系数方法中已对地区的不同作了区分，因此与《湿陷性黄土地区建筑标准》GB 50025—2018不同的是，式(3.5-3)中没有因地区土质而异的修正系数β_0。

（2）湿陷量Δ_s

根据上述自重湿陷系数的计算方法，可由实际黄土各层所受的应力（自重应力与附加应力之和）计算得到湿陷系数δ_s，湿陷性黄土场地受水浸湿饱和，其湿陷量Δ_s：

$$\Delta_s=\sum_{i=1}^{n}\delta_{si}h_i \tag{3.5-4}$$

式中：δ_{si}——第i层土承受实际压力（自重应力与附加应力之和）时的湿陷系数；

h_i——第i层土的厚度（mm）。

类似于自重湿陷量Δ_{zs}的计算，计算湿陷量Δ_s时，湿陷系数δ_s小于0.015的土层不累计。由于本方法考虑了结构性的影响，因此不考虑基底下地基土的受水浸湿可能性和侧向挤出等因素的修正系数β。

3.5.3　黄土场地湿陷类型与等级的判定

黄土场地湿陷类型的判定，依然遵照《湿陷性黄土地区建筑标准》GB 50025—2018，按自重湿陷量的实测值Δ'_{zs}或本方法的计算值Δ_{zs}判定。湿陷性黄土地基湿陷等级的评价，仍根据湿陷量的计算值Δ_s和自重湿陷量的计算值Δ_{zs}等因素，按《湿陷性黄土地区建筑标准》GB 50025—2018进行评价。

3.5.4　结构性方法计算与评价的要点

本章提出的考虑结构性的黄土湿陷、压缩变形指标的计算方法，在使用时需满足以下条件中的（1）、（3）或（2）、（3）。

（1）需进行连续的不同深度黄土的构度试验，取得相应深度黄土在天然含水率条件、饱和含水率条件下及相应增湿含水率条件下的构度指标；且需已知不同深度（一般深度间隔为1m）黄土地层的初始孔隙比e_0。

（2）若无前述构度指标，需已知不同深度黄土地层的物理指标，包括三个独立的物理性质指标及塑限指标，缺一不可。

（3）在勘察时，需准确确定相应土层的地质形成时期及不同沉积时期土层的分界深度。

因此，在实际应用时，若要快速计算相应的湿陷指标及压缩性指标，根据本方法，最简单的是只需在勘察时对各层黄土的地质形成时期及不同深度（一般深度间隔为1m）黄土的物理指标（三个独立的物理性质指标及塑限）进行准确确定即可。

3.5.5 基于数值计算的湿陷性地层湿陷变形量的评价方法

为了克服现有不能准确确定湿陷性土在精细化数值模拟分析时无法确定计算模型及土体采用的本构关系，使得湿陷性土不能准确确定湿陷变形情况的问题，提供一种基于数值计算的湿陷性地层湿陷变形量的评价方法。在湿陷性土上建设建（构）筑物的变形计算中，既考虑了因为修建建（构）筑物而产生的附加压力作用，又解决了室内试验条件下，湿陷性土参数确定不准确问题，进而可以更为合理的得到因修建建（构）筑物且浸水导致的湿陷性土参数取值，能够稳定、安全且准确的对湿陷性土变形进行评价。

步骤一：根据工程地质勘测资料，获得场地的地层岩性、湿陷性地层的深度和拟建建（构）筑物的位置，然后建立几何模型，对场地土样开展室内试验，获取各层土体的原始物理力学参数；

步骤二：依据步骤一建立的几何模型和获取的各层土体的原始物理力学参数，建立数值计算模型，对几何模型中湿陷性地层的竖向位移及应力进行判定并选择等效竖向应力；

步骤三：根据步骤二得到湿陷性土层内的等效竖向应力，将其作为实际压力值对湿陷性土进行室内压缩试验；

步骤四：根据步骤三确定的压力值进行室内压缩试验，将等效竖向应力设置为试验的法向应力，得到该压力下对应的湿陷系数；

步骤五：根据步骤四得到对应于上覆压力的湿陷系数，得到该层湿陷性土在浸水状态下的等效变形量值；

步骤六：根据步骤五得到的等效变形量值，以等效变形量为目标值，以等效模量为反演值，可得到在步骤四确定的等效竖向应力下，湿陷性地层模量的等效值；

步骤七：根据步骤六中得到的湿陷性地层模量的等效值评价湿陷性土的湿陷变形情况。

所述的步骤一中，土体的原始物理力学参数至少包括各土层的重度、抗剪强度参数、模量及泊松比。

所述的步骤二中，建立数值计算模型，然后确定数值计算模型的边界，再进行网格划分、边界约束、地应力的计算分析，对几何模型中湿陷性地层的竖向位移及应力进行判定并选择。

所述的步骤三中，得到湿陷性土层的等效竖向应力的方法为：将应力等值线按至少 1 条/m 进行设置，等效竖向应力值取各等值线数值的平均值，根据该应力值及室内压缩试验土样面积，计算得到作用于土样上的竖向压力值和湿陷性土层的等效竖向应力。

所述的步骤四中，依据确定的湿陷压力进行室内压缩试验，得到该地层对应的等效湿陷系数：

$$\delta_s = \frac{\Delta h_p}{h_0} \tag{3.5-5}$$

式中：δ_s——湿陷系数；

Δh_p——土样加压稳定后，在浸水（饱和）作用下，高度的变化值；

h_0——土样的原始高度。

所述的步骤三和步骤四中的室内压缩试验为浸水状态下室内压缩试验。

所述的步骤五中，等效变形量值的计算方法为：将位移等值线按至少 1 条/m 进行设置，等效变形量取各位移等值线数值的平均值，如图 3.5-1 所示。

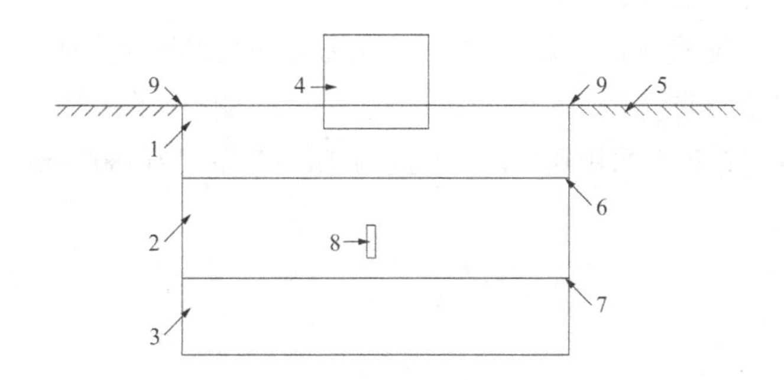

1—上覆土层；2—湿陷性土；3—下伏土层 2；4—上部建筑物；5—地面；
6—上土层分界线；7—下土层分界线；8—室内试验土样取样位置；9—模型边界

图 3.5-1　适用湿陷性黄土上部修建建（构）筑物的示意图

所述的步骤一中，几何模型包括上覆土层、湿陷性土层、下伏土层、上部建筑物、地面、上土层分界线、下土层分界线、室内试验土样取样位置和模型边界，所述的地面下方依次为上覆土层、湿陷性土层和下伏土层，湿陷性土层分别通过上土层分界线和下土层分界线与上覆土层和下伏土层分割，所述的上部建筑物设在地面上方，所述的地面下方两侧均设有模型边界；所述的室内试验土样取样位置位于湿陷性土层内。本方法的优点是：

（1）解决了湿陷性黄土变形量计算困难的问题，且工程运用简便、快捷。

（2）考虑因素全面，计算包含了所有地层，考虑了包括建筑物、地层及湿陷引发的变形等全面的外部条件。

（3）通过引入等效模量概念，能反映整个地层的应力、变形情况，而非仅考虑地层某一深度的情况。

（4）计算方法采用室内试验与数值模拟联合获得，既可以反映湿陷性土饱和状态下的变形，又能反映在不同含水率下的变形，适用范围广。

（5）通过等效模量反映的等效变形计算结果，可以有效反映出由于湿陷产生的附加变形，从而指导工程设计施工，避免工程风险。

3.5.6　基于无损时域反射技术的黄土湿陷性原位评价方法

基于无损时域反射技术的黄土湿陷性原位评价方法及系统，采用无损时域反射技术原位测试黄土介电常数和电导率；基于所测试的介电常数和电导率计算黄土干密度和质量含水率；考虑黄土干密度、质量含水率以及基本物理特性指标，通过数学模型对黄土湿陷性进行原位评价。基于无损时域反射技术的黄土湿陷性原位评价方法不仅可实现黄土有无湿陷性的判定，而且具有区分强烈、中等和轻微湿陷程度的潜力。本方法技术先进、耗时短、费用低、操作方便、可靠度高、实用性强，是一种黄土地区工程勘察技术的新手段。

基于无损时域反射技术的黄土湿陷性原位评价方法，包括以下步骤：

（1）通过无损时域反射技术测试现场布置点原状黄土的时域反射波形图，进而获得布置点原状黄土的介电常数和电导率。

请参阅图 3.5-2，非侵入式探头经时域反射信号发射装置与计算机连接，时域反射信号发射装置经同轴电缆与非侵入式探头的探针电连接，同轴电缆的端部设置有环氧树脂，探针为两针式无损探针，探针采用铜导体，宽度为 1mm，厚度为 0.02mm，两个铜导体的中心间距为 3mm。

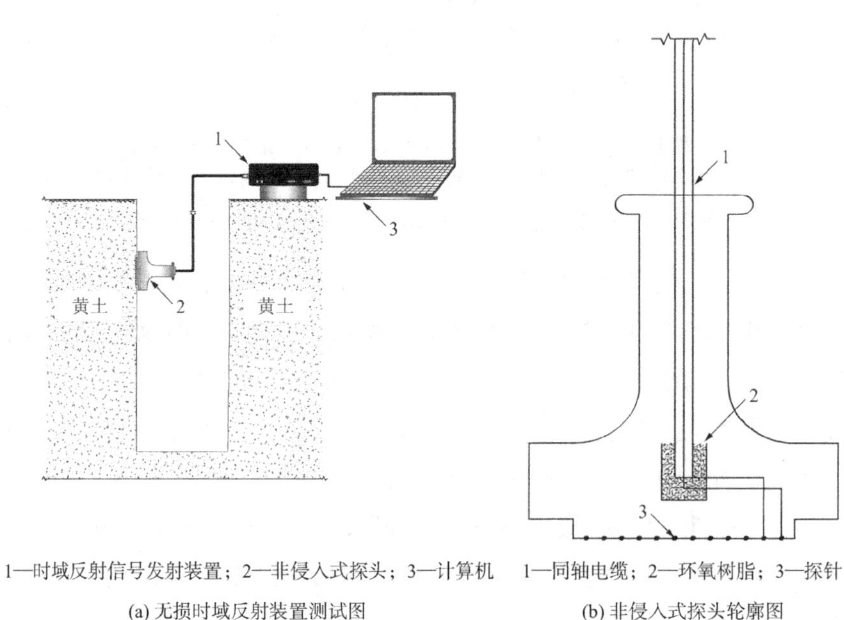

1—时域反射信号发射装置；2—非侵入式探头；3—计算机

(a) 无损时域反射装置测试图

1—同轴电缆；2—环氧树脂；3—探针

(b) 非侵入式探头轮廓图

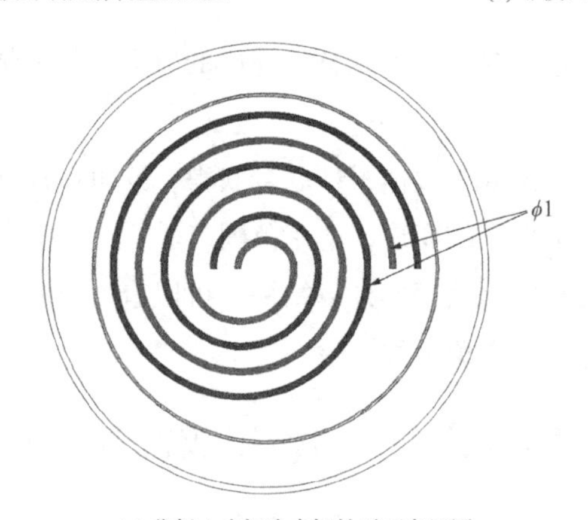

(c) 非侵入式探头中探针平面布置图

图 3.5-2　无损时域反射设备图

利用时域反射信号发射装置1和非侵入式探头2测试现场布置点原状黄土的时域反射波形图，并通过计算机3计算原状黄土的介电常数和电导率，具体为：

根据现场测试区域工程地质条件的复杂程度，参照野外钻孔取点测试湿陷性的勘察方法（依据《湿陷性黄土地区建筑标准》GB 50025—2018）合理选择相应工程地质条件下测试点的位置和数量；

对拟测试点位进行整平处理，随后使非侵入式探头与整平后的测试点位紧密贴合；

贴合5～10s后，使用微型电脑驱动时域反射信号发射装置，通过非侵入式探头获取测试点位的时域反射波形图，随后计算原状黄土的介电常数和电导率。

其中，每完成一次测试后，用干燥棉布清除非侵入式探头上残余黄土。

每完成一次测试后，在非侵入式探头测试处取相同质量的黄土，最终获得总重为10～15kg的黄土用于室内标定。

（2）结合布置点原状黄土介电常数、电导率和室内标定参数a_1、b_1、c_1、d_1，计算现场布置点原状黄土的干密度和质量含水率。

结合现场布置点原状黄土介电常数、电导率与室内标定参数a_1、b_1、c_1、d_1，利用经验模型计算原状黄土的干密度和质量含水率，具体如下：

现场取回的碎屑黄土烘干过筛后配置n组（$n \geqslant 4$）相同干密度、不同质量含水率的压实土样，按照式(3.5-6)、式(3.5-7)进行室内标定试验，随后利用最小二乘法获得室内标定参数a_1、b_1、c_1、d_1值。

$$\sqrt{K_\mathrm{a}}\frac{\rho_\mathrm{w}}{\rho_\mathrm{d}} = a_1 + b_1 w \tag{3.5-6}$$

$$\sqrt{EC_\mathrm{b}}\frac{\rho_\mathrm{w}}{\rho_\mathrm{d}} = c_1 + d_1 w \tag{3.5-7}$$

式中：K_a——标定样品的介电常数；

EC_b——标定样品的电导率；

ρ_w——水密度；

ρ_d——标定黄土干密度；

w——质量含水率；

a_1、b_1、c_1、d_1——标定参数。

考虑到现场测试点原状黄土孔隙水和室内标定压实黄土孔隙水电导率的差异以及标定试验前后黄土特性的改变，利用现场布置点原状黄土介电常数、电导率与室内标定参数a_1、b_1、c_1、d_1，得到现场布置点原状黄土干密度和质量含水率的经验计算式：

$$w_\mathrm{f} = \frac{c_1\sqrt{K_\mathrm{a,f}} - a_1\sqrt{EC_{\mathrm{b},jf}}}{\beta b_1\sqrt{EC_\mathrm{b,if}} - \lambda d_1\sqrt{K_\mathrm{a,f}}} \tag{3.5-8}$$

$$\rho_\mathrm{d,f} = \left(\frac{0.9\sqrt{K_\mathrm{a,f}}}{a_1 + \beta b_1 w_\mathrm{f}} + \frac{0.1\sqrt{EC_\mathrm{b,f}}}{c_1 + \lambda d_1 w_\mathrm{f}}\right)\rho_\mathrm{w} \tag{3.5-9}$$

式中：w_f和$\rho_{d,f}$——现场布置点原位测试后计算的原状黄土质量含水率和干密度；

$K_{a,f}$和$EC_{b,f}$——现场布置点原位测试的原状黄土介电常数和电导率；

$EC_{b,jf}$——借助原位测试介电常数调整后的电导率；

β和λ——b_1和d_1的修正系数。修正系数β（0.5～1.3）的目的是消除标定过程引起黄土特性改变（如烘干）的影响。修正系数λ（0～1）的目的是消除原状黄土和标定压实黄土孔隙水电导率差异的影响。

此外，标定参数a_1的范围为 0.7～1.8，b_1的范围为 7.5～11；由于a_1值通常在 1 附近，所以不进行修正。标定参数c_1是与干燥黄土有关的电导率参数，在原位和标定过程中变化不大，故不予调整。

$EC_{b,jf}$的经验计算公式如下：

$$\sqrt{EC_{b,jf}}=\left(\frac{\beta b_1 c_1-a_1\lambda d_1}{\beta b_1}\frac{\rho_d}{\rho_w}+\frac{\lambda d_1}{\beta b_1}\sqrt{K_{a,f}}\right) \tag{3.5-10}$$

考虑原状黄土干密度、质量含水率和基本物理特性指标，通过数学模型对现场布置点原状黄土湿陷性进行快速评价，具体为：

结合现场布置点原状黄土干密度、质量含水率以及基本物理特性指标，布置点原状黄土的湿陷性评价指标K_L为：

$$K_L=\frac{(1/\rho_{d,f}-1/G_s)-w_f}{I_P} \tag{3.5-11}$$

式中：G_s——黄土相对密度；

I_P——黄土塑性指数。

以室内压缩结果为依据，按照《湿陷性黄土地区建筑标准》GB 50025—2018 确定的强烈湿陷、中等湿陷、轻微湿陷和不湿陷，对布置点原状黄土的湿陷性评价指标K_L计算值进行区间划分。

当$K_L<0.85$时，不湿陷；

当$0.85\leqslant K_L<1.26$时，轻微湿陷；

当$1.26\leqslant K_L<1.90$时，中等湿陷；

当$K_L\geqslant 1.90$时，强烈湿陷。

基于无损时域反射技术的黄土湿陷性原位评价系统能够用于实现上述基于无损时域反射技术的黄土湿陷性原位评价方法，该系统包括采集模块、计算模块以及评价模块，如图 3.5-2 所示。

其中，采集模块，通过无损时域反射技术测试现场布置点原状黄土的时域反射波形图，根据时域反射波形图获得布置点原状黄土的介电常数和电导率。

计算模块，结合采集模块获得的布置点原状黄土介电常数、电导率以及室内标定参数，计算现场布置点原状黄土的干密度和质量含水率。

评价模块，考虑计算模块计算的原状黄土干密度、质量含水率以及基本物理特性指标，通过数学模型对黄土湿陷性进行原位评价。基于无损时域反射技术和烘干法结果对比如图 3.5-3 所示，基于无损时域反射技术和室内压缩试验判定湿陷结果对比如图 3.5-4 所示。

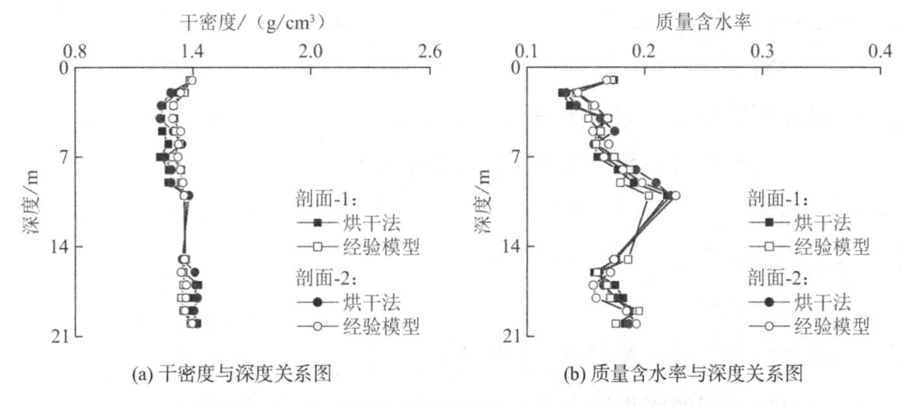

(a) 干密度与深度关系图　　(b) 质量含水率与深度关系图

图 3.5-3　基于无损时域反射技术和烘干法结果对比

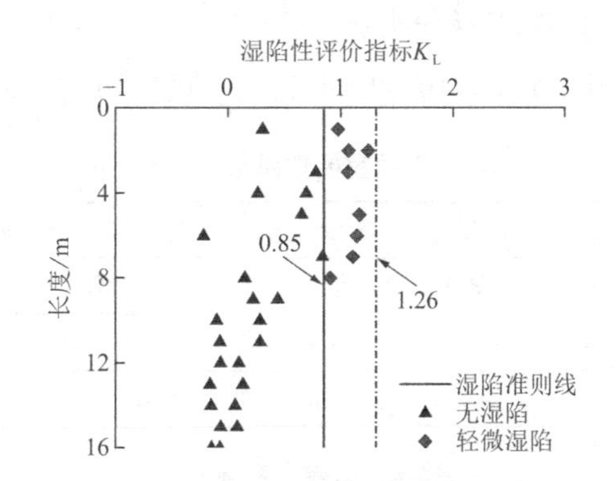

图 3.5-4　基于无损时域反射技术和室内压缩试验判定湿陷结果对比图

3.6　黄土工程水敏性评价研究

黄土是具有水敏性的特殊土，黄土的水敏性是土体遇水后产生物理结构、化学成分及力学性质改变的特征。黄土的工程水敏性是指黄土浸水后产生湿陷的难易程度，是评价黄土湿陷危害大小的重要因素。黄土场地的工程水敏性是由多方面因素决定的，既与渗透强弱、应力大小及初始湿度有关，也与场地不同性质土的组合有关，并且与浸水范围及浸湿程度有关。

基于上述问题，以工程勘察报告所提供的地基土常规物理力学性质指标参数为依据，提出了湿陷性黄土的工程水敏性指标评价方法。本方法适用于评价黄土工程水敏性，进而判断湿陷危害大小，为后续湿陷地层的地基处理提供理论依据，达到因地制宜、综合施策的目的。

3.6.1 黄土水敏性指标的计算

计算工程水敏度指标n，对湿陷性黄土进行工程水敏性评价，其表达式如下：

$$n = \alpha\beta_1\beta_2 e\frac{(w_{sat} - w_0)}{w_0}\frac{P_z + P_{cr} - P_{sh}}{P_{sh}}\frac{m_u}{100} \tag{3.6-1}$$

式中：n——工程水敏度指标；

α——工程重要性系数，按表 3.6-1 取值；

β_1——赋存环境综合系数，按表 3.6-2 取值；

β_2——地层浸水概率系数，按表 3.6-3 取值；

e——孔隙比；

w_{sat}——饱和含水率；

w_0——初始含水率；

p_z——所评判地层的上覆有效自重压力；

P_{cr}——所评判地层的附加压力；

P_{sh}——所评判地层的湿陷起始压力；

m_u——构度，Q_3黄土：$m_u = 10.7e^{\beta Z} + 1$，$Q_2$黄土：$m_u = 2.9e^{\beta Z} + 1$。

工程重要性系数 α　　表 3.6-1

重要性等级	工程场地特征及破坏后果严重性	α
一级	重要工程、破坏后果很严重、有影响工程的水力环境条件且风险大	1.1
二级	一般工程、破坏后果严重、有影响工程的水力环境条件且风险较大	1.0
三级	次要工程、破坏后果不严重、风险较小	0.9

赋存环境综合系数 β_1　　表 3.6-2

工程场地特性	β_1
临水且渗透性强（$k \geqslant 10^{-4}$cm/s）	1.0
临水且具中等渗透性（10^{-4}cm/s > $k \geqslant 10^{-5}$cm/s）	0.75
临水且具弱渗透性（10^{-5}cm/s > $k \geqslant 10^{-6}$cm/s）	0.5
临水且具微渗透性（10^{-6}cm/s > $k \geqslant 10^{-7}$cm/s）	0.25
无浸水可能性且不透水（$k < 10^{-7}$cm/s）	0

地层浸水概率系数 β_2　　表 3.6-3

基础底面或场内地坪以下深度z/m	β_2
$0 \leqslant z \leqslant 10$	1.0
$10 < z \leqslant 20$	0.9
$20 < z \leqslant 25$	0.6
$z > 25$	0.5

注：对地下水有可能上升至湿陷性土层内或侧向浸水不可避免的区段，取 1.0。

3.6.2 黄土工程水敏性评价的步骤

湿陷性黄土的工程水敏性评价方法，步骤如下：

1）根据拟评价工程场地的勘测成果资料及室内试验成果，获得场地水文地质条件、气象条件、地层岩性、湿陷性地层的位置及深度，及各层土体的原始物理力学参数。

2）根据各层土体的物理力学参数同时考虑上部结构物特征及场地周边环境条件，进行场地土的湿陷性初判，当符合下列条件之一时，可初步判断为场地土对水不敏感：

（1）拟建场地的地层年代为第四纪中更新世（Q_2）及其以前时，可判定其水敏性为不敏感；

（2）拟建场地的土体物理参数符合下列条件之一时，根据统计，符合该条件的土体基本不具备湿陷性，故其水敏性为不敏感。

①液限$w_L > 32\%$；

②饱和度$S_r > 75\%$；

③含水率$w > 27\%$；

④孔隙比$e < 0.7$。

（3）工程建设完成后，湿陷性地层无涉水工程问题或经工程措施周密防水、排水，湿陷性地层无浸水可能性，则可判定其水敏性为不敏感。

3）根据步骤 2）的初判结果，若场地土不满足上述其中任一条件，则需进一步对具有湿陷性的场地土进行工程水敏性评价，工程水敏度指标按式(3.6-1)计算。根据计算结果，对黄土工程水敏性划分等级，见表 3.6-4。

黄土工程水敏性的划分等级 表 3.6-4

工程水敏度n	工程水敏性等级
$n \leqslant 0$	不敏感
$0 < n \leqslant 0.25$	较不敏感
$0.25 < n \leqslant 0.5$	中等敏感
$0.5 < n \leqslant 0.75$	较强敏感
$0.75 < n \leqslant 1$	强敏感
$n > 1$	极强敏感

4）根据步骤 3）确定场地各层土的工程水敏性，若判断某层土体的工程水敏性为极强敏感，则将整个场地定为极强敏感；若各地层的工程水敏性无极强敏感，则根据各土层厚度及其工程水敏度进行加权平均，得到场地土的平均工程水敏度$\overline{n}$为：

$$\overline{n} = \frac{n_1 d_1 + n_2 d_2 + \cdots + n_i d_i}{d_1 + d_2 + \cdots + d_i} = \frac{\sum n_i d_i}{\sum d_i} \tag{3.6-2}$$

式中：n_i——对应于第i层土的工程水敏度；

d_i——对应于第i层土的厚度。

5）将步骤4）中工程水敏度$\overline{n} > 0.25$即敏感性等级为中等敏感及以上的土体判定为具有工程水敏性的场地土，对其进行相应程度的工程处理及采取相应工程措施，如表3.6-5所示。

工程水敏度的划分等级及工程处理措施 表3.6-5

工程水敏度$\overline{n}$	工程措施
$\overline{n} \leqslant 0$	工程水敏度不敏感，不需要进行处理
$0 < \overline{n} \leqslant 0.25$	工程水敏度较不敏感，可不进行处理
$0.25 < \overline{n} \leqslant 0.5$	工程水敏度中等敏感，宜结合工程实际选择性处理
$0.5 < \overline{n} \leqslant 0.75$	工程水敏度较强敏感，应结合工程实际选择性处理
$0.75 < \overline{n} \leqslant 1.0$	工程水敏度强敏感，应进行全面的处理
$\overline{n} > 1.0$	工程水敏度极强敏感，必须进行全面的、严格的处理

6）对工程水敏度场地土采取工程措施处理后，考虑各种物理力学参数的改变，再按照步骤3）及步骤4）的公式进行处理后场地的工程水敏度评价，若不满足要求则进一步进行工程处理直至满足工程水敏度$\overline{n} \leqslant 0.25$。

评价公式充分考虑了工程重要等级、场地的特征、场地的环境条件、土层所处的深度及浸水概率、土体的储水率等因素。在排水、防水及隔水措施下，土体的物理参数及公式中的系数均会发生改变，需要重新评估处理后土体的湿陷敏感度并评价处理效果。

3.6.3 黄土工程水敏性评价的要点

黄土工程水敏性评价的要点有两个，具体如下：

（1）根据拟评价工程场地的勘测成果资料及室内试验成果，获得场地水文地质条件、气象条件、地层岩性、湿陷性地层的位置及深度，及各层土体的原始物理力学参数；

（2）获得上部结构物特征及场地周边环境条件。

3.7 小结

通过对黄土结构性、湿载特性及水敏性评价方法进行研究，主要有以下创新和结论：

（1）分析了浸水条件下黄土结构性变化规律，构造了综合物理量，给出了综合物理量与黄土构度指标之间的定量计算关系；

（2）揭示了原状黄土的结构性与其压缩屈服的关系，给出了黄土构度指标与其压缩屈服应力之间的线性关系式；

（3）分析了黄土湿载变形特性，归一化了不同含水率、不同初始孔隙比下的压缩曲线，

给出了 Q_3、Q_2 黄土压缩曲线的数学表达式；

（4）提出了黄土湿陷性评价分析的方法，通过实际场地的应用，说明此结构性方法所得的评价结论与勘察报告由现场浸水试验结合室内湿陷性试验给出的结论是一致的，验证了该方法的可靠性；

（5）黄土场地的工程水敏性是由多方面因素决定的，既与渗透强弱、应力大小及初始湿度有关，也与场地不同性质土的组合、浸水范围及浸湿程度有关。现行《湿陷性黄土地区建筑标准》GB 50025 评价指标均为土体在饱和状态下的参数是不合理的；且现有的评价指标无法准确评价黄土的工程水敏性，本书提出了黄土工程水敏性指标，并据此对黄土及地层的水敏性进行了评价。

第 4 章

湿陷性黄土持水及水气迁移特性研究

4.1 黄土中粉粒与水分相互作用的细观力学机制研究

首先，将黄土中的粉粒（典型湿颗粒）简化为如图 4.1-1 所示一对半径分别为R_1和R_2（$R_1 \geqslant R_2$，下标 1 和 2 分别表示大、小颗粒）的球体颗粒，其间吸附的水分视为液桥，从颗粒粒径和液桥体积出发，先结合液桥的几何特征依据如下条件构建 Young-Laplace 方程数值解的数据组：（1）在充填角β低于 60°的范围内取 500 个不同数值；（2）液桥最窄“颈部”半径及其与小颗粒接触半径之比y_0/y_{c2}在 0～1 范围内取 500 个不同数值；（3）颗粒半径比$R_1/R_2 = 1$、4/3、2、4、8、16 和 128；（4）固-液接触角$\theta = 0°$、20°、40°。将上述条件下的不同数值解构成数据组，要求在$y_0/y_{c2} = 0$～1 的范围内仅考虑如图 4.1-1 所示的凹形钟摆状液桥，而且忽略颗粒间距 $2d$为负值时的无物理意义数值解（$2d$可通过y_0、y_{c1}和y_{c2}算得）。由于该数据组存储了每个β和y_0/y_{c2}对应的颗粒间距 $2d$、液桥体积V_{LB}、液桥毛细力F和液桥表面的平均曲率C_m，因此，一方面可将C_m代入 Young-Laplace 方程算得相应的ψ，另一方面可依据数值线性内插方法算得V_{LB}和 $2d$任意取值组合对应的F。

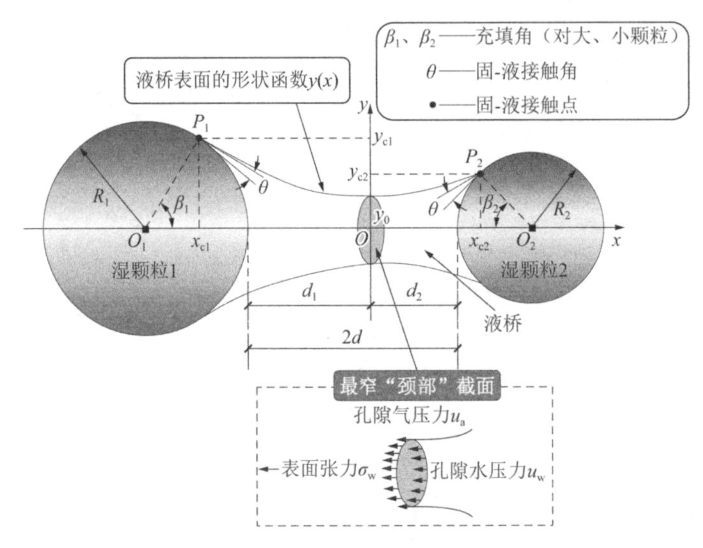

图 4.1-1 一对不等径湿颗粒被液体不完全浸润形成钟摆状液桥的几何形态及其受力情况

其次，将固-液接触角$\theta \leqslant 20°$范围内的小体积液桥（$V_{LB}^* \leqslant 1.0 \times 10^{-3}$）表面形状假定

为椭圆弧，项目组采用两段与大、小颗粒相对应的椭圆弧来描述液桥的表面形状函数$y(x)$：

$$x^2/a_i^2 + (n_i - y)^2/b_i^2 = 1 \tag{4.1-1}$$

式中：$i = 1$、2——大、小颗粒；

a_i和b_i——长、短半轴距；

n_i——椭圆的中心。

依据图 4.1-1 所示液桥最窄“颈部”和颗粒-液桥接触点处的边界条件，可求得式(4.1-1)中的几何参数n_i、a_i和b_i（$i = 1$、2）：

$$n_i = (y_{ci}x_{ci}y'_{ci} - y_{ci}^2 + y_0^2)/[x_{ci}y'_{ci} - 2(y_{ci} - y_0)]$$

$$a_i = x_{ci}/\sqrt{1 - [(n_i - y_{ci})/(n_i - y_0)]^2} \quad b_i = n_i - y_0 \tag{4.1-2}$$

为评价采用椭圆弧描述不等径湿颗粒间液桥表面形状的精度，可对比分析基于椭圆弧假定的不同颗粒半径比R_1/R_2的湿颗粒间液桥对 Young-Laplace 方程数值解的预测效果，如图 4.1-2 所示，椭圆弧能较为准确地描述不同颗粒半径比R_1/R_2的湿颗粒间小体积液桥（$V_{LB}^* \leqslant 1.0 \times 10^{-3}$）在$\theta \leqslant 20°$时的表面形状。

由于接触点横坐标x_{ci}和最窄“颈部”半径y_0均随颗粒-液桥接触半径y_{ci}变化，故依据无量纲方法引入以下两个无量纲变量：

$$\chi_i = |x_{ci}|/y_{ci} \quad \eta_i = y_0/y_{ci} \qquad (i = 1、2) \tag{4.1-3}$$

式中：χ_i——无量纲接触点坐标；

η_i——液桥最窄“颈部”半径与颗粒-液桥接触半径之比。当液桥表面形状确定时，χ_i和η_i分别满足$\chi_i \geqslant 0$和$0 \leqslant \eta_i \leqslant 1$。

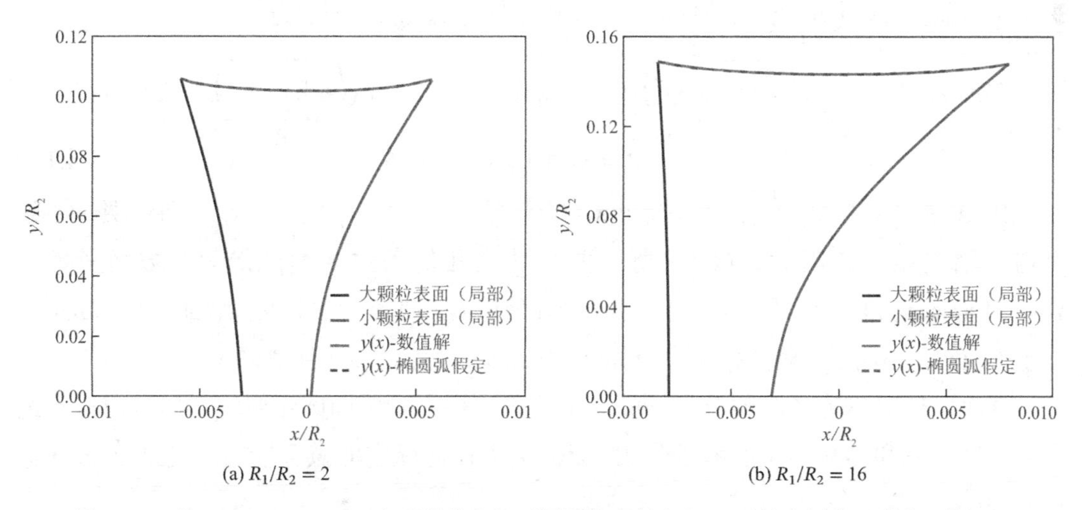

图 4.1-2 基于 Young-Laplace 方程数值求解不同颗粒半径比R_1/R_2时的液桥表面形状函数$y(x)$及其采圆弧假定的预测结果（$\theta = 20°$且$V_{LB}^* \leqslant 1.0 \times 10^{-3}$）

将式(4.1-2)在小变量y_{ci}/R_i处进行泰勒展开，则n_i、a_i和b_i可近似表示为：

$$\begin{cases} n_i \approx y_{ci}(\eta_i^2\xi + \chi_i - \xi)/[2\xi(\eta_i - 1) + \chi_i] \\ a_i \approx \chi_i y_{ci}[(\eta_i - 1)\xi + \chi_i]/\sqrt{\chi_i[2\xi(\eta_i - 1) + \chi_i]} \\ b_i \approx y_{ci}(2\xi\eta_i - \chi_i - \eta_i^2\xi - \chi_i\eta_i - \xi)/[2\xi(\eta_i - 1) + \chi_i] \end{cases} \tag{4.1-4}$$

当两个颗粒半径相同时（$R_1 = R_2$），n_i、a_i和b_i的公式同文献[12]；当$a_i = b_i$时，椭圆弧转化为圆弧，即椭圆弧假定退化为圆弧假定，则χ与η的关系为：

$$\chi = \left(\sqrt{\xi^2 + 1} + \xi\right)(1 - \eta) \tag{4.1-5}$$

基于椭圆弧假定描述等径湿颗粒间液桥的表面形状时，较圆弧假定不同之处在于需要构建无量纲变量χ与η的封闭关系式来确定椭圆弧的自由参数。当一对湿颗粒$R_1 = R_2$时，可通过补充平均曲率在液桥最窄“颈部”与颗粒-液桥接触点处取值相同的几何条件来构建封闭关系式。反之，由于其间液桥关于$x = 0$ 的最窄“颈部”处不对称，则这种平均曲率相同的补充几何条件不再适用。因此，对不等径湿颗粒间的液桥表面形状构建封闭关系式时，需补充新的几何条件：

$$\Lambda[y](x_{ci}/2) = \Lambda[y](0) = \Lambda[y](x_{ci}) \qquad (i = 1、2) \tag{4.1-6}$$

式中：$\Lambda[y](x)$——可依据 Young-Laplace 方程求积分得：

$$\Lambda[y](x) = y/\left[1 + (y')^2\right]^{1/2} + C_m y^2/2 = \lambda \tag{4.1-7}$$

式中：λ——毛细长度系数（mm）;

$\Lambda[y]$——对$K[y]$的第一次积分结果。

式(4.1-7)描述了液桥沿其长度方向的受力平衡条件。C_m和λ可表示为：

$$C_m/2 = \left(y_0 - y_{c1}/\sqrt{1 + (y'_{c1})^2}\right)/(y_{c1}^2 - y_0^2) = \left(y_0 - y_{c2}/\sqrt{1 + (y'_{c2})^2}\right)/(y_{c2}^2 - y_0^2)$$

$$\lambda = y_0 + C_m y_0^2/2 \tag{4.1-8}$$

由式(4.1-6)可知$\Lambda[y](x_{c1}/2) = \Lambda[y](x_{c2}/2)$，则$x = x_{c1}$、$x_{c1}/2$、0、$x_{c2}/2$和$x_{c2}$处的毛细力均沿轴向相等，因此式(4.1-6)所示两个补充几何条件因$\Lambda[y](x)$为常数而考虑了Young-Laplace 方程的性质。需注意：这两个几何协调条件仅考虑对液桥表面形状函数的一阶导数$y'(x)$，不同于文献[12]中考虑对液桥表面形状函数的二阶导数$y''(x)$。

再次，针对不等径湿颗粒间形成的小体积液桥，采用椭圆弧假定，推导液桥毛细力关于其体积和颗粒间距的解析公式（无需引入任何标定的拟合参数）。毛细力公式见式(4.1-9)：

$$F = 2\pi\sigma_w\left(y_0 + C_m y_0^2/2\right) = \lambda(2\pi\sigma_w) \tag{4.1-9}$$

计算毛细力F的关键在于求解毛细长度系数λ，λ可通过液桥最窄“颈部”半径y_0、颗粒-液桥接触半径（如y_{c2}）及其接触点斜率（如y'_{c2}）计算得到。若控制液桥体积V_{LB}、颗粒间距 $2d$和固-液接触角θ，可通过计算y_0、y_{c2}和y'_{c2}，并在y_{c2}处进行泰勒展开，从而得到λ的解析公式，即依据颗粒等效半径推导出液桥毛细力关于液桥体积和颗粒间距的解析公式：

$$\lambda \approx y_{c2}\eta_2\left(1-\xi\eta_2/\sqrt{1+\xi^2}\right)/\left(1-\eta_2^2\right) \tag{4.1-10}$$

将式(4.1-10)代入式(4.1-9)确定F；若采用颗粒等效半径R_e对F无量纲化，结合式(4.1-10)亦可确定无量纲毛细力F^*（$F^*=\lambda/R_e$）。进而采用已有文献中不等径球体颗粒间小体积液桥的毛细力实测值验证了式(4.1-10)所示解析公式的有效性（图 4.1-3）。

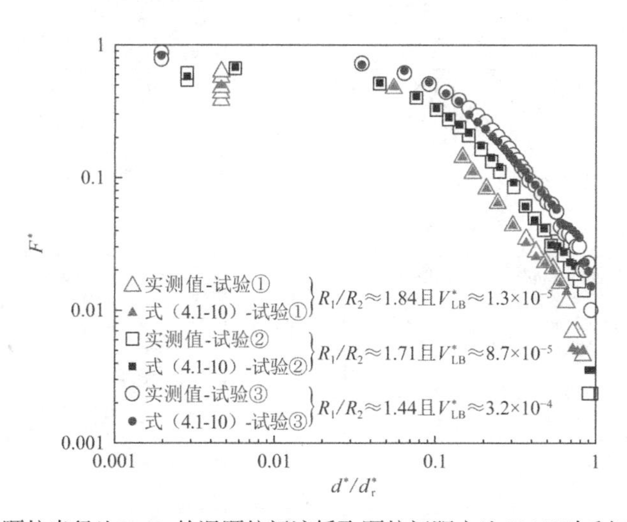

图 4.1-3　3 种颗粒半径比R_1/R_2的湿颗粒间液桥取颗粒间距之比d^*/d_r^*时毛细力F^*的实测值及本书推导的解析公式［式(4.1-10)］的预测值（$\theta=10°$）

然后，依据液桥体积变化更广范围内 Young-Laplace 方程数值解的数据组，引入颗粒半径比构建了适用于大体积液桥（$V_{LB}^*>1.0\times10^{-3}$）的断裂距离拟合公式，通过对$2d_r^*$的 Young-Laplace 方程数值解进行曲线拟合可得到$2d_r^*$关于V_{LB}^*、θ和R_1/R_2的拟合公式：

$$2d_r^*=O_1(\theta,R_1/R_2)(V_{LB}^*)^{1/3}+O_2(\theta,R_1/R_2)(V_{LB}^*)^{2/3}+O_3(\theta,R_1/R_2)V_{LB}^* \tag{4.1-11}$$

式中：函数$O_1(\theta,R_1/R_2)$，$O_2(\theta,R_1/R_2)$，$O_3(\theta,R_1/R_2)$可表示为关于θ和$(R_1/R_2)^{-1}$的二次多项式：

$$\begin{cases}O_1=1.01+0.35\theta+(0.38\theta-0.52\theta^2)/(R_1/R_2)+(0.93\theta^2-0.54\theta)/(R_1/R_2)^2\\O_2=0.47\theta^2-0.74\theta-0.52+(1.11+0.3\theta-0.9\theta^2)/(R_1/R_2)+(0.96\theta-0.6)/(R_1/R_2)^2\\O_3=0.14+1.16\theta-1.16\theta^2+(1.78\theta^2-1.66\theta-0.47)/(R_1/R_2)+0.53/(R_1/R_2)^2\end{cases} \tag{4.1-12}$$

进而将其嵌入已有不等径湿颗粒间液桥的毛细力拟合公式中进行改进，采用 Young-Laplace 方程数值解的数据组评价了已有公式与改进的毛细力拟合公式适用性，通过对比预测误差发现：改进公式对半径比在 1～128 范围内的湿颗粒间不同体积液桥（$V_{LB}^* \leqslant 0.13$）在固-液接触角$\theta \leqslant 40°$且颗粒间距不超过液桥断裂距离范围内的毛细力预测效果优于已有公式（图 4.1-4）。

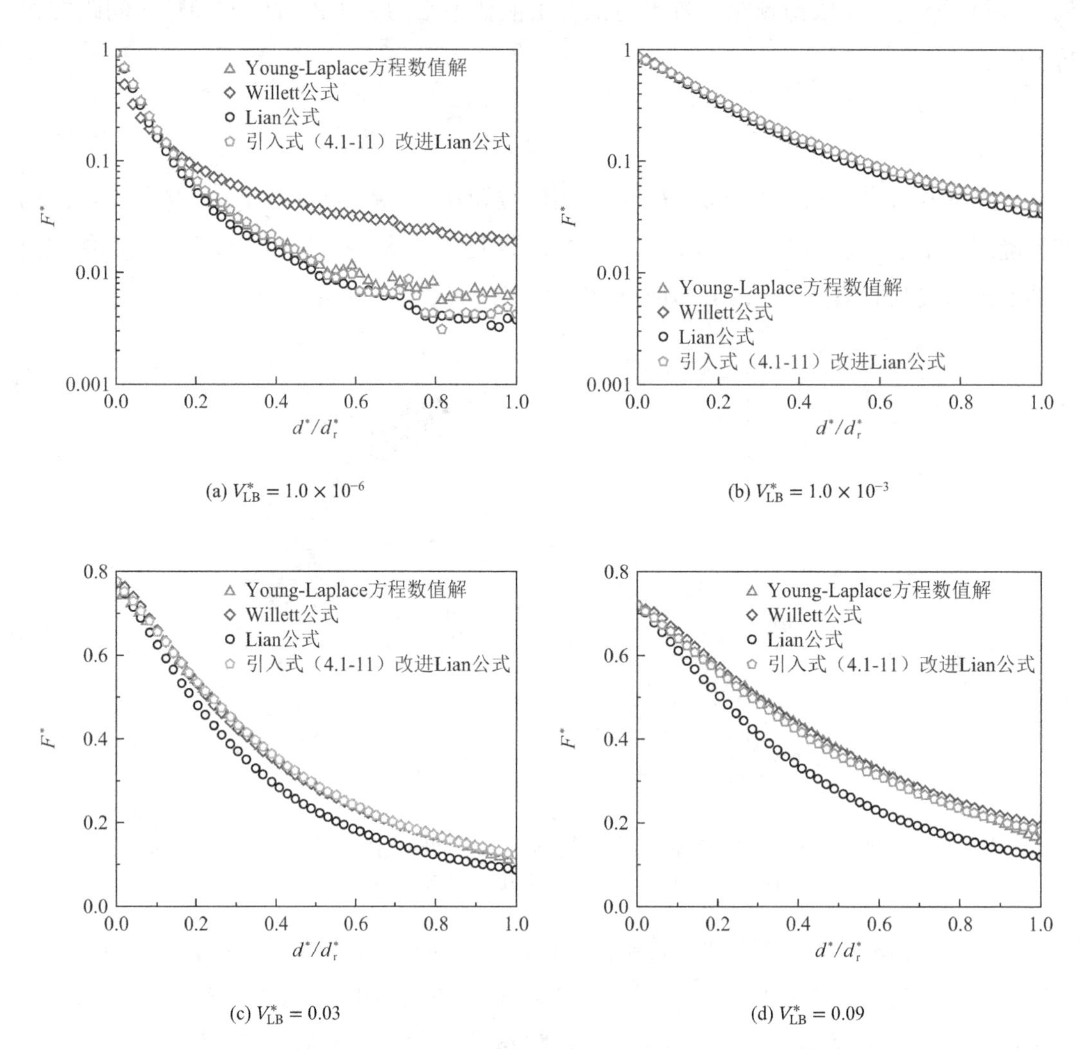

图 4.1-4 $R_1/R_2 = 16$ 和$\theta = 20°$时湿颗粒间液桥取不同体积V_{LB}^*和颗粒间距之比d^*/d_r^*时毛细力F^*的 Young-Laplace 方程数值解及 Willett 公式、Lian 公式及其引入式(4.1-11)的改进公式预测值

最后，以颗粒级配较分散的湿颗粒材料为研究对象，将其简化为不等径湿颗粒-液桥模型，颗粒半径（R_1和R_2）分别取这种材料最大、最小粒径的一半，固-液接触角$\theta \leqslant 40°$，再采用等效颗粒半径R_e对液桥体积V_{LB}和颗粒间距 $2d$进行无量纲化得到相应的无量纲变量V_{LB}^*和 $2d^*$，同时把液桥划分为小体积（$V_{LB}^* \leqslant 1.0 \times 10^{-3}$）和大体积（$1.0 \times 10^{-3} < V_{LB}^* \leqslant 0.13$）两个范围，则可将本书提出的考虑颗粒粒径和大、小体积液桥的毛细力计算公式嵌入微细观结构弹塑性本构模型中，具体可依据图 4.1-5 所述思路实现，即可开展土坝在水位骤降时的变形及其稳定性计算。

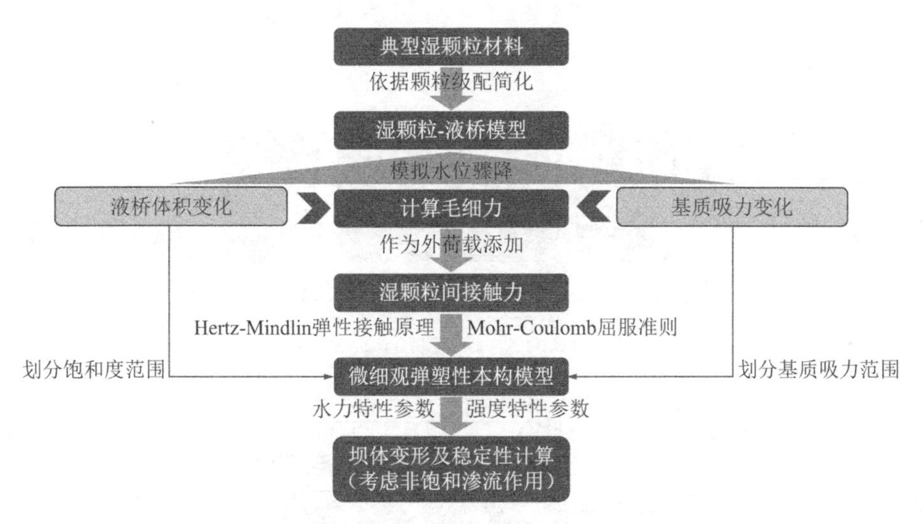

图 4.1-5　不同体积液桥断裂距离及其毛细力计算公式在微细观结构弹塑性本构模型中的应用思路

4.2　变截面孔隙模型对土渗透特性及其持水特性的预测方法研究

首先，为研究土孔隙变截面特征对其渗透及持水特性的影响先构建了圆柱形孔喉-大孔隙联合体组成的变截面孔隙模型，如图 4.2-1（a）所示，将土孔隙简化为M个圆柱形孔喉-大孔隙联合体依次组成的变截面孔隙（总长度为L），其中每个圆柱形孔喉（半径为ar，长度为cl）-大孔隙（半径为r）联合体的长度为l，故$Ml = L$。由此，单个变截面孔隙的半径沿其长度方向（即x方向）的变化规律可描述为：

$$r(x) = \begin{cases} ar & x \in [0 + 2m\pi, cl + 2m\pi) \\ r & x \in [cl + 2m\pi, l + 2m\pi] \end{cases} \tag{4.2-1}$$

式中：a——孔喉的径向系数（$0 \leqslant a \leqslant 1$），表征孔喉半径较大孔隙半径的折减比例；

c——孔喉的长度系数（$0 \leqslant c \leqslant 1$），表征孔喉在其与大孔隙组成的联合体中所占长度比例。$m = 0,1,\cdots,M-1$。需注意：若$c = 1$或$c = 0$，即可得到半径为ar或r的等径孔隙模型。

基于上述对变截面孔隙的几何形状描述，单个变截面孔隙的体积V_{p}可对其截面沿长度L积分得：

$$V_{\mathrm{p}} = M\left[\int_0^{cl} \pi(ar)^2\,\mathrm{d}x + \int_{cl}^{l} \pi r^2\,\mathrm{d}x\right] = L\pi r^2 \xi_{\mathrm{V}} \tag{4.2-2a}$$

$$\xi_{\mathrm{V}} = (a^2 - 1)c + 1 \tag{4.2-2b}$$

式中：ξ_{V}——孔隙体积控制参数（$0 \leqslant \xi_{\mathrm{V}} \leqslant 1$），描述单个变截面孔隙因存在孔喉而使其体积减小的程度。ξ_{V}的密度分布如图 4.2-2（a）所示，这种孔隙体积V_{p}随系数c减小或系数a增大趋于增大。项目组假定水分服从层流规律，不考虑其流动的敛散性，则水分在单个变截面孔隙内的体积流量Q_{p}可近似表示为：

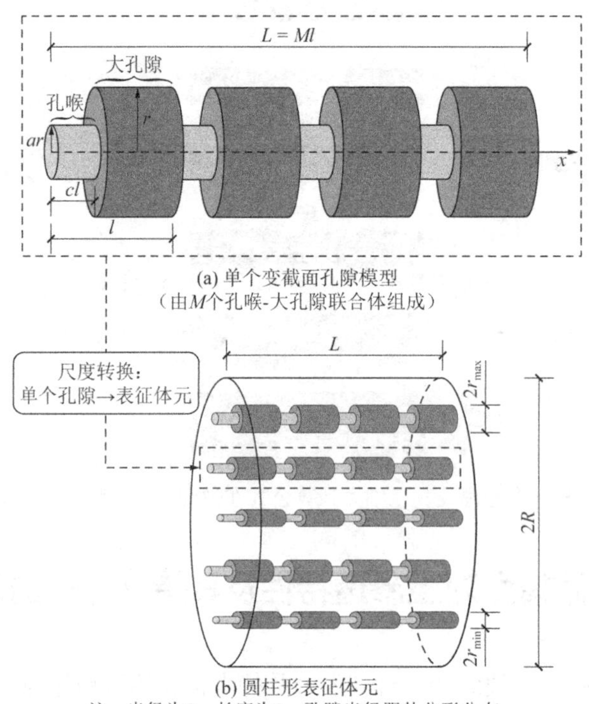

图 4.2-1　变截面孔隙模型的构建

$$Q_{\mathrm{p}}=\frac{\rho_{\mathrm{w}}g}{\mu_{\mathrm{w}}}\left[\frac{M}{L}\left(\int_{0}^{cl}\frac{8}{\pi a^{4}r^{4}}\mathrm{d}x+\int_{cl}^{l}\frac{8}{\pi r^{4}}\mathrm{d}x\right)\right]^{-1}\frac{\Delta h}{L}\tag{4.2-3}$$

式中：ρ_{w}——水分密度；

g——重力加速度；

μ_{w}——水分的动力黏滞系数；

Δh——沿这种孔隙的水头差。

将式(4.2-1)代入式(4.2-3)进一步整理可得：

$$Q_{\mathrm{p}}=\xi_{\mathrm{Q}}\rho_{\mathrm{w}}g\pi r^{4}\Delta h/(8\mu_{\mathrm{w}}L)\tag{4.2-4a}$$

$$\xi_{\mathrm{Q}}=a^{4}/[c+a^{4}(1-c)]\tag{4.2-4b}$$

式中：ξ_{Q}——孔隙流量控制参数（$0\leqslant\xi_{\mathrm{Q}}\leqslant1$），描述单个变截面孔隙因存在孔喉而使其中水分体积流量减小的程度。ξ_{Q}的密度分布如图 4.2-2（b）所示，当系数a减小时，水分的体积流量Q_{p}随之减小。对比图 4.2-2（a）和（b），a、c这两个系数以不同方式控制着岩土介质的孔隙体积以及水分的体积流量，例如同时减小a和c虽然对孔隙体积的影响较小，但是可显著减小水分的体积流量；此外，当$a=1$或$c=0$时，$\xi_{\mathrm{V}}=\xi_{\mathrm{Q}}=1$，此时式(4.2-2)和式(4.2-4)分别描述半径为r的等径孔隙体积及水分在其中的体积流量。

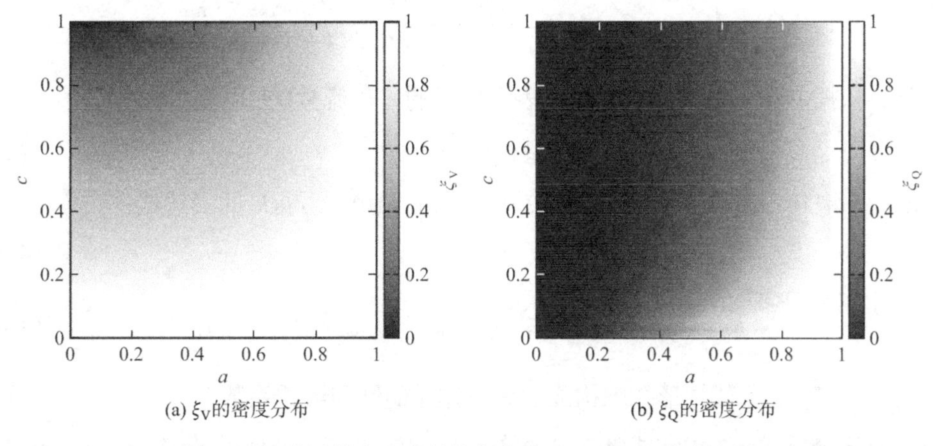

(a) ξ_V的密度分布　　(b) ξ_Q的密度分布

图 4.2-2　孔隙体积和流量控制参数（ξ_V和ξ_Q）的密度图

其次，在由单个孔隙尺度向表征体元尺度过渡的土渗透特性描述过程中，如图 4.2-1(b)所示，表征体元的孔隙结构（半径为R）由一簇变截面孔隙模型组成，而构成单个变截面孔隙模型中的大孔隙半径r存在最大、最小值（$r_{\max}$和$r_{\min}$）。项目组假定表征体元的累计孔隙半径分布服从分形规律：

$$N = (r/R)^{-D} \tag{4.2-5}$$

式中：N——孔隙数；

D——分维数，是表征孔径分布的几何参数，可用于描述岩土介质中水分的分布与流动特征（$1 < D < 2$）。需注意：若$r = R$，则$N = 1$ 且表征体元完全被单个孔隙占据；若$r = 0$，则表征体元包含无穷多个孔隙。

对式(4.2-5)关于r求微分，可得半径在r至$r + \mathrm{d}r$变化范围内的孔隙数：

$$\mathrm{d}N = -DR^{D}r^{-D-1}\,\mathrm{d}r \tag{4.2-6}$$

式中：负号表示孔隙数随孔隙半径增大而减少。

表征体元的孔隙率n可依据其定义算得：

$$n = \frac{\text{孔隙簇体积}}{\text{表征体元的体积}} = \frac{\int_{r_{\min}}^{r_{\max}} V_{\mathrm{p}}(-\mathrm{d}N)}{\pi R^2 L} \tag{4.2-7}$$

将式(4.2-2)和式(4.2-6)代入式(4.2-7)，即可推得表征体元的孔隙率n表达式：

$$n = \xi_{\mathrm{V}} n_{(\text{等径})} \tag{4.2-8a}$$

$$n_{(\text{等径})} = D(r_{\max}^{2-D} - r_{\min}^{2-D})/[(2-D)^{R^{2-D}}] \tag{4.2-8b}$$

式中：$n_{(\text{等径})}$——等径圆柱形孔隙构成的表征体元孔隙率（即$a = 1$）。

水分通过表征体元的体积流量Q可通过对式(4.2-4)所述水分在单个孔隙内的体积流量在整个孔径范围积分而得：

$$Q=\int_{r_{min}}^{r_{max}} Q_{p}(-dN)=\frac{\pi\xi_{Q}\rho_{w}gDR^{D}(\Delta h)\left(r_{max}^{4-D}-r_{min}^{4-D}\right)}{8\mu_{w}L(4-D)} \tag{4.2-9}$$

另外，依据 Darcy 定律，水分通过表征体元的体积流量Q亦可表示为：

$$Q=k_{s}(\Delta h/L)\pi R^{2} \tag{4.2-10}$$

式中：k_s——饱和渗透系数。联立式(4.2-9)和式(4.2-10)，可得k_s的表达式：

$$k_{s}=\xi_{Q}k_{s(等径)} \tag{4.2-11a}$$

$$k_{s(等径)}=\rho_{w}gD\left(r_{max}^{4-D}-r_{min}^{4-D}\right)/\left[8\mu_{w}R^{2-D}(4-D)\right] \tag{4.2-11b}$$

式中：$k_{s(等径)}$——等径圆柱形孔隙构成的表征体元的饱和渗透系数。

通过对比分析式(4.2-8)和式(4.2-11)可知，ξ_V和ξ_Q可使表征体元的宏观特性（n和k_s）发生变化。由图 4.2-2 亦可知，当参数a和c在 0～1 范围取值时，ξ_Q总小于ξ_V，因此变截面孔隙模型可描述孔隙率相同、渗透特性不同的岩土介质。对大多数岩土介质，$r_{min}/r_{max}<10^{-2}$，故可假定r_{min}远小于r_{max}，由此可忽略式(4.2-8b)和式(4.2-11b)中的r_{min}^{2-D}和r_{min}^{4-D}项，进而联立简化后的式(4.2-8a)和式(4.2-11a)消去r_{max}，即可推得k_s和n之间的关系：

$$k_{s}=\alpha\xi_{Q}(n/\xi_{V})^{(4-D)/(2-D)} \tag{4.2-12a}$$

$$\alpha=\rho_{w}gDR^{2}(2/D-1)^{(4-D)/(2-D)}/[8\mu_{w}(4-D)] \tag{4.2-12b}$$

需注意：式(4.2-12a)中n/ξ_V的指数$(4-D)/(2-D)$大于 3。当n/ξ_V的指数取极限值 3 时，式(4.2-12)与 KC（Kozeny-Carman）公式类似。

第三，关于对持水曲线的预测，由于岩土介质的孔径存在变化，故减、增湿试验过程中测得的持水曲线存在显著的滞回特性。基于图 4.2-1 所示的孔隙形状以及式(4.2-1)即可将滞回特性引入持水曲线的理论表达式中。依据毛细原理，对于被水分充满的等径孔隙，孔隙半径r^*与基质吸力ψ之间存在如下关系：

$$\psi=2\sigma_{w}\cos\theta/r^{*} \tag{4.2-13}$$

式中：σ_w——水分的表面张力；

θ——固-液接触角。

为描述边界减湿持水曲线，项目组认为表征体元首先处于饱和状态，随后在基质吸力ψ状态下开始排水。项目组假定：当孔喉半径$ar>r^*$时，变截面孔隙内的水分已完全排出；当$r_{min}\leqslant$大孔隙半径$r\leqslant(r^*/a)$时，变截面孔隙仍被水分充满。因此，依据式(4.2-2)和式(4.2-6)，用边界减湿阶段的有效饱和度$S_{e(d)}$表示的持水曲线可描述为：

$$S_{e(d)}=\frac{\int_{r_{min}}^{r^{*}/a}V_{p}(-dN)}{\int_{r_{min}}^{r_{max}}V_{p}(-dN)}=\frac{(r^{*}/a)^{2-D}-r_{min}^{2-D}}{r_{max}^{2-D}-r_{min}^{2-D}} \tag{4.2-14}$$

将式(4.2-13)代入式(4.2-14)可得：

$$S_{e(d)} = \begin{cases} 1 & 当\psi < \dfrac{\psi_{min}}{a}时 \\ \dfrac{(a\psi)^{D-2} - \psi_{max}^{D-2}}{\psi_{min}^{D-2} - \psi_{max}^{D-2}} & 当\dfrac{\psi_{min}}{a} \leqslant \psi \leqslant \dfrac{\psi_{max}}{a}时 \\ 0 & 当\psi > \dfrac{\psi_{max}}{a}时 \end{cases} \tag{4.2-15}$$

$$\psi_{min} = 2\sigma_w \cos\theta / r_{max}；\ \psi_{max} = 2\sigma_w \cos\theta / r_{min} \tag{4.2-16}$$

式中：ψ_{min}和ψ_{max}——r_{max}和r_{min}定义的基质吸力最小值和最大值。

类似的，为描述边界增湿持水曲线，可认为表征体元首先处于干燥状态，随后在基质吸力ψ状态下开始吸水，直至大孔隙半径r小于r^*时，变截面孔隙被水分完全充满。因此，用有效饱和度$S_{e(w)}$表示的边界增湿持水曲线可描述为：

$$S_{e(w)} = \begin{cases} 1 & 当\psi < \psi_{min}时 \\ \dfrac{\psi^{D-2} - \psi_{max}^{D-2}}{\psi_{min}^{D-2} - \psi_{max}^{D-2}} & 当\psi_{min} \leqslant \psi \leqslant \psi_{max}时 \\ 0 & 当\psi > \psi_{max}时 \end{cases} \tag{4.2-17}$$

第四，关于对相对渗透系数函数的预测，采用相同的假定且不考虑孔隙表面的薄膜流动，即可推得相对渗透系数函数的边界减、增湿曲线。在排水过程中，仅有孔喉半径$ar < r^*$的变截面孔隙仍处于完全饱和状态，随后通过对式(4.2-4)所述的水分在单个变截面孔隙内的体积流量在仍处于完全饱和状态的孔隙（$r_{min} \leqslant r \leqslant (r^*/a)$）范围内积分以求得通过表征体元的水分总体积流量：

$$Q = \int_{r_{min}}^{r^*/a} Q_p(-\mathrm{d}N) \tag{4.2-18}$$

依据 Buckingham-Darcy 定律，通过表征体元的水分总体积流量亦可表示为：

$$Q = k_s k_r (\Delta h / L) \pi R^2 \tag{4.2-19}$$

式中：k_r——相对渗透系数，可表示为ψ的无量纲函数（$0 \leqslant k_r \leqslant 1$）。

联立式(4.2-18)和式(4.2-19)，并采用式(4.2-4)、式(4.2-6)和式(4.2-11)，可推得边界减湿阶段的相对渗透系数表达式：

$$k_{r(d)} = \frac{(r^*/a)^{4-D} - r_{min}^{4-D}}{r_{max}^{4-D} - r_{min}^{4-D}} \tag{4.2-20}$$

将式(4.2-13)代入式(4.2-20)即可推得相对渗透系数在边界增湿阶段关于基质吸力的函数表达式：

$$k_{r(d)} = \begin{cases} 1 & 当\psi < \dfrac{\psi_{min}}{a}时 \\ \dfrac{(a\psi)^{D-4} - \psi_{max}^{D-4}}{\psi_{min}^{D-4} - \psi_{max}^{D-4}} & 当\dfrac{\psi_{min}}{a} \leqslant \psi \leqslant \dfrac{\psi_{max}}{a}时 \\ 0 & 当\psi > \dfrac{\psi_{max}}{a}时 \end{cases} \tag{4.2-21}$$

类似的，这里亦可通过对式(4.2-18)在仍处于完全饱和状态的孔隙范围（$r_{\min} \leqslant r \leqslant r^*$）内积分求得相对渗透系数在边界增湿阶段关于基质吸力的理论表达式：

$$k_{\mathrm{r(w)}} = \begin{cases} 1 & \text{当}\psi < \psi_{\min}\text{时} \\ \dfrac{\psi^{D-4} - \psi_{\max}^{D-4}}{\psi_{\min}^{D-4} - \psi_{\max}^{D-4}} & \text{当}\psi_{\min} \leqslant \psi \leqslant \psi_{\max}\text{时} \\ 0 & \text{当}\psi > \psi_{\max}\text{时} \end{cases} \tag{4.2-22}$$

需注意：表征减湿和增湿阶段持水曲线和相对渗透系数函数（用基质吸力表示）的理论表达式仅有四个独立参数，即a、D、$\psi_{\min}$和$\psi_{\max}$。不仅如此，相对渗透系数k_{r}亦可表示为有效饱和度S_{e}的函数。联立式(4.2-14)和式(4.2-20)可得减、增湿阶段的统一表达式：

$$k_{\mathrm{r}} = \frac{\left\{S_{\mathrm{e}}\left[(\psi_{\min}/\psi_{\max})^{D-2} - 1\right] + 1\right\}^{(D-4)/(D-2)} - 1}{(\psi_{\min}/\psi_{\max})^{D-4} - 1} \tag{4.2-23}$$

式(4.2-12)与$k_{\mathrm{s}} = k\rho_{\mathrm{w}}g/\mu_{\mathrm{w}}$联立可得下式：

$$k = \mu_{\mathrm{w}} a \xi_{\mathrm{Q}} \xi_{\mathrm{V}}{}^{(2-D)/(4-D)} n^{(2-D)/(4-D)}/(\rho_{\mathrm{w}}g) \tag{4.2-24}$$

最后，利用已有文献中不同种岩土材料的饱和-非饱和渗透试验及减、增湿持水试验结果分别验证了理论表达式在表征饱和渗透率与孔隙率关系、相对渗透系数与有效饱和度关系以及滞回持水特性时的有效性，如图 4.2-3～图 4.2-5 所示，通过计算饱和渗透率及相对渗透系数的预测值与其实测值之间的均方根偏差，发现理论表达式在描述不同种土材料的饱和-非饱和渗透特性时优于 Kozeny-Carman 公式和 Assouline 模型。

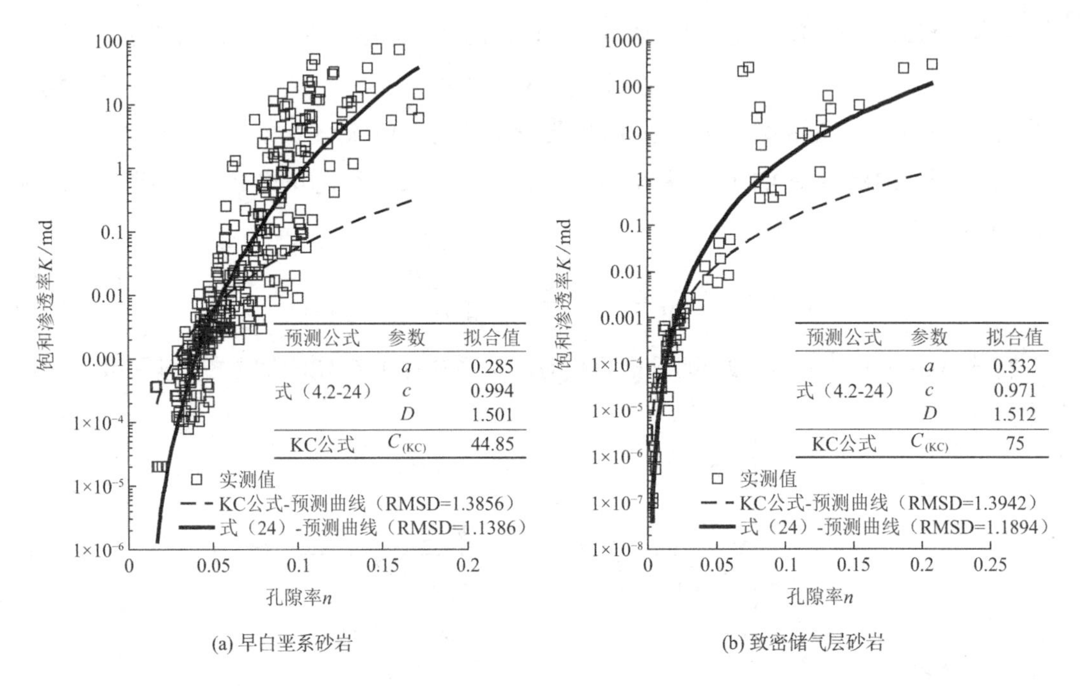

(a) 早白垩系砂岩　　(b) 致密储气层砂岩

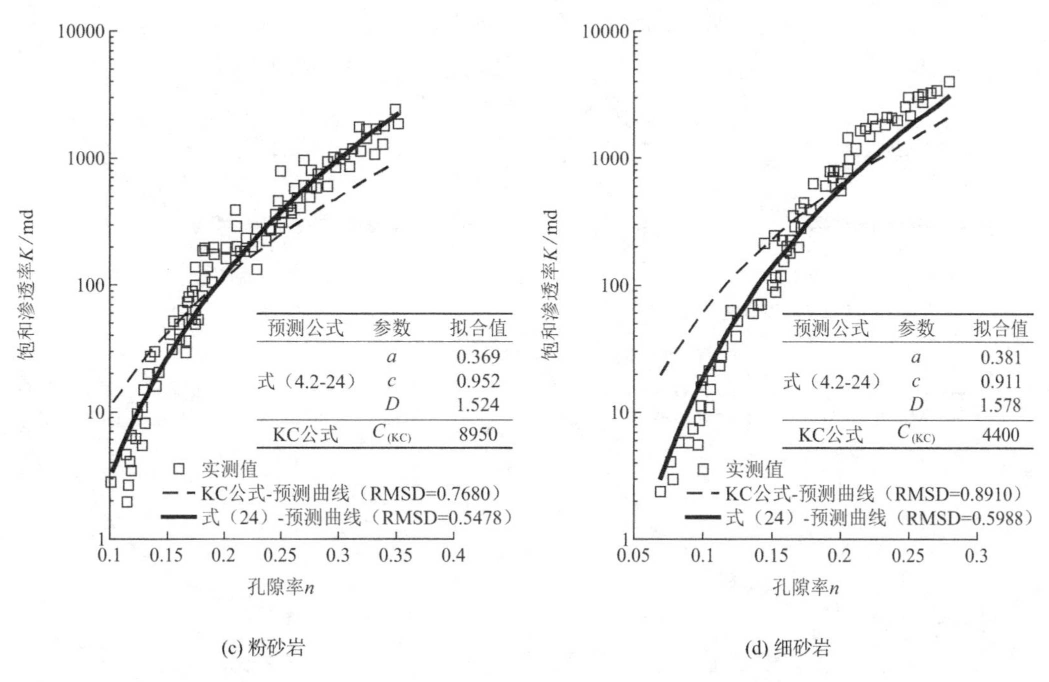

(c) 粉砂岩 (d) 细砂岩

图 4.2-3 式(4.2-24)以及 KC 公式对 4 种砂岩饱和渗透率的预测值及其实测值与孔隙率的关系

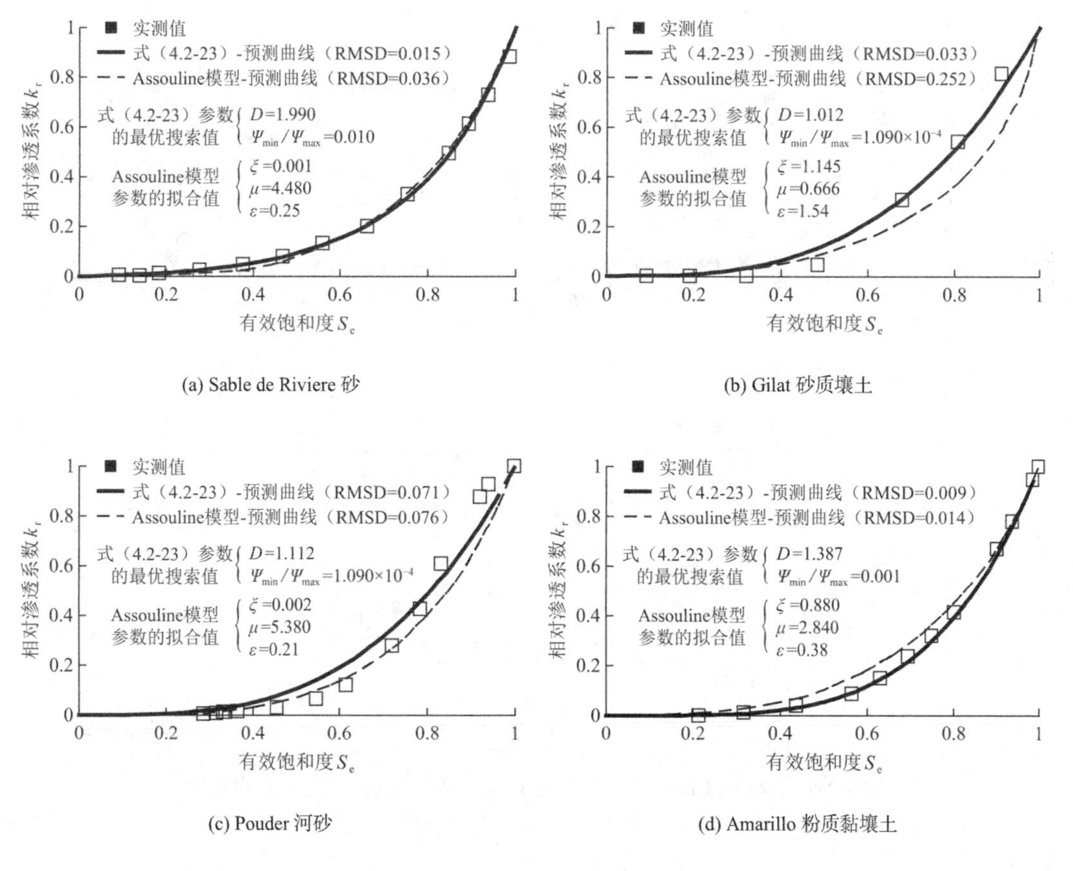

(a) Sable de Riviere 砂 (b) Gilat 砂质壤土

(c) Pouder 河砂 (d) Amarillo 粉质黏壤土

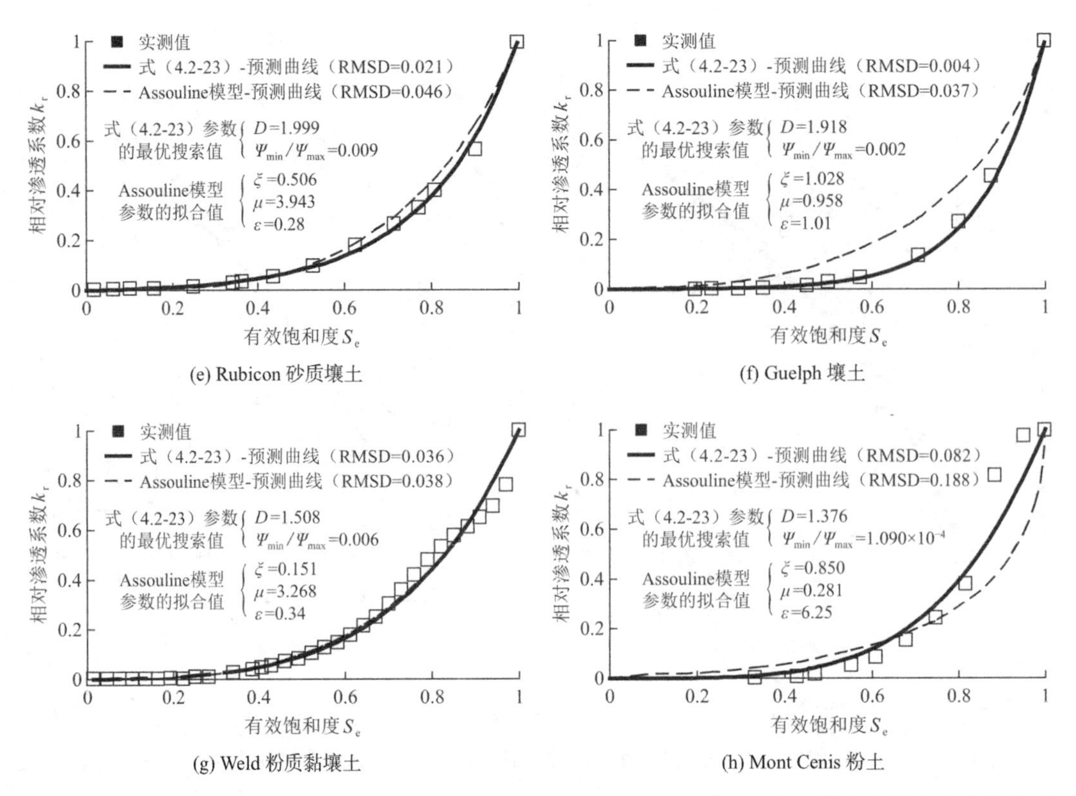

(e) Rubicon 砂质壤土　(f) Guelph 壤土

(g) Weld 粉质黏壤土　(h) Mont Cenis 粉土

图 4.2-4　式(4.2-23)和 Assouline 模型对 8 种土的相对渗透系数预测值及其实测值与有效饱和度的关系

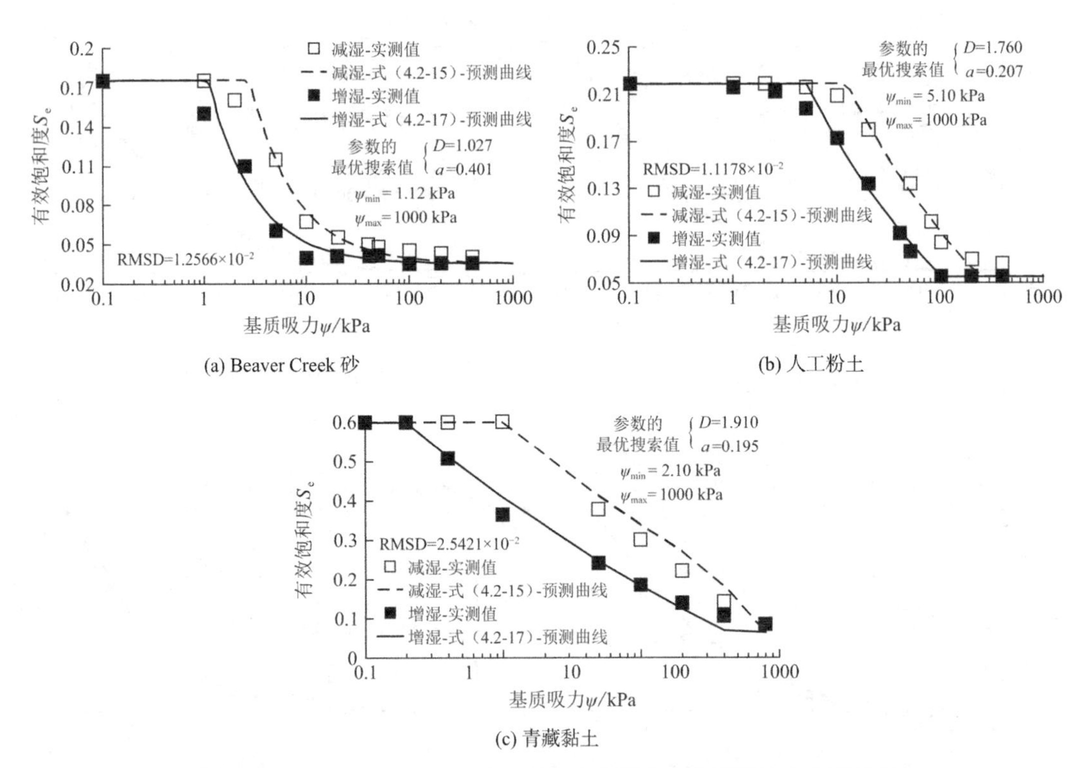

(a) Beaver Creek 砂　(b) 人工粉土

(c) 青藏黏土

图 4.2-5　Beaver Creek 砂、人工粉土和青藏黏土的滞回持水实测数据与式(4.2-15)和式(4.2-17)的预测曲线

4.3　基于颗粒级配分布描述土颗粒集合体水力及非饱和强度特性的物理-统计方法研究

一方面，以 van Genuchten 模型为基础，将土颗粒集合体的基本物理特征与统计分析相结合，构建土壤转换函数以预测其持水曲线。首先，在土壤转换函数中引入控制粒径d_{60}和不均匀系数C_u这两个典型颗粒级配参数，并满足完全均匀和完全分散的两种理想颗粒集合体条件（图 4.3-1）：当C_u趋于 1 时，参数n趋于无穷大；当C_u很大时，参数n趋于 1。其次，结合非饱和土水力特性数据库（UNSODA）与 4 种颗粒级配分布较均匀的砂土持水曲线补充试验，通过量纲分析和回归分析，将控制持水曲线进气值和减湿率的参数a和n分别表示为d_{60}和$\lg C_u$的反比例型转换函数：

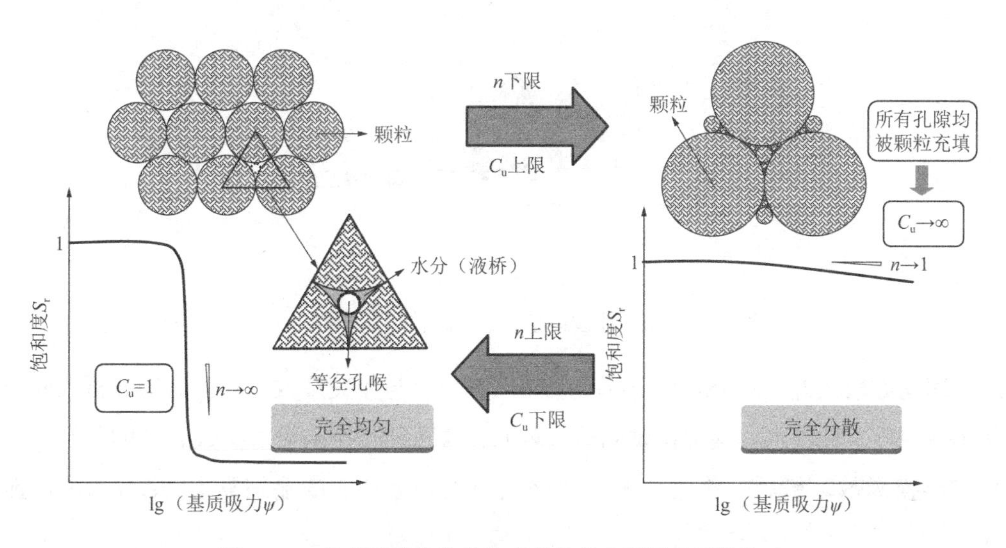

图 4.3-1　考虑两种集合体物理条件的土壤转换函数构建

$$n = \xi_1/(\lg C_u) + 1 \tag{4.3-1}$$

$$a = \xi_2 \sigma_w / d_{60} \tag{4.3-2}$$

式中：ξ_1——拟合参数（由最小二乘法确定），$\xi_1 \approx 1.07$，拟合精度见图 4.3-2（a）中的 RMSE、SSE、R^2。

依据量纲分析法，无量纲参数$a^* = ad_{60}/\sigma_w$可能与C_u有关，亦可能为常数。ad_{60}/σ_w与C_u的关系如图 4.3-2（b）所示，ad_{60}/σ_w与C_u之间不存在显著的关系，表明$a^* = ad_{60}/\sigma_w$基本不受C_u影响，故可假定ad_{60}/σ_w近似为一常数ξ_2，即a与d_{60}成反比，对 74 个土样的数据可拟合确定ξ_2为 12.07。

a与d_{60}的关系如图 4.3-2（c）所示（拟合精度见图 4.3-2（c）中的 RMSE、SSE、R^2）。需注意：本书假定砂土干密度的变化很小且未考虑颗粒棱角的不规则形状，这都可能成为

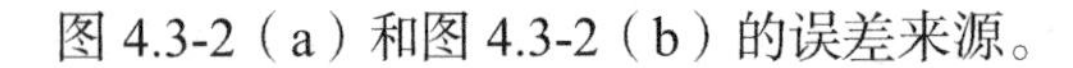
图 4.3-2（a）和图 4.3-2（b）的误差来源。

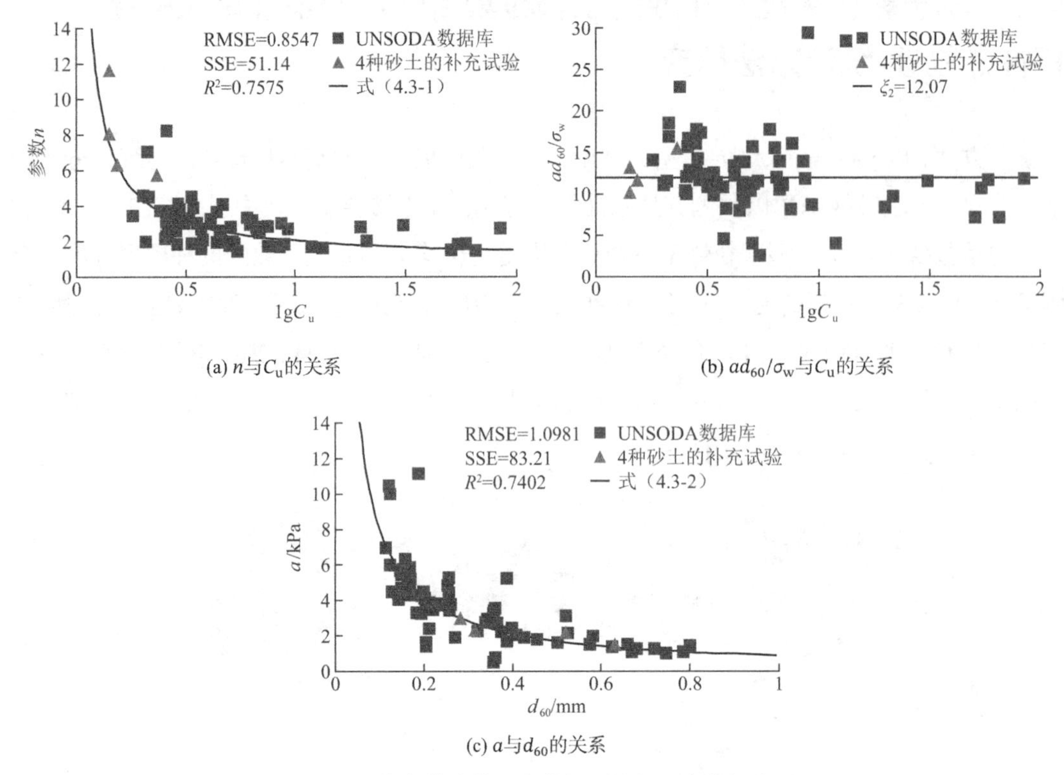

(a) n与C_u的关系

(b) ad_{60}/σ_w与C_u的关系

(c) a与d_{60}的关系

图 4.3-2　持水曲线模型参数与颗粒级配参数的关系

采用均方根误差（RMSE）、误差平方和（SSE）与相关系数（R^2）对比分析不同土壤转换函数对砂土样持水实测数据预测结果表明：这两种转换函数对参数a和n的预测效果优于已有转换函数。最后，将这两种转换函数引入非饱和土的毛细黏聚力c_{cap}和抗拉强度公式：

$$c_{cap}=\left\{1+[d_{60}\psi/(\xi_2\sigma_w)]^{\xi_1/(\lg C_u)+1}\right\}^{-\xi_1/(\xi_1+\lg C_u)}\psi\tan\varphi' \tag{4.3-3a}$$

$$c_{cap}=(\xi_2\sigma_w/d_{60})S_e\left[S_e^{-(\xi+\lg C_u)/\xi 1}-1\right]^{\lg C_u/(\xi_1+\lg C_u)}\tan\varphi' \tag{4.3-3b}$$

由式(4.3-3b)可知，当有效饱和度一定时，毛细黏聚力c_{cap}与颗粒级配参数d_{60}成反比。

$$-\sigma_t=2\left\{1+[d_{60}\psi/(\xi_2\sigma_w)]^{\xi_1/(\lg C_u)+1}\right\}^{-\xi_1/(\xi_1+\lg C_u)}\psi\tan\varphi'\tan(45°+\varphi'/2) \tag{4.3-4}$$

利用已有文献中的非饱和强度试验结果验证了提出的土壤转换函数在表征砂土毛细黏聚力与抗拉强度随基质吸力变化规律的有效性（图 4.3-3、图 4.3-4），相应的理论计算结果表明：砂土的毛细黏聚力随其控制粒径减小或均匀程度降低而增高（图 4.3-5）。

另一方面，针对持水曲线与非饱和渗透系数函数研究中引入未知经验参数会降低预测可靠度的问题，对土样颗粒级配曲线上划分的粒组分别构建形如立方体的天然土颗粒集合体与理想球体颗粒集合体。通过分析两者的几何特征和物理性质（表 4.3-1），提出计算土孔隙半径的理论表达式：

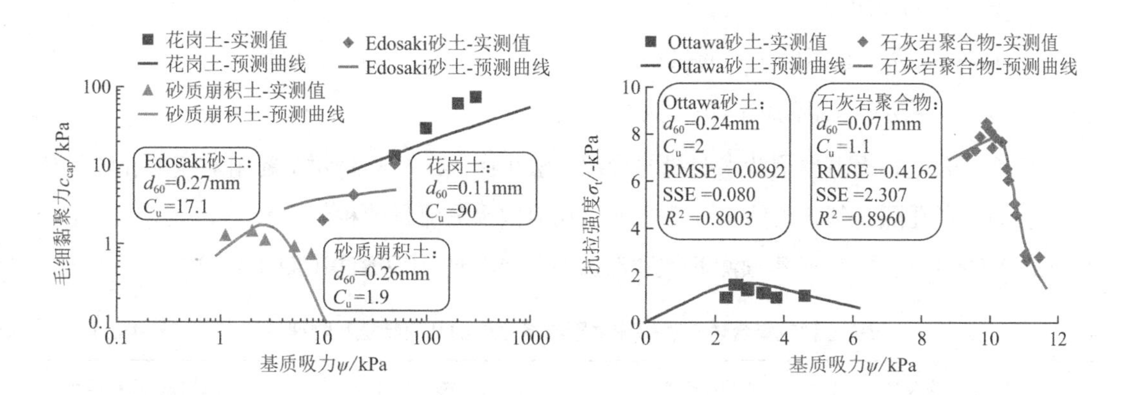

图 4.3-3　采用d_{60}与C_u预测三种砂土的毛细黏聚力　　图 4.3-4　采用d_{60}与C_u预测两种砂土的抗拉强度

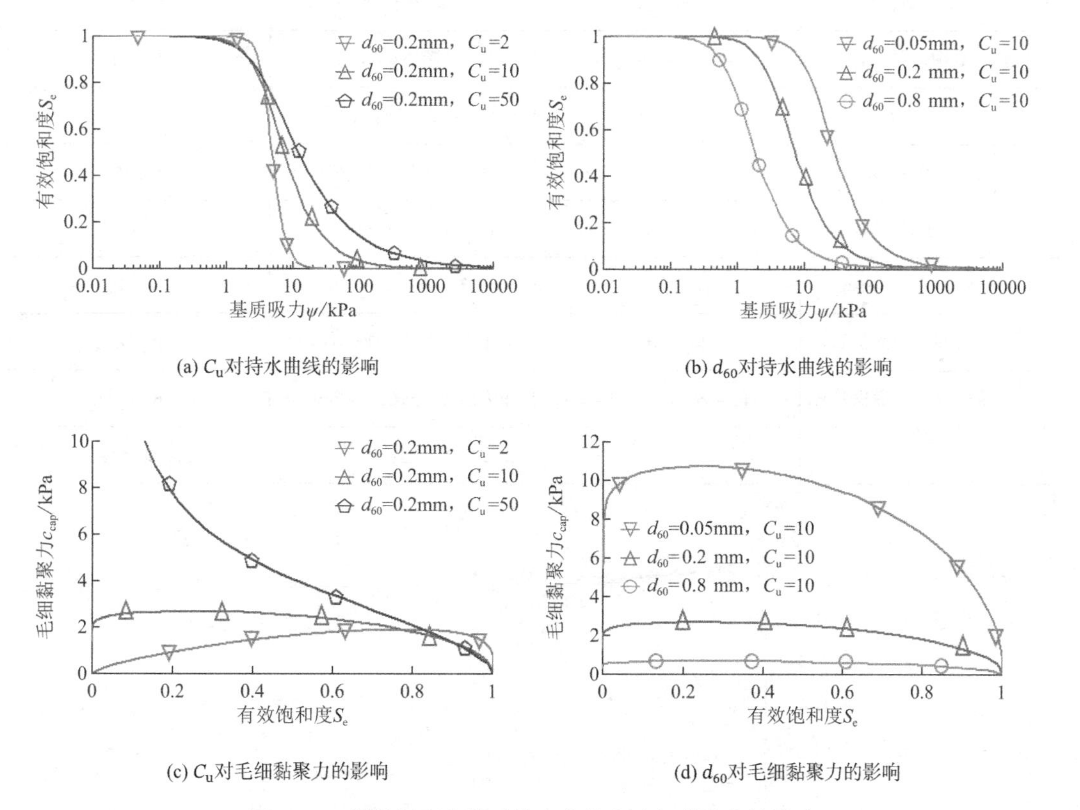

(a) C_u对持水曲线的影响　　(b) d_{60}对持水曲线的影响

(c) C_u对毛细黏聚力的影响　　(d) d_{60}对毛细黏聚力的影响

图 4.3-5　颗粒级配参数对持水曲线和毛细黏聚力的影响

$$r_{i(\mathrm{n})} = 0.268\sqrt{\phi_{(\mathrm{n})}(m_i/\rho_\mathrm{d})/n_i^{4/3}R_i} \tag{4.3-5}$$

式中：$r_{i(\mathrm{n})}$——第i个粒组的天然土孔隙半径；

$\phi_{(\mathrm{n})}$——天然孔隙率；

R_i——第i个粒组的球体颗粒半径；

ρ_d——干密度；

m_i——第i个粒组的土粒质量；

n_i——第i个粒组的球体颗粒数。

基于该表达式提出预测持水曲线的物理方法（图 4.3-6）；将每个粒组对应的孔隙简化为理想圆柱形孔隙，基于天然土孔隙与理想孔隙内水分流量的相似关系（图 4.3-7），结合 Hagen-Poiseuille 公式，构建预测非饱和渗透系数函数的物理方法（图 4.3-8）。

天然土颗粒集合体与理想球体颗粒集合体的几何特征和物理性质　　表 4.3-1

天然土颗粒集合体	对比分析结果	理想球体颗粒集合体	对比分析结果
立方体的体积/cm³	m_i/ρ_d	立方体的体积/cm³	$8n_iR_i^3$
土粒体积/cm³	m_i/ρ_s	颗粒体积/cm³	$(4\pi/3)n_iR_i^3$
天然孔隙体积/cm³	$(m_i/\rho_\mathrm{d})-(m_i/\rho_\mathrm{s})$	孔隙体积/cm³	$3.811n_iR_i^3$
天然孔隙率$\phi_{(\mathrm{n})}$	$1-(\rho_\mathrm{d}/\rho_\mathrm{s})$	理想孔隙率$\phi_{(\mathrm{s})}$	0.476
土孔隙半径/cm	$r_{i(\mathrm{n})}$	理想孔隙半径$r_{i(\mathrm{s})}$/cm	$0.523R_i$
立方体的边长/cm	$(m_i/\rho_\mathrm{d})^{1/3}$	正方形面上的孔隙数	$2.219n_i^{2/3}$
正方形面的总面积/cm²	$(m_i/\rho_\mathrm{d})^{2/3}$	立方体的边长/cm	$2n_i^{1/3}R_i$
正方形面上的孔隙面积/cm²	$\phi_{(\mathrm{n})}(m_i/\rho_\mathrm{d})^{2/3}$	正方形面的总面积/cm²	$4n_i^{2/3}R_i^2$
正方形面上的土粒面积/cm²	$(1-\phi_{(\mathrm{n})})(m_i/\rho_\mathrm{d})^{2/3}$	正方形面上的孔隙面积/cm²	$0.476(4n_i^{2/3}R_i^2)$
		正方形面上的颗粒面积/cm²	$2.096(n_i^{2/3}R_i^2)$

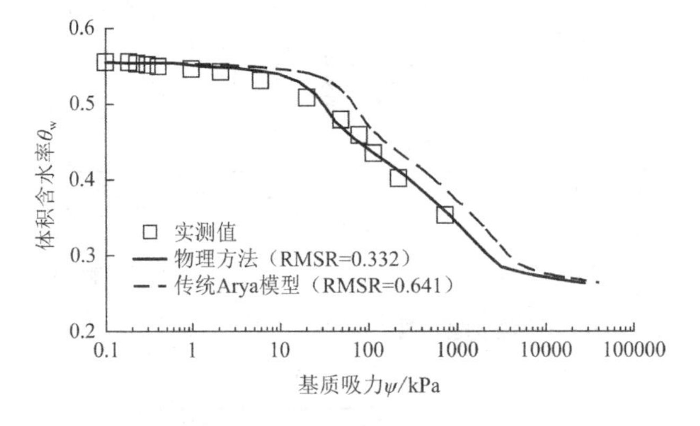

图 4.3-6　对持水曲线的物理预测

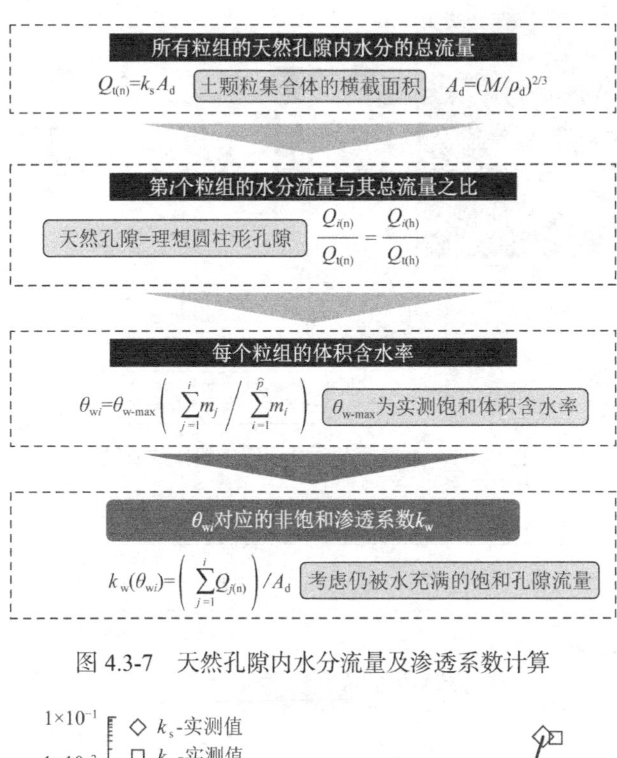

图 4.3-7　天然孔隙内水分流量及渗透系数计算

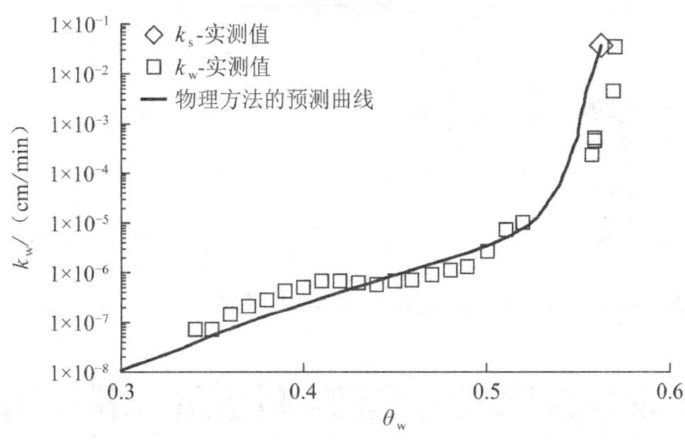

图 4.3-8　对非饱和渗透系数函数的预测

4.4　水气运动联合测定三轴仪的研发及渗透系数函数的应用

研制了具备轴向与侧向加压功能的非饱和土水气运动联合测定三轴仪，能够在侧限与三轴应力状态下对非饱和土的渗透特性与变形特性开展联合测试，既实现了基质吸力变化过程误差传递累积的有效控制，又实现了水气两相的单独及耦合作用（图 4.4-1）。基于项目组已发表的湿度和密度双变化的非饱和土渗透系数函数，对 ABAQUS 软件中的 USDFLD 子程序进行二次开发，实现了在土体稳定性分析中考虑变形-非饱和渗流耦合作用的关键技术（图 4.4-2），较已有计算方法可提升对流固耦合条件下非饱和渗流场的场变量变化规律认识。相关研究成果已获授权专利 3 项，其中发明专利 1 项。

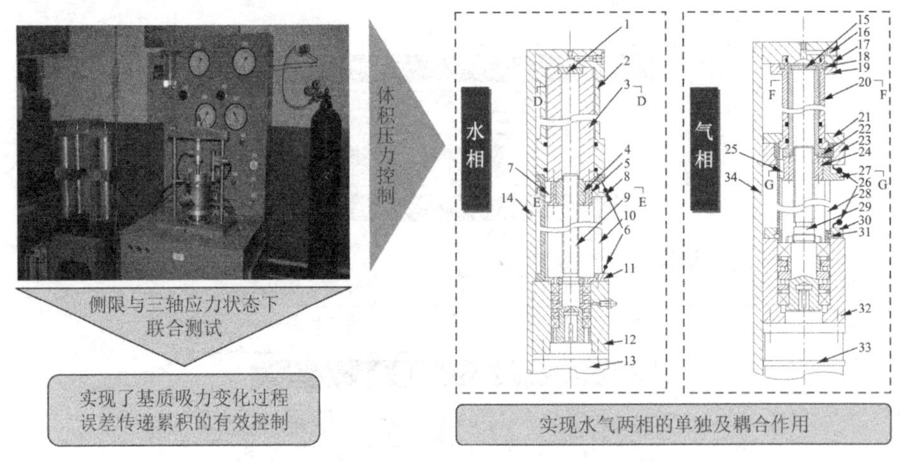

图 4.4-1　水气运动联合测定三轴仪的研发

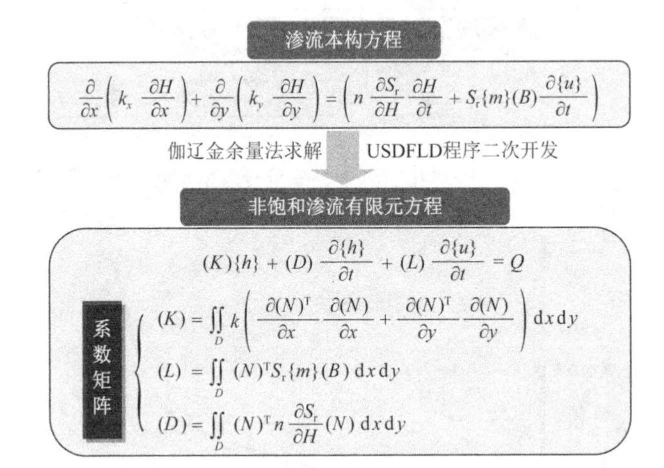

图 4.4-2　考虑变形-非饱和渗流耦合作用的数值分析方法思路

4.5　控制基质吸力的湿载变形非饱和固结仪研制与试验研究

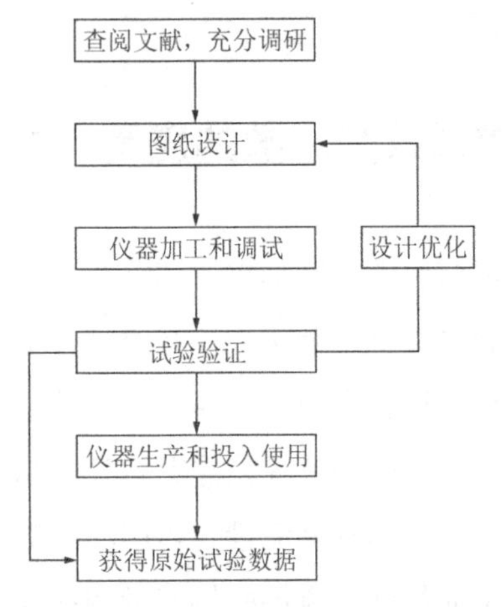

图 4.5-1　可控制基质吸力的湿载变形非饱和固结仪的研发技术路线

4.5.1　试验装置原理

控制基质吸力条件下可测湿载变形的非饱和固结仪研发技术路线见图 4.5-1。

本技术是通过改变试样的孔隙水压力，而保持试样的孔隙气压力不变，进而改变基质吸力的方法。与传统和改进的压力板仪不同的是，该装置通过改变环刀土样孔隙水压力的大小来实现基质吸力的改变，土样的孔隙气压力始终保持为标准大气压值 101.325kPa。该装置对孔隙水压力的控制采取调整压力水头实现改变孔隙水压力的原理。

4.5.2 控制基质吸力的湿载变形试验结果分析

试验采用的可控制应力状态的湿载变形非饱和固结仪结构如图 4.5-2、图 4.5-3 所示。

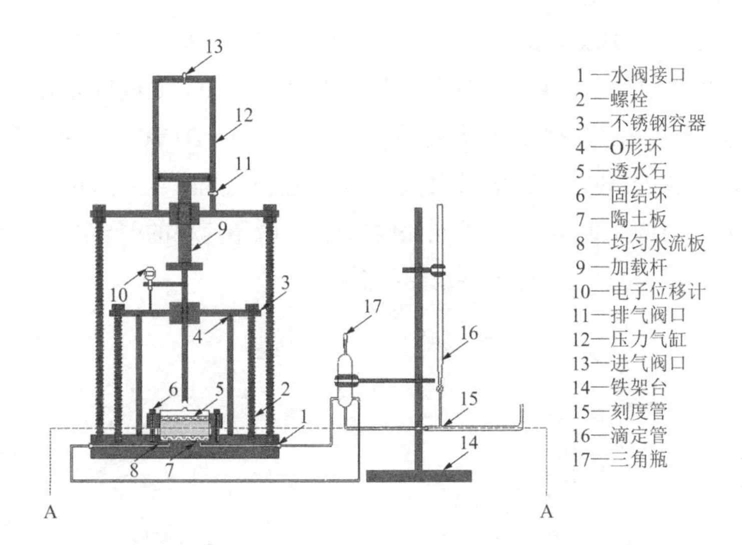

图 4.5-2　可控制基质吸力的湿载变形非饱和固结仪

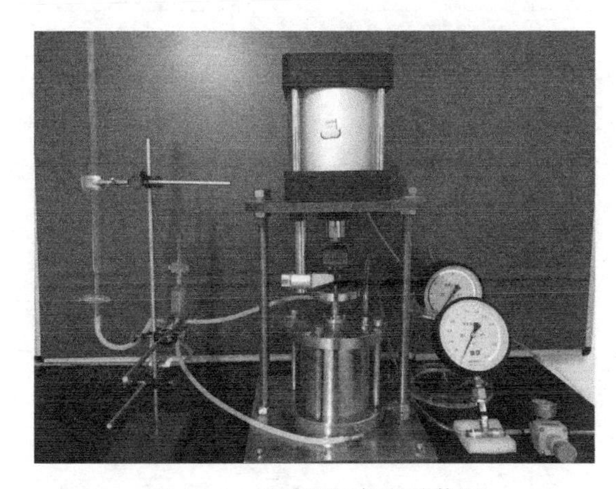

图 4.5-3　试验测试仪器总装图

图 4.5-4（a）为 1.0m 处试样的持水曲线。在第一次吸湿过程中，当基质吸力降低到 4kPa 时，试样 D1V0 几乎饱和。在随后的脱湿过程中，当施加基质吸力超过 AEV（进气值，Air Entry Value 即 5.7kPa）时，试样的体积含水率急剧下降。试样 D1V0 的干湿路径之间没有明显的滞后。上述结果表明，应力状态对 1.0m 以内原状黄土的 WRC（Water Retention Curve）影响很小。图 4.5-4（b）为 3.0m 时试样的持水曲线。D3V0 和 D3V50 试样的结果差异也可以忽略不计，说明应力对 3.0m 以下原状黄土的持水曲线影响不大。与 D1V0 和 D1V50 试样相似，在第一次吸湿过程的吸力为 4kPa 时，D3V0 和 D3V50 试样几乎达到饱和状态。在后续干燥路径上，试样 D3V0 和 D3V50 的 AEV 分别为 9.6kPa 和 10.1kPa。试样 D3V0 和 D3V50 的 AEV 比 D1V0 和 D1V50 的 AEV 大 39%左右，主要是

因为前者的孔隙比小 8%。另外，D3V0、D3V50 的吸/脱湿速率与 D1V0、D1V50 相似。

图 4.5-4（c）为 5.0m 处试样的持水曲线。在第一次吸湿过程中，试样 D5V0 在很小的吸力（即 0.1kPa）下达到饱和，一方面，主要是因为试样中含有较大的孔隙。另一方面，D5V50 试样的 AEV 比 D1V50 试样的 AEV 大 31%。随着竖向净应力从 0 增大到 50kPa，吸湿速率也呈现出类似的增加趋势。这些观察结果表明，5.0m 处的试样对竖向净应力比较敏感，这可能是由于其孔隙较大，容易被压缩所致。与样品 D1V0 和 D3V0 相比，D5V0 的吸湿率约为 D1V0 和 D3V0 的 2 倍。同样，在后续脱湿过程中，D5V0 的脱湿速率分别比 D1V0 和 D3V0 小 11.8%和 14.3%。不同深度试样吸/脱湿速率的差异可能与它们的孔径分布有关。图 4.5-5 为不同深度试样的持水曲线滞回度。

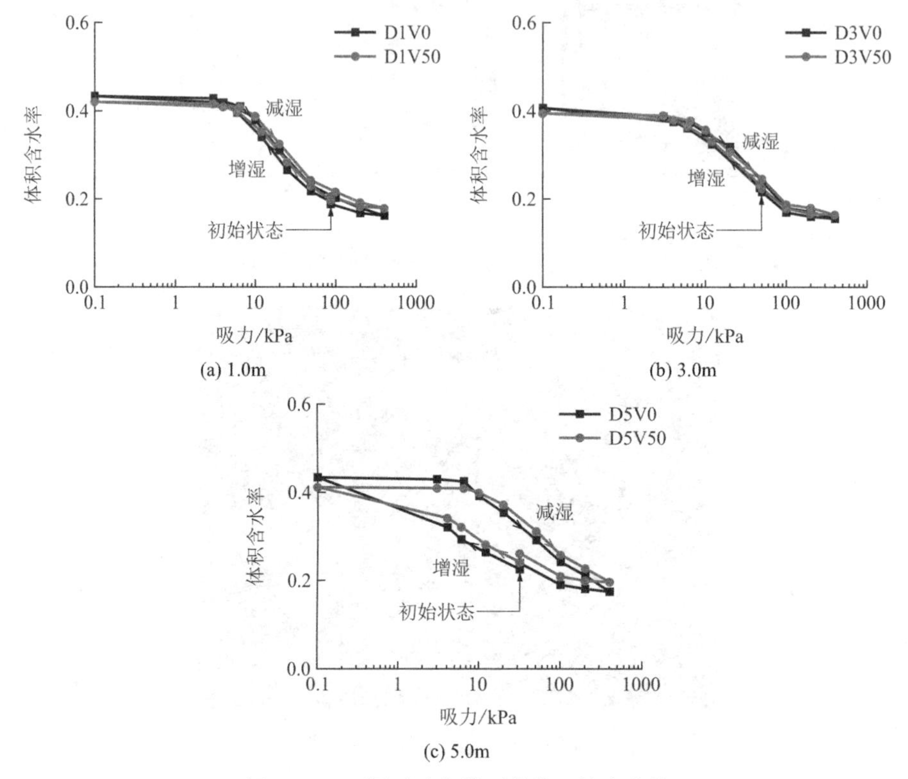

图 4.5-4　不同试验条件下的黄土持水曲线

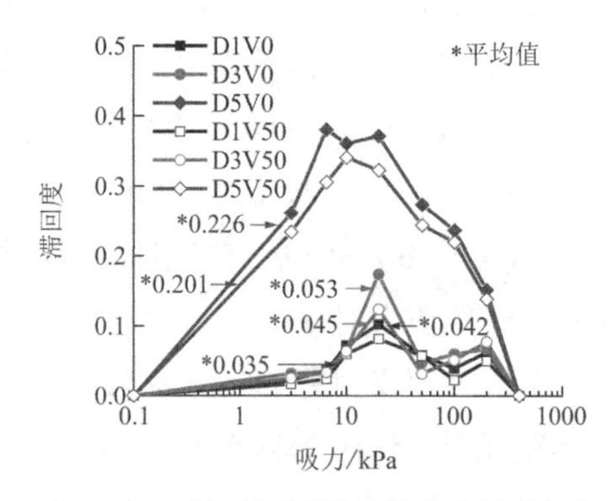

图 4.5-5　不同深度试样的持水曲线滞回度

图 4.5-6（a）给出了 1.0m 处控制基质吸力的压缩曲线（孔隙比与竖向净应力）。对于土样 D1S0，从压缩曲线上可以清楚地分辨出弹性和弹塑性截面。在弹塑性截面内，竖向净应力为 800kPa 时，土的孔隙比略高于重塑试样的孔隙比。图 4.5-6（b）为控制基质吸力压缩过程中 1.0m 处试样重量含水率与竖向净应力的关系。重塑试样和试样 D1S0 的重量含水率随着竖向净应力的增加而减小，这与图 4.5-6（a）所示的压缩曲线一致。试样 D1S50 和 D1S200 随着竖向净应力的增加，重量含水率略有增加，与试样 D1S0 的结果接近。重量含水率的增加是由于大孔隙在压缩过程中发生塌陷，增加了土体持水能力。3.0m 和 5.0m 的试件吸力控制压缩曲线分别如图 4.5-6（c）和图 4.5-6（e）所示。与 1.0m 处的试样相似，3.0m 和 5.0m 处的压缩曲线几乎是双线性的。在给定的竖向净应力下，随着基质吸力的增加，土体保持较高的孔隙比。这些观察结果表明，与 1.0m 和 3.0m 的试样相比，5.0m 的试样具有更强的抗亚稳态结构。

图 4.5-7（a）为不同深度试样的屈服应力曲线。由图 4.5-6（a）、图 4.5-6（c）、图 4.5-6（e）所示的压缩曲线得到不同基质吸力下的屈服应力。正如预期，在 1.0m、3.0m 和 5.0m 处，屈服应力随着基质吸力的增加而增加，这是由于基质吸力诱发的硬化效应。在一定的基质吸力条件下，1.0m 和 3.0m 处的屈服曲线具有相似的倾斜，但 3.0m 处的屈服应力大于 1.0m 处的屈服应力。这主要是因为 3.0m 以下的试样比 1.0m 以下的试样的孔隙率小 8%。与 1.0m 处试样相比，5.0m 处试样在 0kPa、50kPa 和 200kPa 时的屈服应力分别增大了 43%、57%和 104%。

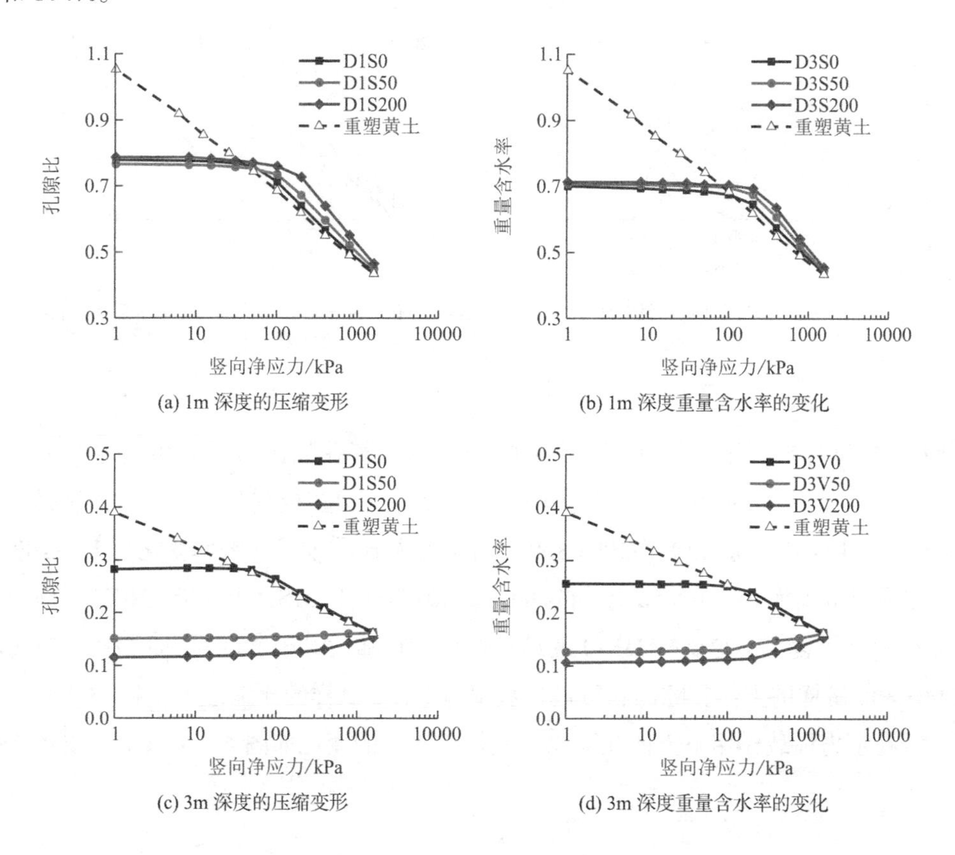

(a) 1m 深度的压缩变形　(b) 1m 深度重量含水率的变化

(c) 3m 深度的压缩变形　(d) 3m 深度重量含水率的变化

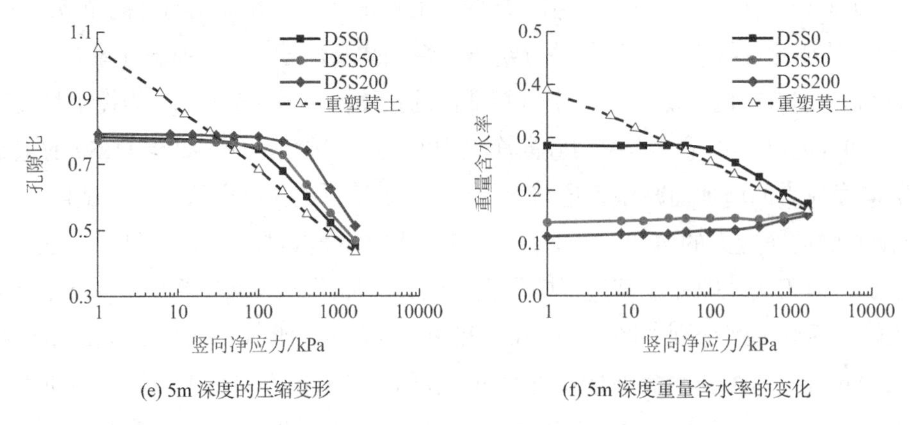

(e) 5m 深度的压缩变形　　(f) 5m 深度重量含水率的变化

图 4.5-6　控制基质吸力下土体的压缩曲线

图 4.5-7（b）为归一化屈服应力表示的试样屈服应力曲线，归一化屈服应力定义为给定吸力下的屈服应力与饱和条件下的屈服应力比值。与 1.0m 和 3.0m 处的试样相比，5.0m 处的归一化荷载屈服应力曲线更倾斜，说明基质吸力诱发的土骨架硬化在 5.0m 处更明显。随着基质吸力从 200kPa 减小到 50kPa，5.0m 和 1.0m、3.0m 试样归一化屈服应力的差异由 1.2 减小到 0.3。这进一步证实了从 5.0m 开始对试样进行增湿会导致结构的损坏。

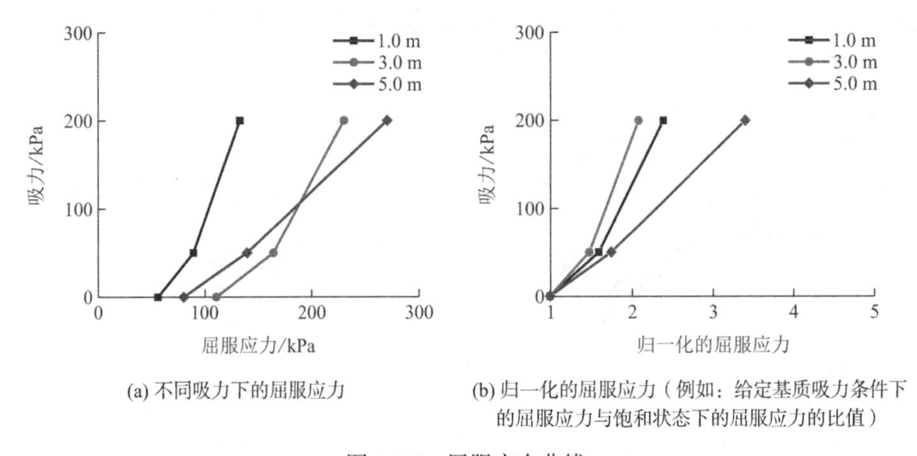

(a) 不同吸力下的屈服应力　　(b) 归一化的屈服应力（例如：给定基质吸力条件下的屈服应力与饱和状态下的屈服应力的比值）

图 4.5-7　屈服应力曲线

1.0m 处试样的湿陷曲线如图 4.5-8（a）所示，其孔隙比与竖向净应力的关系，如图 4.5-8（b）所示，即重量含水率与竖向净应力的关系。在控制基质吸力压缩试样过程中（200kPa），D1S200V200 和 D1S200V800 试样的孔隙比和重量含水率变化与 D1S200 试样相似。在吸湿范围为 0～200kPa 时，试样 D1S200V200 和 D1S200V800 在相应竖向应力下的孔隙比和重量含水率与试样 D1S0 的结果接近。在随后的压缩过程中，D1S200V200 和 D1S200V800 试样的土体孔隙比和重量含水率与 D1S0 试样的压缩结果一致。3.0m 和 5.0m 的试样，在水力荷载作用下土体孔隙比和重量含水率的变化如图 4.5-8（c）～图 4.5-8（f）所示。

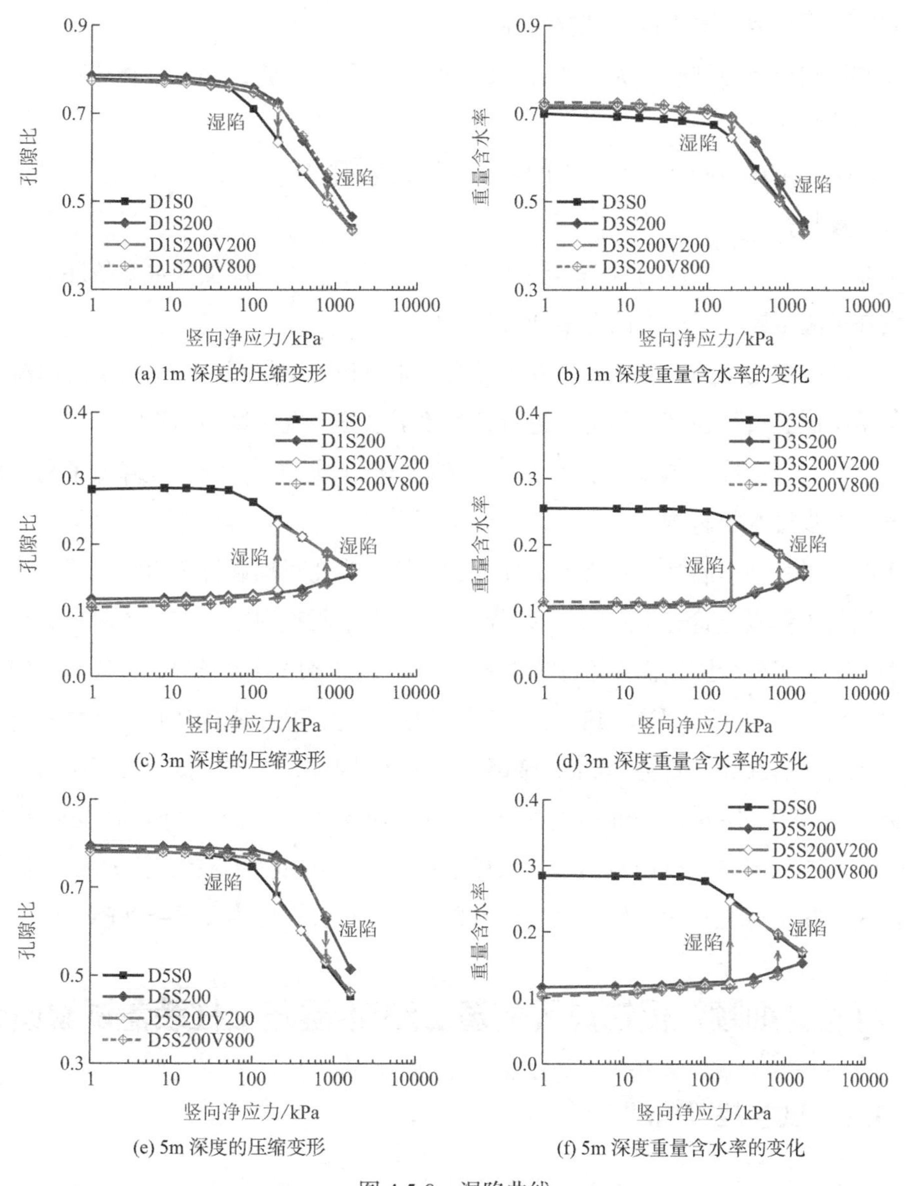

(a) 1m 深度的压缩变形　(b) 1m 深度重量含水率的变化

(c) 3m 深度的压缩变形　(d) 3m 深度重量含水率的变化

(e) 5m 深度的压缩变形　(f) 5m 深度重量含水率的变化

图 4.5-8　湿陷曲线

图 4.5-9 给出了不同深度土体的增湿湿陷系数。通过计算 200kPa 和 0kPa 基质吸力下土体压缩曲线的孔隙比差异，得到各试件的湿陷潜力曲线。正如预期的那样，所有试件的实测湿陷量与计算出的湿陷潜力曲线吻合较好，均为抛物线形。5.0m 处的试样初始孔隙比与 1m 和 3m 基本相同，但总体上表现出比 1.0m 和 3.0m 处更大的湿陷潜力。5.0m 处试样的最大湿陷潜能分别比 1.0m 和 3.0m 处的试件大 38% 和 54%。

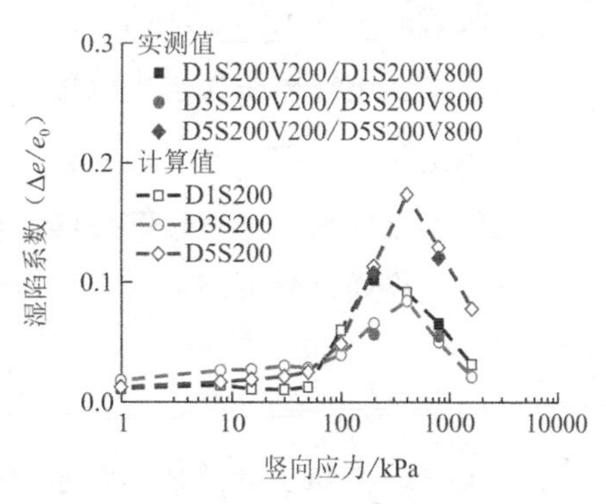

图 4.5-9　不同深度土体的增湿湿陷系数

本方法可用于但不限于以下试验研究：

（1）非饱和土在控制基质吸力状态下的侧限压缩固结试验，探究不同基质吸力条件下土体的压缩特性；

（2）非饱和土在不同应力状态下的持水特性，进而探究非饱和土的渗透性、抗剪强度、持水系数等参数；

（3）非饱和土在不同应力状态增湿变形试验，探究土体在增加含水率条件下的变形特性，特别在增湿至饱和状态下的湿陷和膨胀特性。

与传统和改进的可控制应力状态的湿载变形非饱和固结仪相比，本技术的创新包括：

（1）整个试验过程在密闭环境下进行，避免了水分蒸发对试验结果的影响；

（2）增加了气泡冲刷装置，每隔 24h 对气泡进行 1 次冲刷，极大地降低了陶土板底部产生的气泡对吸排水的影响；

（3）解决了不同基质吸力状态下试样容器内气压改变对加载杆传递竖向应力的影响；

（4）消除了低吸力状态下封闭气泡对试验过程中基质吸力精确控制的影响。

特别的，为了减少因液面高度改变对环刀土样孔隙水压力的影响，本仪器采用直径为 400mm 的亚克力密封桶，当桶内液面高度降低 1mm 时，减少水的质量为 125.6 克，采用的环刀体积为 76.93cm^3（直径 70mm，高度 20mm）。因此，在整个试验过程中桶内液面的高度下降值远小于 1mm；当桶内液面高度降低 1mm 时，因液面下降的压强减少值为 0.0098kPa，与本仪器试验基质吸力改变量最小单位 1kPa 相比，误差小于 0.98%，满足试验要求。同时，为了避免水的汽化，真空机的相对气压量程设定为 0～−80kPa。

4.6 可监测细颗粒侵蚀过程的黄土渗流-湿陷土柱装置试验研究

4.6.1 试验装置原理

研发可监测细颗粒侵蚀过程的黄土渗流-湿陷土柱测试装置，研发技术路线见图 4.6-1。

本装置的主要工作原理如下：

（1）测试土样体积含水率原理

测试土样体积含水率时，通过电磁波发射器发射一个电磁脉冲，如图 4.6-2 所示，该脉冲通过同轴电缆及金属探针的传播，在遇到阻抗不连续的地方发生反射并由示波器记录反射信号，最终通过分析该反射信号得到土体介电常数，然后计算体积含水率θ_{w}。

$$\theta_{\mathrm{w}} = c\sqrt{\varepsilon_{\mathrm{a,soil}}} + d \tag{4.6-1}$$

式中：θ_{w}——测试土样的体积含水率；

$\varepsilon_{\mathrm{a,soil}}$——测试土样介电常数。

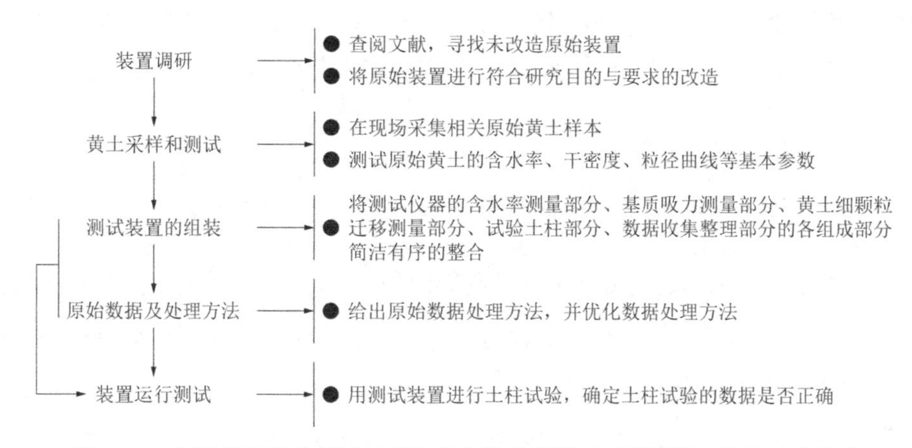

图 4.6-1　可监测细颗粒侵蚀过程的黄土渗流-湿陷土柱测试装置研发技术路线

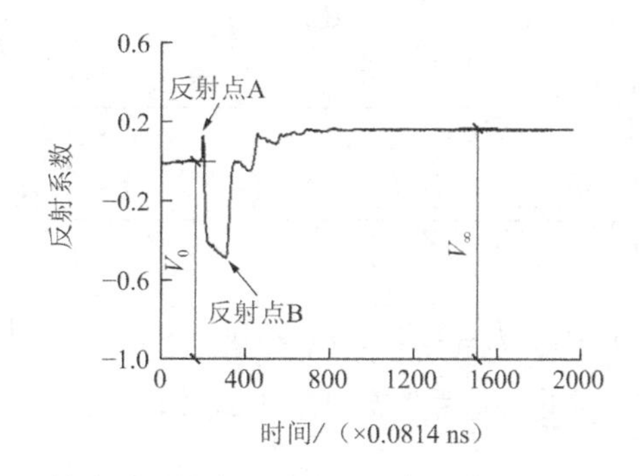

图 4.6-2　三针式金属探头测试非饱和黄土典型电磁波反射波形图

（2）土样基质吸力原理

测试基质吸力时，首先对张力计进行无气水饱和处理，周围进行密封胶处理，使得张力计仅能通过头部与土样接触进行吸力平衡，该吸力通过硬塑管中的水传至一端电压信号采集器进行读数，并通过在空气中监测其响应时间快慢来判断饱和效果的好坏。

（3）瞬时剖面法测量非饱和土法向应力下的渗透系数

基于土体应变测量和孔隙水压测量，水流速率和水力梯度可以分别确定，因此，根据达西定律可获得吸湿和脱湿状态下的渗透参数；同时，不同应力状态下的快速吸湿和脱湿应力相关土水特征曲线，可以通过建立体积含水率和负孔隙水压（例如：基质吸力）关系来确定。土柱的任何体变都能通过表面的位移杆测量到。图 4.6-3 为利用瞬时剖面法测得黄土体积含水率和水头与深度的关系图。

试验过程中，在圆柱形土柱内通连续的水流从柱体顶部流向底部，根据达西定律，任一深度的非饱和土的渗透系数k可按下式计算：

$$k=\frac{v}{i} \tag{4.6-2}$$

式中：v——土体中水流的流速；

i——水力梯度。

试样不同深度处Z_A、Z_B、Z_C和Z_D截面的体积含水率和基质吸力被随时监测，装置相邻两次的测试时间为t_1和t_2。根据一维连续定理，任意深度Z_B任意平均测试时间$t_{ave}=(t_1+t_2)/2$的水流速率为：

$$v_{Z_B,tave}=\frac{d}{dt}\int_{Z_e}^{Z_B}\theta_w(z,t)\,dz+v_{Z_e,tave}=\frac{\Delta V}{t_2-t_1}+v_{Z_e,tave} \tag{4.6-3}$$

式中：$\frac{\Delta V}{t_2-t_1}$是指在$t=t_1$和t_2之间$\theta_w(z,t)$内的阴影面积；$v_{Z_e,tave}$为Z_e深度时的渗流速度。

另外，任一深度的水头梯度和测试时间$i_{Z_B,tave}$，可以通过估算所测水头断面的梯度获得。数学计算上可以表示为：

$$\begin{aligned}i_{Z_B,tave}&=\frac{1}{2}\left[\frac{d(-h_{Z_B,t_1})}{dz}+\frac{d(-h_{Z_B,t_2})}{dz}\right]\\&=\frac{1}{4}\left[\frac{(-h_{Z_A,t_1})-(-h_{Z_B,t_1})}{Z_A-Z_B}+\frac{(-h_{Z_B,t_1})-(-h_{Z_C,t_1})}{Z_B-Z_C}\right]+\\&\quad\left[\frac{(-h_{Z_A,t_2})-(-h_{Z_B,t_2})}{Z_A-Z_B}+\frac{(-h_{Z_B,t_2})-(-h_{Z_C,t_2})}{Z_B-Z_C}\right]\end{aligned} \tag{4.6-4}$$

式中：$-h_{Z_i,t_j}$——完成时间为t_j（$j=1,2$）时，Z_i（$i=A,B,C$和D）深度处的水头。

本装置测试非饱和黄土时的渗透系数k_i可按下式计算：

$$k_i=\frac{V_Z}{i_Z} \tag{4.6-5}$$

式中：V_Z——Z深度处土体中水流的流速；

i_Z——Z深度处的水力梯度。

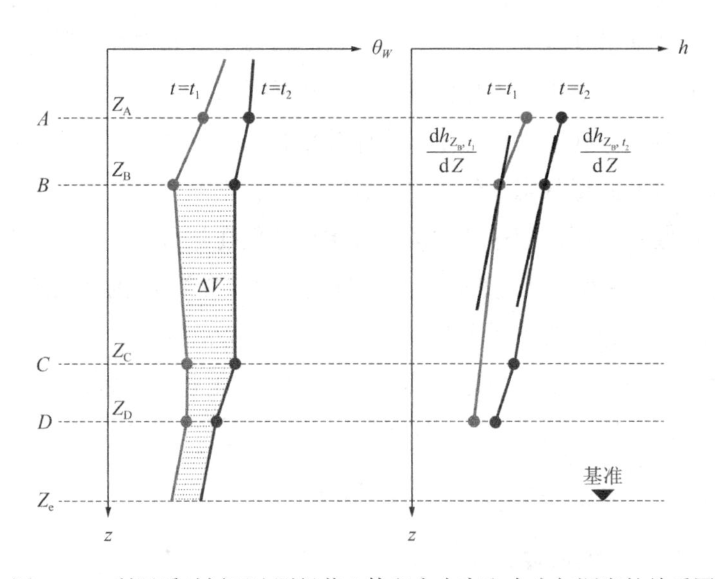

图 4.6-3　利用瞬时剖面法测得黄土体积含水率和水头与深度的关系图

4.6.2　试验结果分析

可监测细颗粒侵蚀过程的黄土渗流-湿陷土柱测试装置结构示意图如图 4.6-4 及图 4.6-5 所示。

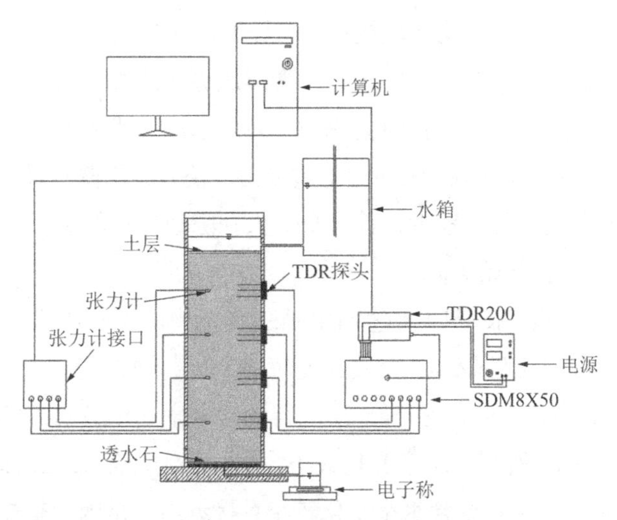

图 4.6-4　装置结构示意图

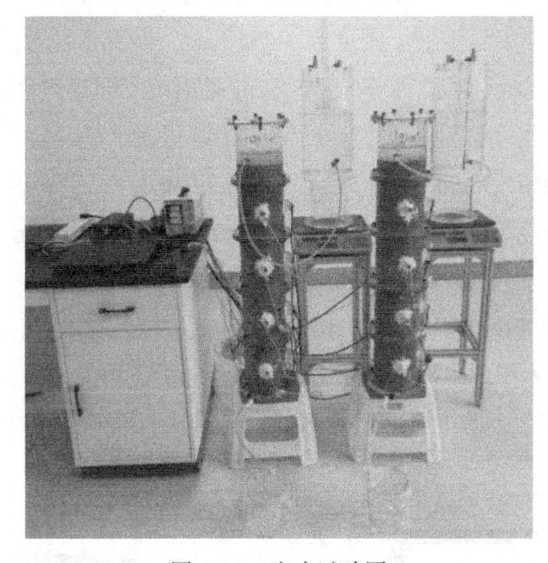

图 4.6-5　室内试验图

图 4.6-6 所示为两个土柱在蒸发试验中所测得的持水曲线。相同密度的土柱各层的持水曲线应当完全相同，但试验数据各层间存在较小的区别，这是因为在土的击实过程中存在过击实现象，击实上层土时部分力传递到下层，导致下层土的过击实，造成干密度出现微弱的分层现象，底层土干密度稍大一些。干密度不同，土的内部结构也会不同。干密度越大，则土的初始含水率越小，这是因为干密度越大，则土颗粒排列便更加紧密，形成的孔隙也越小。饱和状态即土颗粒的孔隙间充满水的情况，在饱和时，干密度大的土体比干

密度小的土体内部孔隙更小也更少，其饱和时内部的体积含水率也更小。

此外，从图 4.6-6 中可以看出，进气值的大小与土孔隙大小直接相关，孔隙率越大，空气越容易进入土孔隙中，进气值便越小。进气值由边界区和过渡区拟合曲线切线的交点确定，1 号土柱的蒸发阶段进气值为 6.35kPa，2 号土柱的蒸发阶段进气值为 9.69kPa，两根土柱蒸发和入渗阶段各自的进气值均比较接近，1 号土柱的进气值要小于 2 号土柱。这是因为 1 号土柱的干密度较低，在蒸发试验过程中会形成更多的细小裂隙，且干密度小则存在更多的大孔隙通道，这些裂隙与大孔隙会成为土体内水流的优势通道，使空气容易进入土体，土体的体积含水率在 6.35～6.70kPa 的基质吸力下便开始下降；而 2 号土柱的干密度较大，蒸发试验过程中产生的裂隙较少，其本身的大孔隙通道也较少，体积含水率在 9.32～9.69kPa 的基质吸力下才会开始下降。

图 4.6-7 所示为土柱蒸发试验时通过 TDR 探针所测得的土柱体积含水率的变化图。1 号土柱干密度为 1.36g/cm^3，密度较小，蒸发速度较快。2 号土柱干密度为 1.30g/cm^3，密度较大，蒸发速度较慢。其中，1 号土柱 15cm 所测得的含水率变化最快，35cm 与 55cm 所测含水率变化情况相似，75cm 所测含水率变化最小。2 号土柱只有 15cm 深所测含水率变化最快，其余 35cm、55cm、75cm 处含水率变化较小且接近。这是因为越往下的土层，想要失水，其水分便必须通过上层所有土层，所以越往下失水越困难，而土的干密度越高，孔隙率也会越小，失水越困难，1 号土柱干密度为 1.36g/cm^3，小于 2 号土柱的 1.30g/cm^3，所以 1 号土柱的 35cm 与 55cm 处体积含水率才与 75cm 处出现了明显区别，而 2 号土柱 35cm、55cm、75cm 处体积含水率区别不明显。所测初始体积含水率，1 号土柱分别为 15cm 处 48.65%，35cm 处 47.64%，55cm 处 48.52%，75cm 处 49.01%，平均值为 48.46%，接近于根据干密度和土粒相对密度算出的理论体积含水率 49.63%；2 号土柱分别为 15cm 处 42.27%，35cm 处 42.23%，55cm 处 42.97%，75cm 处 43.52%，平均值为 42.75%，接近于根据干密度和土粒相对密度算出的理论体积含水率 44.44%，可以判断 TDR 探针所测的含水率准确性良好。两根土柱的实测体积含水率均低于理论体积含水率，可能的原因是在第一次饱和入渗过程中有少量空气留滞在土体中，无法被水分排出，从而降低了土壤的饱和体积含水率。

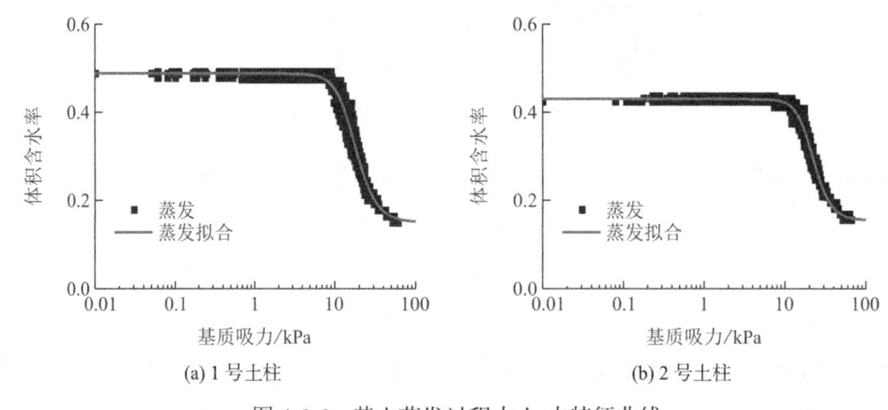

图 4.6-6　黄土蒸发过程中土-水特征曲线

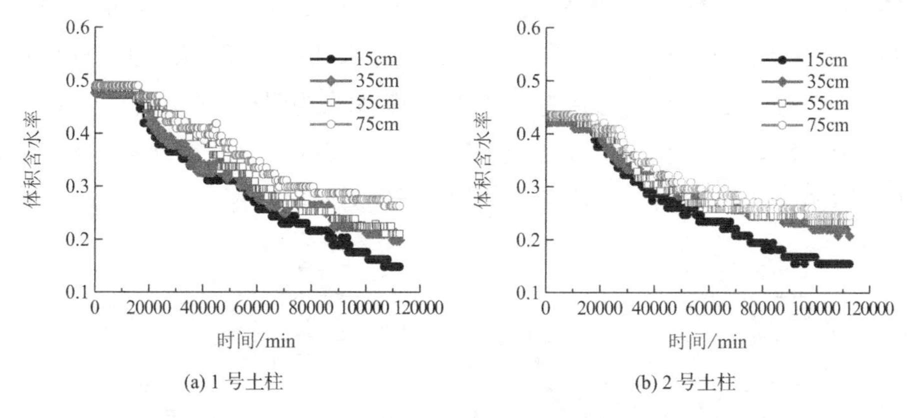

(a) 1 号土柱　　(b) 2 号土柱

图 4.6-7　不同深度黄土蒸发时含水率随时间变化图

图 4.6-8 为不同基质吸力下渗透系数拟合图，从图中可以看出：

（1）在相同的基质吸力条件下，1 号土柱蒸发的非饱和土渗透系数均大于 2 号土柱。这是因为两根土柱的干密度不同，1 号土柱的干密度较小，土体内大孔隙通道较多，水分容易在 1 号土柱土体内发生迁移，而 2 号土柱干密度较大，土体内孔隙通道较小，水分难以迁移。

（2）土体的非饱和渗透系数与基质吸力成负相关关系。在基质吸力较低时，土壤的渗透系数比较稳定，接近于饱和渗透系数，处于最大的状态，随后进入快速下降阶段，直到在基质吸力较大时渗透系数下降速度减缓，最后再度稳定。这是因为在低基质吸力的情况下，土体的体积含水率较高，接近于饱和，水分充满土体孔隙通道，液相相互连通，渗流过程比较通畅；随着基质吸力增大，空气开始进入土体内，占据孔隙通道的空间，此时处于液相和气相双连通的状态，水分迁移通道逐渐遭到压缩，渗透系数逐渐减小；当含水率减少到残余含水率时，液相不再连通，气相依然连通，孔隙水只保存在小孔隙中，想要继续失水必须施加特别大的基质吸力，故此时基质吸力所对应的渗透系数进入第二个平缓阶段。

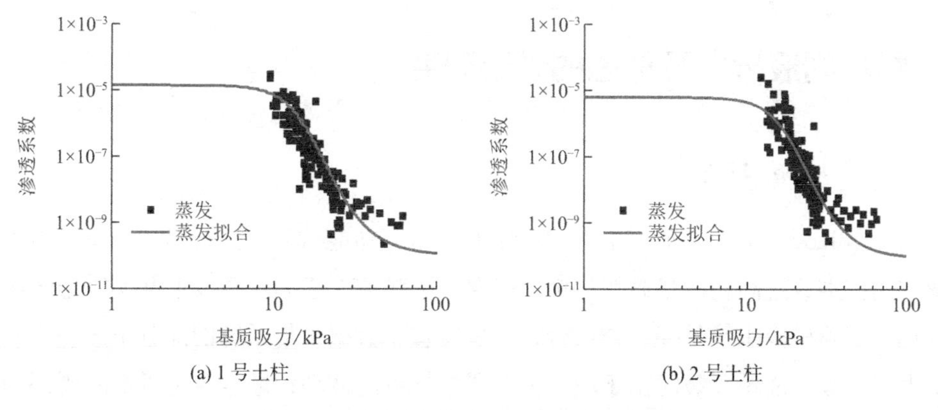

(a) 1 号土柱　　(b) 2 号土柱

图 4.6-8　不同基质吸力下渗透系数拟合图

如图 4.6-9 所示，两个土柱张力所测基质吸力大小随时间变化最明显的新型张力计探头分别为 Z7 与 Z28，均为土柱最上层（15cm 处），增大速度远超其余探头，即只有土壤最上层产生了较大的基质吸力。这是因为只有最上层失水最为明显，最上层与空气直接相连，容易发生水分蒸发现象，而下层因为上层土壤的阻碍，较难产生失水现象，土壤的基质吸力大小与土壤的含水率变化有关，故只有上层基质吸力变化明显。

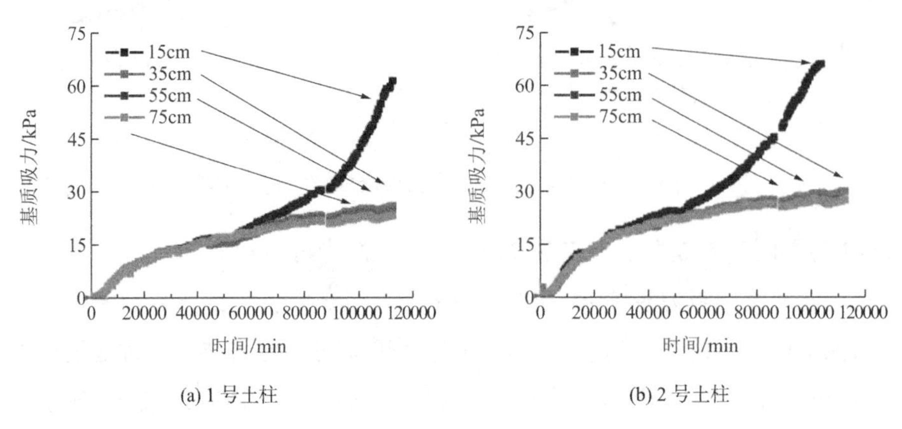

(a) 1 号土柱　　(b) 2 号土柱

图 4.6-9　不同深度黄土蒸发时基质吸力随时间变化图

本研究成果可在应力状态下测试黄土土水特征曲线和瞬态渗透特性。与现有技术相比，本技术提供了可在应力状态下测试非饱和黄土瞬态渗透特性的装置，该测试装置：

（1）可以灵活控制土柱的应力状态以及准确地测试水-力耦合作用下土柱的变形，特别适用于黄土这类具有湿陷性的特殊土；

（2）可灵活控制非饱和黄土入渗时的水-力边界条件，如恒定水头和自由排水；

（3）可准确测试水分入渗过程中，非饱和黄土的含水率和基质吸力变化；

（4）可基于瞬态剖面法快速测试非饱和黄土应力状态相关的渗透系数曲线。

综上所述，本装置测试原理明确、功能齐全、构造简单，具有较强的创新性和实用价值，可快速测试应力状态相关的非饱和黄土渗透系数曲线。

4.7　颗粒间液桥力及形态的试验研究

4.7.1　试验方法

采用美国 Keysight 公司研发的 UTM T150 纳米多功能试验机进行试验，在试验机的前侧以及左侧分别放置高精度显微照相机，确保上下颗粒处于同一轴线上并实时记录液桥形状的变化。试验机由刚性外壳、减振台、测量装置、数据采集系统四部分组成，刚性外壳可以最大限度减小液桥断裂时由于应力突然释放导致的波动；减振台可以消除周围操作人员的声音和脚步振动对试验结果产生的影响；测量装置主要由下端的机械驱动转换器以及上端可移动的刚性机械臂组成；数据采集系统分别连接在电脑和仪器的中央控制器上，用以操作仪器并实现数据的实时采集和分析处理，仪器构造示意图如图 4.7-1 所示，主要力学参数如表 4.7-1 所示。

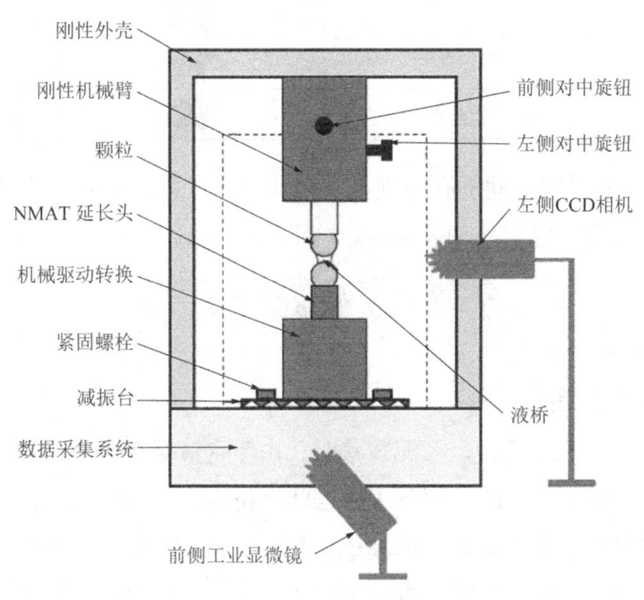

图 4.7-1　试验仪器示意图

试验机的主要参数　　　　表 4.7-1

项目	最大荷载/mN	荷载分辨率/nN	最大伸长位移/mm	位移分辨率/nm	拉伸速率
参数	500	50	200	35	0.5μm/s～5mm/s

选取直径$D = 2.5$mm，4mm，5mm 的玻璃珠，采用表面张力与纯水相似的有机溶剂丙三醇代替纯水模拟颗粒间的液桥以避免水分蒸发对试验结果的影响。根据 Bozkurt 等的研究成果，当颗粒分离速度大于 4km/s 时黏滞力对液桥力产生显著的影响，本试验是在静态拉伸的条件下进行因而黏滞系数的差异可以忽略。在 20°C时两种液体的性质如表 4.7-2 所示。

丙三醇与水的物理力学参数（20°C）　　　　表 4.7-2

液体	密度/（g/cm^3）	表面张力/（N/m）	黏滞系数/（Pa/s）
丙三醇	1.26	0.063	0.15

4.7.2　液桥体积的确定

选定 0.05μL、0.1μL、0.2μL、0.5μL、1.0μL、1.3μL 六种液桥体积。Fournier、Rossetti 等根据饱和度的大小及液桥与颗粒间的联系方式，将液桥的形态分为如表 4.7-3 中所示的四类。

液桥形态分类　　表 4.7-3

饱和度S_r	液桥形态	示意图	作用机理
$0\% < S_r \leqslant 30\%$	钟摆状		颗粒接触点处形成液桥
$30\% < S_r \leqslant 70\%$	索带状		部分颗粒间隙充满液体
$70\% < S_r \leqslant 100\%$	毛细管状		颗粒间几乎全部充满液体
$S_r > 100\%$	泥浆状		液体压力大于空气压力

将颗粒间距$D = 0$时颗粒间的孔隙视为孔隙体积V_v，如表 4.7-3 中浅灰色所示；将液桥体积等同于孔隙中水的体积V_w，如表 4.7-3 中深灰色所示，则有：

$$S_r = \frac{V_w}{V_v} = \frac{V}{4R^2 - \pi R^2} \tag{4.7-1}$$

式中：V——液桥体积（μL）；

R——颗粒半径（mm）。

当液桥为索带状、毛细管状以及泥浆状时，由于含液量较大、饱和度较高，重力对液桥力及形态的影响一般不可忽略。而对于钟摆状液桥而言，Adams 等通过研究重力与颗粒间液桥体积的映射关系，采用无量纲的液桥体积V^*与 Bo 数的乘积来定性反映重力对钟摆状液桥力及形态的影响，认为：当$V^*\text{Bo} < 0.01$时，重力的影响可以忽略；当$V^*\text{Bo} > 0.015$时，重力的影响不可忽略；$0.01 < V^*\text{Bo} < 0.015$时，处于过渡阶段。

$$\text{Bo} = \Delta\rho g d^2/\sigma \tag{4.7-2}$$

$$V^* = V/R^3 \tag{4.7-3}$$

式中：d——特征长度（m），是液桥体积的函数；

g——重力加速度（m/s^2）；如为液体和外部气体的密度差值（kg/m^3）；

σ——液体的表面张力（N/m）。

Bo 数的概念最早用以表征重力对自由液体下落时液滴形状的影响，表示为$\text{Bo} = \Delta\rho g D^2/\sigma$。其中，$D$为液滴的直径；随后 Bo 数被引入到液桥领域用来表征重力对球-板间液桥力与形态的影响，表示为$\text{Bo} = \Delta\rho g R^2/\sigma$，其中$R$为球的半径；而对于球-球间钟摆状液桥，Adams 将其定义为式(4.7-2)的形式，其中d为特征长度，是一个无任何物理含义的值，Adams 将其近似表示为$d = \sqrt{V}/D$，其中V为液桥体积，D为液桥的直径。本书通过 CCD 数码相机自带的图像处理软 Image View 对不同条件下钟摆状液桥的直径进行量测，计算发现对于本试验而言特征长度值在 0.3～1.3mm 之间变动，为了计算方便统一取$d = 0.001$m。

对于本试验而言，如$\Delta\rho = 1260kg/m^3$，$g = 9.81m/s^2$，$\sigma = 0.067N/m$，颗粒半径R分别为 2.5mm、4mm 和 5mm 将其分别带入式(4.7-1)～式(4.7-3)计算出不同粒径、不同液桥体积所对应的 Bo 数、无量纲的液桥体积V^*及饱和度S_r如表 4.7-4 所示。由表 4.7-4 可知：试验条件分别对应重力影响可以忽略、重力影响可忽略过渡状态以及重力影响不可忽略的情形，液桥形态分别为钟摆状、索带状、毛细管状及泥浆状。

不同液桥体积对应的 Bo 数及饱和度　　表 4.7-4

颗粒直径/mm	液桥体积/μL	饱和度/%	液桥形态	V^*	V^*Bo	考虑重力
2.5	0.05	3.71	钟摆状	0.025	4.7×10^{-3}	否
	0.10	7.43	钟摆状	0.051	9.4×10^{-3}	否
	0.20	14.9	钟摆状	0.102	0.018	是
	0.5	37.1	索带状			是
	1.0	74.3	毛细管状			是
	1.5	111.4	泥浆状			是
4	0.05	1.45	钟摆状	6.25×10^{-3}	1.16×10^{-3}	否
	0.10	2.91	钟摆状	0.0125	2.31×10^{-3}	否
	0.20	5.82	钟摆状	0.025	4.62×10^{-3}	否
	0.5	14.6	钟摆状	0.0625	0.012	近似过渡
	1.0	29.2	钟摆状	0.125	0.023	是
	1.5	43.7	索带状			是
5	0.05	0.93	钟摆状	3.2×10^{-3}	5.91×10^{-4}	否
	0.10	1.86	钟摆状	6.4×10^{-3}	1.18×10^{-3}	否
	0.20	3.73	钟摆状	0.013	2.36×10^{-3}	否
	0.5	9.32	钟摆状	0.032	5.91×10^{-3}	否
	1.0	18.6	钟摆状	0.064	0.012	近似过渡
	1.5	27.9	钟摆状	0.096	0.0187	是

4.7.3　不同含液量下颗粒间液桥力及形态的研究

将清洗后的玻璃珠用硬基质胶固定在测量装置的刚性机械臂及 NMAT 延长头上，采用微型移液枪在下部颗粒球冠处注入相应体积的液体，控制上部颗粒向下移动，待形成液桥之后反复拉伸多次使其形态趋于轴对称。试验时采用位移控制，确保上下两个颗粒接触距离为 0，关闭试验机两侧及前侧的玻璃门使试验主体处于封闭状态，卸下减振台上的紧固螺栓，保持下部颗粒稳定，使上部颗粒以 100μm/s 的速度向上移动，设置荷载记录触发值为 100nN，同时利用 CCD 工业电子显微镜记录试验过程中液桥形态的变化。

粗粒样简化分散为球体颗粒，将水分形态视为液桥，认为液桥力F_{liq}是液桥中由基质吸力F^{ψ}产生的毛细斥力以及由表面张力F^{σ}产生的毛细引力共同作用的结果，根据 Y-L 方程可将气液交界面处的基质吸力ψ表示为式(4.7-5)，液桥颈部受力如图 4.7-2 及图 4.7-3 所示。

$$F_{\text{liq}} = F^{\sigma} + F^{\psi} = 2\pi(r_2R)\sigma - \pi(r_2R)^2\psi \tag{4.7-4}$$

$$\psi = \sigma\left(\frac{1}{r_1R} - \frac{1}{r_2R}\right) \tag{4.7-5}$$

式中几何参数如图 4.7-4 所示，其中：r_2为液桥颈部半径、r_1为液桥外轮廓半径、R为颗粒半径。当$F^{\sigma} > F^{\psi}$时，液桥力为正，液桥形成。当$F^{\sigma} < F^{\psi}$时，液桥力为负，液桥断裂。

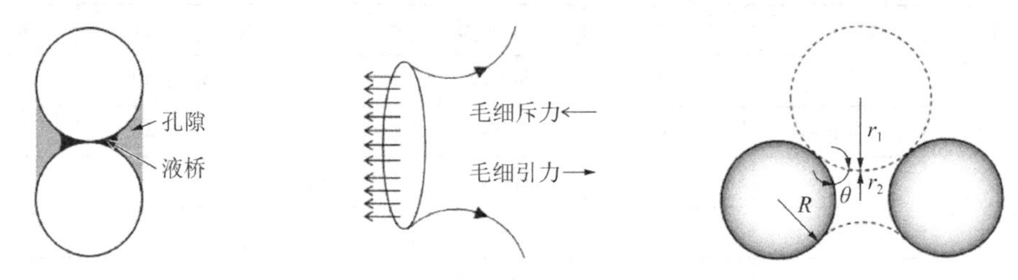

图 4.7-2　饱和度计算示意图　图 4.7-3　液桥颈部受力示意图　图 4.7-4　液桥几何参数示意图

图 4.7-5 为液桥力-位移曲线图，曲线分为上升段、下降段以及突然跌落段三部分。在曲线的上升段，液桥力随着液桥拉伸距离的增大不断地增大，关于这一部分不同的研究者得出了不同的结论，Rossetti，Bozkurt 等认为最大液桥力出现在分离距离较小但不为零处，然而 Olivier 等认为最大液桥力出现在分离距离为零处，虽然不同研究者对此持有不同的观点，但是并未对此现象进行系统的分析，本书将在第四部分对其产生的原因提出猜想。在曲线的下降段，毛细斥力随着液桥拉伸距离的增加而增加，而毛细引力随液桥拉伸距离的增加逐渐减小，但液桥内部仍以引力为主；当液桥的颈部变为最窄时，毛细引力减到最小，毛细斥力最大，进入突然跌落段；当位于跌落段时，液桥不能再承受任何形式的拉伸，液桥突然断裂颗粒分离。曲线最后的残余部分为残留在下球表面液滴的重量。

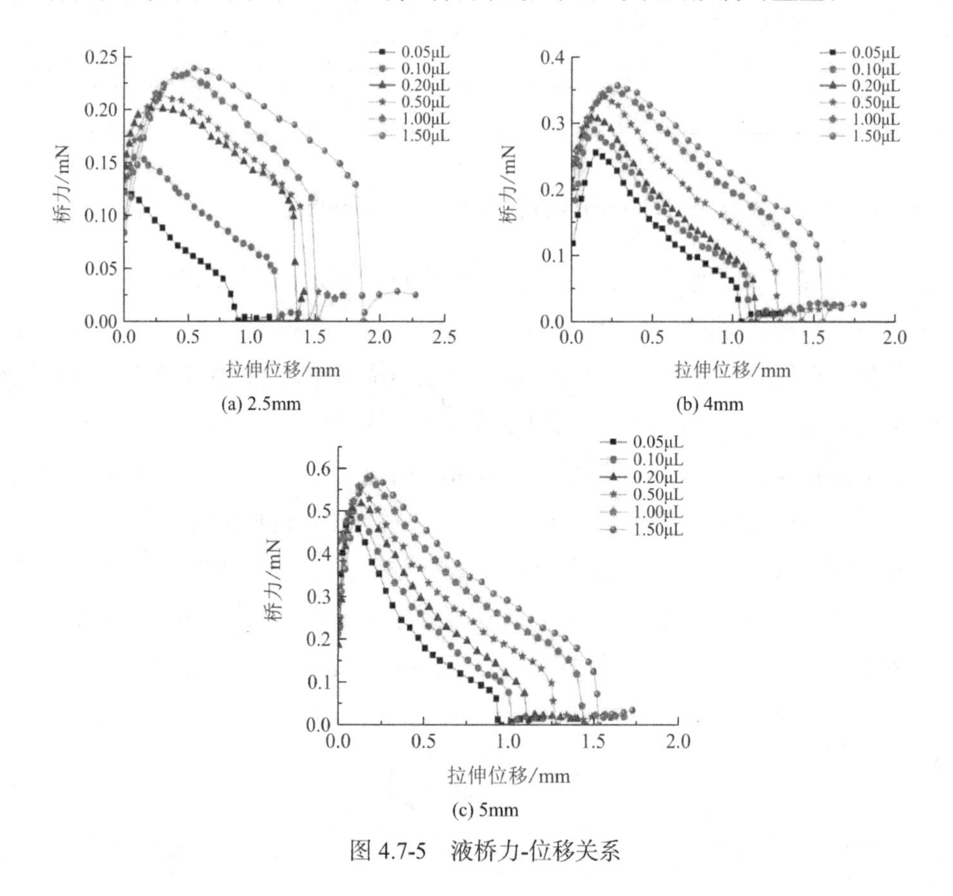

图 4.7-5　液桥力-位移关系

定义曲线到达峰值点的位移为峰值位移。含液量对液桥力-曲线的影响，主要以饱和度及 Bo 数的形式反映在对上升段峰值位移及下降段曲线形态的影响上。在曲线的上升段，饱和度对曲线形态的影响较小，曲线峰值位移随饱和度的增加不断增加。在曲线下降段，当饱和度较小且重力影响可以忽略时，曲线下降趋势为“凹”状，如 2.5mm 颗粒 0.05μL 含液量以及 5mm 颗粒 0.05～1.0μL 含液量；当饱和度较大且重力影响不可忽略时，曲线下降趋势多成直线状或“凸”状，如 2.5mm 颗粒 0.2～1.3μL 含液量以及 4mm 颗粒 1.3μL 含液量。相对于含液量，无量纲的液桥体积更能反映液桥体积变化对曲线形态的影响，当液桥体积从 0.05μL 增加至 1.3μL 的过程中，2.5mm 颗粒的无量纲液桥体积变化幅度更大，因而液桥力-位移曲线的下降段离散性及差异性也更明显。

利用 CCD 相机全程录像，记录不同粒径及含液量下液桥形态的变化过程。由于篇幅的原因，本书仅以 2.5mm 粒径为对象分析不同含液量下液桥形态的变化规律。图 4.7-6（a）～图 4.7-6（f）分别反映了颗粒粒径为 2.5mm，液桥体积为 0.05μL、0.1μL、0.2μL、0.5μL、1μL、1.3μL6 种情况下液桥从形成到断裂的形态变化。用X分别代表 a～f，图 4.7-6（$X1$）表示液桥的初始形态，图 4.7-6（$X6$）表示液桥最终断裂的形态，图 4.7-6（$X2$）～图 4.7-6（$X5$）分别反映了拉伸过程中不同时刻的液桥形态。

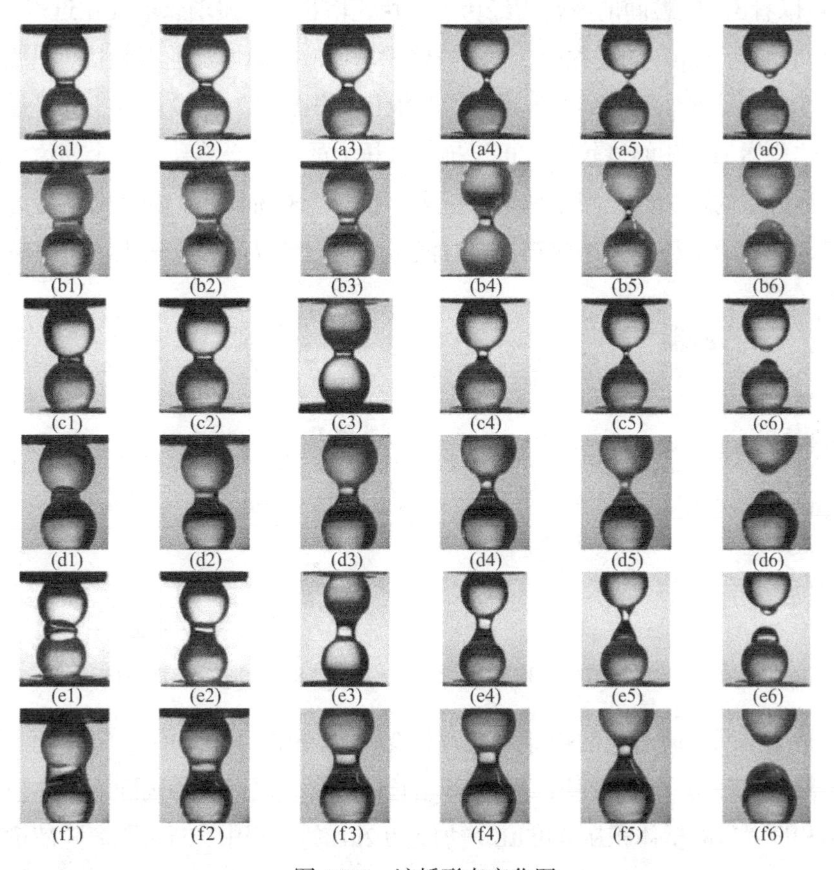

图 4.7-6　液桥形态变化图

结合图 4.7-6 及表 4.7-4 可以发现液桥的形态是重力以及饱和度共同影响的结果：当液桥体积为 0.05μL 以及 0.1μL 时处于钟摆状且重力影响可以忽略的情况，液桥的初始形态符合圆环假设，在颗粒接触点处形成如图 4.7-6（a1）、图 4.7-6（b1）所示的凹液桥，在拉伸过程中液桥始终保持钟摆状，当液桥最终断裂时液桥等体积地分布在上下颗粒的球冠处；当液桥体积为 0.20μL 以及 0.5μL 时分别处于毛细状液桥重力不可忽略以及索带状液桥的情况，液桥初始形态可近似为图 4.7-6（c1）、图 4.7-6（d1）所示的圆柱状，随着拉伸距离的增加液桥由圆柱状迅速变为图 4.7-6（c4）、图 4.7-6（d3）所示的符合圆弧假定的钟摆状，随着拉伸距离的增加重力对液桥形状的影响越来越明显；当处于临近断裂时液桥形状为图 4.7-6（c5）、图 4.7-6（d3）所示的上部外曲率较小、下半部外曲率较大的钟摆状，最终断裂时下球残留液体的体积稍大于上球残留液体的体积；当液桥体积为 1μL 以及 1.3μL 时分别处于毛细管状以及泥浆状的情况，此时重力的影响非常显著，液桥初始形态为外凸形并且发现了如图 4.7-6（e1）所示的非轴对称液桥形态，随着拉伸试验的进行液桥首先转化为圆柱状，然后迅速变为图 4.7-6（e5）、图 4.7-6（f5）所示的上部外曲率较小、下半部外曲率较大的轴对称钟摆状，最终断裂时下球残留的液体体积明显大于上球残留液体体积。

将 3 种粒径，6 种含液量下的最大液桥力和断裂距离分别绘制在图 4.7-7 及图 4.7-8 中。由图 4.7-7 可以看出，颗粒间的液桥力经历了由快速增长到缓慢增长的变化过程：当液桥体积从 0.05μL 增加到 0.2μL 的过程中，随液桥体积增加液桥力增加速率较快，即使很小的液桥体积的改变也会导致液桥力的迅速增加；当液桥体积从 0.2μL 增加到 1.3μL 过程中，液桥力随液体体积增加变化幅度较小。可以推论液桥力的增加必然存在一个阈值，即液桥力不会随着液体含量的增加而无限制地增加下去。相对于液桥体积，粒径对液桥力的影响更为显著，最大液桥力与粒径大小成正比，含液量相同时粒径越大，最大液桥力越大。

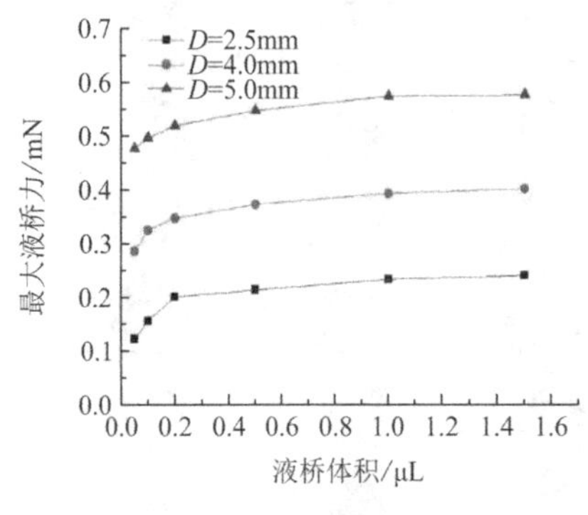

图 4.7-7 最大液桥力-液桥体积关系

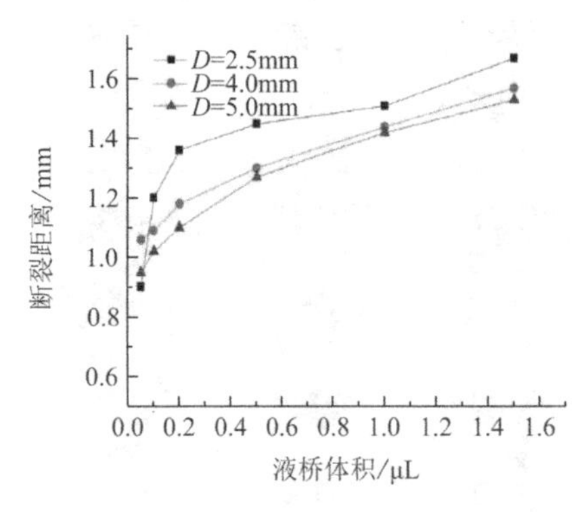

图 4.7-8 断裂距离-液桥体积关系

定义液桥突然断裂时对应的拉伸距离为断裂距离。由图 4.7-8 可以看出，随着液桥体积的增加断裂距离也经历了由快速增长到缓慢增长的过程，且断裂距离随液桥体积的变化趋势与液桥力相同：当液桥体积从 0.05μL 增加到 0.2μL 的过程中，断裂距离随液桥体积增加的速率较快；而当液桥体积从 0.2μL 增加到 1.3μL 的过程中，断裂距离随液桥体积增加的速率放缓。粒径对断裂距离的影响更为显著，断裂距离与粒径大小成反比，含液量相同时粒径越大，断裂距离越小。

基于圆环理论，假定拉伸过程中液桥外轮廓半径以及固液接触角保持恒定，通过几何关系迭代并结合 Y-L 方程，国内研究者给出了钟摆状液桥液桥力的计算公式。Olivier 提出了一种认可度较高且较为简便的液桥力计算方法，如前文图 4.7-4 所示，认为当$R \gg r_1 \gg r_2$且液桥高度$\ll 2r_1 \cos\theta$时，液桥力可以表示为毛细力F_{cap}以及黏滞力F_{vis}的和：

$$\begin{cases} F_{\text{liq}} = F_{\text{cap}} + F_{\text{vis}} = 2\pi R\sigma \cos\theta X_{\text{v}} + \dfrac{3}{2}\pi\eta R^2 \dfrac{1}{D}\dfrac{\text{d}D}{\text{d}t} X_{\text{v}}^2 \\ X_{\text{v}} = 1 - \left(1 + \dfrac{2V}{\pi R D^2}\right)^{-\frac{1}{2}} \end{cases} \tag{4.7-6}$$

式中：σ ——液体表面张力（N/m）；

θ ——固-液接触角；

η ——液体的黏滞系数（Pa · s）；

D ——分离距离（mm）；

$\text{d}D/\text{d}t$ ——分离速度。

根据图 4.7-9 及图 4.7-10 可以看到，对最大液桥力的预测较准且无量纲液桥体积越小预测的精度越高，但其无法预测液桥力-位移曲线的上升段以及突然跌落段，对于液桥力-位移曲线的缓慢下降段预测的精度不高，这也是目前所有基于圆环理论推导得出的液桥力计算公式的普遍困局。能较好地预测断裂距离随含液量增加而增加，随粒径增大而减小的趋势，但不能反映在重力影响较大情况下断裂距离增加速率随含液量增加逐渐放缓的趋势。

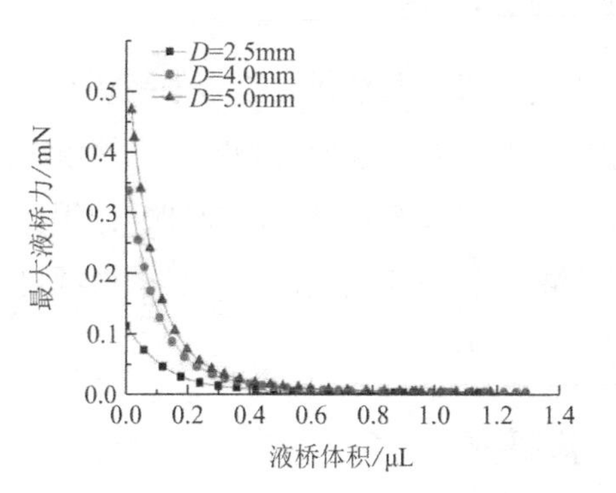

图 4.7-9 最大液桥力-液桥体积计算对比

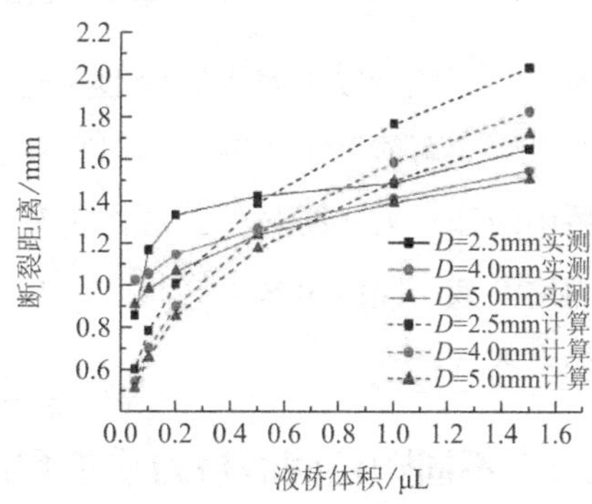

图 4.7-10 断裂距离-液桥体积计算对比

对于液桥力-位移曲线的上升段，不同的研究者持有不同的观点，部分研究者认为最大液桥力出现在分离距离为零的位置，另一部分研究者认为最大液桥力出现在分离距离较小但不为零的位置。本书试图从试验方法的角度对曲线上升段产生的原因提出猜想。

以往的研究者大多采用微分天平法或悬臂梁法测量液桥力。以悬臂梁法为例，试验时先将左侧球体颗粒固定在小刚度悬臂梁顶端，在右侧颗粒球冠处注入相应体积的液体将其固定在可移动的刚性悬臂端，保持左侧小刚度悬臂梁挠度为零，移动右侧刚性悬臂使颗粒间形成液桥，通过拉伸过程中小刚度悬臂梁挠度的变化计算液桥力。当采用悬臂梁法时，试验操作人员对初始点的选择对液桥力-位移曲线有很大的影响：如图 4.7-11（a）所示，当采用颗粒紧密接触临界位置为试验起始点时，液桥力-位移曲线则会观察到上升段；如图 4.7-11（b）所示，当采用小刚度梁不产生压变形的临界位置为试验起始点时，则液桥力-位移曲线没有上升段。随着试验技术的不断改进，高精度的刚性拉伸试验机开始广泛运用在液桥拉伸试验中。如图 4.7-11（c）所示，将试验机的核心部分简化为一个高灵敏度的弹簧和可移动的刚性悬臂，通过拉伸过程中弹簧的变形值来计算液桥力的变化，为了避免操作失误引起的刚性悬臂在下降过程中对下部弹簧造成损坏，在试验机设计时往往会预设部分弹簧伸长量以保护试验装置，而试验者通常采用位移控制上部颗粒向下移动以颗粒紧密接触临界位置为试验起始点，在试验开始时下部弹簧储存一部分压变形。

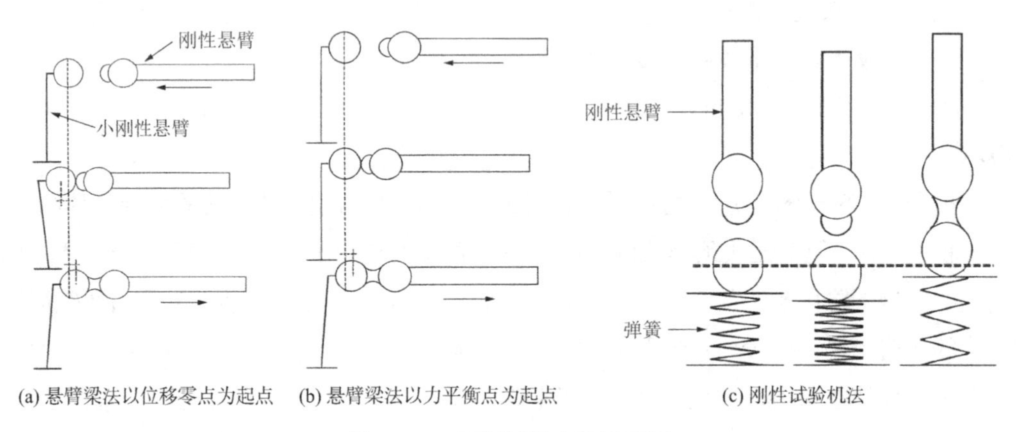

(a) 悬臂梁法以位移零点为起点　(b) 悬臂梁法以力平衡点为起点　(c) 刚性试验机法

图 4.7-11　不同试验方法示意图

综上所述，当试验以不发生压变形为初始点时，颗粒与液桥处于力平衡状态，但此时颗粒间的接触距离可能并不为零；当以颗粒紧密接触为初始点时，颗粒间的接触距离为零但此时液桥中液体对另一颗粒的顶端作用有压应力，随着液桥的不断拉伸，作用在颗粒顶端的压应力逐渐减小曲线呈现上升状态，即两种液桥力-位移曲线产生差异的根源可能在于其试验初始点的选择不同。

4.7.4　不同颗粒间液桥力学参数试验研究

根据 Gorge 法，液桥力F_{liq}由液桥气-液交界面处表面张力产生的F^{σ}与液桥内部基质吸力产生的F^{ψ}两部分组成，表达式如下式所示：

$$F_{\text{liq}} = F^{\sigma} + F^{\psi} = 2\pi r_2 \sigma + \pi r_2^2 \psi \tag{4.7-7}$$

$$F^{\sigma} = 2\pi r_2 \sigma \tag{4.7-8}$$

$$F^{\psi} = \pi r_2^2 \psi \tag{4.7-9}$$

在液桥的气-液交界面处，液桥的自由变形满足 Y-L 方程。

$$\psi = \sigma\left(\frac{1}{r_1} - \frac{1}{r_2}\right) \tag{4.7-10}$$

式中：σ——表面张力（N/m）；

ψ——基质吸力（kPa）；

r_1——液桥的外轮廓半径（mm）；

r_2——液桥的颈部半径（mm）。

同时，由于试验是在刚性试验机上进行，试验初始状态为位移零点而非力零点，因此在下球冠处作用有由液体内压产生的反作用力，液桥的初始受力状态如图 4.7-12 所示。

将测量得到的结果绘制在图 4.7-13 中，图 4.7-13（a）～图 4.7-13（e）分别表示了液桥体积为 0.1μL，0.25μL，0.5μL，1.0μL，1.3μL 时不等径颗粒间液桥拉伸过程的液桥力-位移曲线。

由图 4.7-13 可以看出，液桥力-位移曲线分为上升段、下降段以及突然跌落段 3 部分。需要说明的是，早先采用微分天平以及悬臂梁法测量液桥力时，最大液桥力出现在位移为 0 处，即液桥力-位移曲线并未观测到上升段。然而，随着刚性试验机在液桥力测量中的大量使用，众多学者观测到最大液桥力出现在位移较小但非零处。两种液桥力-位移曲线产生差异的原因可能在于其试验初始点的选择不同。

结合图 4.7-13 可以猜想：在曲线的上升段液桥内部压力随拉伸距离的增大不断消散，作用在液桥下端固-液接触面处的反作用力逐渐减小，液桥力随着液桥拉伸距离的增大不断增大，当液桥内压消散为 0 时液桥力达到最大。随着拉伸距离的增大，液桥的外轮廓半径r_1增加而液桥的颈部半径r_2减小。由式(4.7-8)可知，表面张力产生的F^{σ}随拉伸距离的增加正向减小，而由基质吸力产生的F^{ψ}先正向减小，当$r_1 > r_2$后F^{ψ}负向增加。因而，液桥力整体上随着拉伸距离的增加不断减小。在曲线的突然跌落段，液桥的颈部半径r_2减至最窄，液桥不能再承受任何形式的拉伸，液桥突然断裂，颗粒分离。

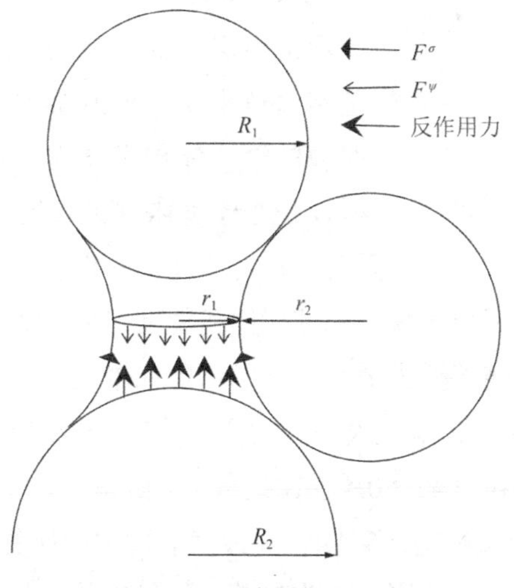

图 4.7-12　液桥受力示意图

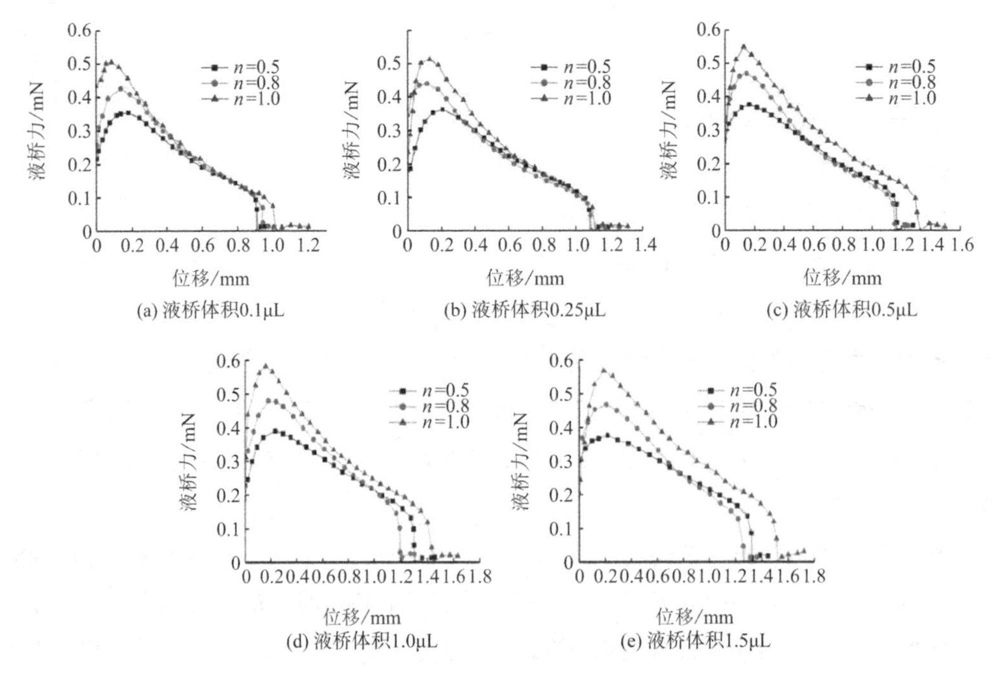

(a) 液桥体积0.1μL　(b) 液桥体积0.25μL　(c) 液桥体积0.5μL

(d) 液桥体积1.0μL　(e) 液桥体积1.5μL

图 4.7-13　液桥力-位移曲线

粒径比对液桥力-位移曲线形态的影响主要集中在曲线的上升段，当液桥体积相同时，粒径比越大曲线上升段越明显。在曲线的下降段粒径比对液桥力-位移曲线形态的影响较小，不同粒径的液桥力-位移曲线形态较为接近。

将不同粒径比下最大液桥力与液桥体积的关系绘制在图 4.7-14 中。

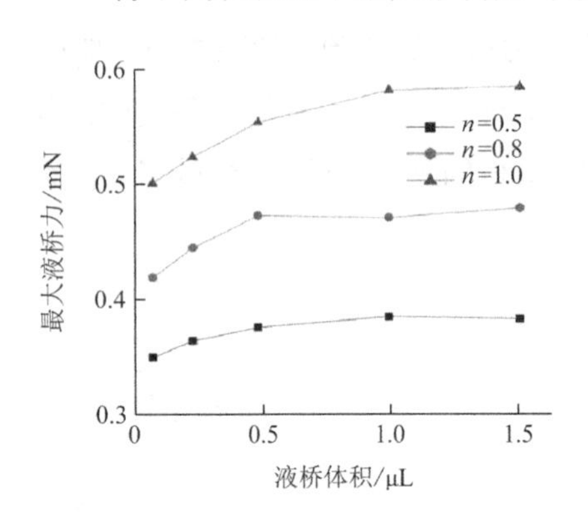

图 4.7-14　最大液桥力-液桥体积图

由图 4.7-14 可以看出，等粒径比条件下随着液桥体积的增大，最大液桥力的增加速度均经历了由快向慢并最终保持恒定的过程。当液桥体积从 0μL 增加到 0.5μL 的过程中液桥力增速较快，当液桥体积从 0.5μL 增加到 1.0μL 的过程中液桥力增速逐渐放缓，当液桥体积从 0.5μL 增加到 1.0μL 的过程中液桥力基本保持不变。将液桥力增加速度由快向慢转变所对应的液桥体积定义为界限含液量，可以猜想当液桥体积小于界限含液量时，随液桥体积的增加液桥力增加速度较快。当液桥体积大于界限含液量时，随液桥体积的增加液桥力增加速度变慢并最终保持不变，即液桥力不会无限制随液桥体积的增加而增大。

当液桥体积相同时颗粒间液桥力随粒径比的增加而增大，且不同粒径比颗粒间液桥力往往呈带状分布。当$n = 0.5$时，最大液桥力的变化范围在 0.35～0.38mN 之间；当$n = 0.8$时，最大液桥力的变化范围在 0.42～0.47mN 之间；当$n = 1.0$时，最大液桥力的变化范围在 0.49～0.58mN 之间。结合文献对等径颗粒间最大液桥力的研究可以看出，相较于液桥体积，粒径、粒径比对最大液桥力的影响更为显著，粒径、粒径比对液桥力的大小起决定性作用，而液桥体积仅在一定范围内影响液桥力的大小。

将液桥拉伸过程中突然断裂时的拉伸距离定义为断裂距离，将不同粒径比下液桥断裂距离与液桥体积的关系距离绘制在图 4.7-15 中。

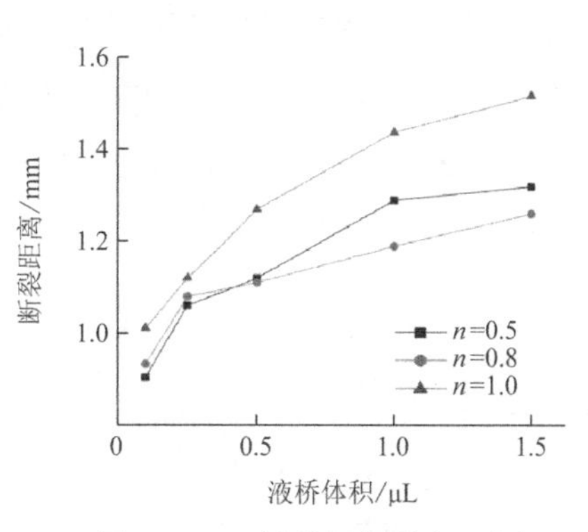

图 4.7-15　断裂距离-粒径比图

由图 4.7-15 可以看出，随着液桥体积的增加，液桥的断裂距离经历了从快速增加到缓慢增加的过程，与最大液桥力不同，断裂距离随着液桥体积的增加持续增大。相较于液桥体积，粒径比对断裂距离的影响则较小，当液桥体积较小时不同粒径比颗粒间液桥的断裂距离相差不大；而随着液桥体积的增加，粒径比$n = 0.8$ 时液桥的断裂距离甚至小于粒径比$n = 0.5$ 时的断裂距离。

1926 年 Fisher 将液桥外轮廓表示为环形，对两理想土颗粒间的毛细作用进行了系统分析。此后，Gillespie 和 Settineri 在计算颗粒间液桥力、Clark 等在计算颗粒平板间液桥力的过程中均将液桥的外轮廓简化为圆形，并且假定在拉伸过程中液桥的外轮廓为一半径不断增大的圆。自此，圆环假设成为液桥力计算过程中被广泛采用的假设，将液桥颈部半径及外轮廓半径利用数学方程式的形式予以表示，文献分别对颗粒间最大液桥力进行了计算。

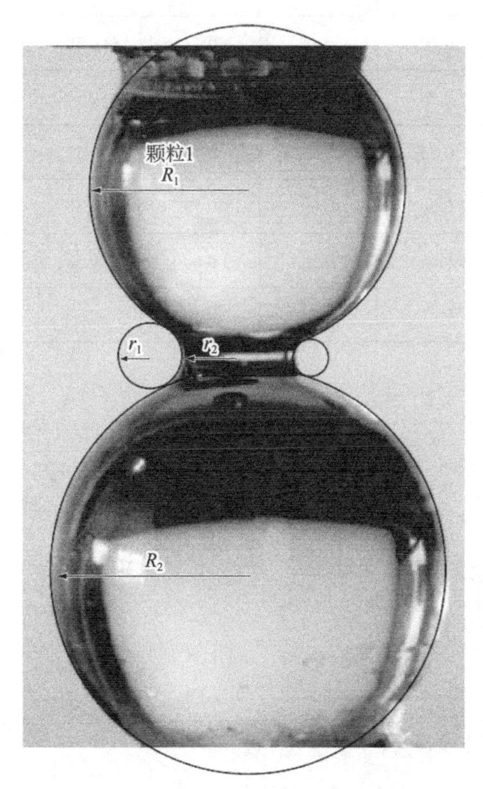

图 4.7-16　不同试验方法示意图

采用 CCD 相机自带的数值测量软件 ImageView 对液桥的颈部半径以及外轮廓半径进行测量，测量示意图如图 4.7-16 所示。实际情况中液桥的形态往往是非轴对称的，因此本书对左侧液桥外轮廓半径和右侧液桥外轮廓半径分别予以测量，将液桥左侧外轮廓半径表示为$r_{1左}$，液桥右侧外轮廓半径表示为$r_{2右}$。

丙三醇的表面张力$\sigma = 0.063\text{N/m}$，将表面张力及测量得到$r_{1左}$、$r_{2右}$、r_2代入式(4.7-7)～式(4.7-10)，即可得到液桥力的大小。

不同粒径比及液桥体积下液桥颈部半径、液桥外轮廓的测量结果及液桥力的计算结果如表 4.7-5 所示。其中，$F_{liq左}$为$r_{1左}$计算得到的液桥力，$F_{liq右}$为$r_{1右}$计算得到的液桥力，$F_{liq平均}$为$F_{liq左}$与$F_{liq右}$的平均值，实测值为液桥拉伸试验实测的最大液桥力值。

将表4.7-5 中的$F_{liq平均}$与实测值绘制在图4.7-17

中。图 4.7-17 为不同液桥体积下，不同粒径比颗粒间最大液桥力计算值与实测值的对比图，其中，实点与实线表示计算值$F_{liq平均}$，虚点与虚线表示实测值。由图 4.7-17 可以看出，基于圆环理论及 Y-L 方程计算得到的液桥力大小与液桥拉伸试验实测得到的液桥力大小相差不大，从理论角度证明了本书试验结果的合理性。

Bo 数及重力的影响　　表 4.7-5

粒径比	液桥体积/μL	$r_{1左}$/mm	$r_{1右}$/mm	r_2/mm	$F_{liq左}$/μN	$F_{liq右}$/μN	$F_{liq平均}$/μN	实测值/μN
0.8	0.1	0.40	0.23	0.70	0.38	0.57	0.48	0.42
	0.25	0.41	0.48	0.85	0.52	0.47	0.49	0.45
	0.5	0.45	0.44	0.90	0.53	0.54	0.54	0.47
	1.0	0.35	0.80	1.00	0.76	0.45	0.60	0.47
	1.5	0.70	0.64	1.03	0.50	0.53	0.51	0.48
0.5	0.1	0.45	0.45	0.71	0.36	0.36	0.36	0.35
	0.25	0.39	0.50	0.75	0.43	0.37	0.40	0.37
	0.5	0.41	0.50	0.79	0.46	0.40	0.43	0.38
	1.0	0.65	0.80	0.90	0.42	0.38	0.40	0.39
	1.5	0.81	0.83	1.00	0.40	0.44	0.42	0.39
1.0	0.1	0.35	0.35	0.78	0.50	0.50	0.50	0.50
	0.25	0.41	0.43	0.88	0.55	0.53	0.54	0.52
	0.5	0.50	0.48	0.99	0.58	0.60	0.59	0.55
	1.0	0.58	0.63	1.08	0.61	0.58	0.60	0.58
	1.5	0.64	0.70	1.12	0.61	0.58	0.59	0.58

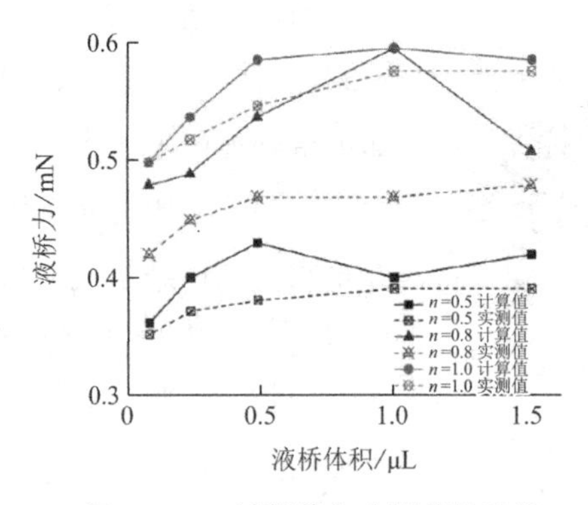

图 4.7-17　计算值与实测值的比较

虽然利用圆环假设可以较好地预测最大液桥力的大小，但仍存在一些问题一方面在多数情况下计算值稍大于实测值，结合对$r_{1左}$和$r_{1右}$的测量结果的分析可知，这主要是由于圆环假设是基于轴对称液桥展开的，而在实际情况中液桥的形态大多是非轴对称的。当液桥的实际形态越接近理论形态，即$r_{1左}$与$r_{1右}$的相差越小，如：$n = 0.5$，$V = 0.1\mu L$；$n = 0.8$，$V = 0.5\mu L$；以及$n = 1.0$，$V = 0.1\mu L$ 时，计算结果与实测结果相差较小。而当液桥形状为明显的非轴对称时，即$r_{1左}$与$r_{1右}$相差较大，如$n = 0.8$，$V = 1.0\mu L$ 时，计算结果与实测结果相差较大。

另一方面，圆环假设对动态拉伸过程中液桥力的预测精度较差，主要是对液桥力-位移曲线下降段以及突然跌落段液桥力的变化趋势预测不准。这主要是由于当液桥力最大时，液桥的外轮廓能较好地满足圆环假设，但液桥在拉伸过程中外轮廓是不断变化的，并非一直保持圆形。因此，想要预测液桥拉伸全过程中液桥力的变化，需要对液桥拉伸过程中的液桥形态进行分析。

Adams 等通过研究重力与颗粒间钟摆状液桥的液桥体积的映射关系，引入 Bo 的概念。采用无量纲的液桥体积V^*与 Bo 的乘积来定性反映重力对钟摆状液桥力及形态的影响。认为：当$V^*\mathrm{Bo} < 0.01$ 时，重力影响可以忽略；当$V^*\mathrm{Bo} > 0.015$ 时，重力影响不可忽略；当$0.01 < V^*\mathrm{Bo} < 0.015$ 时，重力影响处于过渡阶段。Bo 的计算如式(4.7-11)所示：

$$\mathrm{Bo} = \Delta\rho g d^2/\sigma \tag{4.7-11}$$

式中：d——特征长度，是液桥体积的函数（m）；

d的计算式为

$$d = \sqrt{V/D} \tag{4.7-12}$$

$\Delta\rho$——液体和外部气体的密度差值（kg/m³）；

g——重力加速度（m/s²）；

σ——液体的表面张力（N/m）；

V——液桥体积；

D——液桥的直径，$D = 2r_2$。

无量纲的液桥体积表达式为：

$$V^* = V/R_\mathrm{m}^3 \tag{4.7-13}$$

式中：R_m——颗粒的平均半径，$R_\mathrm{m} = \frac{R_1+R_2}{2}$。

$\Delta\rho = 1260\mathrm{kg/m^3}$，$g = 9.81\mathrm{m/s^2}$，$\sigma = 0.067\mathrm{N/m}$。颗粒半径$R_\mathrm{m}$分别为 1.875mm，2.25mm，2.5mm。将其分别代入式(4.7-11)～式(4.7-13)计算出不同粒径比、不同液桥体积所对应的 Bo。

图 4.7-18（a）为重力影响可以忽略的情形，图 4.7-18（b）为重力影响处于过渡阶段的情形，图 4.7-18（c）为重力影响不忽略的情形。图 4.7-18（a1）为液桥初始形态，图 4.7-18（a2）为液桥力达到最大时的液桥的形态，图 4.7-18（a3）为液桥拉伸过程中形态，图 4.7-18（a4）为液桥临近断裂时的形态，图 4.7-18（b）、图 4.7-18（c）的命名同图 4.7-18（a）。

图 4.7-18　液桥形态变化

从图 4.7-18（a）可以看出，当重力对液桥的影响可以忽略时，液桥的初始形态为如图 4.7-18（a1）所示的符合圆环假设的钟摆形；当液桥力达到最大时，液桥形态为图 4.7-18（a2）所示的圆环形；在拉伸过程中液桥的外轮廓始终保持为圆环形，如图 4.7-18（a3）所示；在临近断裂时，液桥的外轮廓可以视为二次抛物线形，如图 4.7-18（a4）所示。当重力对液桥的影响处于过渡状态或影响较小时，液桥的初始形态多为图 4.7-18（b1）所示的梯形，液桥体积较小时存在图 4.7-18（a1）所示的钟摆形；当液桥力达到最大时，液桥的外轮廓为图 4.7-18（b2）所示的圆环形，在拉伸过程中液桥的外轮廓可以近似简化为长轴与短轴之比逐渐增大的椭圆形，如图 4.7-18（b4）所示；当处于临界状态时液桥外轮廓为一扁椭圆，如图 4.7-18（b4）所示。当重力对液桥的影响不可忽略时，液桥的初始形态多为图 4.7-18（c1）所示的外凸形，当液桥体积较小时存在如图 4.7-18（b1）所示的梯形；当液桥力达到最大时，液桥的外轮廓依然可以假设为图 4.7-18（c2）所示的圆环形；在拉伸过程中液桥形状类似于发电厂的冷却塔，如图 4.7-18（c3）所示。临近断裂时液桥外轮廓可以视为如图 4.7-18（c4）所示上部外轮廓半径较小而下部外轮廓半径较大的双曲线形，与图 4.7-18（a4）不同的是，由于重力的影响此时液桥的上、下外轮廓半径往往是不相等的且外轮廓曲线顶点处的曲率较图 4.7-18（a4）所示更为平滑。最终液桥断裂时下部颗粒上残留的液体体积大于上部颗粒。

从图 4.7-19 可以看出，液桥的外轮廓形态是随着液桥体积以及拉伸距离的变化而不断改变的，而圆环假设所设想的液桥形态仅为其中某一时刻的液桥外轮廓形态，且多为液桥力达到最大时的液桥形态。当液桥力达到最大值以后，在继续拉伸的过程中液桥的外轮廓已不能用圆环来表示，这或许就是为什么基于圆环假设可以较为准确地预测最大液桥力却不能反映液桥力-位移曲线的下降段及突然跌落段。如果想要进行全过程的液桥力计算，则应结合重力对液桥形态的影响，对拉伸全过程的液桥形态进行进一步的假设。

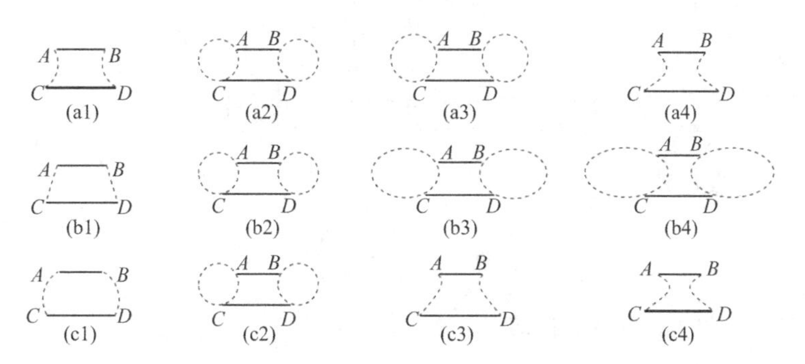

图 4.7-19　液桥外轮廓变化示意图

4.7.5　基于液桥理论的基质吸力理论计算及有效应力研究研究

（1）等粒颗粒间基质吸力计算

等径颗粒间液桥体积计算示意图如图 4.7-20 所示。

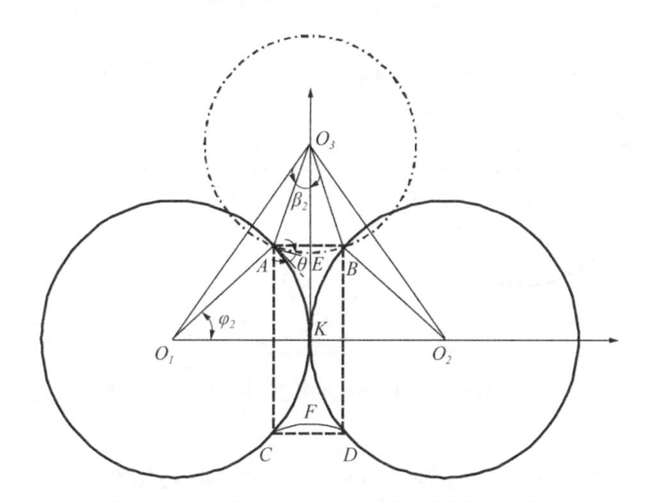

图 4.7-20　等径颗粒间液桥体积计算示意图

$$V_{\text{liq}} = V_1 - 2V_2 - 2V_3 \tag{4.7-14}$$

$$V_1 = \pi(R\sin\varphi_2)^2 \times 2r_1 \cdot \sin\beta_2 \tag{4.7-15}$$

$$V_2 = \frac{\pi}{3} \times (R - R\cos\varphi_2)^2 \times (2R + R\cos\varphi_2) \tag{4.7-16}$$

$$V_3=\frac{\pi}{3}\times(r_1-r_1\cos\beta_2)^2\times(2r_1+r_1\cos\beta_2) \tag{4.7-17}$$

$$V_{\text{liq}}=\pi(R\sin\varphi_2)^2\times r_1\cdot\cos(\varphi_2+\theta)-\frac{2\pi}{3}(R-R\cos\varphi_2)^2(2R+R\cos\varphi_2)-\frac{2\pi}{3}\times[r_1-r_1\sin(\varphi_2+\theta)]^2[2r_1+r_1\sin(\varphi_2+\theta)] \tag{4.7-18}$$

其中：

$$r_1=R\frac{1-\cos\varphi_2}{\cos(\varphi_2+\theta)} \tag{4.7-19}$$

$$r_2=R\tan\varphi_2-r_1\left(1-\frac{\sin\theta}{\cos\varphi_2}\right) \tag{4.7-20}$$

因此，基质吸力的表达式为：

$$\psi=\sigma\left(\frac{1}{r_1}-\frac{1}{r_2}\right) \tag{4.7-21}$$

（2）不等粒颗粒间基质吸力计算

不等径颗粒间液桥体积计算示意图如图 4.7-21 所示。

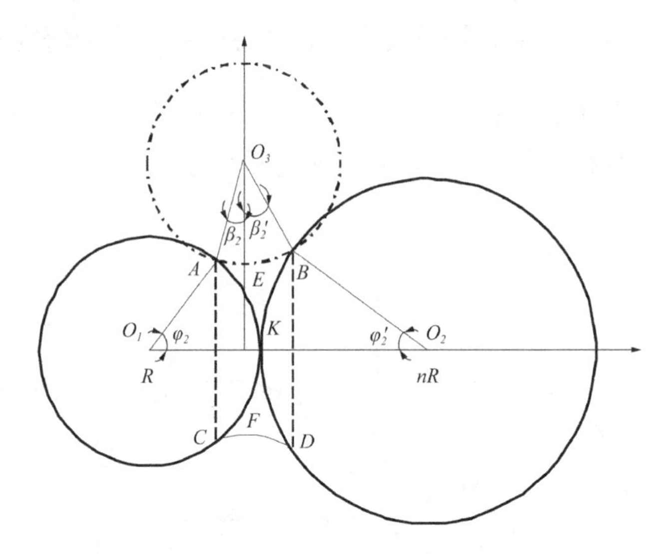

图 4.7-21　不等径颗粒间液桥体积计算示意图

$$V_1=\frac{\pi}{3}[(R_1-R_1\cos\varphi_2)+(R_2-R_2\cos\varphi_2')]\times\left[(R_1\sin\varphi_2)^2+(R_2\sin\varphi_2')^2+R_1R_2\sin\varphi_2\sin\varphi_2'\right] \tag{4.7-22}$$

$$V_{2左}=\frac{\pi}{3}\times(R_1-R_1\cos\varphi_2)^2\times(2R_1+R_1\cos\varphi_2) \tag{4.7-23}$$

$$V_{2右}=\frac{\pi}{3}\times(R_2-R_2\cos\varphi_2')^2\times(2R_2+R_2\cos\varphi_2') \tag{4.7-24}$$

$$V_3 = \frac{\pi}{3} \times \left[r_1 - r_1 \cos\left(\frac{\beta_2 + \beta_2'}{2}\right)\right]^2 \times \left[2r_1 + r_1 \cos\left(\frac{\beta_2 + \beta_2'}{2}\right)\right] \tag{4.7-25}$$

$$\begin{aligned} V_{\text{liq}} = &\frac{\pi}{3}[(R_1 - R_1 \cos\varphi_2) + (R_2 - R_2 \cos\varphi_2')] \times \\ &[(R_1 \sin\varphi_2)^2 + (R_2 \sin\varphi_2')^2 + R_1R_2 \sin\varphi_2 \sin\varphi_2'] - \\ &\frac{\pi}{3} \times (R_1 - R_1 \cos\varphi_2)^2 \times (2R_1 + R_1 \cos\varphi_2) - \\ &\frac{\pi}{3} \times (R_2 - R_2 \cos\varphi_2')^2 \times (2R_2 + R_2 \cos\varphi_2') - \\ &\frac{2\pi}{3} \times \left[r_1 - r_1 \sin\left(\theta + \frac{\varphi_2 + \varphi_2'}{2}\right)\right]^2 \times \left[2r_1 + r_1 \sin\left(\theta + \frac{\varphi_2 + \varphi_2'}{2}\right)\right] \end{aligned} \tag{4.7-26}$$

其中：

$$r_1 = \frac{R_1(1 - \cos\varphi_2) + R_2(1 - \cos\varphi_2')}{\cos(\theta + \varphi_2) + \cos(\theta + \varphi_2')} \tag{4.7-27}$$

$$\begin{cases} r_2 = R_1 \sin\varphi_2 - r_1[1 - \sin(\varphi_2 + \theta)] \\ r_2 = R_2 \sin\varphi_2' - r_1[1 - \sin(\varphi_2' + \theta)] \end{cases} \tag{4.7-28}$$

（3）基于颗粒力学的非饱和土抗剪强度表达式

对于非饱和土的抗剪强度，常用的 Bishop 公式为：

$$\sigma = (\sigma - u_{\text{a}}) + \chi(u_{\text{a}} - u_{\text{w}}) \tag{4.7-29}$$

$$\chi = \begin{cases} \left(\dfrac{S}{S_{\text{e}}}\right)^{-0.55} & ,S \geqslant S_{\text{e}} \\ 1 & ,S \leqslant S_{\text{e}} \end{cases} \tag{4.7-30}$$

考虑液桥作用，如图 4.7-22 所示。

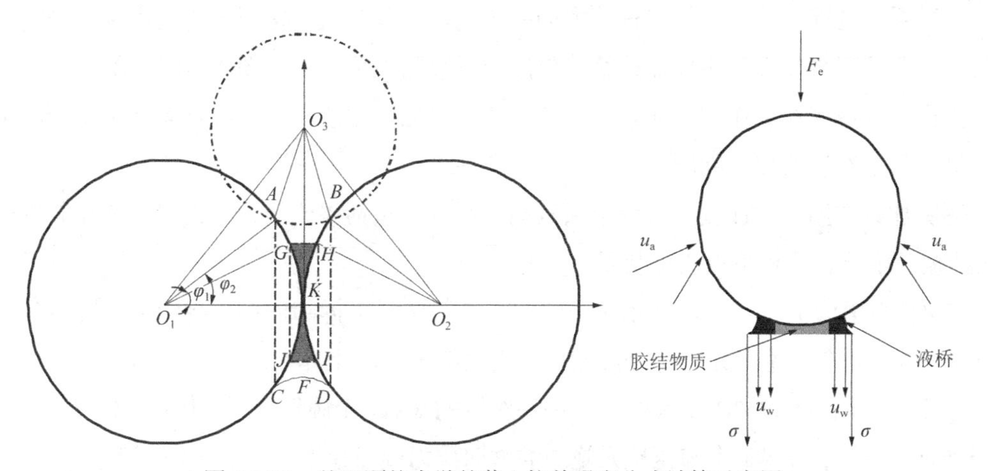

图 4.7-22　基于颗粒力学的黄土抗剪强度公式计算示意图

$$F_{\text{liq}} = 2\pi r_2\sigma + \pi(r_2^2 - h^2)\psi \tag{4.7-31}$$

$$F_{\text{sum}} = u_{\text{a}}\pi R^2 - F_{\text{liq}} = u_{\text{a}}\pi R^2 - 2\pi r_2\sigma - \pi(r_2^2 - h^2)\psi \tag{4.7-32}$$

$$\sigma_{\mathrm{w}} = u_{\mathrm{a}} - \frac{2r_2^2 r_1}{R^2(r_2 - r_1)}(u_{\mathrm{a}} - u_{\mathrm{w}}) - \frac{r_2^2 - h^2}{R^2}(u_{\mathrm{a}} - u_{\mathrm{w}})$$
$$= u_{\mathrm{a}} - \frac{r_2^3 + r_2^2 r_1 - r_2 h^2 + r_1 h^2}{R^2(r_2 - r_1)}(u_{\mathrm{a}} - u_{\mathrm{w}}) \tag{4.7-33}$$

$$\chi = \frac{r_2^3 + r_2^2 r_1 - r_2 h^2 + r_1 h^2}{R^2(r_2 - r_1)} \tag{4.7-34}$$

$$V_{铰接} = \pi(R\sin\varphi_1)^2 \times 2(R - R\cos\varphi_1) -$$
$$2 \times \frac{\pi}{3}(R - R\cos\varphi_1)^2 \times (2R + R\cos\varphi_1) \tag{4.7-35}$$

$$h = R\sin\varphi_1 \tag{4.7-36}$$

$$\sigma A = \sum P_{\mathrm{sv}} + u_{\mathrm{w}} A_{\mathrm{w}} - \gamma C_{\mathrm{w-a}} + u_{\mathrm{a}} A_{\mathrm{a}} \tag{4.7-37}$$

$$\sigma n\pi R^2 = \sum P_{\mathrm{sv}} + u_{\mathrm{w}} n\pi r_2^2 - \gamma 2n\pi r_2 + u_{\mathrm{a}} n\pi\left(R^2 - r_2^2\right) \tag{4.7-38}$$

$$\sigma = \sigma' + u_{\mathrm{w}}\frac{r_2^2}{R^2} - \gamma\frac{2r_2}{R^2} + u_{\mathrm{a}}\frac{R^2 - r_2^2}{R^2} \tag{4.7-39}$$

$$\sigma = \sigma' + \frac{1}{R^2(r_2 - r_1)}\left[u_{\mathrm{w}} r_2^2(r_2 - r_1) - (u_{\mathrm{a}} - u_{\mathrm{w}})2r_2^2 r_1 + u_{\mathrm{a}}\left(R^2 - r_2^2\right)(r_2 - r_1)\right] \tag{4.7-40}$$

最终得到非饱和黄土的抗剪强度表达式：

$$\sigma = \sigma' + u_{\mathrm{a}} + \frac{r_2^2(r_2 + r_1)}{R^2(r_2 - r_1)}(u_{\mathrm{w}} - u_{\mathrm{a}}) \tag{4.7-41}$$

4.8 逐级加载作用下非连续等效渗透系数测试方法研究

渗透系数是综合反映土体渗透能力的一个指标，其数值直接影响对工程渗流稳定性的评价，发明了逐级加载作用下非连续等效渗透系数测试系统，如图 4.8-1 所示。

提供一种逐级加载作用下非连续等效渗透系数测试方法，以解决现有技术中所测土体的渗透系数不准确的技术问题。

逐级加载作用下非连续等效渗透系数测试系统，包括渗流装置、设置于渗流装置内的N块挡板、施压装置和系数测定装置。

N块挡板沿渗流装置的轴向依次设置并与渗流装置可拆卸连接，将渗流装置沿其轴线方向分为$N+1$个渗流单元，每个渗流单元内设置有待测土体。

施压装置包括与$N+1$个渗流单元一一对应的$N+1$个施压单元，用于为对应的待测土体施加垂向压力；$N+1$个施压单元施加的垂向压力逐级递增。

系数测定装置包括与$N+1$个渗流单元一一对应的$N+1$个系数测定单元，用于在施压单元施加的垂向压力下测定待测土体的渗透系数。

施压单元包括施压组件和传压板；施压组件的压力输出端与传压板的第一板面连接，

用于向传压板施加压力；传压板的第二板面与渗流单元内的待测土体相接，用于将压力均匀传输至待测土体。每个渗流单元内还包括试样固定组件；试样固定组件设置于渗流装置的内底壁和/或传压板与待测土体之间。

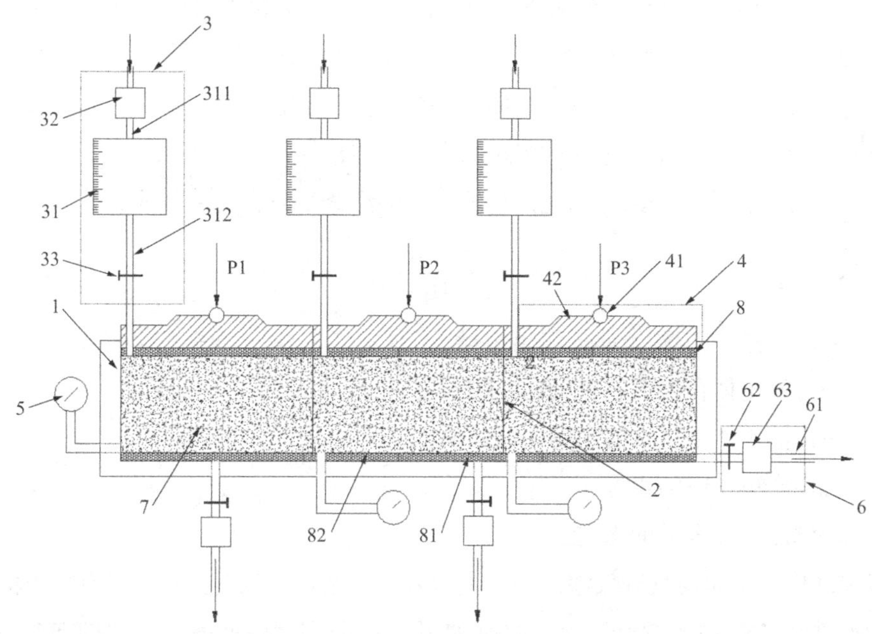

1—渗流装置；2—挡板；3—供水单元；31—水箱；311—进水管；312—出水管；32—进水流量计；33—供水阀门；4—施压单元；41—施压组件；42—传压板；5—测压组件；6—测流组件；61—测流管；62—测流阀门；63—测流流量计；7—待测土体；8—试样固定组件；81—透水板；82—滤纸

图 4.8-1　逐级加载作用下非连续等效渗透系数测试系统的结构示意图

试样固定组件包括透水板和滤纸；透水板与滤纸层叠设置；滤纸与待测土体相接。

渗流装置的内壁沿轴线方向设置有N组卡槽，卡槽的槽口宽度与挡板的厚度匹配。系数测定单元包括测压组件和测流组件；测压组件穿过渗流装置的外壁，与渗流单元内的待测土体相接，用于测量待测土体承受的压力值；测流组件穿过渗流装置的侧壁底部或者底壁，用于测量待测土体的渗出水量。还包括与$N+1$个渗流单元一一对应的$N+1$个供水单元；供水单元包括水箱、进水流量计和供水阀门；进水流量计设置于水箱的进水管上，用于测量进入至水箱的水量；供水阀门设置于水箱的出水管上，出水管的出水口伸入渗流单元内；水箱上设置有刻度线。

测流组件包括测流管、测流阀门和测流流量计；测流管与渗流装置的侧壁底部或者底壁连接，测流管 61 上设置有测流阀门 62（图 4.8-1）。

测流流量计设置于测流管上，用于测量待测土体的渗出水量。

逐级加载作用下非连续等效渗透系数测试方法，包括：

（1）将N块挡板插入至渗流装置内，将渗流装置沿其轴线方向分为$N+1$个渗流单元；待测土体置入每个渗流单元内，打开每个渗流单元的供水单元及测流组件，使待测土体饱和；利用施压单元对各自渗流单元内的待测土体施加垂向压力，且$N+1$个施压单元施加的垂向压力逐级递增；计算每个渗流单元内待测土体的渗透系数；抽出N块挡板，获取渗流装置内所有待测土体的综合等效渗透系数。

（2）抽出N块挡板，获取渗流装置内所有待测土体的综合等效渗透系数，具体包括：

（3）抽出N块挡板；关闭第二至第$N+1$个单元的供水单元以及第一至第N个单元的测流组件；计算渗流装置内所有待测土体的综合等效渗透系数。

计算每个渗流单元内待测土体的渗透系数，具体包括：

利用第一公式计算每个渗流单元内待测土体的渗透系数，第一公式为：

$$K=\frac{QL}{At(H_1-H_2)} \tag{4.8-1}$$

式中：Q——t时间段内待测土体的渗出水量；

L——待测土体在渗流装置轴向上的长度；

A——待测土体垂直水流向的横截面面积；

H_1——供水单元中的水位；

H_2——测压组件表征的水位。

逐级加载作用下非连续等效渗透系数测试方法，相较于现有技术，具有如下优点：

（1）通过设定$N+1$个施压单元施加的垂向压力不同且逐级递增（即施加非连续的压力）。

（2）可以在设置挡板的情况下，测量每个渗流单元内待测土体的渗透系数；在测量到每个渗流单元内待测土体的渗透系数后，可以抽掉挡板，测量所有待测土体的整体综合等效渗透系数。

（3）系统测得的渗透系数和综合等效渗透系数较现有系统所得结果更为准确，且装置简单、易于操作。

4.9 小结

依据“颗粒-孔隙-集合体”的细-宏观多尺度分析模式，在非饱和黄土的持水及水气迁移特性方面主要得到了如下研究成果：

（1）将黄土中的粉粒简化为不等径球体颗粒，其间吸附的水分视为液桥，提出了考虑颗粒粒径和液桥体积的毛细力计算方法；

（2）基于变截面孔隙模型推得表征渗透及持水特性的理论表达式；

（3）基于量纲分析原理提出了土壤转换函数，构建了关于颗粒级配参数的非饱和强度表达式；

（4）依据天然土颗粒集合体与理想球体颗粒集合体的内在关系，提出了预测非饱和渗透系数函数的物理方法；

（5）研制了非饱和土水气运动联合测定三轴仪、控制基质吸力的非饱和固结仪、可反映黄土渗流过程中细颗粒侵蚀过程的湿陷测试仪，在土体稳定性分析中提出了考虑变形-非饱和渗流耦合作用的数值分析方法。

第 5 章

湿陷性黄土冻融循环力学特性研究

5.1 试验方法

现有研究已对土体物理力学参数在冻融前后的变化情况作出详细分析，但由于岩土体的性质十分复杂，不同地区土体性质差异较大，岩土工程问题具有不确定性。为保证研究成果更符合当地的土质特征，故对西安地区典型的湿陷性黄土开展冻融循环试验和相应的力学试验，获得土体的剪切强度、压缩性等主要力学指标，具体试验安排见表 5.1-1，并保证在不同条件下分别进行 2～3 组水平试验。

试验安排　　表 5.1-1

<table>
<tr><th rowspan="2">试样编号</th><th rowspan="2">初始干重度γ_d/（kN/m³）</th><th rowspan="2">冻融条件</th><th rowspan="2">力学试验</th><th colspan="2">试样尺寸要求</th></tr>
<tr><th>直径/mm</th><th>高度/mm</th></tr>
<tr><td>A1
A2～A5
A6</td><td>15.8</td><td>未冻融</td><td>一维压缩试验
直剪试验
侧压力系数试验</td><td>61.8</td><td>20
20
40</td></tr>
<tr><td>A7
A8～A11
A12</td><td></td><td>经历冻融</td><td>一维压缩试验
直剪试验
侧压力系数试验</td><td>61.8</td><td>20
20
40</td></tr>
<tr><td>B1
B2～B5
B6</td><td rowspan="2">16.3</td><td>未冻融</td><td>一维压缩试验
直剪试验
侧压力系数试验</td><td>61.8</td><td>20
20
40</td></tr>
<tr><td>B7
B8～B11
B12</td><td>经历冻融</td><td>一维压缩试验
直剪试验
侧压力系数试验</td><td>61.8</td><td>20
20
40</td></tr>
<tr><td>C1
C2～C5
C6</td><td rowspan="2">16.8</td><td>未冻融</td><td>一维压缩试验
直剪试验
侧压力系数试验</td><td>61.8</td><td>20
20
40</td></tr>
<tr><td>C7
C8～C11
C12</td><td>经历冻融</td><td>一维压缩试验
直剪试验
侧压力系数试验</td><td>61.8</td><td>20
20
40</td></tr>
<tr><td>D1
D2～D5
D6</td><td rowspan="2">17.3</td><td>未冻融</td><td>一维压缩试验
直剪试验
侧压力系数试验</td><td>61.8</td><td>20
20
40</td></tr>
<tr><td>D7
D8～D11
D12</td><td>经历冻融</td><td>一维压缩试验
直剪试验
侧压力系数试验</td><td>61.8</td><td>20
20
40</td></tr>
</table>

5.1.1　一维压缩试验

由于黄土的渗透性较大而标准固结试验的试验周期较长，故采用快速固结法获取冻融前后土样的压缩指数C_c、回弹指数C_e等压缩性指标以及前期固结压力p_c，固结容器如图 5.1-1 所示。在不同条件下各任取 1 个试样后按要求对试样和试验设备进行安装和检查，施加 1kPa 的预压压力后归零位移量表以保证试样与仪器接触良好，接着按 12.5kPa、25.0kPa、50.0kPa、100kPa、200kPa、300kPa、400kPa、600kPa、800kPa、1600kPa 的加压等级依次逐级加荷直至最后一级压力。除最后一级加压保持 24h 外，其余每级加压的时间均为 1h。

图 5.1-1　固结仪

根据一维压缩试验结果，以孔隙比e为纵坐标，压力p为横坐标，绘制不同条件下试样的e-lg p曲线。压缩指数C_c选用e-lg p曲线末端直线段的斜率；回弹指数C_e通过经验公式取 $1/3C_c$；基于 Harris 模型拟合e-lg p曲线［式(5.1-3)］及其末端直线l_1［式(5.1-4)］，用 0.618 法搜索出拟合曲线上最大曲率K及对应的最大曲率点$M((\lg p)_M, e_M)$，过点M作其水平线与切线l_2［式(5.1-5)］的角平分线l_3［式(5.1-6)］，该角平分线与e- lg p末端直线交点对应的横坐标即为前期固结压力p_c。

$$C_c = \frac{e_i - e_{i+1}}{\lg p_{i+1} - \lg p_i} \tag{5.1-1}$$

$$C_e = 1/3C_c \tag{5.1-2}$$

$$e = \frac{1}{A + B(\lg p)^C} \tag{5.1-3}$$

$$\text{末端直线} l_1\text{：} e' = k_3 \lg p + \delta \tag{5.1-4}$$

$$\text{切线} l_2\text{：} e - e_M = k_1(\lg p - (\lg p)_M) \tag{5.1-5}$$

$$\text{角平分线}l_3\text{：}e - e_{\mathrm{M}} = k_2(\lg p - (\lg p)_{\mathrm{M}}) \tag{5.1-6}$$

$$k_2 = \tan(\pi - 0.5\arctan(-k_1)) \tag{5.1-7}$$

$$\lg p_{\mathrm{c}} = \frac{k_2(\lg p)_{\mathrm{M}} - e_{\mathrm{M}}}{k_2 - k_3} \tag{5.1-8}$$

式中：A、B、C——拟合参数；

k_1、k_2、k_3——M点切线、角平分线；

δ——e-$\lg p$末端直线的截距。

5.1.2 直剪试验

土样为粉质细粒土，土样干重度和含水率的变化区间较大，故选择快剪试验使用应变控制式直剪仪（图 5.1-2）测定土样冻融前后黏聚力c、内摩擦角φ等抗剪强度指标。在冻融前后各初始干重度条件下的试样中任取 4 个并按要求进行安装和检查，然后分别在试样上施加 50kPa、100kPa、200kPa 和 300kPa 4 种垂直压力，再以 0.8mm/min 的速率进行匀速剪切并控制试样在 3～5min 内剪损。当剪应力的读数逐渐趋于稳定或有显著下降时，试样已剪损；若剪应力无明显峰值或回落点，则取剪切变形为 4mm 时对应的剪应力作为该试样的抗剪强度。

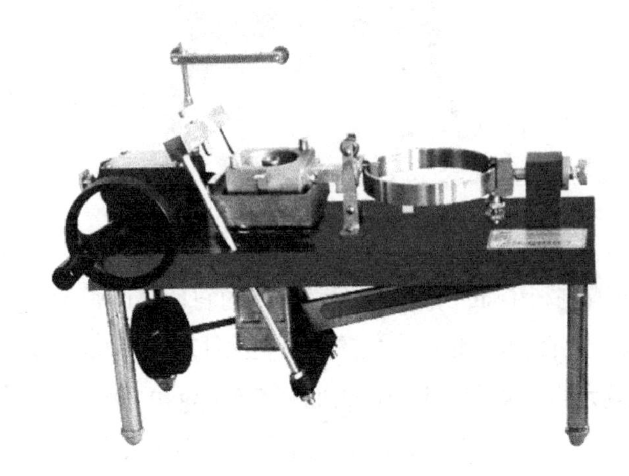

图 5.1-2 应变控制式直剪仪

在直剪试验中，根据式(5.1-9)求得抗剪强度τ后，以抗剪强度τ为纵坐标、垂直单位压力p为横坐标绘制抗剪强度τ与单位压力p的关系曲线，并求得两参数的拟合直线l_4［式(5.1-10)］。直线的倾角为内摩擦角φ，直线在纵坐标上的截距为黏聚力c。

$$\tau = \frac{MR}{A_0} \times 10 \tag{5.1-9}$$

$$\text{直线}l_4\text{：}\tau = \tan\varphi \cdot p + c \tag{5.1-10}$$

式中：M——测力计率定系数（N/0.1mm）；

R——测力计读数（mm）；

A_0——试样的初始面积（cm^2）。

5.1.3　侧压力系数试验

为获得试样在无侧胀压缩时的轴向压力和侧向压力且所受压力均匀可控，选用如图 5.1-3 所示的 JCY 型静止侧压力系数固结仪测定土样冻融前后的静止侧压力系数K_0。分别在不同状态试样中任选 1 个试样并按要求完成安装、检查和归零等工作，按 100kPa、200kPa 和 300kPa 的压力等级施加轴向压力并按 0.5min、1min、4min、9min、16min、25min、36min、49min 的时间间隔记录竖向压力σ_1和仪表读数。按上述时间间隔测定压力表读数，待侧向压力和变形稳定后再加下一级轴向压力。

图 5.1-3　静止侧压力系数固结仪

侧压力系数试验中，根据式(5.1-11)求得侧向压力σ_3，根据式(5.1-12)计算静止侧压力系数K_0：

$$\sigma_3 = N(Q - Q_0) \tag{5.1-11}$$

$$K_0 = \sigma_3/\sigma_1 \tag{5.1-12}$$

式中：N——压力传感器比例常数（kPa/mV）；

Q——稳定时压力测试表读数（mV）；

Q_0——初始状态下压力测试表读数（mV）。

5.2　冻融循环下黄土力学参数变化规律分析

冻融作用下，土体中水分的迁移、相变和土颗粒的重新排列导致土体的孔隙特征发生变化，传力骨架的结构体系在土体内部产生位移进而引发结构性改变，土体的力学性质也相应受到显著影响。因此，充分掌握不同初始状态下土体各力学参数在冻融前后的变化及其规律能为实际工程问题的计算分析工作提供指导。

5.2.1 剪切强度指标

图 5.2-1 和图 5.2-2 分别为不同初始干重度土样冻融前后黏聚力c和内摩擦角φ的变化情况。由图易见两条曲线在图 5.2-1 和图 5.2-2 中均存在交点，当初始干重度γ_d小于交点对应的横坐标时，冻融后土样的黏聚力增大而内摩擦角减小；当初始干重度γ_d大于交点对应的横坐标时，冻融后土样的黏聚力减小而内摩擦角增大。即受初始干重度的影响，冻融作用对土样黏聚力和内摩擦角的变化具有双重作用，且在$\gamma_d = 16.3 \sim 16.8 \mathrm{kN/m^3}$ 的区间内存在一临界干重度γ_{d0}，此时土样的黏聚力和内摩擦角不发生变化。

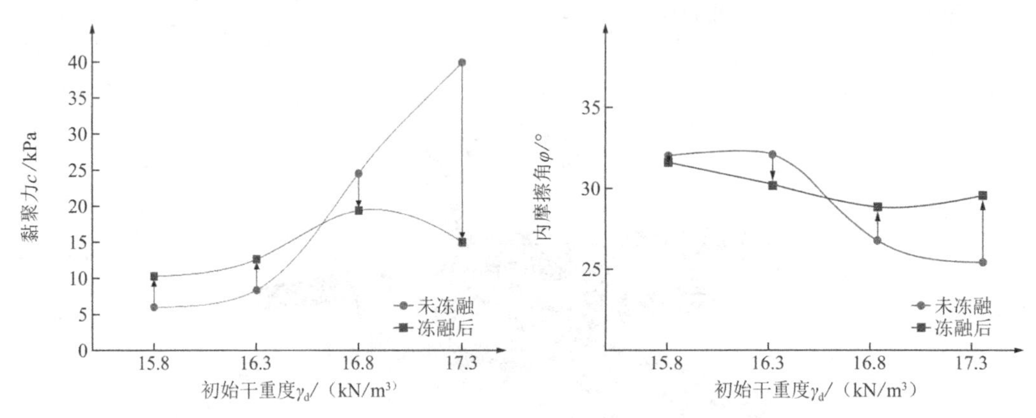

图 5.2-1　冻融作用对黏聚力c的影响　　图 5.2-2　冻融作用对内摩擦角φ的影响

5.2.2 压缩性指标

图 5.2-3 和图 5.2-4 分别为不同初始干重度土样冻融前后压缩指数C_c和回弹指数C_e的变化曲线。

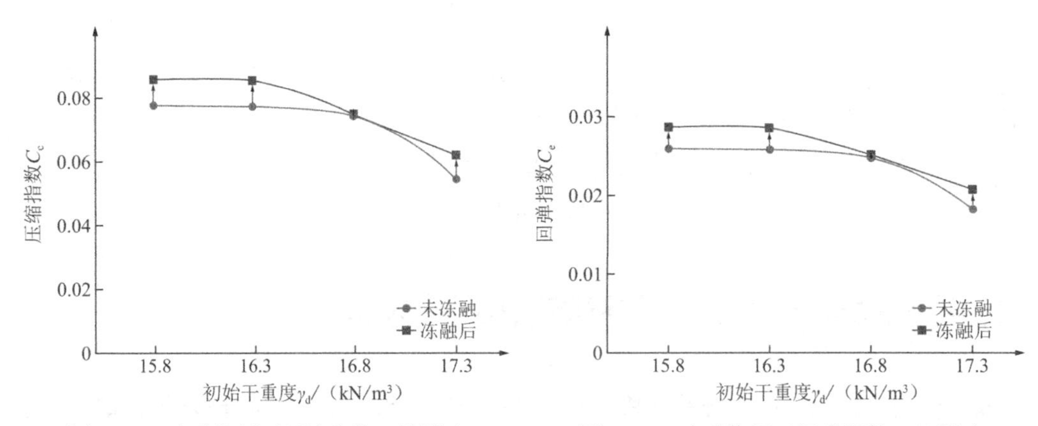

图 5.2-3　冻融作用对压缩指数C_c的影响　　图 5.2-4　冻融作用对回弹指数C_e的影响

根据图 5.2-3、图 5.2-4 变化曲线可得，随着初始干重度的增大，冻融土样的压缩指数和回弹指数均始终大于未经历冻融的土样，初始干重度对这两个指标不再具有双重作用。这主要是因为本次试验中低干重度土样的初始孔隙比均在 0.75 以下，密实度为中密，不属于松散土范围，故松散土冻融后体积减小而压缩能力下降的性质不再适用。

5.2.3　前期固结压力

图 5.2-5 为不同初始干重度条件下土样冻融前后前期固结压力p_c的变化情况。由图可知，$\gamma_d = 15.8kN/m^3$，$16.3kN/m^3$ 土样的前期固结压力较未冻融时略有增大；$\gamma_d = 16.8kN/m^3$，$17.3kN/m^3$ 土样的前期固结压力在冻融后减小。冻融作用对土样前期固结压力的影响与土样的初始干重度有密切关联，且在$\gamma_d = 16.3$～$16.8kN/m^3$ 的区间内同样存在一临界干重度γ_{d0}，此时土样的前期固结压力不变。

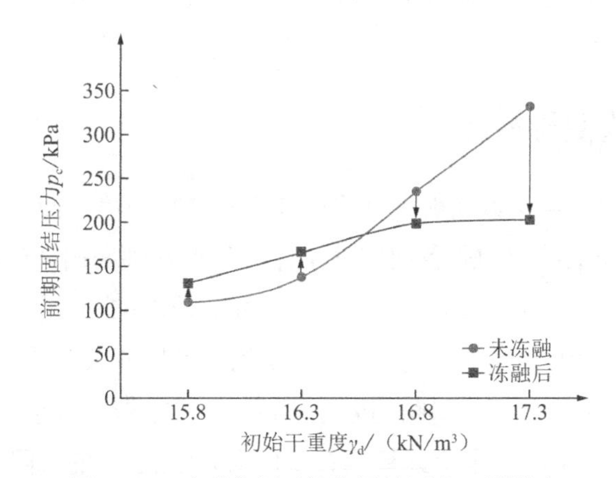

图 5.2-5　冻融作用对前期固结压力p_c的影响

5.2.4　静止侧压力系数

图 5.2-6 为不同初始干重度条件下土样冻融前后静止侧压力系数K_0的变化情况。

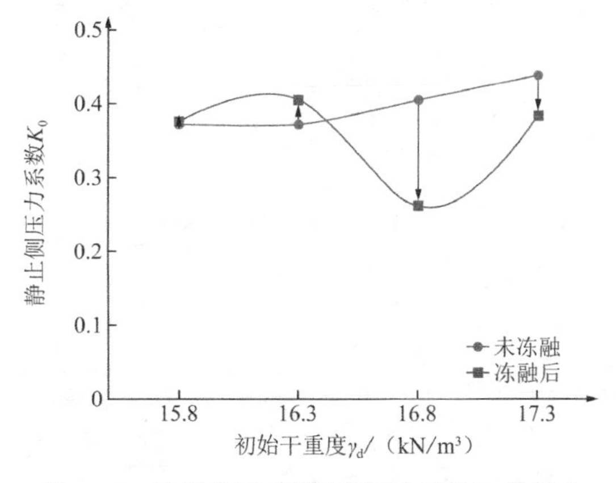

图 5.2-6　冻融作用对静止侧压力系数K_0的影响

根据图 5.2-6 中变化曲线可知，冻融作用对土样静止侧压力系数K_0的影响依旧表现出双重作用。当土体的初始干重度未超过 16.3kN/m³ 时，冻融作用导致静止侧压力系数K_0升高；当土体的初始干重度大于 16.8kN/m³ 时，冻融作用导致静止侧压力系数K_0降低。临界干重度γ_{d0}依旧出现在 16.3～16.8kN/m³ 的区间内。

5.3 冻融循环下黄土力学参数敏感性分析

现阶段研究主要包括冻融前后土体物理力学参数的变化规律、冻融作用下路基的变形规律等，缺少关于各参数变化对路基变形影响的敏感性分析等相关研究工作。通过第 5.2 节可知，土体力学参数在冻融前后发生显著变化，将对土体变形情况产生直接影响，但这些因素中，部分参数的变化会加剧变形而另一部分则会对变形有所缓解。因此需要对土体变形的影响因素进行敏感性分析，确定对土体变形影响最大的参数，为实际工程的勘察和设计工作提供可靠支撑。

5.3.1 计算模型与参数

为保证土体的主要力学参数均能在计算中体现且计算简单方便，采用简化的地基模型进行敏感性分析。假设土层为均质各向同性土体，条形基础底面宽度$b = 2.0$m，作用于基底的平均附加压力$p_0 = 300$kPa，路基计算模型剖面如图 5.3-1 所示。根据《建筑地基基础设计规范》GB 50007—2011，当基础宽度一定时，均布条形荷载下的附加应力系数α与计算深度h、距离中轴线的距离x有关，α随深度越向下越小，离中轴线越远越小。根据规范要求及附加应力系数α的变化情况，主要计算均布条形荷载中点o下的沉降量，计算深度为自地基表面向下 5.0m 深度处的土层，并将计算深度范围内的土体划分为 1.0m/层共 5 层以提高计算精度。不同状态下土体的主要计算参数见表 5.3-1。

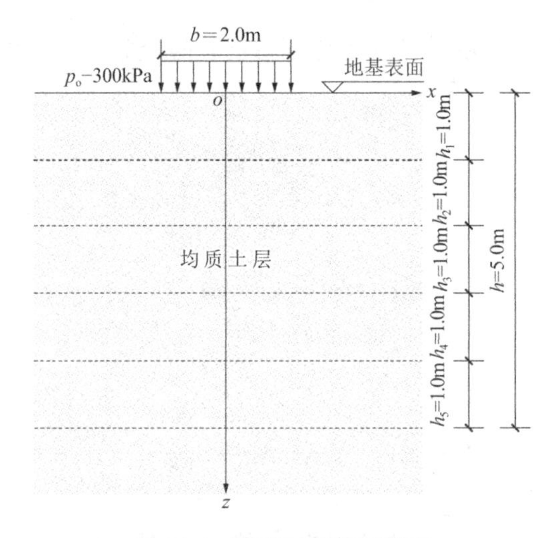

图 5.3-1 路基计算模型剖面

计算参数　　表 5.3-1

初始干重度 γ_d/（kN/m³）	土体状态	初始孔隙比e	压缩指数 C_c/kPa^{-1}	回弹指数 C_e/kPa^{-1}	前期固结压力 p_c/kPa
15.8	未冻融	0.6694	0.0777	0.0259	109.6361
	经历冻融	0.6576	0.0861	0.0287	130.5996
16.3	未冻融	0.6310	0.0773	0.0258	137.9530
	经历冻融	0.6706	0.0856	0.0285	165.7748
16.8	未冻融	0.5956	0.0744	0.0248	235.0717
	经历冻融	0.5986	0.0752	0.0251	199.3555
17.3	未冻融	0.5526	0.0547	0.0182	331.3956
	经历冻融	0.5640	0.0623	0.0208	202.7111

5.3.2　敏感性分析方法

考虑应力历史对地基沉降的影响，根据分析模型和不同初始状态下土体的前期固结压力研究土体均属于超固结土，地基沉降量s计算公式如下：

$$s=\begin{cases}\sum_{i=1}^{5}\dfrac{h_i}{1+e_{0i}}\left[C_e\lg\left(\dfrac{p_c}{p_{1i}}\right)+C_c\lg\left(\dfrac{p_{1i}+\Delta p_i}{p_c}\right)\right],\Delta p_i>(p_c-p_{1i})\\ \sum_{i=1}^{5}\dfrac{h_i}{1+e_{0i}}\left[C_e\lg\left(\dfrac{p_{1i}+\Delta p_i}{p_{1i}}\right)\right],\Delta p_i<(p_c-p_{1i})\end{cases} \tag{5.3-1}$$

式中：h_i ——第i层土的厚度；

e_{0i} ——第i层土的初始孔隙比；

C_e ——土体的回弹指数（$C_e=\kappa\ln 10$）；

C_c ——土体的压缩指数（$C_c=\lambda\ln 10$）；

p_c ——土体的前期固结压力，p_{1i}为第i层土的自重应力平均值；

Δp_i ——第i层土的附加应力平均值。

通过式(5.3-1)可知，当土层厚度、自重应力平均值和附加应力平均值一定时，地基沉降量s受初始孔隙比e_{0i}、回弹指数C_e、压缩指数C_c以及前期固结压力p_c4 个参数的影响。其中，初始孔隙比e_{0i}受深度影响较明显且反映的是土体的物理性质，故侧重对其余 3 个力学参数进行敏感性分析。

为获取各影响因素冻融前后的变化对沉降影响的敏感性高低，采用控制变量法进行计算分析，具体方法为：在冻融前后的两次计算中，第一个参数分别取冻融前后值，剩余两个参数保持固定即假设冻融前后未发生变化，根据式(5.3-1)分别得到冻融前后沉降量s_1和s_2值；将 3 个参数轮换作为变量进行计算，分别计算不同变量下沉降量s_i在冻融前后的变化幅度，然后以横坐标为土体初始干重度、纵坐标为沉降量变化幅度画出折线；比较 3 条折线的变化区间大小，得到 3 个参数的敏感性高低情况。

5.3.3 分析结果

图 5.3-2 为同时考虑 3 个参数条件下地基沉降量在冻融前后的变化情况。由图可知，随着初始干重度的增大，两种状态下地基的沉降量均随之减小。比较冻融前后地基沉降量的变化情况，当土层初始干重度较小（$\gamma_d = 15.8kN/m^3$，$16.3kN/m^3$）时，地基沉降量在冻融后略有降低；当土层初始干重度为 $16.8kN/m^3$ 和 $17.3kN/m^3$ 时，地基沉降量在冻融后上升。即在$\gamma_d = 16.3 \sim 16.8kN/m^3$ 的区间内存在一临界干重度γ_{d0}，此时地基的沉降量在冻融前后不发生变化，该结果与上节土体力学参数的变化规律具有一致性。但由于影响沉降量的因素较多，仅分析图 5.3-2 无法获取具体某一参数的影响程度，故需依据前述方法进行单参数敏感性分析。

图 5.3-3 为不同参数作用下路基沉降量在冻融前后的变化情况。由图可知，受回弹指数C_e或压缩指数C_c的影响，路基沉降量在冻融后均表现出上升趋势，变化幅度基本控制在 10%以内。即回弹指数C_e和压缩指数C_c的敏感性较低，对沉降量的影响相对较小。前期固结压力p_c对沉降量的影响最剧烈，变化幅度最大至−14.5%，且变化幅度的正负与初始干重度间存在紧密联系。当土层的初始干重度$\gamma_d = 15.8kN/m^3$，$16.3kN/m^3$ 时，冻融前后路基沉降量的变化幅度为负，即冻融后路基沉降量有所恢复；当土层初始干重度为 $16.8kN/m^3$ 和 $17.3kN/m^3$ 时，变化幅度为正，即冻融后路基沉降量增加。前期固结压力单一参数的变化情况与全因素条件下的计算结果具有一致性，且变化幅度的绝对值较大，故前期固结压力的敏感性最高，是影响沉降量的最关键参数，在工程计算设计时应格外重视此参数的变化。

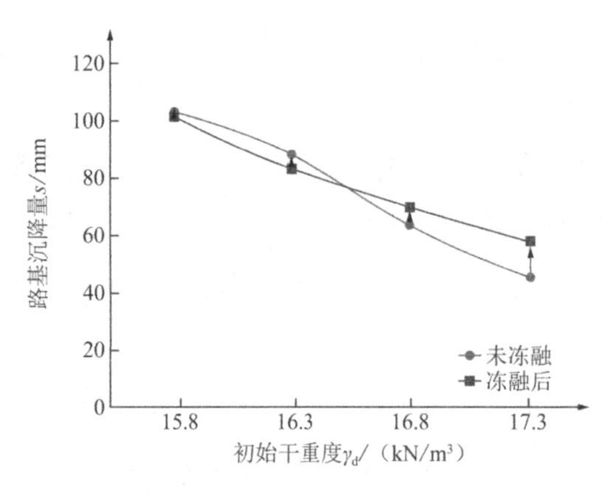

图 5.3-2 不同初始干重度条件下路基沉降变化情况

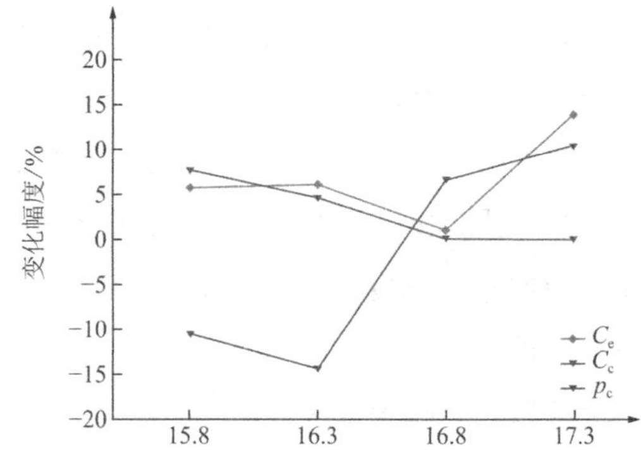

图 5.3-3 不同参数作用下路基沉降量在冻融前后的变化情况

5.4　经济效益和社会效益

5.4.1　经济效益

对湿陷性黄土的力学特性进行深入研究，并通过实际工程的简化通用模型进行计算分析，确定影响工程变形的关键因素，为湿陷性黄土地区工程勘察与设计提供可靠依据。相关研究的深入展开不仅能在工程设计中更有针对性地进行优化和加固，降低建设成本；还能更好控制并避免病害问题发生，减少由此引发的经济损失。

5.4.2　社会效益

我国西北地区作为亚欧大陆桥的核心通道，承东启西、连南通北，是中国的重要战略通道。然而，该地区不仅广泛分布湿陷性黄土，还极易受到冻融作用的影响。因此，掌握冻融作用对该地区湿陷性黄土的危害并提出有效解决方案将助推“一带一路”高质量发展。

5.5　小结

本章通过一维压缩试验、直剪试验和侧压力系数试验等力学试验获取冻融前后土体力学参数的变化并分析其规律，并在此基础上应用地基沉降理论提出湿陷性黄土地基沉降力学参数评价要点，为实际工程提供参考支撑。

通过力学试验发现，冻融作用对土样黏聚力、内摩擦角、前期固结压力和静止侧压力系数的影响具有双重作用，且临界干重度γ_{d0}均在 16.3～16.8kN/m^3 的区间内，当土样的初始干重度$\gamma_d = \gamma_{d0}$时，土样黏聚力、内摩擦角、前期固结压力和静止侧压力系数 4 个参数在冻融前后不发生改变。

在力学参数敏感性分析中，以路基模型为研究对象，分别计算不同初始干重度条件下路基沉降量在冻融前后的变化情况，并逐一分析各重要力学参数的变化对沉降量的影响，确定影响湿陷性黄土地基沉降的最关键参数。根据计算结果，回弹指数和压缩指数的敏感性相对较低，冻融前后的参数变化对沉降量的影响较小；前期固结压力的敏感性最高，对沉降量的影响最剧烈，是决定沉降量变化趋势和变化幅度的最关键参数。

第 6 章

市政设施黄土地基湿陷性应对技术研究及应用

6.1 黄土地区地基破坏机理及大型市政设施变形防控技术

6.1.1 地基大变形数值模拟

在研究中，大型地下市政设施如综合管廊等可看做埋置于半无限空间体内部的条形基础，在受到外荷载作用时，地下结构会随着土体的变形而发生位移。考虑到目前室内模型试验及现场试验的局限性，有限元数值模拟也是进行地基应力场及变形场研究的一种有效手段。极限荷载下埋置基础的刺入过程可看作是一个典型的大变形问题，而该问题采用常规的数值计算方法很难实现。近年来，随着计算能力的大幅提升及大型有限元模拟平台的功能嵌入，通过数值方法模拟刺入过程成为可能。通过耦合的欧拉拉格朗日法（CEL）也被称为流固耦合方法，同时吸收了拉格朗日分析和欧拉分析的优点，可以用于解决岩土工程大变形问题。在 CEL 分析中，拉格朗日部件和欧拉部件可以同时存在，但是和 ALE 方法不同的是，CEL 分析中拉格朗日部件的网格是固定的，并不会在计算过程中进行重划分（图 6.1-1）。通常对可能产生大变形的材料采用欧拉体进行模拟（岩土工程中主要为土体材料），材料可以自由地在欧拉部件中流动；其他部件则采用拉格朗日体进行模拟。

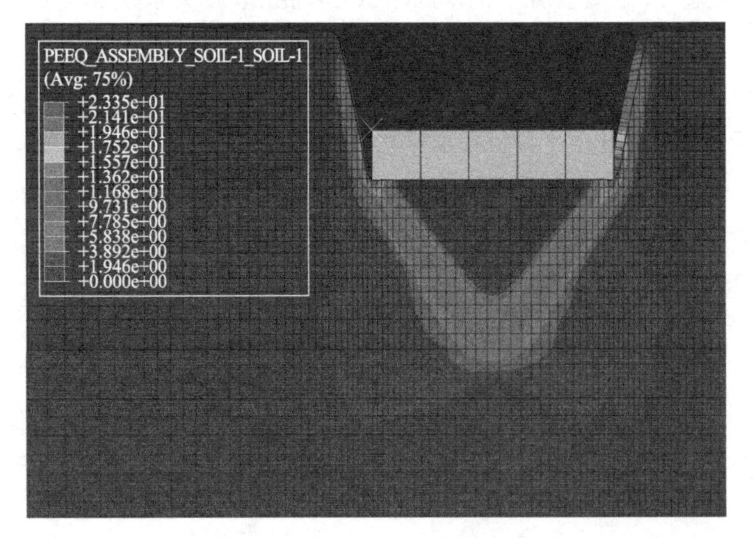

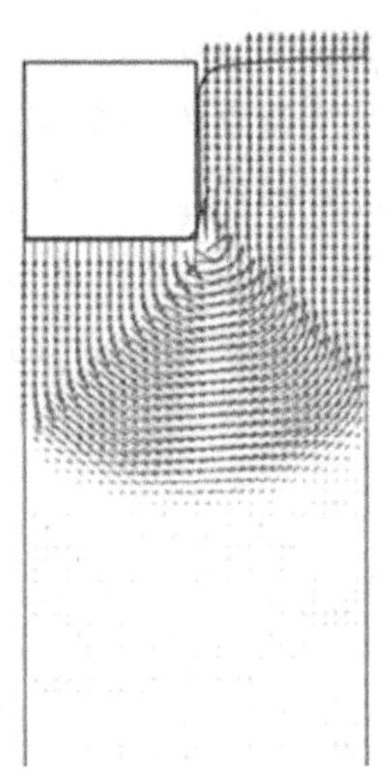

图 6.1-1 网格变形及位移矢量示意图

为方便模拟，将地下结构简化为埋置于半无限空间体内的条形基础，由于欧拉拉格朗日计算需要的计算资源非常庞大，因此在模拟中为了减少自由度的数量和计算时间，建立了一个似二维（2D）模型，沿模型的z方向只有一个单元。目的是形成一个尽可能接近二维模型的三维模型，该模型与其他计算承载力系数的方法所采用的维度一致。如图 6.1-2 所示，土体为欧拉材料，基础为 1m × 0.2m 的离散刚体。最初在基础下方填充土体材料，而基础上方则为空单元。土体的宽度和深度设置为基础宽度的 10 倍和 5 倍，以消除模型潜在的边界效应。为了避免在模拟过程中任何潜在的位移超出计算区域，土体的侧边界和底边界的位移都受到约束。基础最初放置在土体的上表面，然后以恒定速度移动到土体中，即$v_0 = 0.005\text{mm/s}$。采用动态显式方案，减少积分和沙漏控制方法。对基础拐角处和基础下方的土体网格进行细化以捕捉边缘处的应力集中，而在边界处更粗化以提高计算效率。土体采用 8 节点欧拉单元（EC3D8R），土基界面视为无摩擦，以与既有结果进行对比。

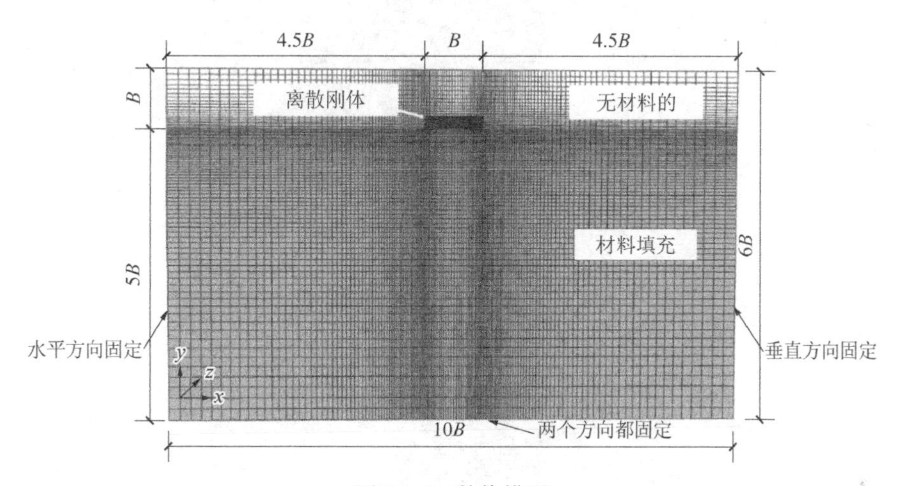

图 6.1-2　数值模型

在本研究中，CEL 方法应用于研究土体黏聚力和内摩擦角对极限承载力的影响规律，模拟时通过对刚性条形基础施加均匀位移，即$u_y/B = 0.5$（B代表基础宽度等于 1m），用以估测基础的极限承载力。在与前人研究结果对比的基础上进行基准模拟，以验证所采用数值方案的准确性和可靠性。并进行参数研究得出极限承载力对土体黏聚力、内摩擦角和单位重量的敏感性。考虑到土体内部摩擦角和土体-基础界面摩擦角，提出了一种改进的N_γ表达式，用于实际估计承载力。

图 6.1-3 为不同土体参数下使用相应的判定准则求得的极限承载力q_u^{CEL}。q_u^{CEL}随着土体c、φ和γ增加而增加。在其他参数固定的情况下，图 6.1-3（a）显示了在不同c、φ下分别考虑失重和有重量地基的q_u^{CEL}。在与实际工程相吻合的情况下，考虑土体重度的q_u^{CEL}大于理想状态下的地基承载力。其他参数固定，q_u^{CEL}在较小的c和φ下增加缓慢，而当c和φ大于 30kPa 和 30°时，q_u^{CEL}急剧增加。q_u^{CEL}随c呈线性增加，随φ呈指数增加。

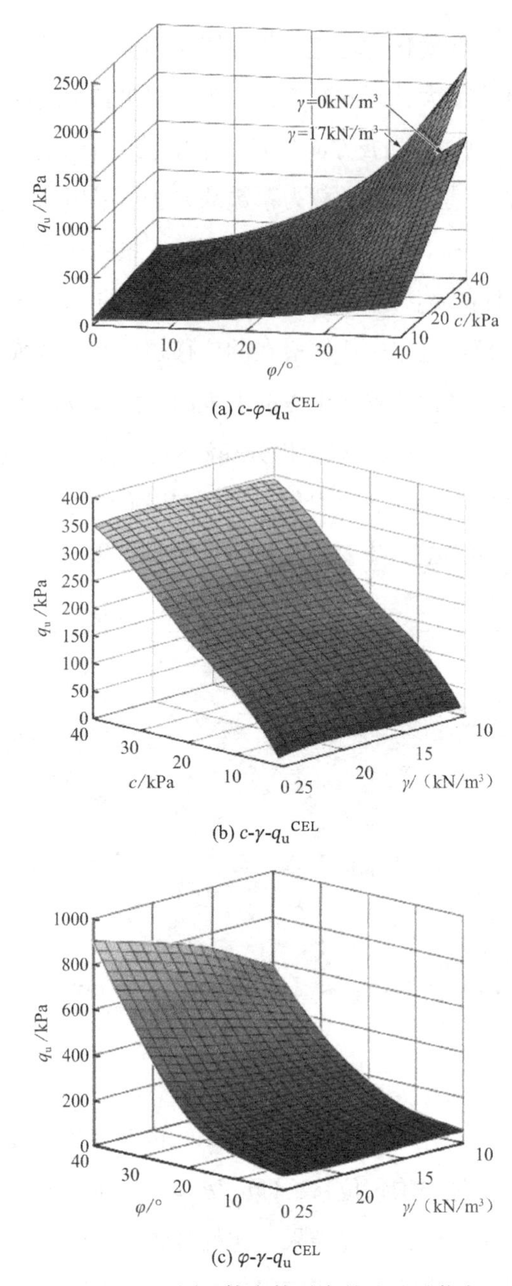

(a) c-φ-q_u^{CEL}

(b) c-γ-q_u^{CEL}

(c) φ-γ-q_u^{CEL}

图 6.1-3　不同土体参数对应的地基承载力

土体单位重量γ在不同黏聚力下对q_u^{CEL}的影响很小，而在较大的内摩擦角影响下则变化很明显。当土体的内摩擦角φ较小时，地基承载力随着土体的重度略微增加，而当φ较大时，则随着γ显著增加。由此可见，黄土地区的地基承载力会小于非黄土地区，因此地下结构的变形也为黄土地区较为显著。

6.1.2　荷载作用下黄土地基破坏模式研究

由于土体强度不同，不同c-φ土体的破坏模式可能彼此明显不同。研究根据基础下的位移和速度场，在不同的土体强度参数和基础埋置下，对破坏模式和分区进行了阐述和分类。图 6.1-4 显示了一系列承载力破坏模式，其中等效塑性应变的等值线表示土体中破坏带的发展，速度矢量表示破坏面内土体的运动。不同的c-φ土体产生不同的剪切模式，其他参数固定，即$\gamma = 17\text{kPa}$、$E = 30\text{kPa}$。根据破坏面的形状、土体的运动，重新将地基的三种破坏模式进行描述，包括整体剪切模式、局部剪切模式和冲切破坏模式。在整体剪切模式（Ⅰ）下，破坏区域将地基角点进行连接进而贯通，破坏面被限制在一个浅而宽的区域，最大的等效塑性应变出现在基础的两个角点，然后向下、横向和向上；地基角点附近的土体速度以较高的速度向下，然后侧滑到向上的表面。在局部剪切破坏（Ⅱ）中，剪切面在初始阶段像整体剪切一样发展，然后在基础周围受到限制；基础底部的土体主要向下和侧向移动，基础周围的土体表面隆起较小。对于冲剪破坏（Ⅲ），上部荷载只能影响小面积的土体，破坏集中在基础的角点，直接向下发展，破坏面仅限于狭窄而深的区域；在这种类型的破坏中，基础周围的土体主要向下移动，而没有明显地向上运动。

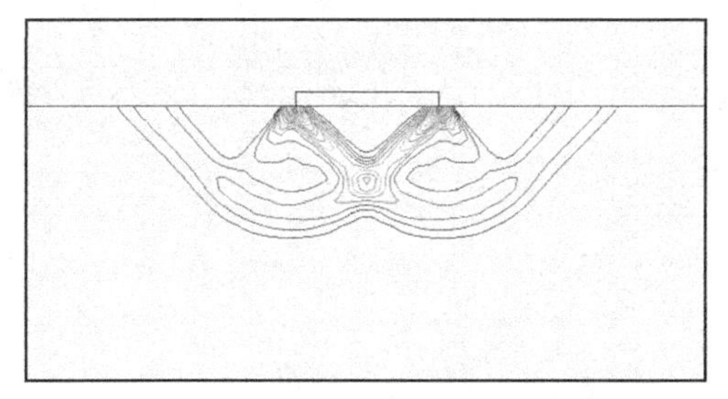
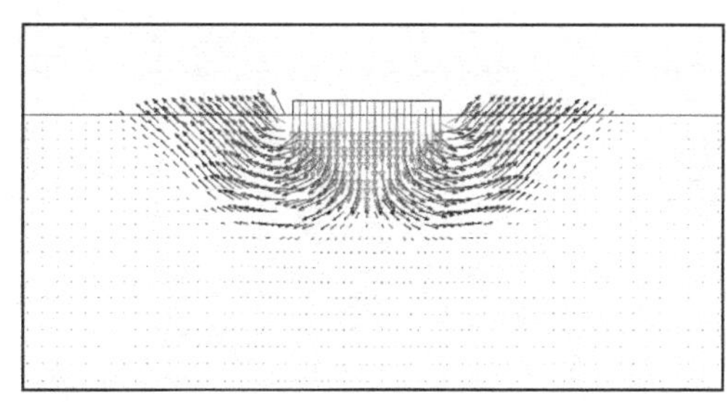

(a) 整体剪切破坏模式和速度场（$\varphi = 0°$，$c = 30\text{kPa}$）

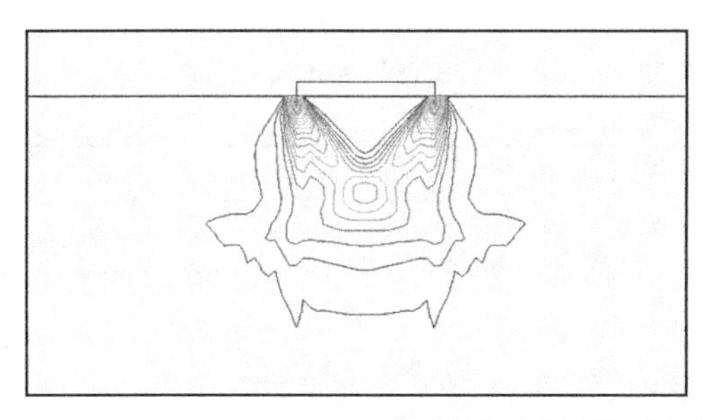
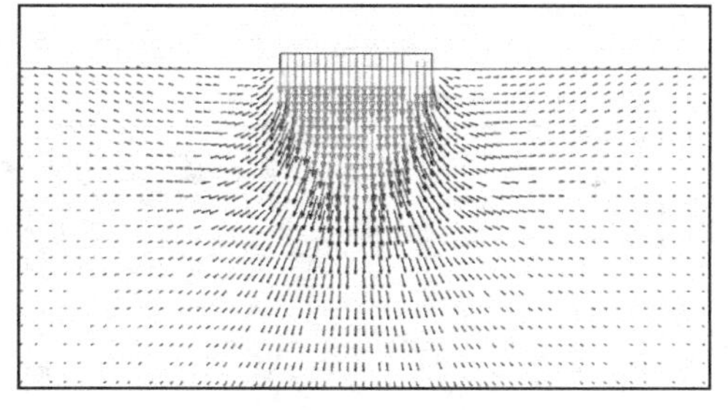

(b) 局部剪切破坏模式和速度场（$\varphi = 20°$，$c = 30\text{kPa}$）

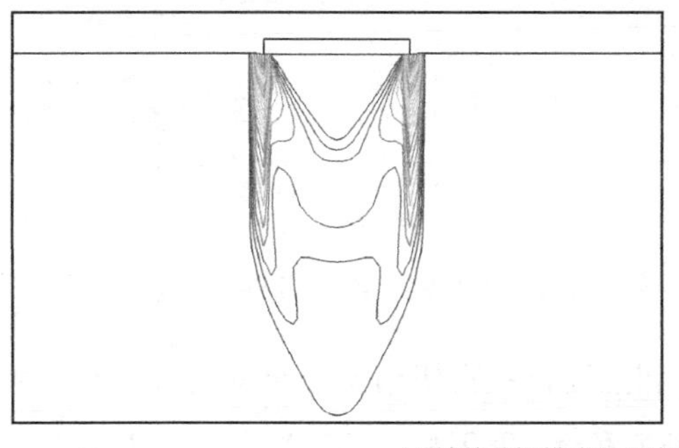
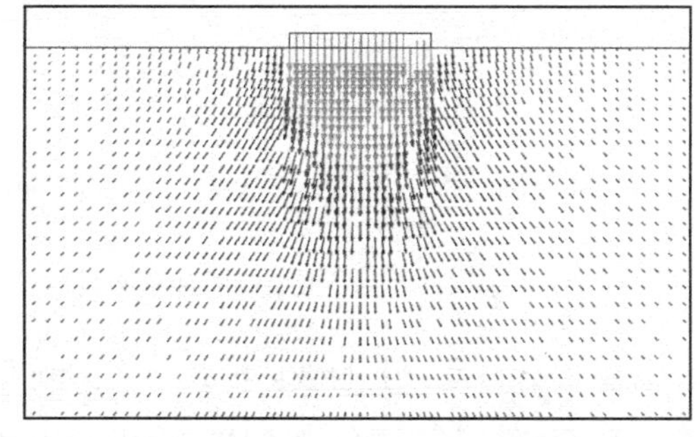

(c) 冲剪破坏模式和速度场（$\varphi = 30°$，$c = 30\text{kPa}$）

图 6.1-4 三种典型的破坏模式及速度场规律

传统的土体破坏形式包括整体破坏、局部破坏和冲剪破坏，但并未给出定量的破坏形式分区。因此，在合理的土体参数范围内，通过极限荷载下基础下方土体的等效塑性应变值，对极限作用下基础底部土体三种破坏形式进行分区。

对于埋置基础，破坏面不再延伸到土体表面，而是完全集中在基础周围。本研究开展了系列数值模拟计算，土体内摩擦角φ从0°～40°变化，黏聚力从0～40kPa在不同的嵌入深度（D）下变化，即$D/B=0$、0.2、0.5和1.0。对于不同的嵌入深度D/B，提供了c-φ土体中不同破坏模式的结果（图 6.1-5）。这表明小的内摩擦角φ通常会导致一般的剪切破坏模式。然而，随着c和φ的增加，破坏模式将从一般剪切模式转变为局部和冲切模式。此外，土体破坏的机制可以从表面基础的一般剪切破坏转变为嵌入式基础的局部剪切破坏。如果地基具有相当大的深度，冲切破坏也可能发生在低压缩性的土体中，如图 6.1-5（d）所示。

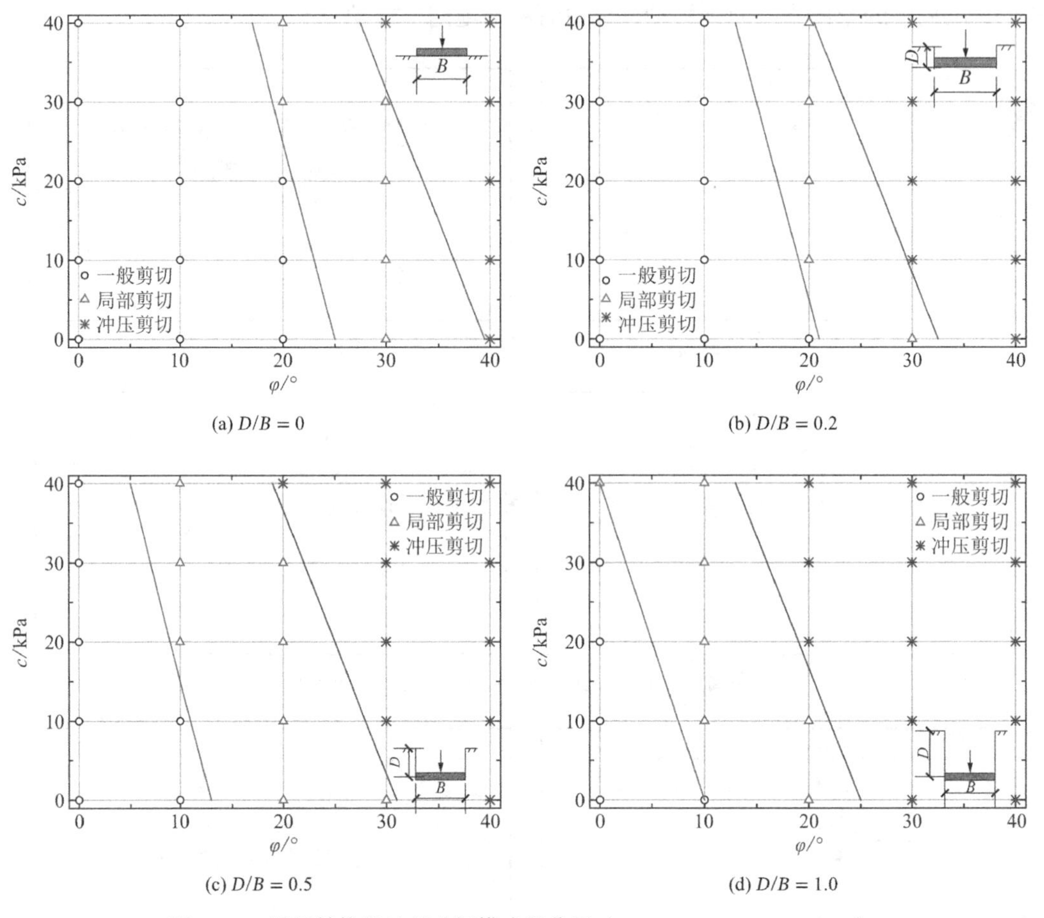

图 6.1-5　埋置结构的地基破坏模式及分区（$E=30$MPa，$\gamma=17$kPa）

需要指出的是，土的破坏模式与土的刚度和强度特性密切相关，而承载力的大小主要受塑性特性控制，主要包括土体黏聚力c和内摩擦角φ。采用相同的塑性参数，土体在不同破坏模式下的承载力是相同的。

6.1.3 地下结构地基应力分布及结构抗湿陷变形方法研究

地下结构的地基应力分布规律决定了变形特征，本节采用弹性力学解研究荷载作用下结构四周的地基应力分布规律。该部分的研究理论基础为明德林（Mindlin）解，1936 年，Mindlin 基于 Galerkin 位移函数推导了半无限空间体内部作用一集中力时，引起的半无限空间体内部任意一点的附加应力解。该方法后续被广泛应用并推广到各类岩土工程涉及的附加应力计算问题中来。水平力作用下的 Mindlin 解计算简图如图 6.1-6 所示。

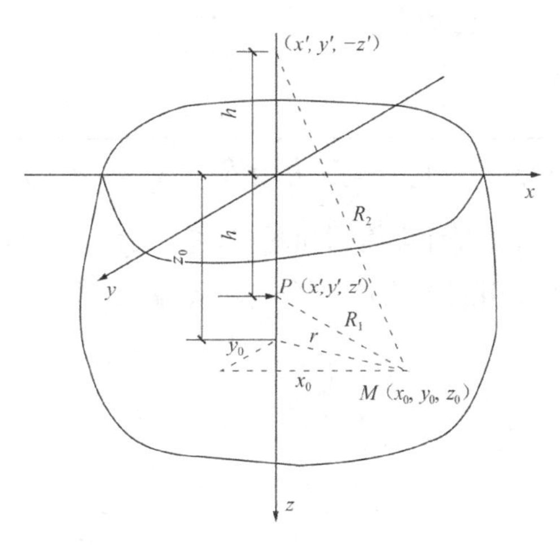

图 6.1-6　水平力作用下 Mindlin 解示意图

地表以下某一点(x',y',z')作用一埋深为h的水平集中力P，则集中力引起的地基中任一点(x_0,y_0,z_0)处的 Mindlin 附加应力计算公式为：

$$
\begin{aligned}
\sigma_x = \varPhi(P,h) = \frac{P(x_0-x')}{8\pi(1-\nu)}\Bigg\{ & -\frac{(1-2\nu)}{R_1^3}+\frac{(5-4\nu)(1-2\nu)}{R_2^3}- \\
& \frac{3(x_0-x')^2}{R_1^5}-\frac{3(3-4\nu)(x_0-x')^2}{R_2^5}- \\
& \frac{4(1-\nu)(1-2\nu)}{R_2(R_2+z_0+h)^2}\left[3-\frac{(x_0-x')^2(3R_2+z_0+h)}{R_2^2(R_2+z_0+h)}\right]+ \\
& \frac{6h}{R_2^5}\left[3h-(3-2\nu)(z_0+h)+\frac{5(x_0-x')^2 z_0}{R_2^2}\right]\Bigg\}
\end{aligned}
\tag{6.1-1}
$$

$$
\begin{aligned}
\sigma_y = \varOmega(P,h) = \frac{P(x_0-x')}{8\pi(1-\nu)}\Bigg\{ & \frac{(1-2\nu)}{R_1^3}+\frac{(3-4\nu)(1-2\nu)}{R_2^3}- \\
& \frac{3(y_0-y')^2}{R_1^5}-\frac{3(3-4\nu)(y_0-y')^2}{R_2^5}- \\
& \frac{4(1-\nu)(1-2\nu)}{R_2(R_2+z_0+h)^2}\left[1-\frac{(y_0-y')^2(3R_2+z_0+h)}{R_2^2(R_2+z_0+h)}\right]+ \\
& \frac{6h}{R_2^5}\left[h-(1-2\nu)(z_0+h)+\frac{5(y_0-y')^2 z_0}{R_2^2}\right]\Bigg\}
\end{aligned}
\tag{6.1-2}
$$

$$\sigma_z = \Psi(P,h) = \frac{P(x_0 - x')}{8\pi(1-\nu)}\left\{\frac{(1-2\nu)}{R_1^3} - \frac{(1-2\nu)}{R_2^3} - \frac{3(z_0-h)^2}{R_1^5} - \frac{3(3-4\nu)(z+h)^2}{R_2^5} + \frac{6h}{R_2^5}\left[h + (1-2\nu)(z_0+h) + \frac{5z_0(z_0+h)^2}{R_2^2}\right]\right\} \quad (6.1\text{-}3)$$

式中：P——水平集中力；

h——水平集中力作用点的埋深；

ν——土体的泊松比。

其中，$R_1 = \sqrt{(x_0-x')^2 + (y_0-y')^2 + (z_0-h)^2}$；$R_2 = \sqrt{(x_0-x')^2 + (y_0-y')^2 + (z_0+h)^2}$。

竖向力作用下的 Mindlin 解计算简图如图 6.1-7 所示，地表以下某一点(x', y', z')作用一埋深为h的竖向集中力F，引起的地基中任一点(x_0, y_0, z_0)处的 Mindlin 附加应力计算公式为：

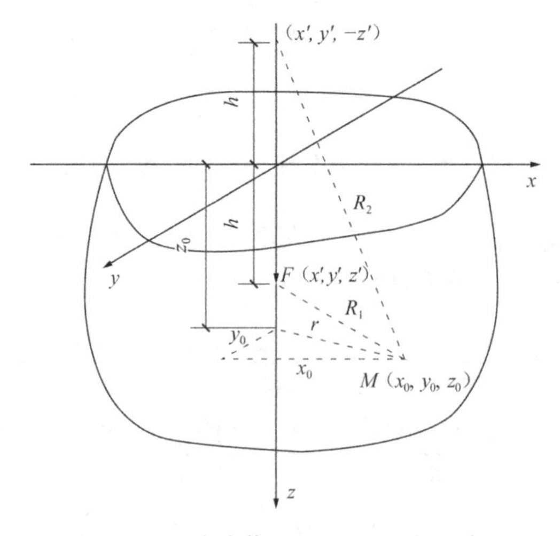

图 6.1-7　竖向力作用下 Mindlin 解示意图

$$\sigma_x = \Phi'(F,h) = \frac{F}{8\pi(1-\nu)}\left\{\frac{(1-2\nu)(z_0-h)}{R_1^3} - \frac{3(x_0-x')^2(z_0-h)}{R_1^5} + \frac{(1-2\nu)[3(z_0-h) - 4\nu(z_0+h)]}{R_2^3} - \frac{3(3-4\nu)(x_0-x')^2(z_0-h) - 6h(z_0+h)[(1-2\nu)z_0 - 2\nu h]}{R_2^5} - \frac{30h(x_0-x')^2 z_0(z_0+h)}{R_2^7} - \frac{4(1-\nu)(1-2\nu)}{R_2(R_2+z_0+h)}\left[1 - \frac{(x_0-x')^2}{R_2(R_2+z_0+h)} - \frac{(x_0-x')^2}{R_2^2}\right]\right\} \quad (6.1\text{-}4)$$

$$\sigma_y = \Omega'(F,h) = \frac{F}{8\pi(1-\nu)}\left\{\frac{(1-2\nu)(z_0-h)}{R_1^3} - \frac{3(y_0-y')^2(z_0-h)}{R_1^5} + \frac{(1-2\nu)[3(z_0-h)-4\nu(z_0+h)]}{R_2^3} - \frac{3(3-4\nu)(y_0-y')^2(z_0-h)-6h(z_0+h)[(1-2\nu)z_0-2\nu h]}{R_2^5} - \frac{30h(y_0-y')^2 z_0(z_0+h)}{R_2^7} - \frac{4(1-\nu)(1-2\nu)}{R_2(R_2+z_0+h)}\left[1-\frac{(y_0-y')^2}{R_2(R_2+z_0+h)}-\frac{(y_0-y')^2}{R_2^2}\right]\right\} \tag{6.1-5}$$

$$\sigma_z = \Psi'(F,h) = \frac{F}{8\pi(1-\nu)}\left\{-\frac{(1-2\nu)(z_0-h)}{R_1^3} + \frac{(1-2\nu)(z_0-h)}{R_2^3} - \frac{3(z_0-h)^3}{R_1^5} - \frac{3(3-4\nu)z_0(z_0+h)^2-3h(z_0+h)(5z_0-h)}{R_2^5} - \frac{30hz_0(z_0+h)^3}{R_2^7}\right\} \tag{6.1-6}$$

式中：F——竖向集中力；

h——竖向集中力作用点的埋深；

ν——土体的泊松比。

其中，$R_1=\sqrt{(x_0-x')^2+(y_0-y')^2+(z_0-h)^2}$；$R_2=\sqrt{(x_0-x')^2+(y_0-y')^2+(z_0+h)^2}$。

对于埋置的地下结构来说，以矩形综合管廊图 6.1-8 为例，正常工况下，管廊顶部主要受到覆土荷载，侧壁主要受侧向的土压力以及侧墙土体的剪切力，底部主要为基底反力，均沿地下结构外侧范围分布。外荷载作用下地下管廊引起的地基内部的附加应力则为各部分荷载引起的附加应力的叠加，拟结合模型试验及数值计算方法进行管廊下方土体应力及位移计算。

1）地下结构变形特征试验

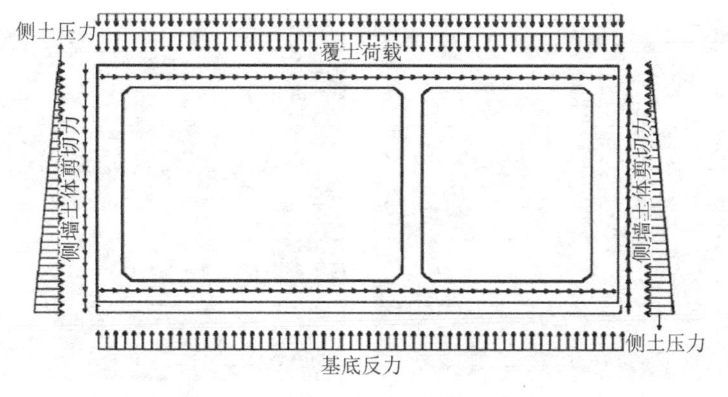

图 6.1-8　大型地下结构荷载示意图

本次试验通过观察三组截面尺寸不同的地下管廊结构，在浸水作用下黄土地区地基的破坏规律。模型箱尺寸采用 900mm × 600mm × 600mm，见图 6.1-9。试验准备工作：准备模型箱、3 种截面尺寸管廊模型、西安地区黄土、压力盒、应变片、电子秤、容器、米尺、水平尺、木锤、木板等。模型箱内均匀填入西安地区黄土，采用分层夯实，每 100mm 层高压实一次，以保证土的压实性，在土层高达到 350mm 时，放入压力盒和应变片；并依次填埋地下管廊的模型，模型上方覆盖 50mm 层高土，分别做 3 组试验，测得地基破坏时的临界荷载，观察地基破坏的状态。

图 6.1-9　试验模型箱

制作不同界面形状的管廊模型，管廊的截面尺寸分别为：壁厚 5mm、净高 43mm、净宽 100mm。根据试验方案要求，依次将管廊模型放入试验模型箱，见图 6.1-10。

由于模型试验为 1g工况下开展的规律性研究，因此想要得到较为详细的地基变形甚至破坏规律，还应借助数值计算软件进一步研究。结合市政工程的施工特点，考虑结构的整体刚度及变形规律，研究不同长度段结构黄土地基变形及受力变化特征。考虑不同伸缩缝间距，开展黄土地区结构间伸缩缝的适用性及结构变形分析。结合在结构底部采取减弱甚至消除湿陷性的施工措施，评判是否预留变形空间处理或采取地基处理措施，并进行技术经济比选，得出经济、合理的处理措施。

图 6.1-10　矩形截面管廊

部分大型市政设施结构属于轻型荷载，如地下管廊等，因此自身重量一般不会对地基产生过大的地基附加应力，但当黄土地区地基遇到极限荷载或浸水变形后，则会使得地基土压缩、承载性能发生改变，地基湿陷变形是造成大型市政工程结构破坏的主要原因。因此，结合大型地下结构实际运营情况，研究荷载作用下结构与地基土之间的相互作用关系。已有学者结合数值计算理论，建立土-结构相互作用数值计算模型，拟采用模量折减法建立考虑黄土浸湿变形及结构侧阻力的分布规律。基于既有模型，分析加载及增湿作用下黄土地区地基的应力分布特点及破坏模式演化规律，以一矩形地下管廊结构为例揭示地下管廊变形特征（图 6.1-11）。

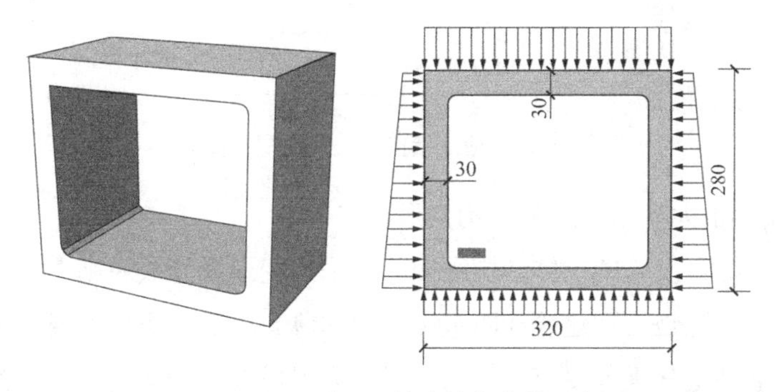

图 6.1-11　矩形地下管廊结构荷载示意图

结合大型地下结构特征，与已有研究相结合，数值计算中将大型地下结构设施概化为矩形形式，分析两者具有相同的受力模式和变形规律，得出结构的竖向挠度变化规律，如图 6.1-12 所示。从图 6.1-12 可以看出，地下结构顶板变形近似抛物线形，从中间开始向内凹，中间竖向位移最大、两端竖向位移最小。随着埋深的增加，顶板竖向位移也逐渐增大，而且随着埋深的增加中间部位的竖向位移变化量比两端变化大得多，说明顶板中间部位对埋深或者顶板竖向荷载比较敏感。

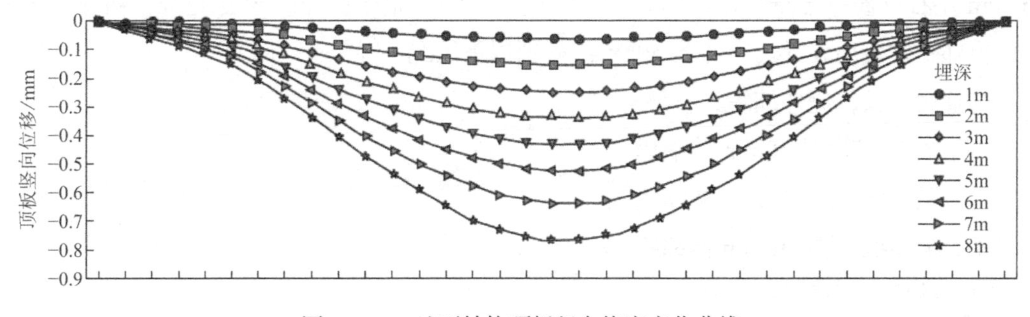

图 6.1-12　地下结构顶板竖向挠度变化曲线

用同样的方法，在地下结构侧壁板中从上到下等距抽取若干个节点，提取每个节点的横向位移，画出其横向位移变化曲线，见图 6.1-13（图中正号表示侧壁板向外凸，负号表示侧壁板向内凹）。从图 6.1-13 可以看出，地下综合管廊侧壁板变形近似波浪形，上端凸出部分变形最明显，变形量最大，在下端恢复正常。随着埋深的增大，侧壁水平位移也随之增大，这种规律也与本研究模拟得出的实体试验结果吻合。

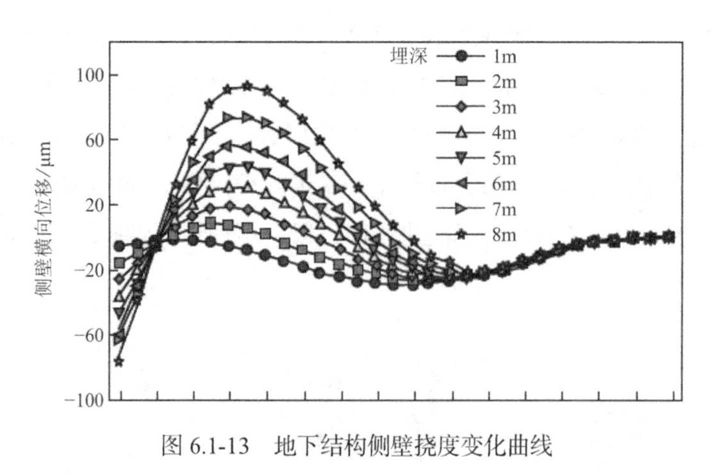

图 6.1-13　地下结构侧壁挠度变化曲线

2）外荷载作用下大型市政工程结构变形研究

对于大型地下综合设施的主体结构纵向一般采用变形缝分级原则，整个管廊结构共划分为若干节段，变形缝是管廊建筑和防水工程中的薄弱环节，但变形缝间距如果设置得太大，则不可能完全满足其规范要求；如果变形缝设置得太密，又会增加结构和建筑防水工程施工的难度。所以，选择适当的变形缝间距对综合管廊工程、地下调蓄库工程等的施工十分重要。在工程施工中为了避免结构物因伸缩、沉降和变形而发生破坏，在综合管廊底板、侧墙及顶板处设置变形缝，结合以上变形缝的设置要点，开展对变形缝设置间距及防水条件等方面的计算研究。

案例工程为城市地下综合管廊，管廊埋深为地下 1 层，截面形状为矩形，截面示意图见图 6.1-8。工程为钢筋混凝土剪力墙结构，耐久年限 50 年，地下室防水等级为二级。管廊标准断面 3.5m × 2.5m，埋深 3m，其侧壁、顶板及底板的厚度均为 300mm，设计要求每隔 20m 左右设置一道伸缩缝。土层分布为杂填土 2m、新黄土 5m、老黄土 3m、古土壤 5m，管廊顶部土体表面设置均布荷载 50kPa。模拟以下工况：

①管廊通长，无伸缩缝；

②每隔 25m 设置 30mm 伸缩缝；

③每隔 20m 设置 30mm 伸缩缝；

④每隔 10m 设置 30mm 伸缩缝。

（1）数值模拟模型的建立

图 6.1-14 为管廊三维整体示意图。管廊在施工时，为了防止边界效应的影响，需要考虑对四周土体应力、应变的影响。结合本工程的实际情况，根据管廊标准断面的尺寸 3.5m × 2.5m，伸缩缝厚度为 30mm。在建立模型时，土体尺寸长为 50m、宽为 35m、高为 15m。

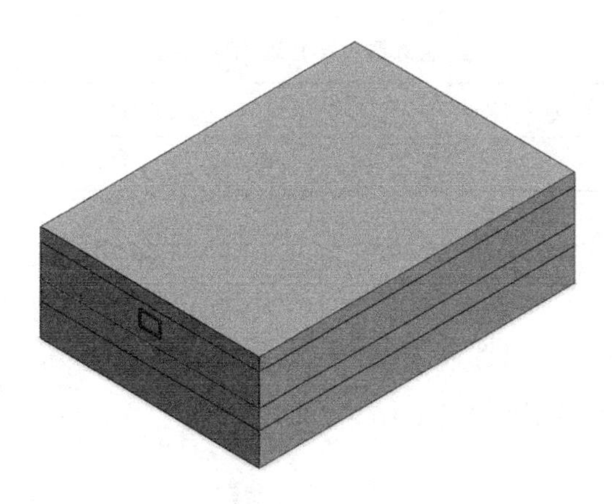

图 6.1-14　管廊三维整体示意图

为探究不同伸缩缝的距离布置对管廊沉降变形的影响，分别以 25m、20m、10m 为间隔设置伸缩缝，计算其变形大小，寻找最合适的伸缩缝布置方案，图 6.1-15 为管廊及不同间隔设置伸缩缝模型示意图。

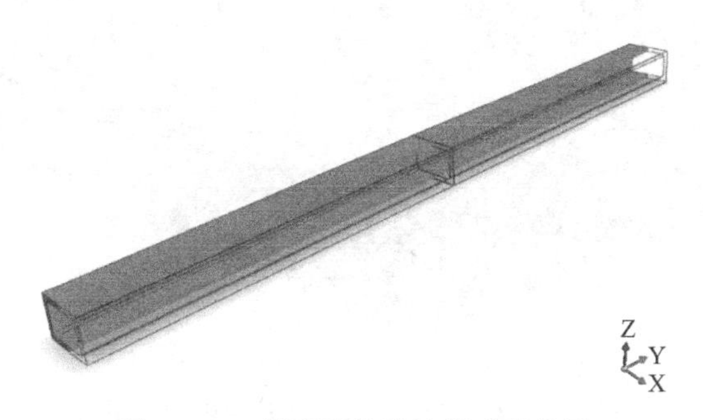

图 6.1-15　管廊及伸缩缝模型示意图

（2）参数的确定

在有限元计算模型的建立过程中，所涉及的材料类型主要包括：模型选取尺寸范围内的各土层、管廊和伸缩缝。其中土体采用平面应变单元模拟，本构关系选取摩尔-库仑本构模型；管廊可采用平面应变单元进行吸取网格，也可采用实体单元进行模拟，本构关系取为弹性。

参考地质勘察报告，建模过程中所用各种材料的主要力学参数见表 6.1-1、表 6.1-2。

（3）边界条件及荷载确定

岩层物理力学参数　　**表 6.1-1**

土层	重度/（kN/m³）	c/kPa	φ/°	弹性模量E/GPa	μ
杂填土	20	20	15	40	0.3
新黄土	20	28	23	40	0.3
老黄土	20	34	24.5	60	0.3
古土壤	19	34	25	70	0.3

其他材料主要物理力学参数　表 6.1-2

材料	重度/（kN/m³）	弹性E/GPa	μ
C25 混凝土	23	28	0.3
钢	78.5	216	0.2

三维模型底部节点分别施加垂直各个方向的位移约束，即X方向、Y方向位移约束、Z方向固定约束；为了模拟地上建筑物对管廊施工的影响，模型上部表面施加Z方向上的均布荷载 50kPa。对应的三维模型见图 6.1-16。

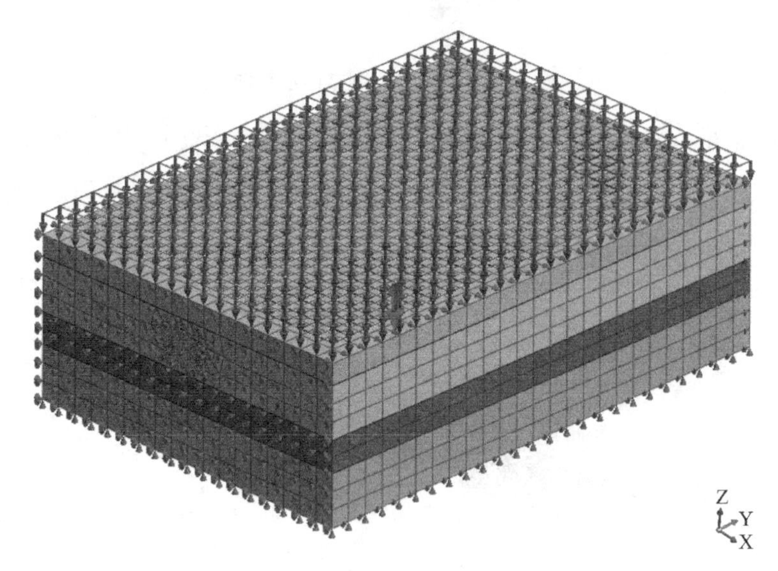

图 6.1-16　三维模型荷载及约束示意图

（4）定义施工阶段

有限元模型在施工阶段共分为两步来模拟管廊施工，具体施工过程如下：初始地应力平衡阶段，管廊还没有进行开挖，激活所有土体单元在重力荷载作用下形成土体的初始应力平衡，并且进行位移清零；管廊施工阶段，先进行管廊内部土体开挖，然后对开挖部分进行加固处理。

（5）结果分析

①管廊位移云图分析

由图 6.1-17 可知，当以 25m 为距离设置伸缩缝时，总位移分布规律为中间最大，依次向两端逐渐递减，管廊中部顶端最大位移为 6.1mm，顶部最小位移为 4.5mm；当以 20m 为距离设置伸缩缝时，总位移分布规律与 25m 设置伸缩缝一样，中间最大，依次向两端逐渐递减，且管廊中部顶端最大位移为 6.7mm，顶部最小位移为 4.9mm；由总位移云图可知，位移分布规律分别在 A、D 伸缩缝处最大，中间和两边较小，最大位移量为 6.3mm，靠近 D 伸缩缝处，最小位移沉降为 3.4mm。

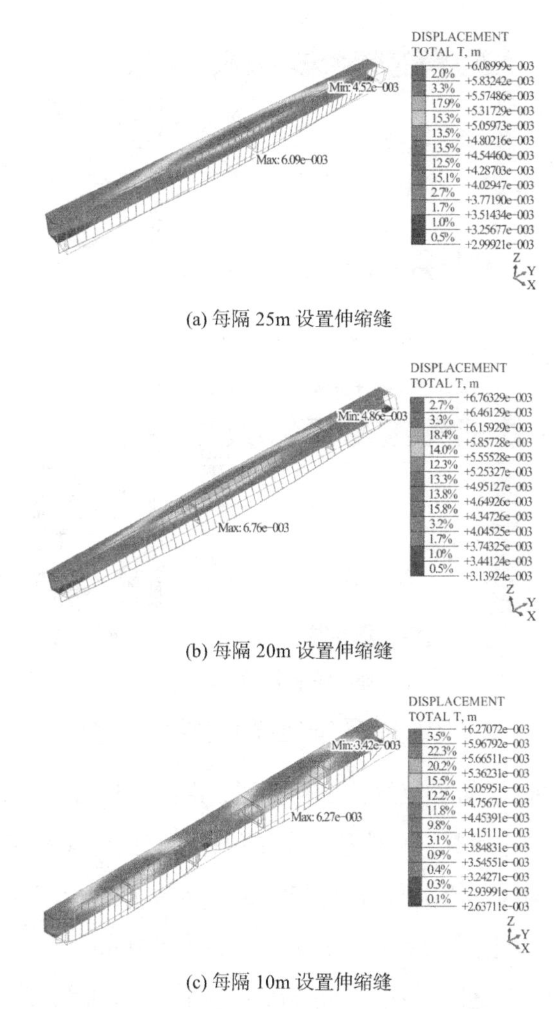

(a) 每隔 25m 设置伸缩缝

(b) 每隔 20m 设置伸缩缝

(c) 每隔 10m 设置伸缩缝

图 6.1-17　管廊不同间隔设置伸缩缝总位移云图

②伸缩缝位移云图分析

由图 6.1-18 每隔 25m 设置伸缩缝位移云图可知，伸缩缝顶部最大总位移为 6.1mm，最小总位移为 5.4mm；由于在土体顶部施加均布荷载，伸缩缝位移变形在水平方向呈现对称的变化趋势，伸缩缝在X负方向最大位移为 0.2mm，最小位移为 0.08mm，在X正方向最大位移为 0.2mm，最小位移为 0.08mm，在水平方向位移变化很小；伸缩缝位移在竖直方向的变化趋势是中间大，依次向两边减小，最大位移变化为 6.1mm，最小位移为 4.3mm。

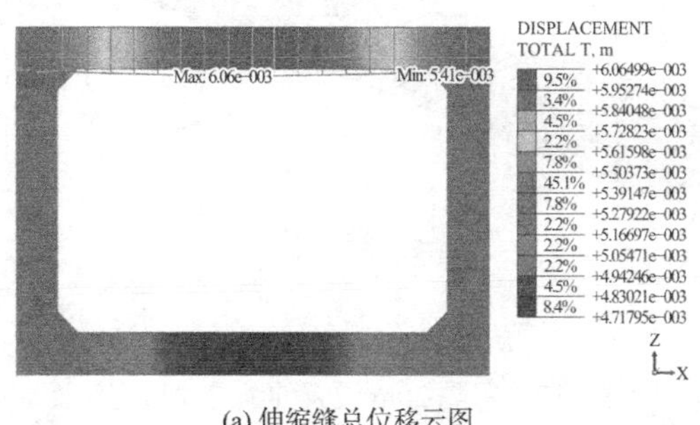

(a) 伸缩缝总位移云图

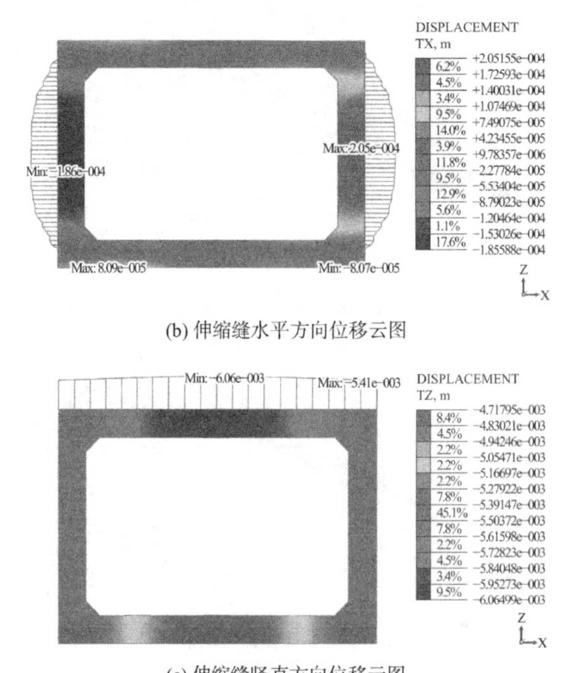

(b) 伸缩缝水平方向位移云图

(c) 伸缩缝竖直方向位移云图

图 6.1-18　每隔 25m 设置伸缩缝位移云图

图 6.1-19 为每隔 20m 设置伸缩缝位置标记图，由图 6.1-18 可知，A 伸缩缝与 B 伸缩缝由于受到土体上部的均布荷载，总位移、水平位移和竖向位移的变化规律一样。A 伸缩缝总位移变化情况是中间大，依次向两边逐渐减小，顶部最大位移为 6.7mm，最小位移为 5.9mm；B 伸缩缝顶部最大位移为 5.8mm，最小位移为 5.1mm。

A、B 伸缩缝在水平方向变形很小，如图 6.1-20 所示，A 伸缩缝在*X*负方向最大位移为 0.2mm，最小位移为 0.09mm，在*X*正方向最大位移为 0.2mm，最小位移为 0.09mm；B 伸缩缝在*X*负方向最大位移为 0.2mm，最小位移为 0.08mm，在*X*正方向最大位移为 0.2mm，最小位移为 0.08mm，说明均布荷载的施加使得伸缩缝在水平方向的变形很小。

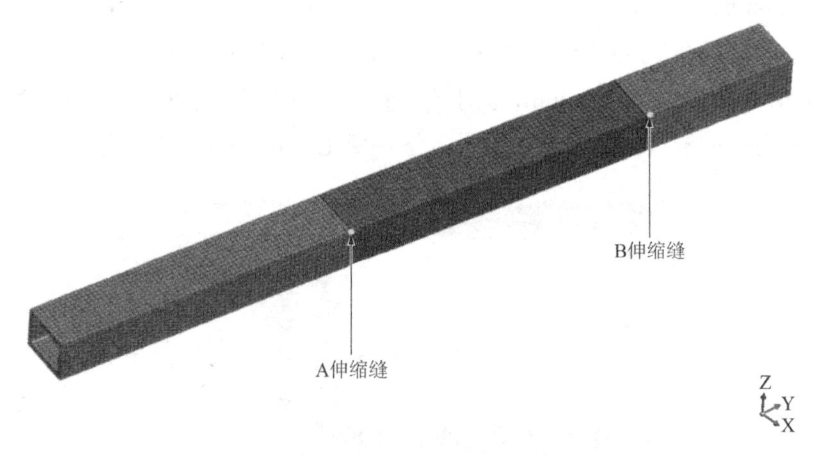

图 6.1-19　每隔 20m 设置伸缩缝位置标记图

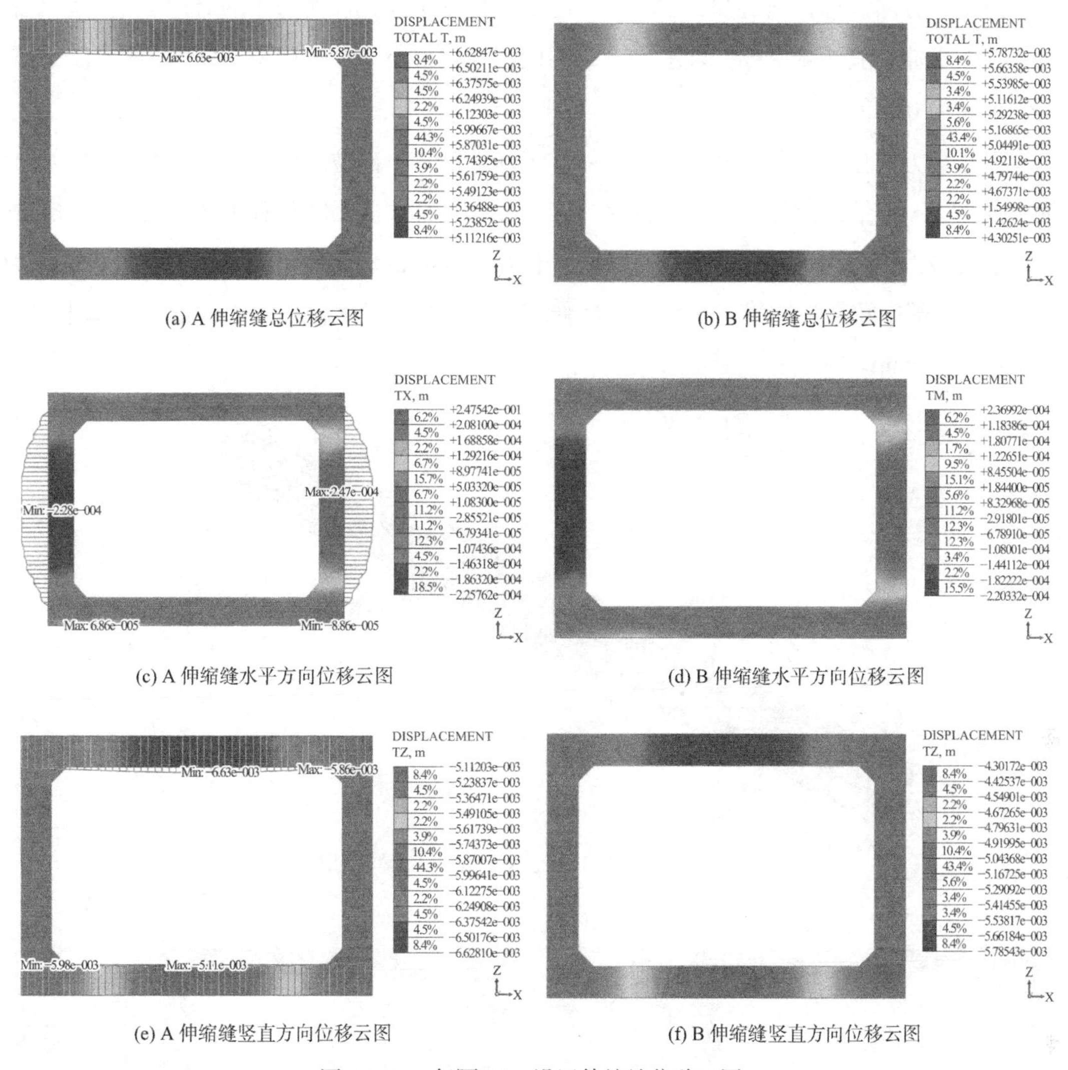

(a) A 伸缩缝总位移云图　　(b) B 伸缩缝总位移云图

(c) A 伸缩缝水平方向位移云图　　(d) B 伸缩缝水平方向位移云图

(e) A 伸缩缝竖直方向位移云图　　(f) B 伸缩缝竖直方向位移云图

图 6.1-20　每隔 20m 设置伸缩缝位移云图

A 伸缩缝顶端在竖直方向最大位移为 6.7mm，最小位移为 5.9mm，底端在竖直方向最大位移为 5.9mm，最小位移为 5.1mm，位移沉降相对差值很小；B 伸缩缝顶端在竖直方向最大位移为 5.3mm，最小位移为 4.3mm，底端在竖直方向最大位移为 5.7mm，最小位移为 5.1mm。

图 6.1-21 为每隔 10m 设置伸缩缝位置标记图，根据模拟结果，由图 6.1-22、图 6.1-23 可知，每隔 10m 设置伸缩缝时，A、B、C、D 四个伸缩缝的总位移、水平位移、竖直位移的变化规律是一致的。对于总位移变化来说，中间位移变化最大，依次向两边减小，呈对称变化，A 伸缩缝顶部中间最大位移为 6.1mm，两边最小位移为 5.7mm；B 伸缩缝顶部中间最大位移为 5.1mm，最小位移为 4.4mm；C 伸缩缝顶部中间最大位移为 6.1mm，最小位移为 5.7mm；D 伸缩缝顶部中间最大位移为 5.6mm，最小位移为 5.2mm。

由水平方向位移云图可知，水平方向的变形呈现中间大、两边小的对称变化趋势，最大位移位于伸缩缝两侧腰部，且水平方向的位移变化很小。A、B、C、D 四个伸缩缝的最大位移均为 0.1mm。

由竖直方向位移云图可知，最大位移位于伸缩缝上下部位的中间位置，两边位移变形依次减小。A 伸缩缝上部中间最大位移为 6.1mm，下部中间最大位移为 5.3mm；B 伸缩缝上部中间最大位移为 5.1mm，下部中间最大位移为 4.4mm；C 伸缩缝上部中间最大位移为 6.1mm，下部中间最大位移为 5.4mm；D 伸缩缝上部中间最大位移为 5.6mm，下部中间最大位移为 5.0mm。

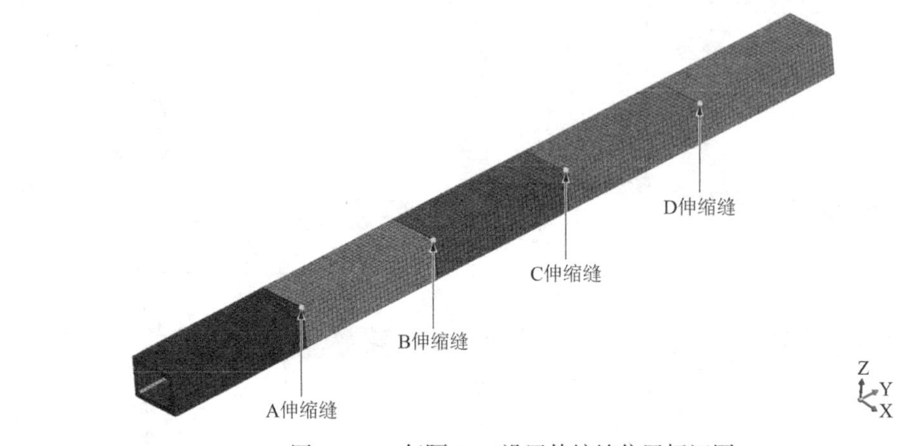

图 6.1-21　每隔 10m 设置伸缩缝位置标记图

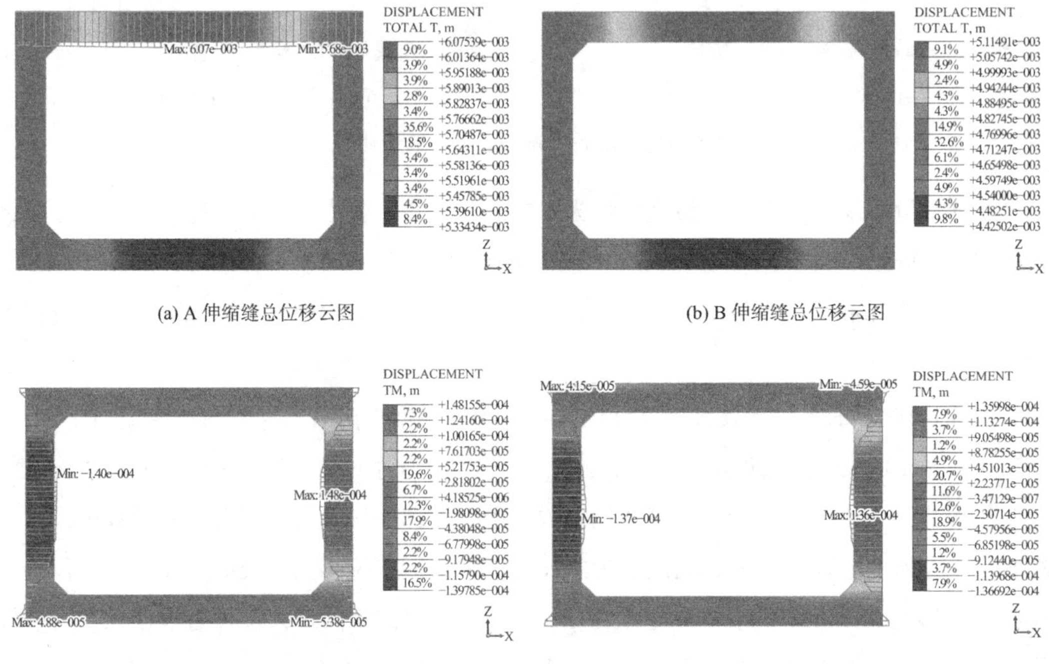

(a) A 伸缩缝总位移云图

(b) B 伸缩缝总位移云图

(c) A 伸缩缝水平方向位移云图

(d) B 伸缩缝水平方向位移云图

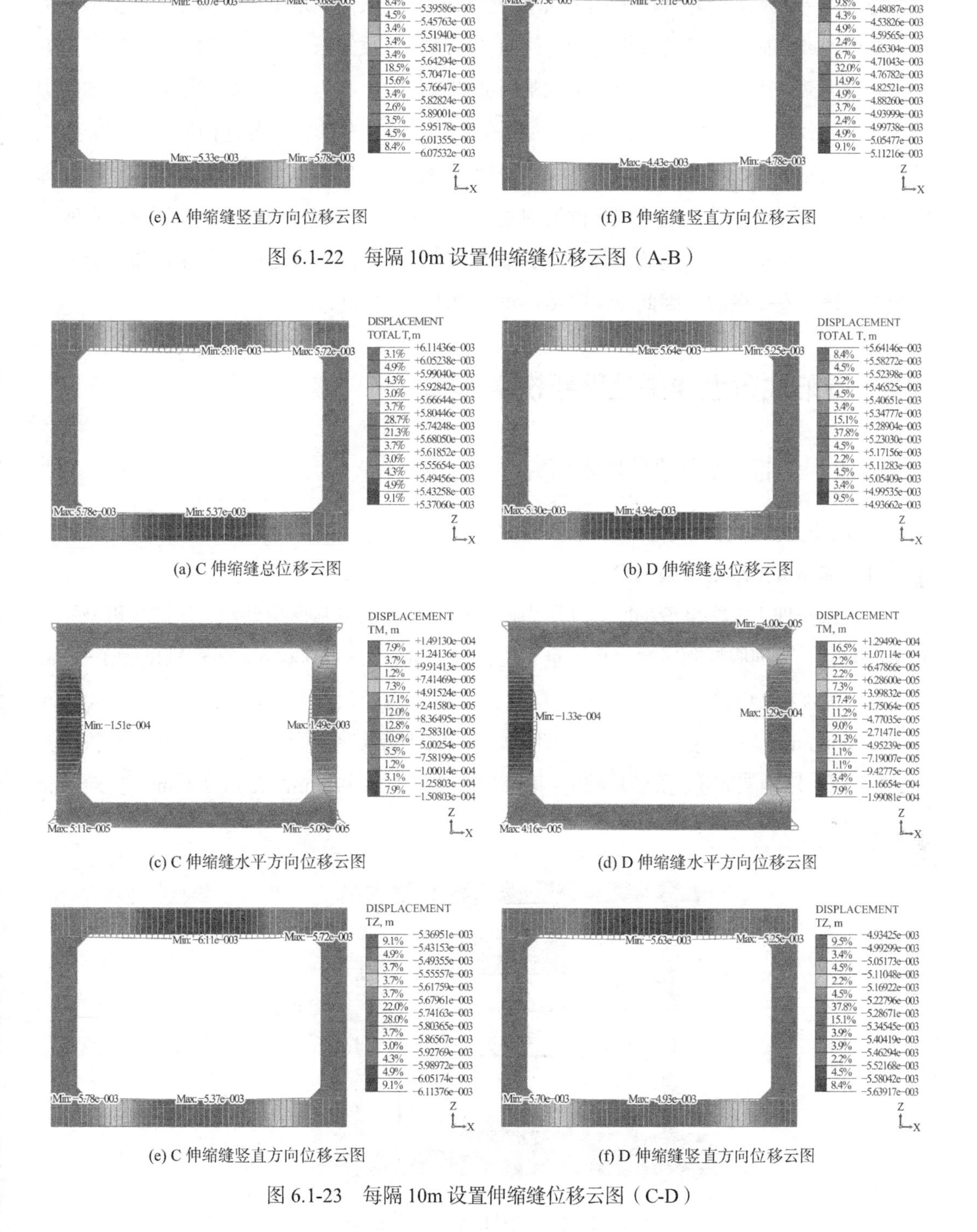

(e) A 伸缩缝竖直方向位移云图　　(f) B 伸缩缝竖直方向位移云图

图 6.1-22　每隔 10m 设置伸缩缝位移云图（A-B）

(a) C 伸缩缝总位移云图　　(b) D 伸缩缝总位移云图

(c) C 伸缩缝水平方向位移云图　　(d) D 伸缩缝水平方向位移云图

(e) C 伸缩缝竖直方向位移云图　　(f) D 伸缩缝竖直方向位移云图

图 6.1-23　每隔 10m 设置伸缩缝位移云图（C-D）

6.1.4　小结

本节研究了黄土地区大型市政结构在受荷作用下的地基大变形机理及破坏模式，并结合不同的地基土参数对不同埋置深度下的地基破坏模式进行分区。对于埋置的地下结构来说，地基内部的应力分布规律决定了地基的变形规律，从而使地下结构随之发生变形，将地下结构四周的荷载概括为覆土荷载，侧向的土压力以及侧墙土体的剪切力、基底反力五部分、外荷载作用下地下管廊引起的地基内部的附加应力则为各部分荷载引起的附加应力的叠加。荷载作用下，地下结构顶板变形近似抛物线形，从中间开始向内凹，中间竖向位移最大、两端竖向位移最小。随着埋深的增加，顶板竖向位移也逐渐增大。结构侧壁变形则在结构上部较为显著，随着埋深的增加侧墙的水平位移也随之增加。由此可见，在实际工程中应注重结构角点强度的加强，随着结构与地基接触的角点处应力集中现象，会使结构最先在该处发生破裂，因此应加强结构角点的防排水措施。

6.2 湿陷性黄土地基处理新技术研究

6.2.1 加筋黄土地基技术研究

1）加筋黄土地基承载特性研究

（1）加筋黄土地基模型试验

采用西安理工大学电液伺服长柱压力试验机开展加筋地基模型试验，该试验机型号为YAW-5000F，为伺服控制全数字化测量系统，最大试验力为5000kN，量测精度优于±1%，图6.2-1为加筋地基模型试验系统示意图。模型箱内径尺寸为900mm（长）×400mm（宽）×600mm（高），箱子由钢化玻璃制成，钢化玻璃的厚度为15mm。为了限制箱子变形，箱子周边用钢架固定。条形基础由钢材制成，其尺寸为396mm（长）×90mm（宽）×3mm（高）。

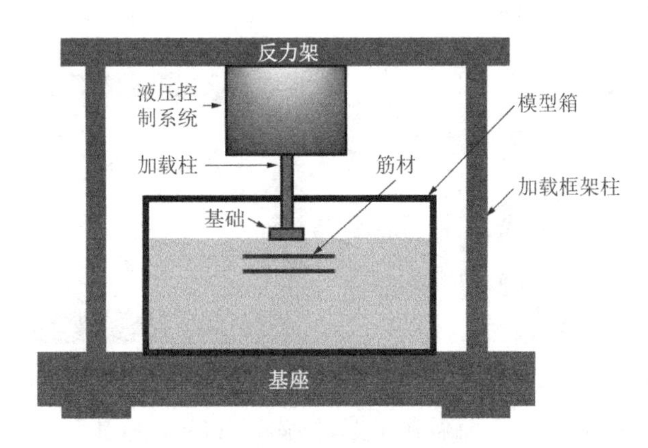

图6.2-1　加筋地基模型试验系统示意图

地基土选用湿陷性黄土，取自咸阳机场T5航站楼工地，自重湿陷性黄土场地浅基础地基的湿陷等级为Ⅳ级。模型试验中地基土为重塑黄土，为保证重塑黄土具有较大湿陷性，填土时控制地基土的压实度为 75%，对该压实度下所用黄土开展击实试验、湿陷性试验、直剪试验等一系列室内试验，得到的基本参数列于表 6.2-1。

试验中选用两种不同刚度的双向土工格栅作为加筋材料。采用万能试验机分别对两种土工格栅进行宽条拉伸试验，按照规范 ASTM D6637—2011，试验中对筋材施加的拉伸速率为 30mm/min。两种土工格栅详细的物理力学参数列于表 6.2-2 中。

加筋地基模型示意图如图 6.2-2 所示。共开展 5 组加筋地基模型试验，分别为 1 组无筋地基加载试验（LT1）和 4 组土工格栅加筋地基加载试验（LT2、LT3、LT4 和 LT5），具体方案列于表 6.2-3。

黄土物理力学参数　　表 6.2-1

密度/（g/cm³）	含水率/%	孔隙比	湿陷系数	液限	塑限	液性指数	塑性指数	压缩模量/MPa	压缩系数	内摩擦角/°	黏聚力/kPa
1.37	8	1.136	0.096	26.36	18.97	−0.21	7.39	2.7	0.79	16	12.6

土工格栅物理力学参数　　表 6.2-2

筋材类型	拉伸刚度/（kN/m）	极限强度/（kN/m）	极限延伸率/%
TGSG-15	220	15	11
TGSG-50	800	54	11

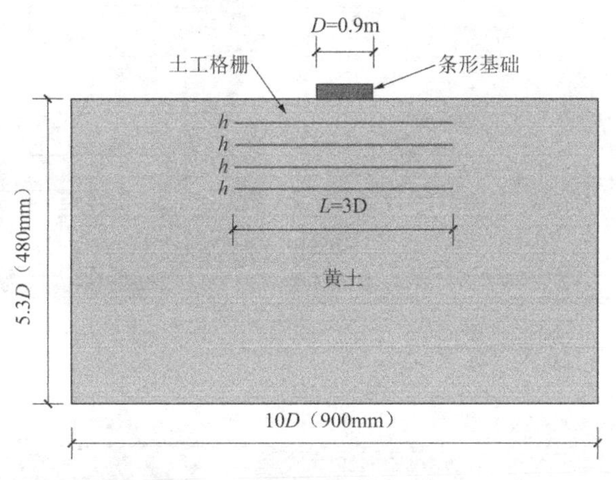

图 6.2-2　加筋地基模型示意图

加筋地基模型试验方案　　表 6.2-3

组号	筋材长度	筋材间距	筋材层数	筋材类型
LT1	—	—	—	—
LT2	3D	0.25*D*	4	TGSG-15
LT3	3D	0.25*D*	4	TGSG-50
LT4	3D	0.5*D*	4	TGSG-50
LT5	3D	0.5*D*	2	TGSG-50

地基模型的建造过程主要分为以下 4 个部分：

①地基土填筑。向模型箱内填入一定质量的黄土，用刮板（图 6.2-3）将土体表面刮平，然后用平板振动器将地基土夯平，最后采用夯锤将填筑土体夯实至相对密实度为 75%。经夯实后每层砂土厚度为 5cm。

②土工格栅铺设。对于无筋地基，重复此步骤直至地基土总高度达 480mm，此时便完成了地基模型的填筑过程。而对于加筋地基，当填筑至筋材预设高度时，将贴有应变片的土工格栅水平铺设于填土表面，如图 6.2-4 所示。为了保护应变片，将细颗粒砂土铺撒在相应的格栅应变片测点处。之后继续重复步骤②、③直至地基土总高度达 480mm，如图 6.2-5 所示。

③基础安装。地基土填筑完成后，将条形基础安装在加载杆上。

④监测元件的连接与检测。将所有应变片导线连接至数据采集仪 DH3816，然后通过电脑端的控制软件检测传感器是否正常。

以上是整个地基模型制备和传感器布置过程，下一步便是对地基模型进行加载，如图 6.2-6 所示。在地基加载前，在控制软件中设定数据采集仪的数据采集间隔为 2s，设定加载系统中基础加载速率为 3.0mm/min。待参数设置完成后，启动伺服作动器对地基进行加载。

图 6.2-3　试验装置图

图 6.2-4　应变片布置

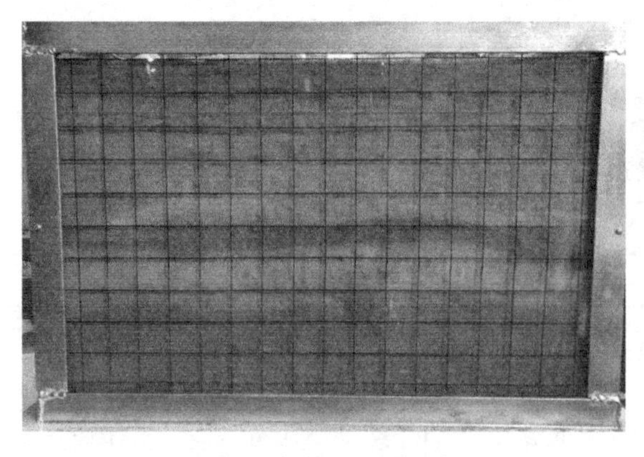

图 6.2-5　加筋地基填筑完成

图 6.2-6　加载系统

（2）模型试验结果分析

LT1 组试验（无筋地基）的荷载-沉降曲线如图 6.2-7 所示。峰值荷载已在图中标出。由图可知，随着基础沉降的增大，荷载先近似线性增大，*s/D*为 25%时，地基达极限状态，极限荷载为 538kPa，如图 6.2-7 中 a 点所示。a 点后荷载随沉降的增大减小，沉降达到*s/D*为 34%时（即图 6.2-7 中 b 点）地基破坏面形成。荷载-沉降曲线符合浅基础下地基发生整体剪切破坏的曲线特征。

图 6.2-8 为 LT2 组试验的荷载-沉降曲线，图中 a～e 点分别为加载过程中筋材尚未变形、首层筋材拉力达到极限状态、首层筋材断裂、第二层筋材拉力达到极限和两层筋材均已断裂 5 个阶段的特征点。这 5 个特征点对应的沉降分别为 0.19*D*、0.38*D*、0.43*D*、0.53*D* 和 0.65*D*。由图可知，LT2 组的荷载-沉降曲线有两个峰值荷载，分别为 875kPa 和 903kPa。

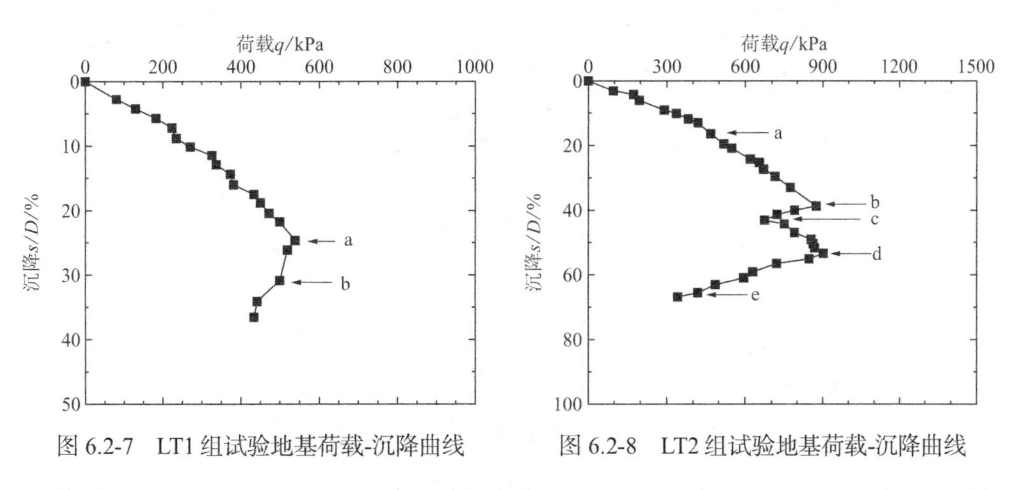

图 6.2-7 LT1 组试验地基荷载-沉降曲线　　图 6.2-8 LT2 组试验地基荷载-沉降曲线

图 6.2-9 为 LT3 组试验的荷载-沉降曲线，图中 a～d 点分别为筋材少量变形、底层筋材拉力达到极限、底层筋材已断裂、全部已断裂 4 个阶段的特征点。这 4 个特征点对应的沉降分别为 0.4*D*、0.6*D*、0.8*D*、0.9*D*。由图可知，LT3 组试验荷载-沉降曲线特征与 LT1 组相同，也只有一个峰值荷载，其值为 1765kPa，大于 LT1、LT2 组峰值荷载。

图 6.2-10 为 LT4 组试验的荷载-沉降曲线，图中 a～d 点分别为筋材少量变形、首层筋材拉力达到极限、首层筋材已断裂、全部筋材已断裂 4 个阶段的特征点，这 4 个特征点对应的沉降分别约为 0.25*D*、0.46*D*、0.75*D*和 0.9*D*。由图可知 LT4 组试验荷载-沉降曲线只有一个峰值荷载，峰值荷载为 1238kPa，大于 LT1、LT2 组试验的峰值荷载，小于 LT3 组试验的峰值荷载。

图 6.2-11 为 LT5 组试验的荷载-沉降曲线，图中 a～e 点分别为加载过程中筋材尚未变形、首层筋材拉力达到极限状态、首层筋材断裂、第二层筋材拉力达到极限和两层筋材均已断裂 5 个阶段的特征点。这 5 个特征点对应的沉降分别为 0.15*D*、0.3*D*、0.4*D*、0.45*D*和 0.6*D*。由图可知，LT5 组试验荷载-沉降曲线特征与 LT2 组试验类似，即有两个峰值荷载，第一个峰值荷载为 672kPa，第二个峰值荷载为 738kPa。

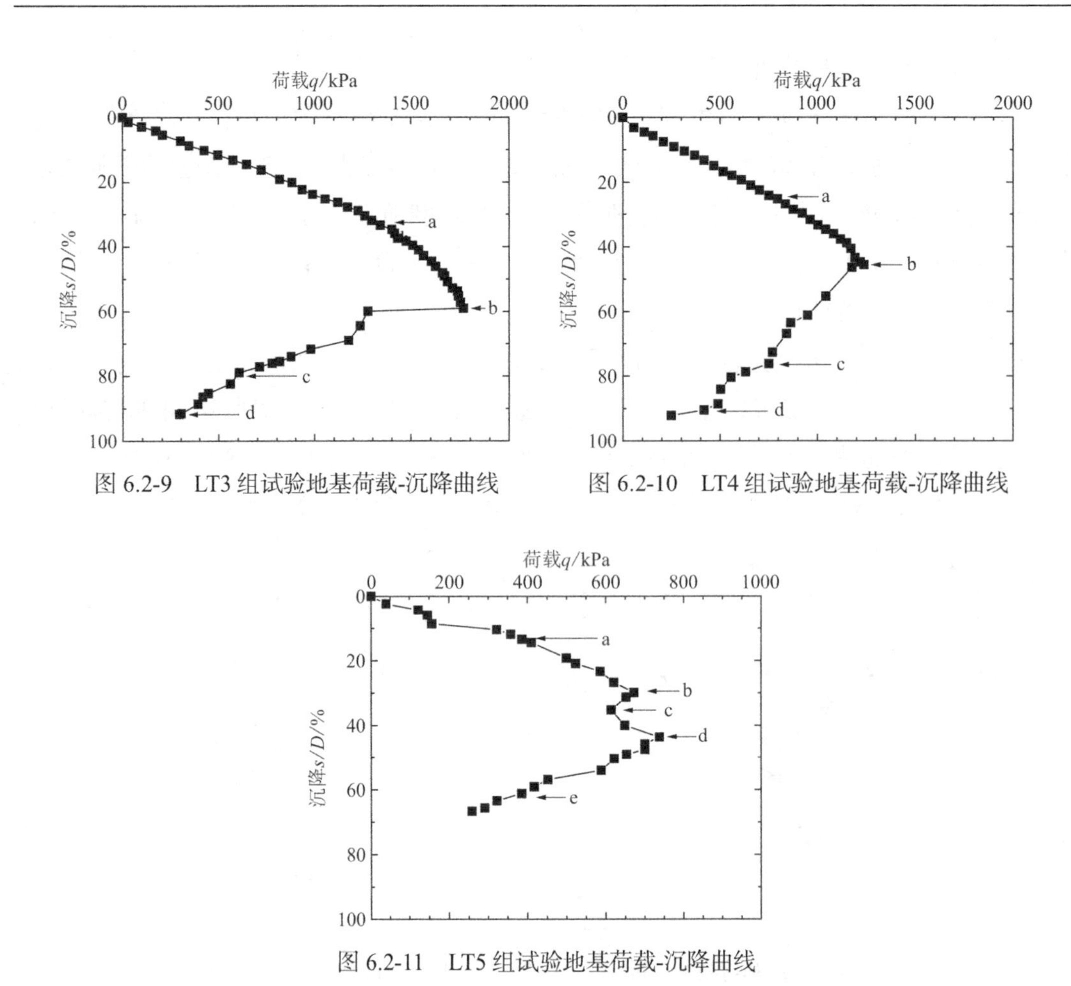

图 6.2-9　LT3 组试验地基荷载-沉降曲线

图 6.2-10　LT4 组试验地基荷载-沉降曲线

图 6.2-11　LT5 组试验地基荷载-沉降曲线

图 6.2-12 为 LT2 和 LT3 加筋地基中各层筋材各个测点处应变随基础沉降的变化。应变正值表示拉应变，而负值表示压应变，其中压应变产生的原因是加载过程中基础下方及边缘附近土体会对周围土体产生挤压作用，受挤压土体对筋材锚固段产生向外作用力，进而导致筋材部分区域受压弯曲。需要说明的是在应变片粘贴过程中，由于筋材横纵肋表面并非完全平整，因此应变片会预先产生由于弯曲引起的一部分应变，进而导致应变片最大量程小于 2%。此外，在筋材铺设过程中，对上覆土体的夯实损坏了部分测点处的应变片，比如 LT2 中第二层的测点 7 和第四层的测点 8 以及 LT3 中第一层测点 3 和第四层测点 2。

与低刚度筋材（TGSG-15）相比，高刚度筋材（TGSG-50）的拉、压应变均较小，这是由于筋材刚度越高其抵抗变形的能力越强。总体上各层筋材拉应变均随基础沉降的增加而增大。LT2 中第一层和第二层筋材压应变随基础沉降的增加先逐渐增大而后减小，而第三层和第四层筋材压应变随基础沉降的增加而逐渐增大，这是由于在基础沉降过程中基础范围外土体发生剪胀隆起，导致筋材局部处于受压状态，之后随基础沉降进一步增加，基础范围内浅部土体压缩变形增大，致使埋深较浅的筋材沉降变形逐渐增大并拉拽基础范围外的筋材，因而筋材压应变逐渐减小。

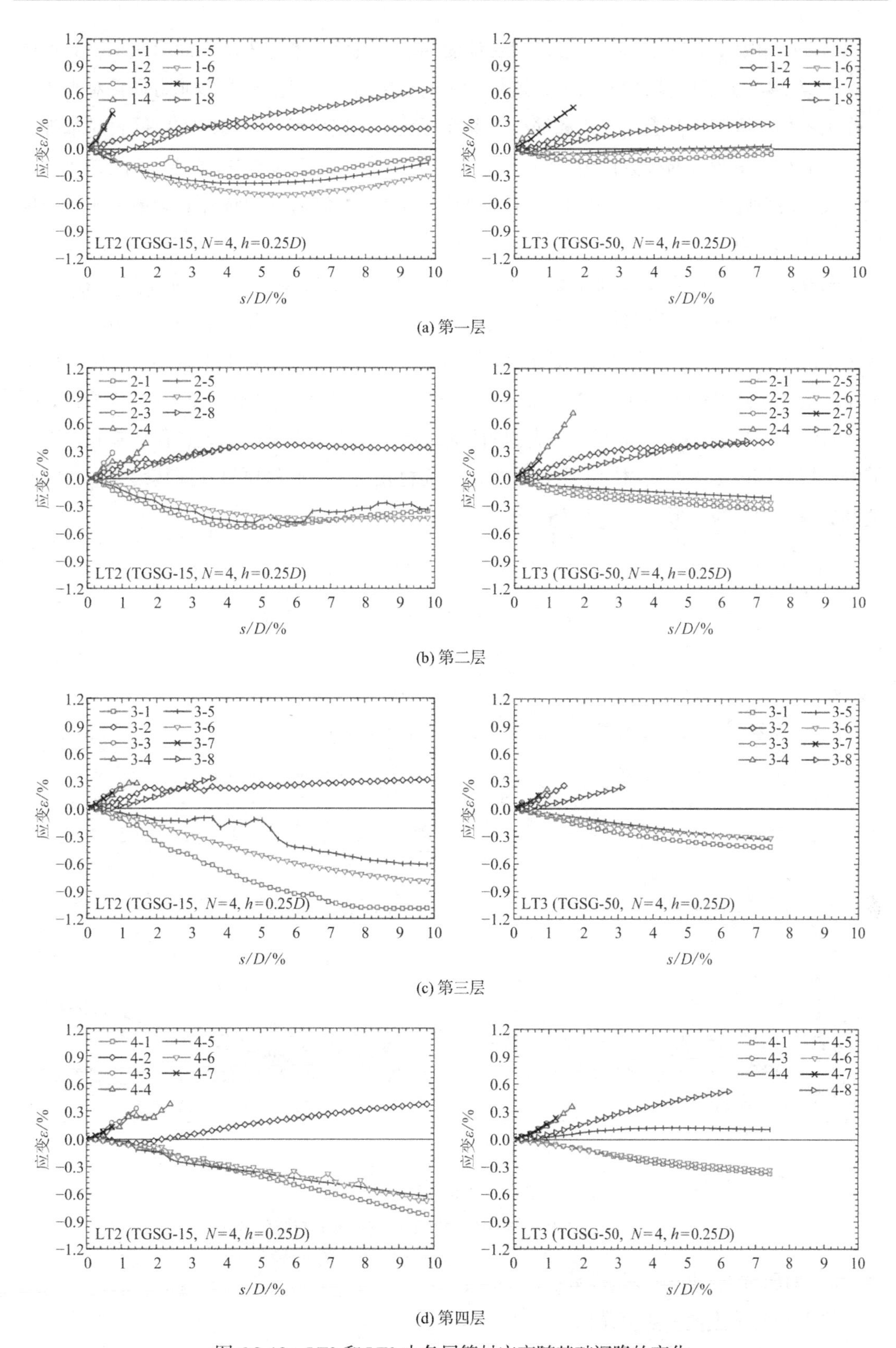

(a) 第一层

(b) 第二层

(c) 第三层

(d) 第四层

图 6.2-12　LT2 和 LT3 中各层筋材应变随基础沉降的变化

与 LT2 相比，LT3 中仅第一层筋材压应变随基础沉降的增加先增大而后减小，其他层筋材压应变均随沉降的增加而增大，这是因为高刚度筋材自身抵抗变形能力强且对土体约束作用较强，则基础范围内土体和筋材沉降变形较小，仅使埋深很浅的首层筋材对基础范围外的筋材产生较大的拉拔作用。各层筋材最大拉应变均位于基础中心附近（测点 3 和 4），而最大压应变除 LT2 中的第一层位于距基础中心 1.25 倍基础直径处外，其余最大压应变均位于 1 倍基础直径处。

图 6.2-13 为 LT4 和 LT5 加筋地基中各层筋材各个测点处应变随基础沉降的变化。需要注意的是，LT4 中第二层筋材上测点 6 处的应变片在土体填筑过程中已损坏。由图可见，两种工况中筋材拉应变均随基础沉降的增加而增大，最大拉应变发生于基础中心附近而最大压应变位于距基础中心 1～1.25 倍的基础直径处。与四层格栅加筋地基（LT3）相比，两层筋材加筋的地基（LT4）中筋材压应变明显减小，这是由于在基础加载过程中基础范围内筋材拉拽基础范围外的筋材向下运动，与四层筋材相比两层筋材更易发挥其膜效应，因而使其更易产生受拉变形。

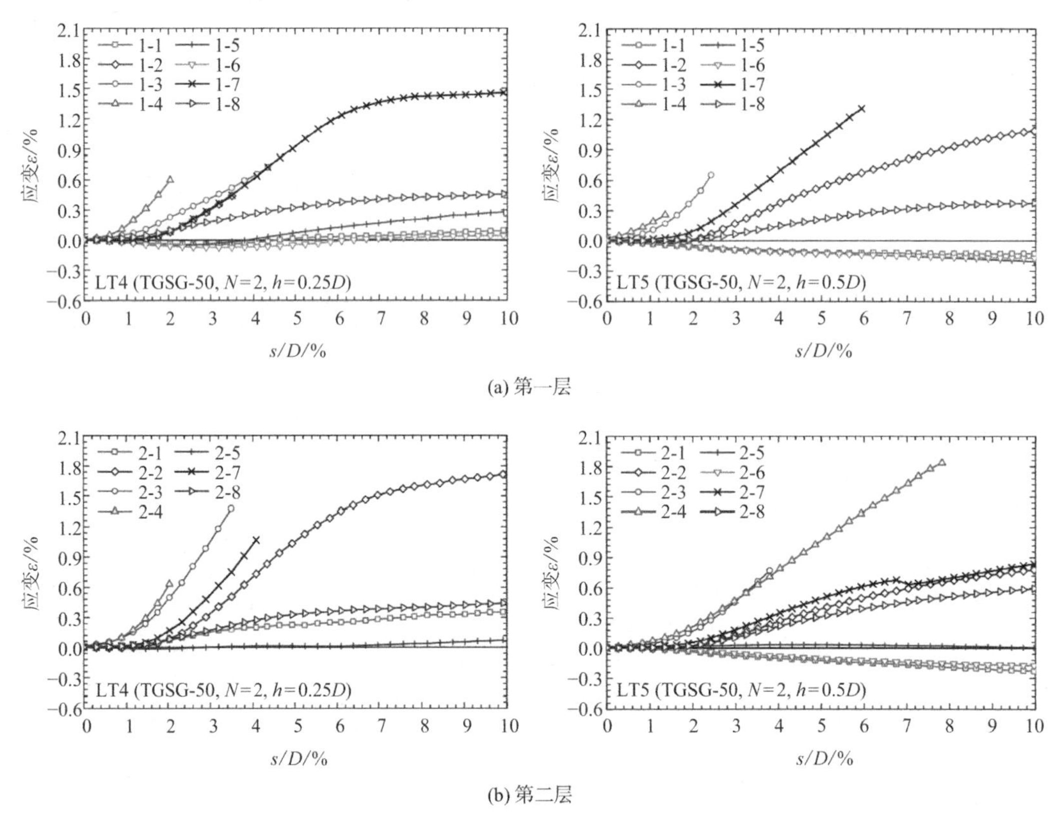

(a) 第一层

(b) 第二层

图 6.2-13 LT4 和 LT5 中各层筋材应变随基础沉降的变化

2）加筋黄土地基破坏机理分析

（1）加筋黄土地基数值模拟

基于加筋地基模型试验，采用有限差分数值软件 FLAC2D 建立了加筋地基二维数值模型，用以模拟加筋黄土地基在条形基础荷载下的变形和破坏过程。需要说明的是本节仅对 LT3 组和 LT4 组模型试验进行了数值模拟，以验证所建立数值模型的可靠性。数值模型尺寸与模型试验所模拟的原型尺寸一致，如图 6.2-14 所示。模型中施加的边界条件根据试验中模型箱边界条件设置为：左右两侧边界限制其x方向位移，底部边界限制其x和y方向位移。

模型中材料包括地基土和筋材，其中地基土采用摩尔-库仑本构模型参数见表 6.2-4。

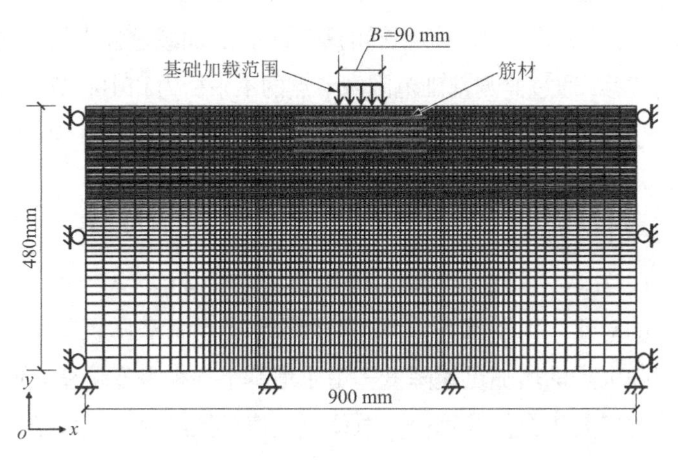

图 6.2-14　加筋地基数值模型

黄土本构模型参数　表 6.2-4

参数	数值
弹性模量E/MPa	2.7
泊松比ν	0.3
黏聚力c/kPa	12.6
内摩擦角φ/°	16
剪胀角ψ/°	0
密度ρ/（kg/m³）	1370

采用 FLAC2D 中的 Cable 结构单元来模拟筋材，两种筋材的详细输入参数列于表 6.2-5 中。原有的 Cable 单元可实现在拉、压中屈服，屈服后长度可无限延伸，但轴力不会瞬间降为零。为了模拟加筋地基在加载过程中筋材断裂的情况，需对内置的 Cable 结构单元进行修正，以实现筋材达到其极限抗拉强度后断裂失效的模拟。

筋材参数　表 6.2-5

参数	TGSG-15	TGSG-50
弹性模量E_r/MPa	120	220
截面周长P_r/m	2	2
横截面积A_r/（m²/m）	3×10^{-3}	1.2×10^{-3}
筋土界面剪切刚度K_{sr}/（MN/m/m）	2.36	35.8

续表

参数	TGSG-15	TGSG-50
筋土界面粘结力C_{sr}/（MN/m/m）	0	0
筋土界面摩擦角φ_{sr}/°	27	32

数值模拟中通过对基础宽度90mm范围内的网格节点施加一定的速率（2.0×10^{-5}m/step）来模拟实际中基础的加载过程。为模拟粗糙的基础底面，加载过程中约束地基表面基础范围内节点的x和y方向位移。通过监测基础范围内节点的不平衡力和中心节点的竖向位移以获得基础荷载-沉降曲线，通过监测各个 Cable 单元体内的轴力可得到不同加载时刻筋材拉力分布。

（2）数值模拟结果分析

图6.2-15为LT3组试验工况（TGSG-50加筋、$h=0.25D$、$N=4$）荷载-沉降曲线的试验和数值模拟结果的对比。由图可知，地基达极限状态前荷载随沉降的增加逐渐增大，而当地基破坏后荷载随沉降的增加迅速降低。由于地基土与模型箱侧壁之间存在摩阻力，试验得到的极限承载力略大于数值计算值。总体上数值模拟结果与试验结果吻合很好。

图6.2-16为不同基础沉降时LT3组试验工况（TGSG-50加筋、$h=0.25B$、$N=4$）的水平和竖向位移分布。由图可知，在加载初期（$s/D=10\%$），地基内水平和竖向位移极小；基础沉降进一步增大到$s/D=40\%$时，加筋区内及其下方土体产生了明显的水平位移，且竖向沉降也显著增大，基础两侧发生一定的隆起变形；当基础加载至极限承载力时（$s/D=54.6\%$），加筋区下方左右角点处非加筋区土体的水平位移远大于加筋区内土体，竖向沉降和隆起变形也进一步增大；当基础加载至$s/D=55.1\%$时，第四层筋材发生断裂；当基础继续加载至$s/D=55.7\%$时，第三层筋材也已断裂，加筋区下方土体水平位移的范围进一步增大且竖向沉降更加不均匀。

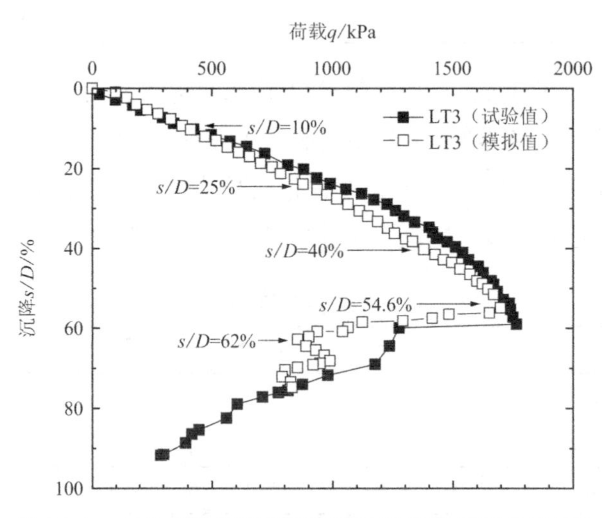

图6.2-15 LT3组数值模拟和模型试验荷载-沉降曲线对比

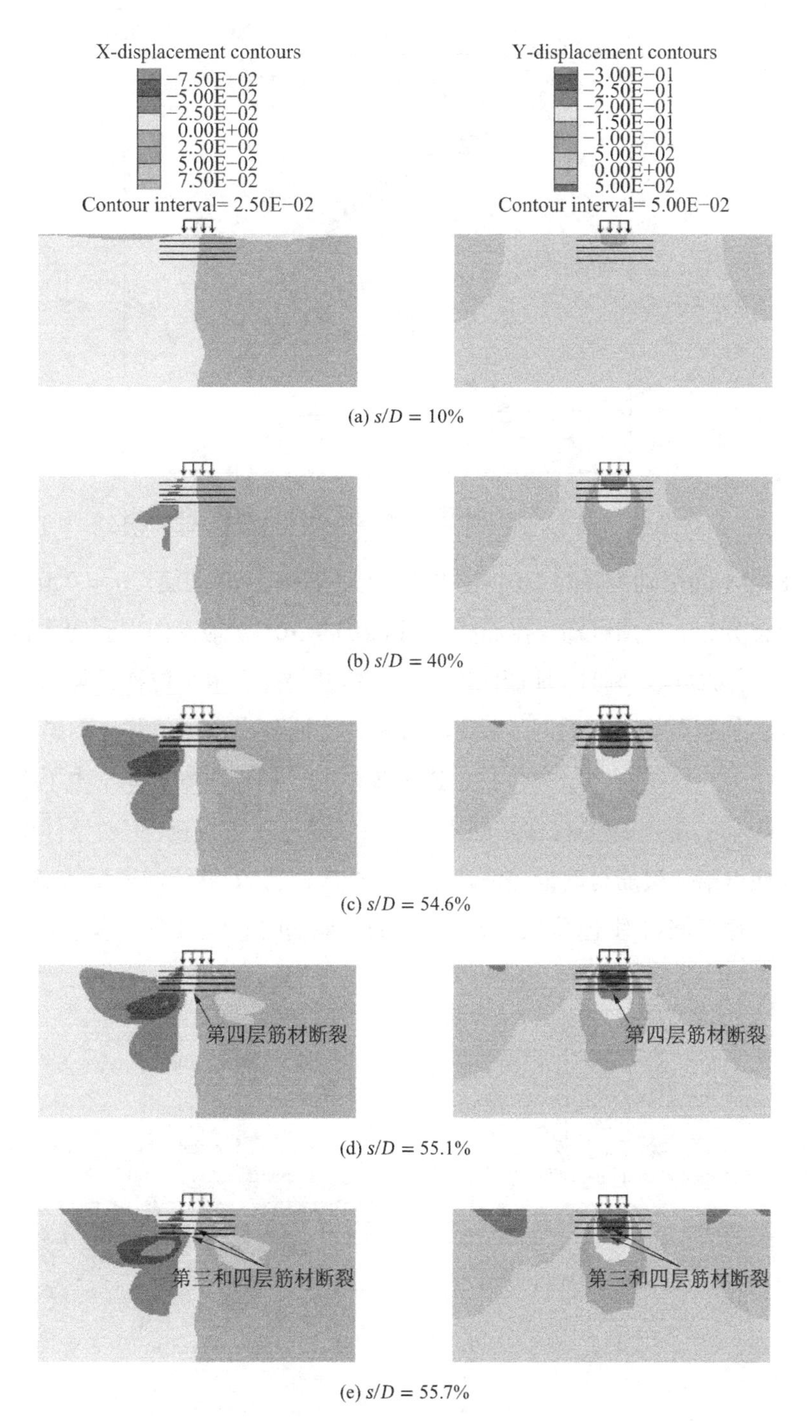

(a) $s/D = 10\%$

(b) $s/D = 40\%$

(c) $s/D = 54.6\%$

(d) $s/D = 55.1\%$

(e) $s/D = 55.7\%$

图 6.2-16　不同基础沉降时 LT3 组试验工况的水平和竖向位移分布

图 6.2-17 为不同基础沉降时 LT4 组试验工况（TGSG-15 加筋、$h = 0.5D$、$N = 4$）荷载-沉降曲线的试验和数值模拟结果对比。由图可见，总体上数值模拟结果与试验结果吻合很好。

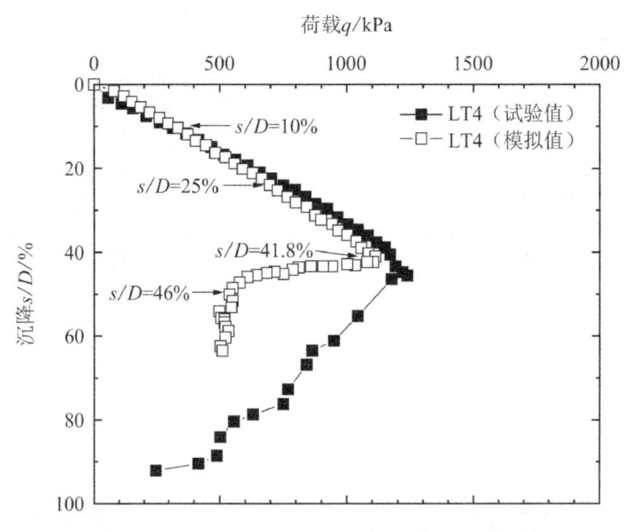

图 6.2-17　LT4 组数值模拟和模型试验荷载-沉降曲线对比

图 6.2-18 为不同基础沉降时 LT4 组试验工况（TGSG-50 加筋、$h = 0.5D$、$N = 4$）的水平和竖向位移分布。由图可知，在加载初期（$s/D = 10\%$）地基内以竖向位移为主，几乎没有水平位移；当$s/D = 25\%$时，加筋区下方的土体开始产生水平位移且竖向位移的大小和范围明显增大；加载至峰值荷载时（$s/D = 41.8\%$），地基内水平位移范围显著增大且向加筋区两侧及其下方土体扩展，竖向位移也进一步增大且基础两侧土体发生了隆起变形；当加载至$s/D = 42\%$时，第一层筋材在基础边缘延长线处已发生断裂，但对整体位移场分布基本无影响，仅使得第一层筋材附近土体水平位移增大；当s/D继续增大至 42.5%时，四层筋材已全部断裂，由于筋材对土体的约束作用减弱，地基内土体水平位移进一步增大。

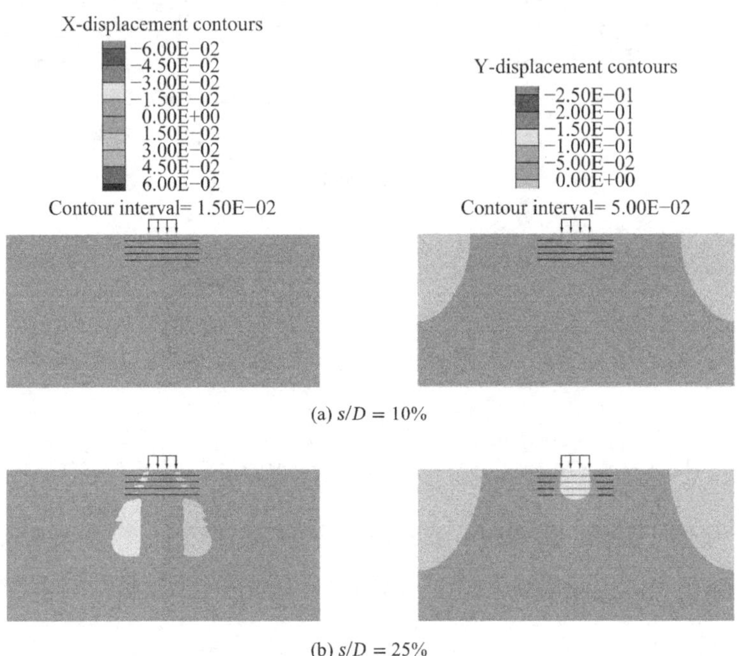

(a) $s/D = 10\%$

(b) $s/D = 25\%$

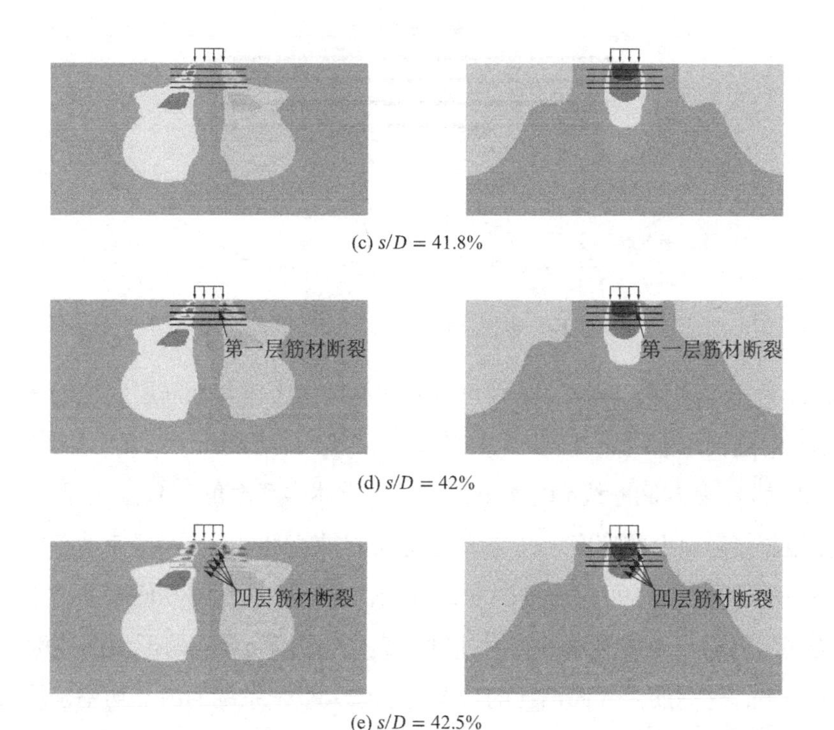

(c) $s/D = 41.8\%$

(d) $s/D = 42\%$

(e) $s/D = 42.5\%$

图 6.2-18　不同基础沉降时 LT4 组试验工况的水平和竖向位移分布

3）加筋黄土地基极限承载力计算方法研究

本书考虑了底部筋材与土颗粒界面的摩擦力，基于冲剪破坏模式，采用极限分析中的上限解法对加筋地基承载力公式进行推导。上限解法的基本原理是：假设土体为理想弹塑性材料，且服从相关流动法则，则土体的内部耗散功率一定不小于外力功率。对于无筋地基来说，内部耗散功率主要为土体黏聚力沿破坏滑动面所做的功，外力功率主要包括基础荷载、超载以及土重所做的功。对于加筋地基来说，内部耗散功率主要为筋土界面摩擦所消耗的功。故加筋地基上限解法的一般表达式为：

$$W_{\mathrm{r}} \geqslant W_{\mathrm{qu}} + W_{\mathrm{q}} + W_{\gamma} \tag{6.2-1}$$

式(6.2-1)等号左侧为内部功率，右侧为外部功率；其中W_{r}为筋土界面摩擦消耗的功率，W_{qu}、W_{q}和W_{γ}分别为基础荷载、超载以及土重所作的功率。

本书采用了多块体运动机构（图 6.2-19）对加筋地基承载力上限解进行推导。研究表明，多块体运动机构所得到的承载力上限解优于将破坏滑动面过渡区假设为对数螺旋线或圆弧所得到的上限解。

图 6.2-19 中，l_i为第i个三角形块体中OB_i边的长度，d_i为A_iB_i的长度。这一破坏模式变量为θ、α_i和β_i（$i = 1,2,\cdots,n$，n为基础一侧划分的三角形块数），该破坏滑动面形状随着这些变量的变化而变化，上限解法就是通过最优化算法得到承载力最小时所对应的θ、α_i和β_i，从而确定加筋层底部土体的最优破坏滑动面。

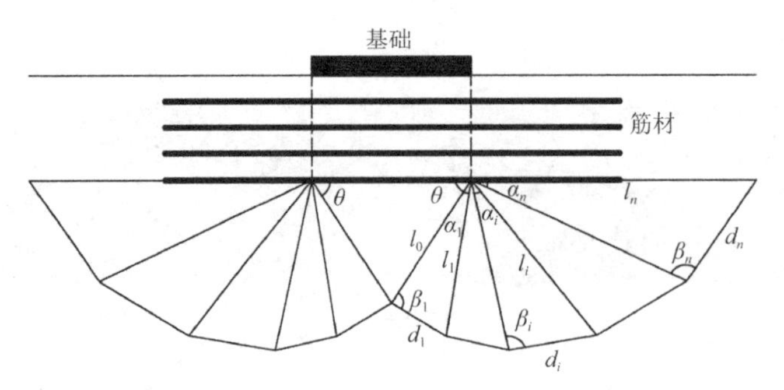

图 6.2-19 多块体运动机构破坏模式示意图

图 6.2-20 为相容速度矢量图，基础正下方加筋层内土体与加筋层底部的三角形楔体作为刚体随基础等速向下移动，速度为V_0。在基础两侧对称分布n个三角形刚体，第i个三角形块体的速度为V_i，其与间断线d_i的夹角为φ（φ为土体内摩擦角），$V_{i,i+1}$为第i个与第$i+1$个三角形块体相邻接触面上的速度，其与该接触面l_i的夹角也为φ。根据速度相容原理，在速度方向唯一确定的情况下，可以根据图 6.2-20（b）和（c）所示的几何关系唯一确定速度的大小。V_{rs}为底层筋材与土体界面的相对速度，其大小为第n个三角形块体速度的水平分量［图 6.2-20（d）］，这一筋土界面消耗的功率将会增大整个系统的内部功率，从而使加筋地基承载力得到提高。

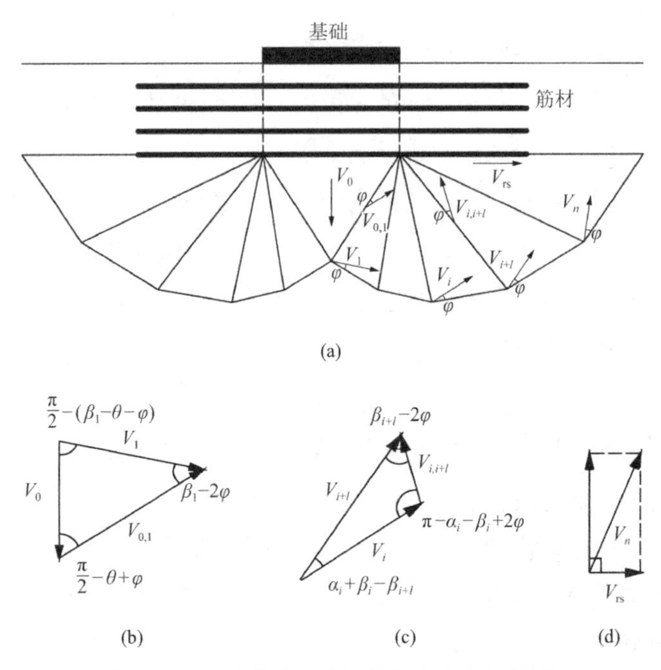

图 6.2-20 多块体运动机构相容速度矢量图

根据图 6.2-19 和图 6.2-20 所示的几何关系，可以得出：

$$V_0=\frac{\sin(\beta_1-2\varphi)}{\cos(\theta-\varphi)}V_1 \tag{6.2-2}$$

$$V_i = V_1 \prod_{j=2}^{i} \frac{\sin(\beta_{j-1} + \alpha_{j-1} - 2\varphi)}{\cos(\beta_j - 2\varphi)} \tag{6.2-3}$$

$$l_0 = \frac{B}{2\cos\theta} \tag{6.2-4}$$

$$l_i = l_0 \prod_{j=1}^{i} \frac{\sin\beta_j}{\cos(\alpha_j + \beta_j)} \tag{6.2-5}$$

$$d_i = \frac{\sin\alpha_i}{\sin\beta_i} l_i$$

$$S_i = \frac{1}{2} l_i d_i \sin(\alpha_i + \beta_i) \tag{6.2-6}$$

式(6.2-6)中的S_i为基础一侧第i个三角形块体的面积。

图 6.2-20 中第i个三角形块体重力作的功率为：

$$W_{\gamma i} = S_i \gamma V_i \sin\left(\beta_i - \varphi - \theta \sum_{j=1}^{i-1} \alpha_j\right) \tag{6.2-7}$$

将所有三角形块体重力作的功率相加并整理即得到土体重力作的总功率：

$$W_\gamma = \frac{1}{2} \gamma B^2 V_1 G_\gamma \tag{6.2-8}$$

其中，

$$G_\gamma = \frac{1}{2\cos^2\theta} \frac{\sin\beta_1 \sin\alpha_1 \sin(\beta_1 - \theta - \varphi)}{\sin(\alpha_1 + \beta_1)} + \frac{1}{2}\tan\theta \frac{\sin(\beta_1 - 2\varphi)}{\cos(\theta - \varphi)} + \sum_{i=1}^{n}\left[\frac{1}{2\cos^2\theta} \frac{\sin(\alpha_i + \beta_i)}{\sin\beta_i} \sin\left(\beta_i - \varphi - \theta - \sum_{j=1}^{i-1}\alpha_j\right) \prod_{j=1}^{i} \frac{\sin^2\beta_j}{\sin^2(\alpha_j + \beta_j)} \prod_{j=1}^{i} \frac{\sin(\beta_{j-1} + \alpha_{j-1} - 2\varphi)}{\sin(\beta_j - 2\varphi)}\right] \tag{6.2-9}$$

超载做的功率：

$$W_q = qBV_1 G_q \tag{6.2-10}$$

其中，

$$G_q = \frac{1}{\cos\theta} \sin\left(\beta_n - \varphi - \theta - \sum_{j=1}^{n-1}\alpha_j\right) \prod_{j=1}^{n} \frac{\sin^2\beta_j}{\sin^2(\alpha_j + \beta_j)} \prod_{j=2}^{i} \frac{\sin(\beta_{j-1} + \alpha_{j-1} - 2\varphi)}{\sin(\beta_j - 2\varphi)} \tag{6.2-11}$$

基础荷载做的功率：

$$W_{qu} = q_u BV_1 G_{qu} \tag{6.2-12}$$

其中，

$$G_{qu} = \frac{\sin(\beta_1 - 2\varphi)}{\cos(\theta - \varphi)} \tag{6.2-13}$$

筋土界面摩擦消耗的内部功率：

$$W_{\mathrm{r}} = \gamma D_{\mathrm{r}}(L - B)\tan\delta\, V_1 G_{\mathrm{f}} \tag{6.2-14}$$

其中，

$$G_{\mathrm{f}} = \prod_{j=2}^{n} \frac{\sin(\beta_{j-1} + \alpha_{j-1} - 2\varphi)}{\sin(\beta_j - 2\varphi)} \cos\left(\beta_n - \varphi - \theta - \sum_{j=1}^{n-1}\alpha_j\right) \tag{6.2-15}$$

将式(6.2-12)、式(6.2-14)、式(6.2-16)代入式(6.2-1)整理得加筋地基极限承载力为：

$$q_{\mathrm{u}} = \frac{1}{2}\gamma B N_{\gamma}^{*} + q N_{\mathrm{q}}^{*} + \gamma \frac{D_{\mathrm{r}}}{B}(L - B)\eta F \tag{6.2-16}$$

6.2.2 消除地层负摩阻力的刚柔复合桩结构

地基土上覆土层自重应力作用下或者在自重应力和附加应力共同作用下，因浸水后土的结构破坏而发生显著附加变形的土称为湿陷性土，属于特殊土。湿陷性一般随深度、含水率、干重度的增大或孔隙比的减小而减小。在湿陷性地基上进行工程建设时，必须考虑因地基湿陷引起附加沉降对工程可能造成的危害，选择适宜的地基处理方法，避免或消除地基的湿陷或因少量湿陷所造成的危害，湿陷性黄土地基处理的目的主要是通过消除黄土的湿陷性，提高地基的承载力。

目前消除地基土湿陷性的方法主要包括：挤密桩法，置换法，强夯法，预浸水法等。其中使用最为普遍的是挤密桩法，其原理是通过外力挤、夯等，提高整个地基土密实度，减少其中的孔隙，使其在浸水时不发生显著附加下沉，从而达到消除湿陷性的目的。但是，上述方法普遍存在处理深度较浅、施工方法繁琐、工程造价成本高等问题。

为了克服现有施工方法繁琐、造价高的问题，本技术提供了消除地层负摩阻力的刚柔复合桩结构，本技术通过设置高强预应力混凝土管桩和碎石土这种刚柔结合的方式联合受力，有效控制上部结构沉降作用。碎石土受力后消除了湿陷性土层产生的负摩阻力效应，增加了其正摩阻力，节约成本。

本技术采用的方案为：消除地层负摩阻力的刚柔复合桩结构，包括桩孔、高强预应力混凝土管桩、碎石土、排水管道、钢筋混凝土垫层和褥垫层；其中高强预应力混凝土管桩设在桩孔内，碎石土填充在高强预应力混凝土管桩与桩孔的环空中，钢筋混凝土垫层设在高强预应力混凝土管桩顶部，褥垫层铺设在钢筋混凝土垫层上；排水管道下端穿过钢筋混凝土垫层后，穿入碎石土中并向下延伸，排水管道上端横向穿出褥垫层。

要求钢筋混凝土垫层上表面与地面平齐，钢筋混凝土垫层的截面长度大于桩孔的直径；高强预应力混凝土管桩包括圆筒形桩身、端头板和钢套箍，其中端头板设在钢套箍两端，并分别通过钢套箍固定；圆筒形桩由空心钢管和填充在空心钢管内的钢筋混凝土组成，空心钢管外径不小于400mm，壁厚不小于40mm。

要求碎石土为粒径大于38mm、碎石颗粒含量超过30%的土；钢筋混凝土垫层厚度至少为20cm；桩孔的直径在1000～2000mm之间；桩孔处的土层从上到下依次分为上黏土层、液化层、下黏土层和持力层，桩孔从上到下依次经过上黏土层、液化层和下黏土层到达持力层；高强预应力混凝土管桩位于桩孔中，且下端插入持力层中；排水管道下端位于下黏土层处，且距液化层最底面的竖直距离至少为 20cm；褥垫层为素混凝土结构。

本技术通过设置高强预应力混凝土管桩和碎石土这种刚柔结合的方式联合受力，有效控制上部结构沉降作用。碎石土受力后消除了湿陷性土层产生的负摩阻力效应，增加了其正摩阻力，节约成本。图 6.2-21 为本结构示意图。

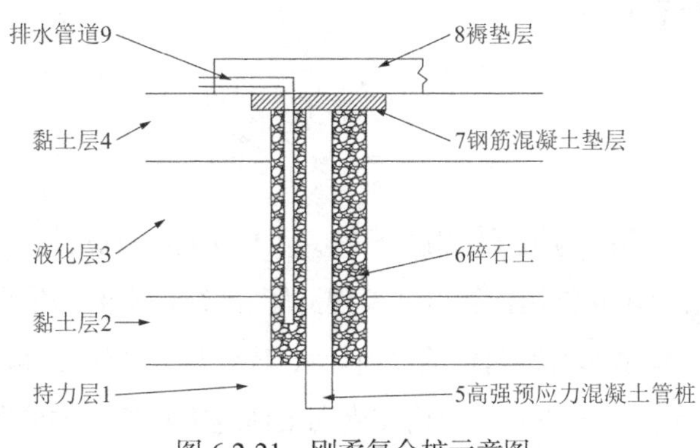

图 6.2-21　刚柔复合桩示意图

6.2.3　小结

针对湿陷性黄土地基处理创新技术进行研究，分别提出了加筋黄土地基、消除地层负摩阻力的刚柔复合桩、基于挤密系数反分析的地基处理精细化布桩方法 3 种新型湿陷性黄土地基处理技术，得到成果如下：

（1）开展加筋黄土地基模型试验和数值模拟，研究加筋黄土地基的承载特性、变形规律和破坏模式。发现筋材在黄土中能够约束土体的水平位移，从而提高地基承载力和减小沉降；加筋地基变形演化和筋材断裂过程与筋土模量比密切相关：较高刚度的筋材以较小层间距加筋时，筋土模量比较大，加筋区整体刚度高，加筋区作为一个整体随基础向下位移的趋势明显，加载过程中加筋区下方两侧土体先产生水平位移，并由下向上向加筋区扩展，对筋材产生拉拔作用，筋材自下而上断裂。当层间距过大或者筋材刚度较低时，筋土模量比较小，加筋区整体刚度弱，加筋层内土体位移较大，筋材自上而下断裂。可考虑将筋土模量比作为地基破坏模式的定量判据。

（2）根据加筋黄土地基内部变形演化规律，考虑了底层筋材与土体界面摩擦力，利用加筋地基加载过程中土体重力、超载、基础荷载的所做功率和筋土界面消耗功率之间的等量关系，采用上限解法推导了加筋地基承载力计算公式。

（3）提出可消除地层负摩阻力的刚柔复合桩创新结构，该结构是将高强预应力混凝土管桩与碎石桩进行结合，以刚柔复合结构联合受力，其中碎石土受力后消除了湿陷性土层产生的负摩阻力效应，增加了其正摩阻力，可有效控制上部结构的沉降。该技术克服了现有施工方法繁琐、造价高的问题，节约了成本。

第7章

考虑增湿冻融作用的土-结构相互作用数值分析平台

为考虑增湿作用对土-结构相互作用的影响，基于数值仿真软件平台提出一种地下调蓄水库增湿作用下土-结构相互作用计算方法。建立了土-结构空间一体化计算模型数值分析平台。通过分析研究调蓄水库增湿前在储水前后水 库结构和周围土体应力和位移的分布特征，以及增湿后不同渗流时间下水库结构和周围土体应力和位移的分布特征。

为研究冻融作用对复杂城市环境下大型基坑边坡开挖变形和稳定性的影响，基于考虑冰-水相变的热传导理论、考虑黏聚力的修正剑桥模型和强度折减法，建立了考虑冻融作用影响的基坑稳定性分析计算平台，在该平台基础上研究了冻融作用对放坡开挖、土钉支护和直立支护开挖3种情况下基坑边坡稳定性的影响规律。

7.1 基础理论介绍

7.1.1 非饱和-饱和土水分场扩散方程

利用Comsol进行渗流有限元数值模拟分别采用Richards方程描述饱和-非饱和流体流动过程，并用Van Genuchten模型表征土水特征曲线。该方程基于达西定律式(7.1-1)、质量守恒定律式(7.1-2)及VG模型式(7.1-3)，公式如下：

$$\nabla(\rho u)+\frac{\partial}{\partial t}(\epsilon_{\mathrm{p}}\rho)=Q_{\mathrm{m}} \tag{7.1-1}$$

$$u=-\frac{k}{\rho g}(\nabla p+\rho g\nabla D) \tag{7.1-2}$$

$$\theta_{\mathrm{w}}=\theta_{\mathrm{r}}+\frac{\theta_{\mathrm{s}}-\theta_{\mathrm{r}}}{\left[1+(\alpha\cdot\psi)^{\mathrm{n}}\right]^{\mathrm{m}}} \tag{7.1-3}$$

将与压力变化有关的孔隙率ϵ_{p}用有效饱和度及储水系数替代，并用容水度表示。

$$\frac{\partial}{\partial t}(\epsilon_{\mathrm{p}}\rho)=\rho\left(S_{\mathrm{e}}S+\frac{C_{\mathrm{m}}}{\rho g}\right)\frac{\partial p}{\partial t} \tag{7.1-4}$$

$$\epsilon_{\mathrm{p}}=\theta_{\mathrm{s}} \tag{7.1-5}$$

将非饱和区的渗透系数描述为有效饱和度的函数如下式：

$$k_{\omega} = k_{\omega}(s, e) \tag{7.1-6}$$

$$k_{\omega} = k_{\omega}(\omega, e) \tag{7.1-7}$$

在 Comsol 中建立渗透系数与体积含水率的关系并用有效饱和度来表示如下式：

$$k = k_{\mathrm{s}} k_{\mathrm{r}}(S_{\mathrm{e}}) \tag{7.1-8}$$

$$S_{\mathrm{e}} = \frac{\theta - \theta_{\mathrm{r}}}{\theta_{\mathrm{s}} - \theta_{\mathrm{r}}} \tag{7.1-9}$$

将以上函数关系式组合得到下式：

$$\rho\left(\frac{C_{\mathrm{m}}}{\rho g} + S_{\mathrm{e}} S\right)\frac{\partial p}{\partial t} + \nabla \rho\left[-\frac{k_{\mathrm{s}}}{\eta} k_{\mathrm{r}}(\nabla p + \rho g \nabla D)\right] = Q_{\mathrm{m}} \tag{7.1-10}$$

7.1.2 弹塑性本构关系

本书考虑弹塑性本构模型来反映开挖全过程中土体的应力应变状态。根据弹塑性理论，总应变可以分成弹性应变和塑性应变两部分，其表达式如下：

$$\mathrm{d}\varepsilon_{ij} = \mathrm{d}\varepsilon_{ij}^{\mathrm{e}} + \mathrm{d}\varepsilon_{ij}^{\mathrm{p}} \tag{7.1-11}$$

其中弹性应变可以采用广义胡克定律来计算，见式(7.1-12)。

$$\left.\begin{aligned} \varepsilon_x &= \frac{1}{E}\left[\sigma_x - \mu(\sigma_y + \sigma_z)\right] \\ \varepsilon_y &= \frac{1}{E}\left[\sigma_y - \mu(\sigma_z + \sigma_x)\right] \\ \varepsilon_z &= \frac{1}{E}\left[\sigma_z - \mu(\sigma_x + \sigma_y)\right] \\ \gamma_{yz} = \frac{1}{G}\tau_{yz} \quad \gamma_{zx} &= \frac{1}{G}\tau_{zx} \quad \gamma_{xy} = \frac{1}{G}\tau_{xy} \end{aligned}\right\} \tag{7.1-12}$$

本研究中基于 Comsol 软件模拟的二维几何模型，计算土体稳定性时考虑平面应力、应变条件下土的弹塑性本构模型，土的强度准则考虑黏聚、摩擦等材料特点。在胡克定律基础上考虑 Mohr-Coulomb 准则及 Drucker-Prager 准则，见式(7.1-13)和式(7.1-14)。

$$\begin{cases} F = \sqrt{J_2} + \alpha I_1 - k \\ \alpha = \dfrac{\tan\varphi}{\sqrt{9 + 12\tan^2\varphi}}, \quad k = \dfrac{3c}{\sqrt{9 + 12\tan^2\varphi}} \end{cases} \tag{7.1-13}$$

$$F = (I_1 \sin\varphi)/3 - \left(\cos\theta_{\sigma} + 3^{-\frac{1}{2}} \sin\varphi \sin\theta_{\sigma}\right) J_2^{\frac{1}{2}} + C\cos\varphi = 0 \tag{7.1-14}$$

7.1.3 水分场与力学场的关联

本计算采用 Van Genuchten 模型拟合原状黄土土-水特征曲线（SWCC）。具体公式如下：

$$\theta = \theta_{\mathrm{r}} + \frac{\theta_{\mathrm{S}} - \theta_{\mathrm{r}}}{\left[1 + (\alpha h)^n\right]^m} \tag{7.1-15}$$

Van Genuchten 提出了统计传导模型，在已知饱和渗透系数的前提下，亦可以由 SWCC 来确定土体非饱和渗透系数，并且得到一个体积含水率关于渗透系数的函数表达式如下：

$$k = k_s\theta^{0.5}\left[1-\left(1-\theta^{1/m}\right)^m\right]^2 \tag{7.1-16}$$

土体强度稳定性分析的重要因素之一就是土体的剪切强度。表 7.1-1 为西安黄土强度参数随着含水率变化的拟合公式。

西安黄土强度参数随含水率拟合曲线 **表 7.1-1**

土体名称	强度参数拟合曲线
西安黄土	$c=-15.8\ln(S_r)+98.3$ $\varphi=-9.58\ln(S_r)+68.8$

由表 7.1-1 可知，黄土的抗剪强度受含水率的影响十分明显，随着含水率的增加，黏聚力和内摩擦角均减小，所以表现出来抗剪强度逐渐降低。本书考虑以西安地区黄土为例，建立增湿作用下基坑开挖模型，根据表 7.1-1 建立黏聚力、内摩擦角与有效饱和度之间的关系。

根据表 7.1-2 陕西黄土弹性模量随着含水率变化进行黄土杨氏模量的拟合公式，其中w表示含水率。

陕西黄土弹性模量随含水率变化 **表 7.1-2**

地名	拟合曲线/MPa
陕西	$E=11.16w^{-1.356}$

7.1.4 考虑冰-水相变的冻融作用

采用考虑冰-水相变的热传导方程计算冻融作用的影响范围：

$$-h_{i'i}+h_v=\rho c\frac{\partial T}{\partial t}(h_i=-\lambda T_{,i}) \tag{7.1-17}$$

式中：h_v——流体热源，W/m^3；

c——比热容，J/(kg · ℃)；

λ——导热系数，W/(m · ℃)。

采用强度折减法计算基坑整体安全系数。具体公式如下：

$$c'=\frac{c}{F_s} \tag{7.1-18}$$

$$\tan\varphi'=\frac{\tan\varphi}{F_s} \tag{7.1-19}$$

式中：c和φ——土体初始的黏聚力和内摩擦角；

c'和φ'——土体折减F_s后的黏聚力和内摩擦角；

F_s——每一次的折减系数。

7.2　增湿冻融平台搭建与实现

7.2.1　数值平台计算流程

本课题研究主要通过考虑力学场、水分场的耦合计算进行数值分析。水库、基坑的主要计算流程包括未渗漏、渗漏阶段的应力计算，如下：

（1）简化的水库土-结构联结几何物理模型，单独计算力学场得到水库不同储水高度下土和水库结构的应力状态分布线图、应力云图；水分场计算得到土的黏聚力、有效饱和度、内摩擦角、杨氏模量随时间变化在土体中分布的变化云图；水-力耦合计算得到增湿作用下土-结构相互作用对水库基底破坏发生渗漏情况下的非饱和渗流数值模拟。

（2）简化基坑土-结构联结几何物理模型，水分场计算形成地下水位线及管线渗漏范围，将土体物理强度参数随饱和度的量化关系嵌入固体力学场；再模拟基坑分布开挖，实现增湿作用下基坑开挖数值模拟，得到围护结构、地表沉降和基地隆起变形位移线图。

本数值平台的计算流程如图 7.2-1 所示。

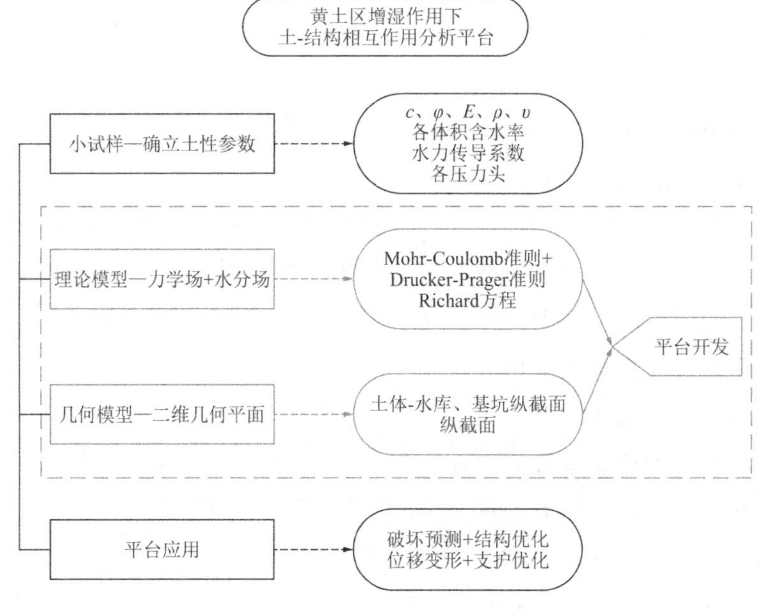

图 7.2-1　数值平台计算流程图

7.2.2　地下调蓄库工程

在二维平面建立 40m × 24m 的矩形模型，在内部距底边 2m 处居中设置 16m × 12m 的水库结构；水库内部设有 3 根宽度为 0.8m 的立柱，均匀分布在水库内部；水库外壁厚 0.8m；水库内部最大储水高度为 10m。

7.2.3 基坑工程

利用 Comsol 提供的丰富工具，建立几何模型如图 7.2-2 所示。

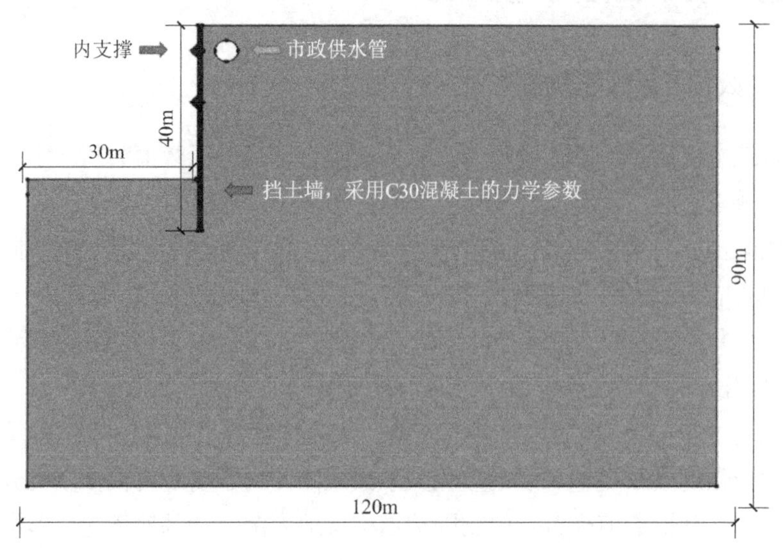

图 7.2-2 基坑几何模型

7.3 工程算例

根据中国气象数据网的观测资料和附面层理论，基坑计算模型上边界（地表、侧壁和坑底）的温度条件均可通过式(7.3-1)确定：

$$T = T_s + \frac{\alpha t}{s} + A\sin\left(\frac{2\pi t}{s} + \frac{\pi}{2}\right)$$
$$T_s = T_a + \Delta T \tag{7.3-1}$$

式中：T_s——下附面层底温度（℃）；

T_a——年平均气温（℃）；

ΔT——附面层温度总增量（℃）；

α——地表温度年增温率（0.02℃/a）；

t——基坑使用时间（s）；

s——边界温度条件中一个周期的总时间；

A——下附面层底温度振幅（℃）；

$\pi/2$——计算初始相位。

7.3.1 冻融作用下无支护边坡变形稳定性研究

当基坑采用开挖时，不设置其他任何支护，基坑计算模型见图 7.3-1。计算所需的力学参数和热学参数见表 7.3-1 和表 7.3-2。

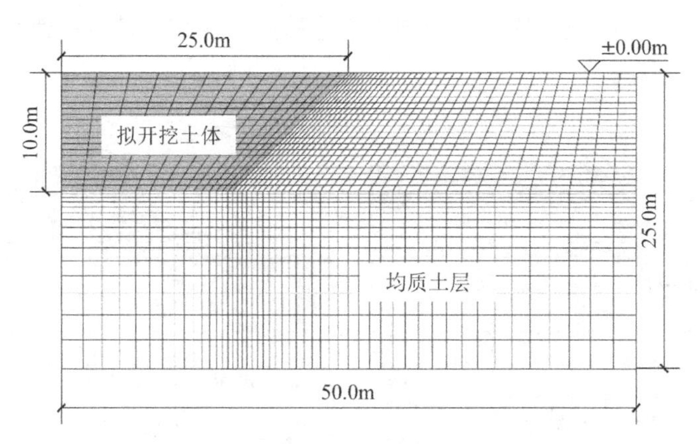

图 7.3-1　计算模型

试验土样冻融前后力学性质参数的变化　　表 7.3-1

干重度/(kN/m³)	土体状态	黏聚力/kPa	内摩擦角 φ/°	临界状态线斜率 M	正常固结线斜率/kPa⁻¹	回弹曲线斜率/kPa⁻¹	前期固结压力/kPa	初始比体积 v_0
15.8	未冻融	5.980	31.9896	1.2868	0.0338	0.0113	109.6361	1.7089
	经历冻融	10.255	31.6147	1.2704	0.0374	0.0125	130.5996	1.6568
16.3	未冻融	8.330	32.0517	1.2895	0.0336	0.0112	137.9530	1.6564
	经历冻融	12.600	30.1991	1.2087	0.0372	0.0124	165.7748	1.6797
16.8	未冻融	24.508	26.7946	1.0610	0.0323	0.0108	235.0717	1.6048
	经历冻融	19.365	28.8786	1.1512	0.0327	0.0109	199.3555	1.6074
17.3	未冻融	39.965	25.4338	1.0024	0.0238	0.0079	331.3956	1.3608
	经历冻融	14.923	29.5327	1.1797	0.0271	0.0090	202.7111	1.3671

土体热学参数　　表 7.3-2

初始干重度 γ_d/(kN/m³)	导热系数 λ/[W/(m·℃)]		比热容 c/[J/(kg·℃)]	
	融土	冻土	融土	冻土
15.8	1.27	1.82	1538	1196
16.3	1.29	1.79	1498	1183
16.8	1.30	1.76	1457	1169
17.3	1.31	1.74	1416	1155

根据模拟结果，基坑的最大冻深在 2.0m 左右，见图 7.3-2。坡体的冻融区域存在差异，随土体初始干重度的增大而扩大且主要体现在坡顶和坡角位置。

图 7.3-3 和图 7.3-4 分别为不同初始干重度条件下放坡基坑冻融前后水平方向位移和竖直方向位移的变化情况。由图可知，土层的初始干重度越大，冻融后坡体水平位移的变形发展程度越小。当 $\gamma_d = 17.3\text{kN/m}^3$ 时，坡体水平方向位移基本无明显变化；当初始干重度

较小时，坡体水平方向位移显著增加。冻融后坡体竖向位移继续沿负方向增大，发生沉降变形。坡体冻融前后竖向位移的变化量与水平位移的计算结果基本一致。

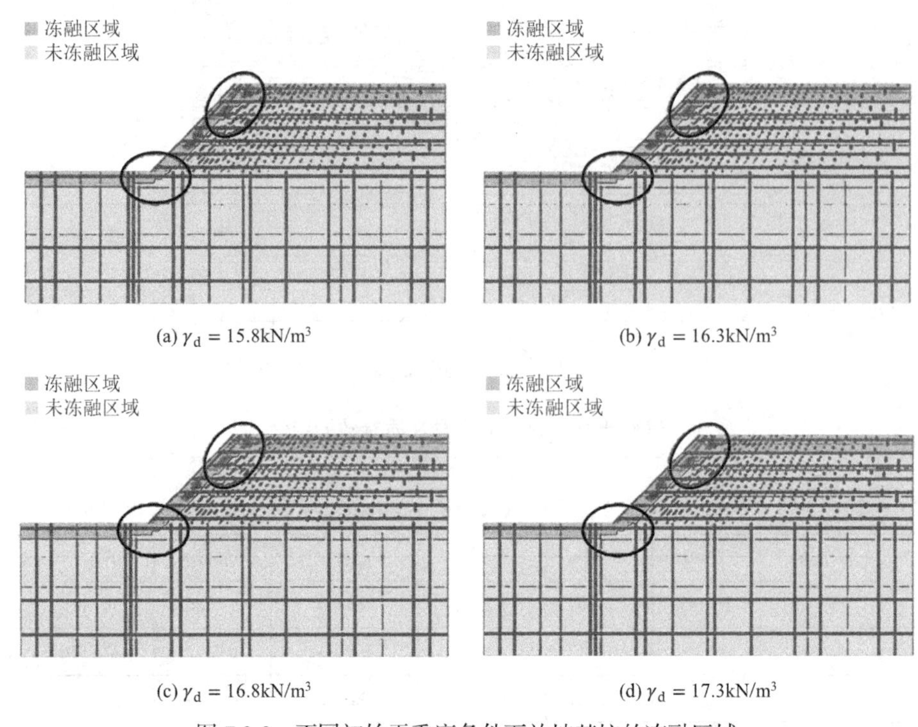

(a) $\gamma_d = 15.8\text{kN/m}^3$　(b) $\gamma_d = 16.3\text{kN/m}^3$

(c) $\gamma_d = 16.8\text{kN/m}^3$　(d) $\gamma_d = 17.3\text{kN/m}^3$

图 7.3-2　不同初始干重度条件下放坡基坑的冻融区域

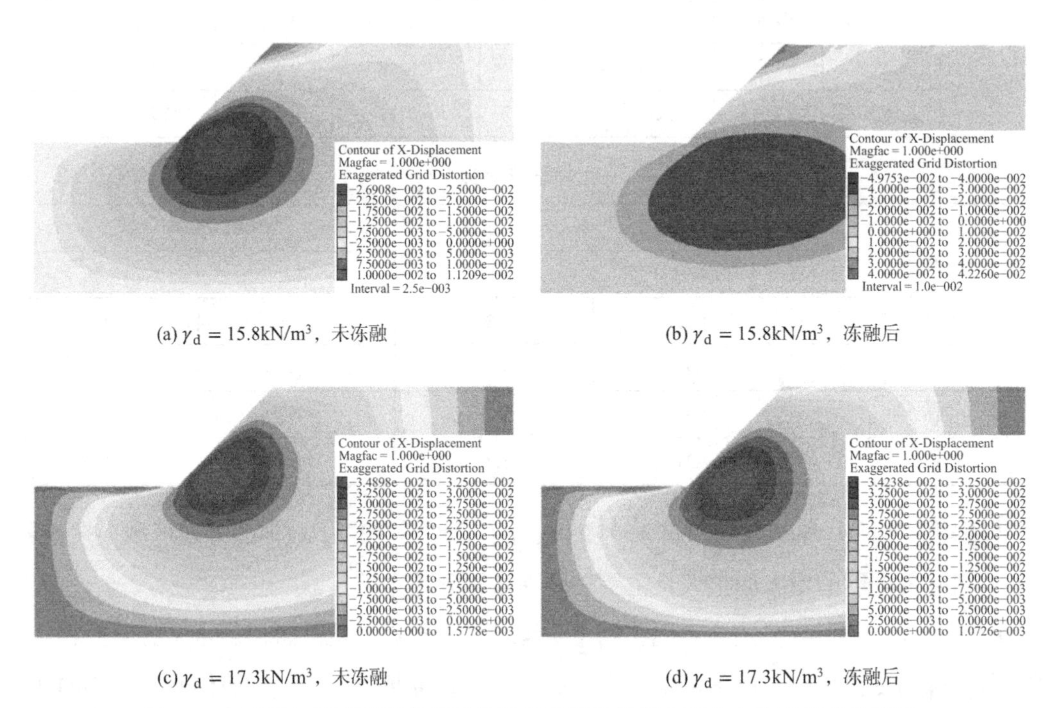

(a) $\gamma_d = 15.8\text{kN/m}^3$，未冻融　(b) $\gamma_d = 15.8\text{kN/m}^3$，冻融后

(c) $\gamma_d = 17.3\text{kN/m}^3$，未冻融　(d) $\gamma_d = 17.3\text{kN/m}^3$，冻融后

图 7.3-3　不同初始干重度条件下放坡基坑冻融前后水平方向位移的变化情况

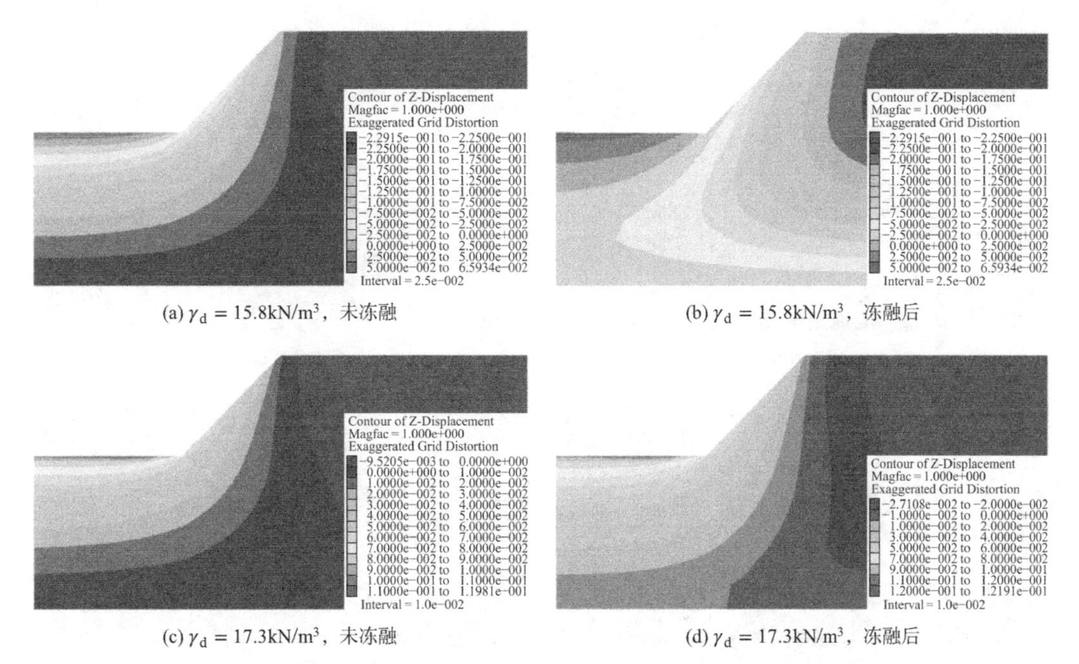

(a) $\gamma_d = 15.8\text{kN/m}^3$，未冻融　(b) $\gamma_d = 15.8\text{kN/m}^3$，冻融后

(c) $\gamma_d = 17.3\text{kN/m}^3$，未冻融　(d) $\gamma_d = 17.3\text{kN/m}^3$，冻融后

图 7.3-4　不同初始干重度条件下放坡基坑冻融前后竖直方向位移的变化情况

7.3.2　冻融作用下土钉墙支护边坡稳定性研究

当基坑采用土钉墙支护时，基坑计算模型见图 7.3-5。

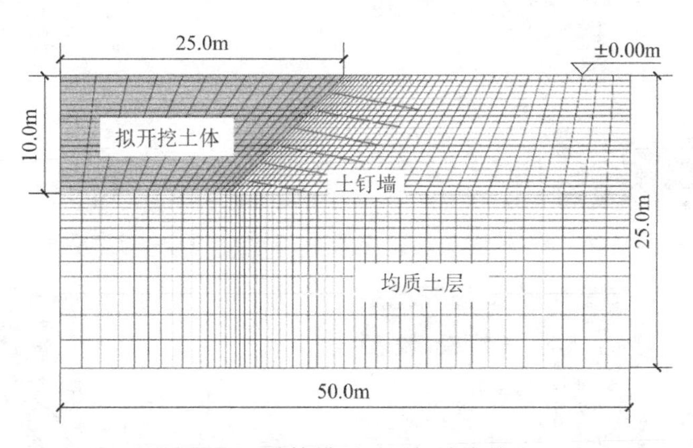

图 7.3-5　计算模型（土钉墙支护）

基于本次课题建立的计算平台，在土钉墙支护体系的作用下，土钉及开挖面的混凝土面层能有效保障基坑在冻融作用下的稳定性，基坑浅层土体的冻融基本不影响基坑的整体稳定性。

图 7.3-6 和图 7.3-7 分别为不同初始干重度条件下土钉墙支护基坑冻融前后水平方向位移的变化情况。由图可知，土层的初始干重度越大，冻融后坡体水平位移的变形发展程度越小。冻融后坡体竖向位移沿负方向增大，发生沉降变形。坡体冻融前后竖向位移的变化量（$z_{s,冻融后} - z_{s,未冻融}$）与其土层的初始干重度和深度均成反比，与水平位移的计算结果基

本一致。

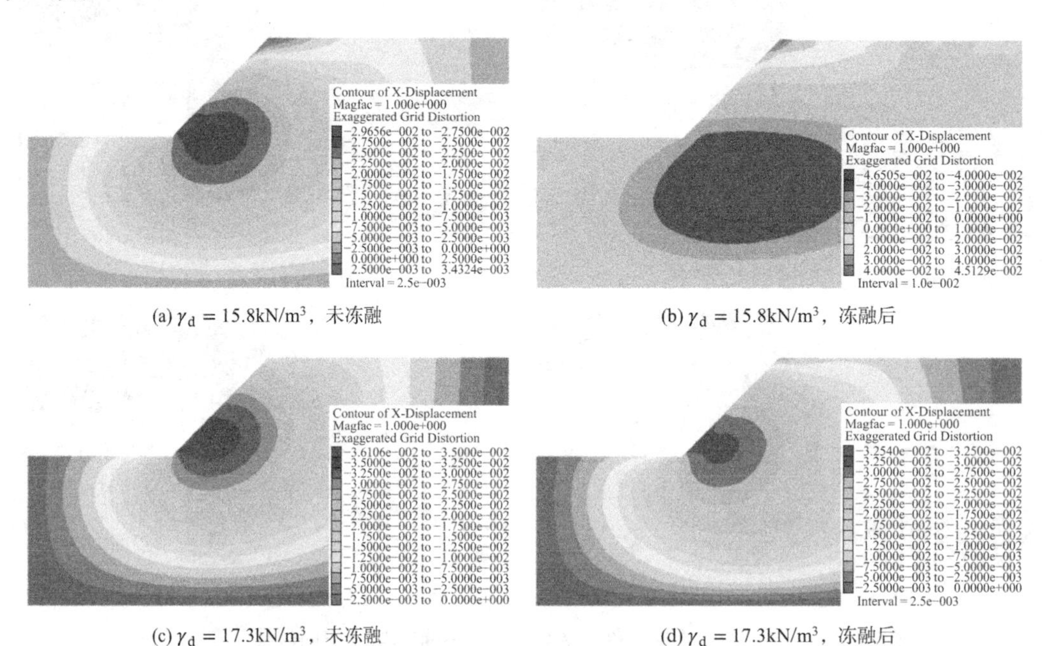

(a) $\gamma_d = 15.8\text{kN/m}^3$，未冻融　(b) $\gamma_d = 15.8\text{kN/m}^3$，冻融后

(c) $\gamma_d = 17.3\text{kN/m}^3$，未冻融　(d) $\gamma_d = 17.3\text{kN/m}^3$，冻融后

图 7.3-6　不同初始干重度条件下土钉墙支护基坑冻融前后水平方向位移的变化情况

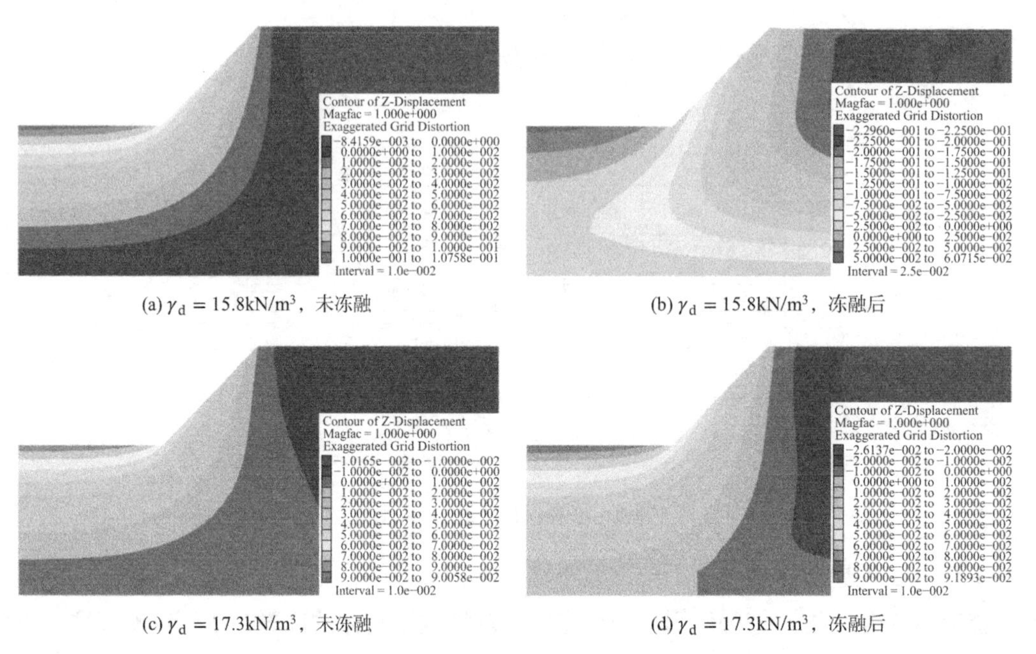

(a) $\gamma_d = 15.8\text{kN/m}^3$，未冻融　(b) $\gamma_d = 15.8\text{kN/m}^3$，冻融后

(c) $\gamma_d = 17.3\text{kN/m}^3$，未冻融　(d) $\gamma_d = 17.3\text{kN/m}^3$，冻融后

图 7.3-7　不同初始干重度条件下土钉墙支护基坑冻融前后竖直方向位移的变化情况

7.3.3　冻融作用下桩锚支护直立基坑变形稳定性研究

图 7.3-8 和图 7.3-9 为不同初始干重度条件下桩锚支护基坑冻融前后水平方向位移和竖直方向位移的变化情况。由图可知，初始干重度较小的基坑，冻融后围护桩水平位移的绝

对值随深度增加而略有增大，初始干重度较大的基坑，冻融后围护桩水平位移的绝对值随深度增加而有所减小。当基坑土体的初始干重度$\gamma_{\mathrm{d}} = 15.8\mathrm{kN/m^3}$ 时，沉降量达到最大，为 57.8mm。冻融前后围护桩顶竖向位移的变化量（$z_{\mathrm{s,冻融后}} - z_{\mathrm{s,未冻融}}$）随土体初始干重度的减小而显著增大，即随着干重度的减小，冻融后桩体的竖向沉降越明显。

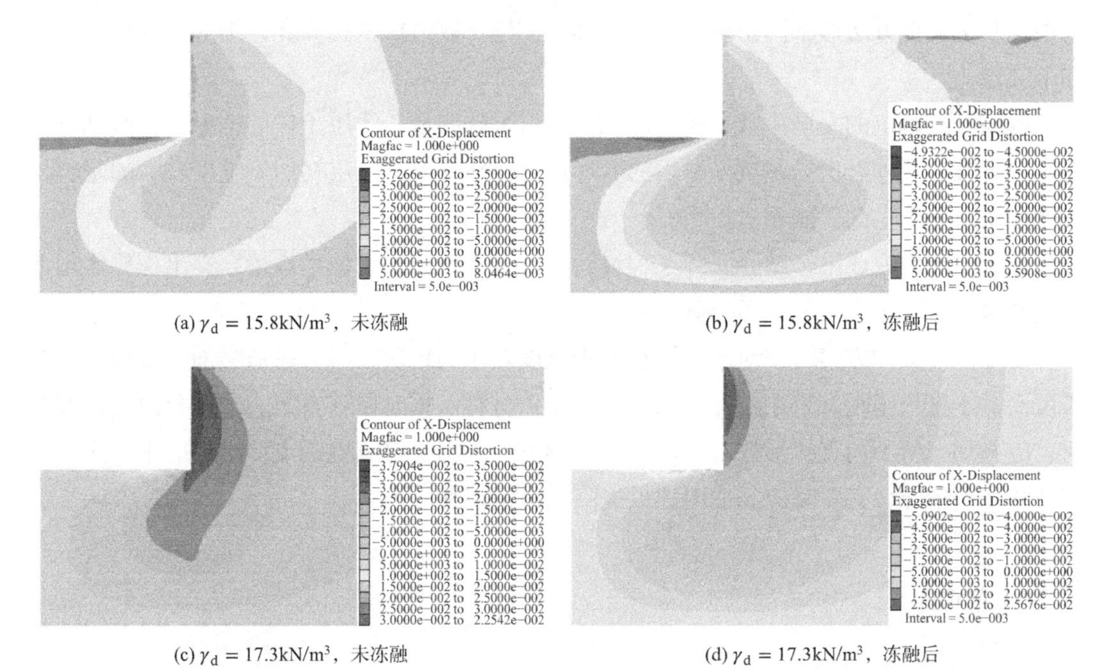

(a) $\gamma_{\mathrm{d}} = 15.8\mathrm{kN/m^3}$，未冻融　　(b) $\gamma_{\mathrm{d}} = 15.8\mathrm{kN/m^3}$，冻融后

(c) $\gamma_{\mathrm{d}} = 17.3\mathrm{kN/m^3}$，未冻融　　(d) $\gamma_{\mathrm{d}} = 17.3\mathrm{kN/m^3}$，冻融后

图 7.3-8　不同初始干重度条件下桩锚支护基坑冻融前后水平方向位移的变化情况

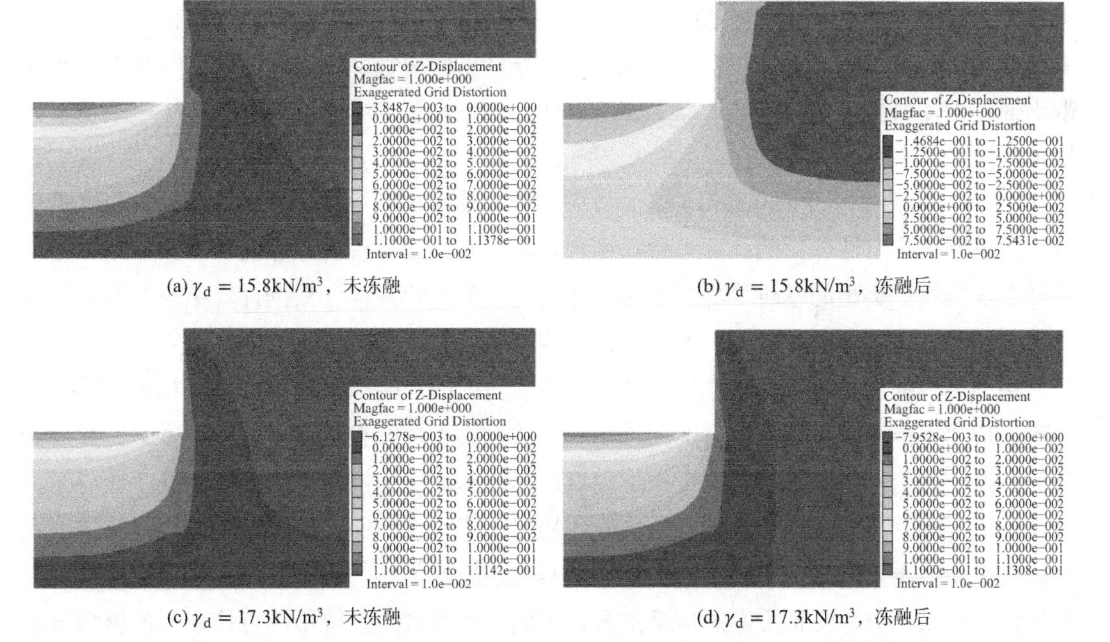

(a) $\gamma_{\mathrm{d}} = 15.8\mathrm{kN/m^3}$，未冻融　　(b) $\gamma_{\mathrm{d}} = 15.8\mathrm{kN/m^3}$，冻融后

(c) $\gamma_{\mathrm{d}} = 17.3\mathrm{kN/m^3}$，未冻融　　(d) $\gamma_{\mathrm{d}} = 17.3\mathrm{kN/m^3}$，冻融后

图 7.3-9　不同初始干重度条件下桩锚支护基坑冻融前后z方向位移的变化情况

7.4 冻融作用下基坑分段变形支护方案和变形控制要点

本课题基于第 7.1 节提出的基坑边坡稳定性分析平台，在第 7.3 节中通过 3 种最普遍采用的基坑支护方法对不同初始状态的工程算例进行数值模拟计算和详细对比分析，得到如下结论：

放坡开挖基坑的安全系数在经历冻融作用后下降明显，浅层土体的冻融不影响基坑的整体稳定性。两种有支护基坑冻融后的变形情况存在异同，土层初始干重度较大的基坑，冻融作用对其产生的影响相对较小。

基于上述研究成果，结合实际工程设计和施工阶段的主要技术指标，提出冻融作用下基坑分段变形支护方案和变形控制要点。

设计基坑支护方案时，对于土层初始干重度较小的地块，应考虑适当加大桩锚直径和长度而缩小桩锚间距、采用强度系数较高的支护材料等相对保守方案。采用分段支护方案时，应叠加分析不同支护形式对基坑变形的影响。采用土钉或桩锚支护时，应重点注意侧壁位移变形情况，必要时应添加内撑以提高基坑稳定性。

7.5 小结

本章基于 Comsol 软件形成土-结构相互作用分析平台，在质量守恒定律及达西定律的基础上采用非饱和渗流连续方程描述增湿作用下土中水场的状态；建立力学场时考虑西安地区黄土含水率和土体强度参数间的量化关系，并将量化关系引入弹塑性本构模型，在胡克定律基础上考虑土的弹塑性本构方程，即采用 Drucker-Prager 准则并匹配 Mohr-Coulomb 准则描述土体所受应力状态。依据工程需要建立地下调蓄水库数值模型、基坑一侧地下管线渗流模型。

本章考虑冰-水相变的热传导理论、考虑黏聚力的修正剑桥模型和强度折减法建立了冻融作用下基坑稳定性分析的计算平台，结合具体试验数据分析了冻融前后不同初始干重度条件下 3 种支护类型的基坑局部变形和整体稳定性的变化规律，根据计算结果及其规律提出冻融作用下基坑分段变形支护方案和变形控制要点。

场地土体的初始干重度是基坑冻融前后变形情况的影响因素之一，土层初始干重度较小时，应尽可能避免采用放坡方案而采用土钉或桩锚支护等相对保守的设计方案，并重点注意侧壁位移变形情况，必要时应添加内撑以提高基坑稳定性，严格控制侧壁变形情况。

放坡开挖基坑的安全系数在经历冻融作用后下降明显，而在支护结构作用下基坑冻融前后安全系数不发生改变，且不同支护方式基坑边坡的位移变形情况在冻融作用下表现出差异性，故采用分段支护方案时应叠加分析不同支护形式对基坑不同点位变形的影响进而进行综合评判。

第 8 章

增湿作用下调蓄库结构构件内力及周围土体变形稳定性分析

本章基于已建立的考虑增湿作用影响的土-结构相互作用分析平台，研究分析调蓄库周围土体在增湿前后即水库底板单侧发生破坏渗漏前后水库结构、周围土体的力学响应及渗流场分布状态。

8.1 不同储水条件调蓄库结构构件内力分析

8.1.1 结构最危险位置的判定

本节研究针对调蓄水库分别在空库、半库、满库储水条件时水库结构内力的状态。以下分析分别采用第一强度理论和 Von Mises 屈服准则对水库结构构件进行分析。见图 8.1-1，根据以上分析，初步判定结构底部角点处为调蓄库易发生破坏的“最危险位置”。

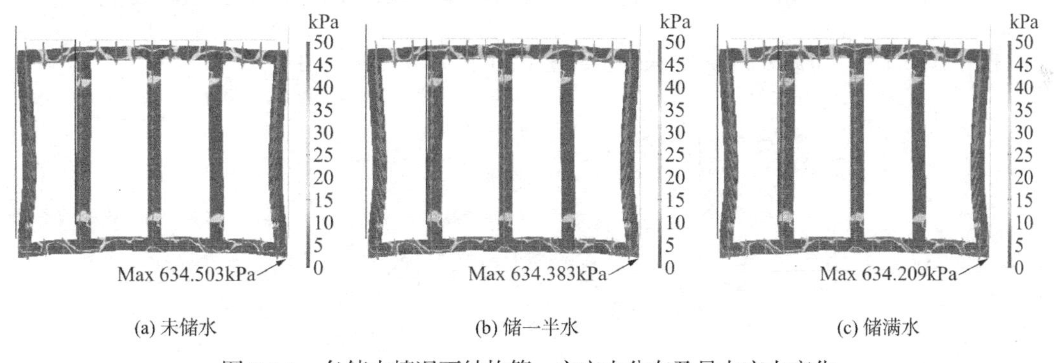

(a) 未储水　(b) 储一半水　(c) 储满水

图 8.1-1　各储水情况下结构第一主应力分布及最大应力变化

在以下结构构件分析中，采用 Mises 应力值即偏应力值来表征结构“最危险位置”的受破坏趋势。

调蓄库各储水阶段偏应力及最危险位置偏应力分布如图 8.1-2 所示，根据偏应力特性即该力用以表征材料发生塑性变形趋势，因此可判定调蓄库在底角处最易出现破坏情况。由此可以预测，调蓄库在空库情况下底部底板角点处易发生受拉破坏。

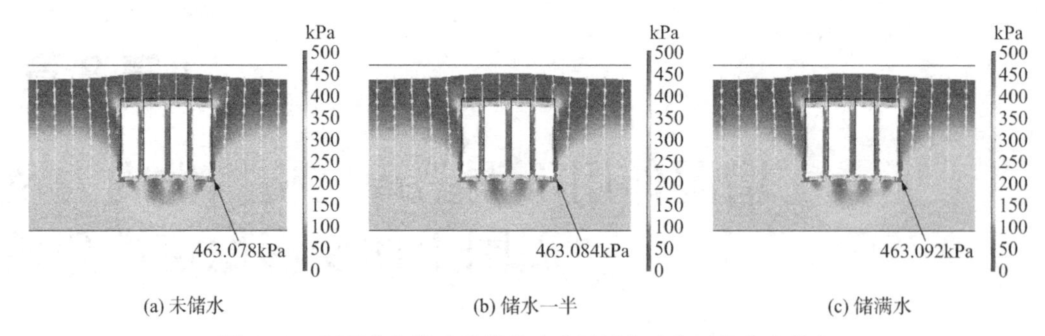

(a) 未储水　(b) 储水一半　(c) 储满水

图 8.1-2　调蓄库各储水阶段偏应力及最危险位置偏应力分布

8.1.2　调蓄库结构构件及土体压力变形分析

考虑调蓄库结构构件及周围土体在受压作用下的变形，并对各部分做定量分析。

考虑在水位升高时，见图 8.1-3，调蓄库底部结构受压引起内部立柱受压得到缓解，调蓄库边壁端部受力复杂，应特别考虑该位置塑性变形对结构稳定性的影响。

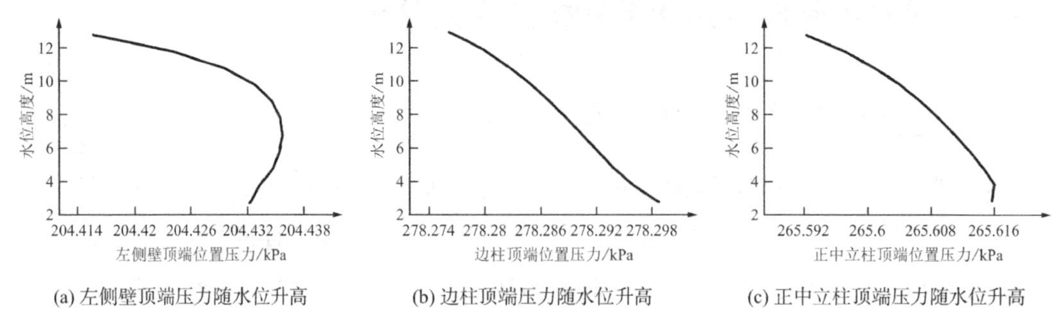

(a) 左侧壁顶端压力随水位升高　(b) 边柱顶端压力随水位升高　(c) 正中立柱顶端压力随水位升高

图 8.1-3　调蓄库左侧壁、边柱及正中立柱顶端位置压力随储水位升高变化曲线

根据图 8.1-4，得到水库侧壁横向变形量随水位升高逐渐减小。

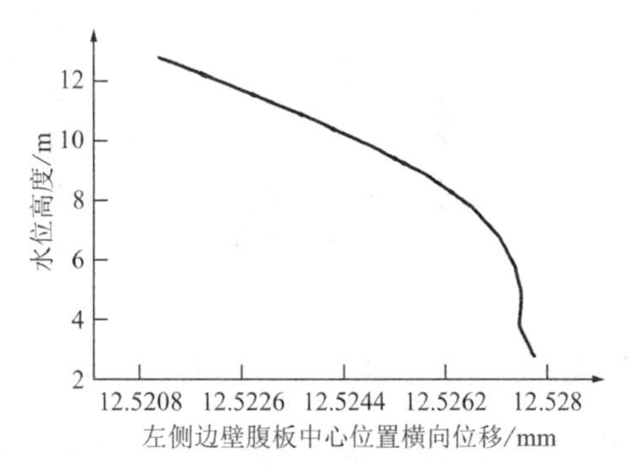

图 8.1-4　各水位高度时调蓄库左侧边壁腹板中心位置横向变形

通过考虑偏应力、最大拉应力表征调蓄库结构表面的受力情况，得到结构最易破坏位置并相互通过分析偏应力、最大拉应力在结构中的分布，相互印证判定调蓄库底部角点位置为“最危险位置”；通过对调蓄库各结构位置的应力分析，调蓄库未储水工况比储水工况

更危险，表现在调蓄库内部立柱上下端在未储水工况下所受拉力大于储水工况。

8.2　渗水条件下调蓄库构件内力和周围土体变形分析

根据前述调蓄库结构最易破坏位置点判定，针对水库结构满库情况和周围土体增湿情况对土-结构相互作用后水库四个边壁、内部立柱的受力及周围土体渗流场进行研究分析。

8.2.1　增湿作用下调蓄库结构周围土体的应力变化

由图 8.2-1 得到单侧渗漏情况下水-力耦合结构表面存在显著的应力分布差异特点。水库左侧结构壁板外缘土体整体受力由下到上较未渗流时显著变大，底部渗流位置出现应力空洞区。

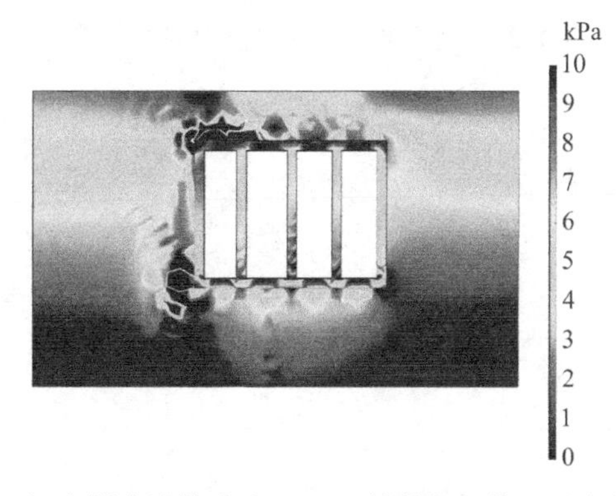

图 8.2-1　水-力耦合计算渗流 60d 土-结构相互作用压力分布示意图

根据图 8.2-2 渗流 60d 土体各强度参数分布明显看出在渗流区土体中渗流部分强度参数均因渗流而变小，显著小于周围土体强度。

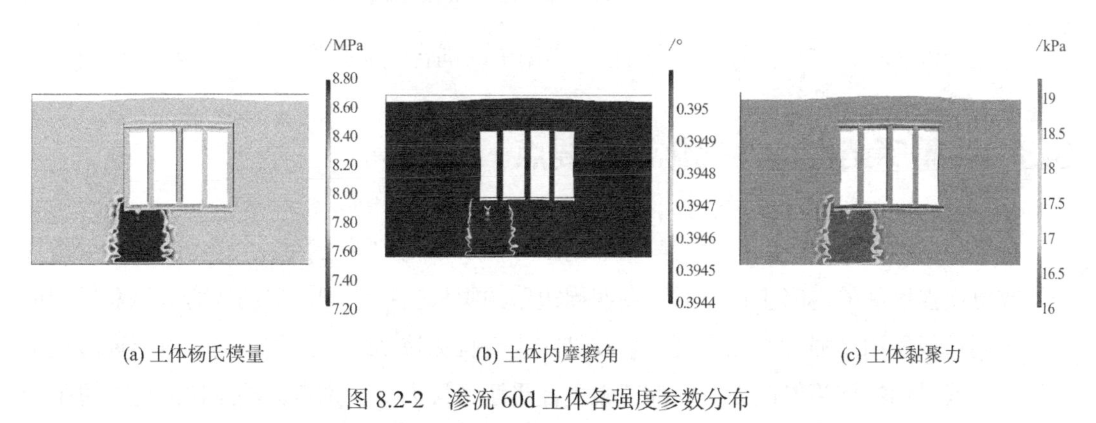

(a) 土体杨氏模量　(b) 土体内摩擦角　(c) 土体黏聚力

图 8.2-2　渗流 60d 土体各强度参数分布

8.2.2　增湿作用下调蓄库结构应力

调蓄库在左侧基底发生渗漏土体增湿后，下面分析调蓄库结构在增湿后的力学响应。

渗流 60d 后土-结构相互作用下形成图 8.2-3 水库结构及周围土体应力分布。

在左侧基底渗流 60d 后见图 8.2-4，底板两端部相对腹板向下变形显著，特别是左侧端部纵向变形量最大；顶板两端部相对腹板向上变形。

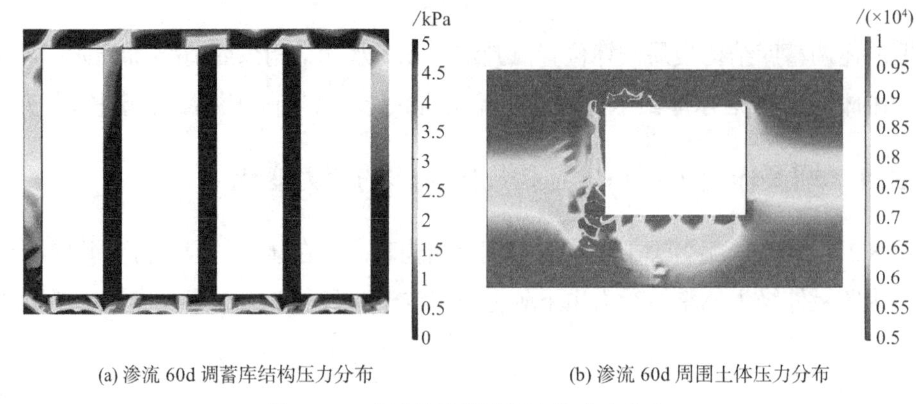

(a) 渗流 60d 调蓄库结构压力分布　　(b) 渗流 60d 周围土体压力分布

图 8.2-3　水库结构及周围土体应力分布

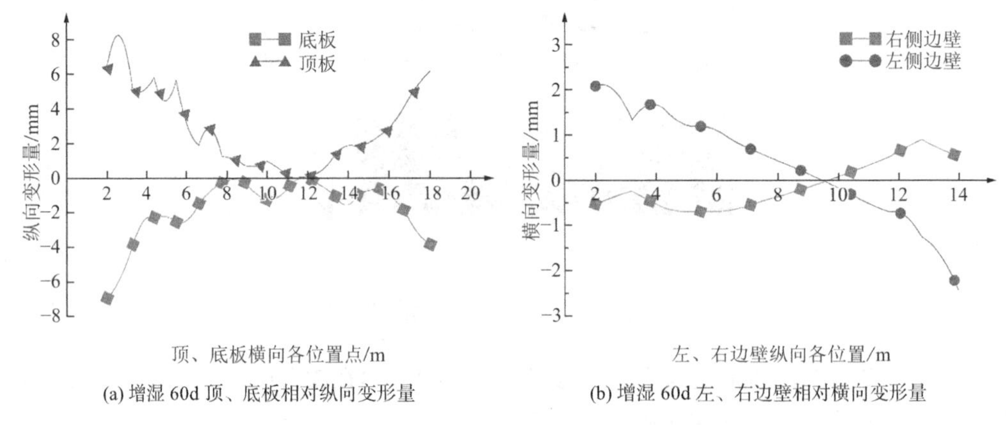

(a) 增湿 60d 顶、底板相对纵向变形量　　(b) 增湿 60d 左、右边壁相对横向变形量

图 8.2-4　渗流 60d 顶、底板和左、右边壁相对变形量

以上分析显示，增湿过程在土-结构相互作用中的耦合效应强烈干预着结构的变形特性。

8.3　调蓄库结构构件优化设计要点

基于上述结论分析得到水库在使用中周围土体及结构的受力特性，考虑在角点处增加配筋或更换强度高的混凝土；可通过在四周边壁的腹板受拉侧增加斜筋或弯起钢筋的配筋量，四周壁板采用高强度水泥混凝土来改进防止受拉侧拉断、受压侧压裂；可以通过增加立柱直径或采用螺旋箍筋改进；内部正中立柱受压力最大要特别考虑轴压比问题，可采用螺旋箍筋并提高混凝土强度等级改进；在内部立柱支撑位置的应力显著大于周围板缘的应力，则为防止该侧板面被拉坏，可在受拉侧增加配筋，并在四周壁板采用高强度混凝土；根据储水情况，可以考虑在立柱与两壁板接触位置增加刚性连接；通过上述耦合场结果分析，调蓄库左侧发生渗流时，结构应防止出现大变形现象，则考虑在底板下方铺设止水帷幕或疏水材料，防止由于增湿导致周围土体强度减小，结构开裂引起水库结构超出其承载能力极限以至于不适于继续承载变形或变位，水库失去使用能力。

8.4　经济效益和社会效益

地下调蓄库项目的研究不仅为黄土区地下水库工程建设提供了合理的工况模拟，而且为水库安全使用及日常维护提供防范要点，从而有效控制降低目标工程的运行风险，并为工程建设节约资金、创造经济效益。

8.5　小结

本章基于增湿前后水库结构及周围土体的受力、变形位移情况，分析揭示了水库结构及周围土体的力学特性及变形稳定发展规律。

（1）空库状态即增湿前水库结构各角点处应力存在显著区别于周围板壁的情况，考虑角点处设置斜撑改进；增湿前后水库结构除上壁板向上顶出外，其余三个壁板均为向内挤进的情况，四个壁板的腹板相对于各个壁板的板端相对位移较大即外板缘受压、内板缘受拉，可采用外板缘增加配筋或弯起钢筋并提高四周壁板强度等级的方法改进。

（2）增湿前储水时，调蓄库储水对两侧边壁变形影响为：在未储水时侧壁变形最大，储满水时侧边位移变形量最小，侧壁位移量随注水高度增加逐渐变小。两边壁变形位移的特性揭示了水库储水过程中两侧壁板的变形发展过程，可通过改进两边壁结构强度进行优化改进。

（3）在结构渗漏情况下，土体渗流区形成应力空洞区，在工程防护中应特别考虑在调蓄水库基底采用疏水材料或防水帷幕；由于因渗流发展引起结构变形的规律是由前期变形剧烈到后期逐步稳定的，水库应及时发现并修补渗漏部位。

（4）特别考虑内柱的失稳破坏。该构件在增湿前的受力特点为：正中部立柱受压最大，两旁侧立柱受压较小且对称，旁侧立柱横截面存在受剪情况。考虑其受力特性，内部正中立柱受压力最大要特别考虑轴压比问题，可采用螺旋箍筋并提高混凝土强度等级改进，受剪情况可考虑增加立柱直径或采用螺旋箍筋改进；内部立柱不论增湿前后，在其支撑位置处的应力显著大于周边板缘的应力，采用板受拉侧（左右壁板内缘、上壁板外缘）增加配筋或弯起钢筋且各壁板采用高强度混凝土的方法改进。

第 9 章

增湿作用下基坑开挖变形研究

9.1 增湿作用下基坑开挖变形影响因素分析

实际工程中，黄土基坑遇水增湿导致变形增大会使基坑支护发生不同程度的变形破坏。针对这一问题，本书首先考虑增湿作用对黄土基坑开挖变形产生的影响，接着考虑增湿作用下开挖深度、支护条件、荷载情况对基坑变形的影响，并最终提出增湿作用下基坑开挖变形控制要点。

9.1.1 增湿作用基坑变形稳定性分析研究

通过阅读文献发现，土体的变形模量E、内摩擦角φ、黏聚力c等均是影响基坑变形的重要因素，所以本书考虑增湿作用下土体强度参数变化，见图 9.1-1。

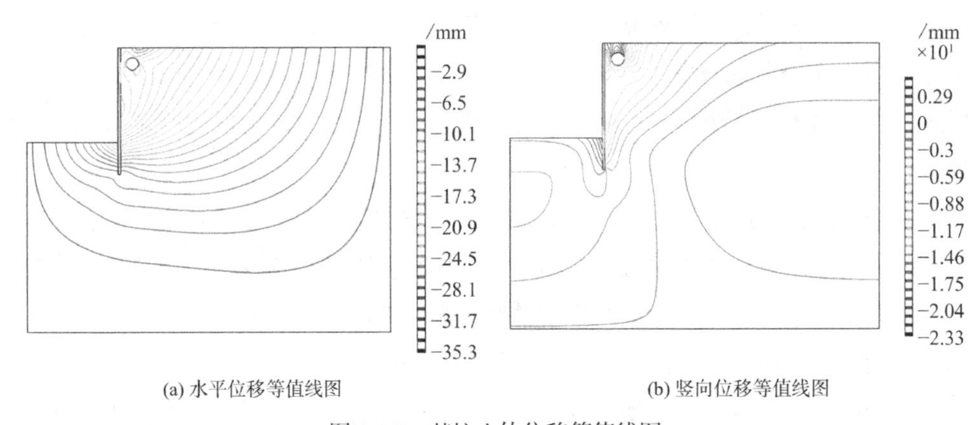

(a) 水平位移等值线图　　(b) 竖向位移等值线图

图 9.1-1　基坑土体位移等值线图

首先模拟均质土层基坑增湿作用后，黏聚力由 35kPa 下降到最小的 760Pa；内摩擦角由 0.47rad 下降到 0.39rad；土体弹性模量由 20MPa 下降到 0.6MPa。随后，模拟增湿后双支护基坑开挖。从图 9.1-2 可知，土体最大水平位移是 35.36mm 而最大竖向位移是 23.33mm。

图 9.1-2（a）为增湿前后基坑开挖支护桩水平位移曲线，增湿后支护桩最大水平位移由增湿前的 25.62mm 增大至 42.95mm，但在支护桩插入土后，变形渐趋于一致。图 9.1-2（b）坑外土体地表沉降最大值由增湿前的 16.12mm 增大至 29.61mm。最后随着远离渗漏区，二

者的地表沉降量逐渐趋于一致。由图 9.1-2（c）也可得到跟上述两图相同的规律。

本节计算结果分析得出，增湿作用虽然对基坑开挖变形规律影响不大，但是明显增大基坑开挖变形，我们认为发生这一现象的原因主要是由于湿陷性黄土自身结构特征的原因，随着管线渗漏过程的持续，周边黄土的结构逐渐解体，强度降低的变化可以从土体自身强度物理参数c，φ值的变化上得到体现。因此本书模拟计算结果，揭示了黄土基坑在开挖过程中，由于土体受水的扰动，导致基坑围护结构、周围地表变形明显增大，容易引发工程安全事故。

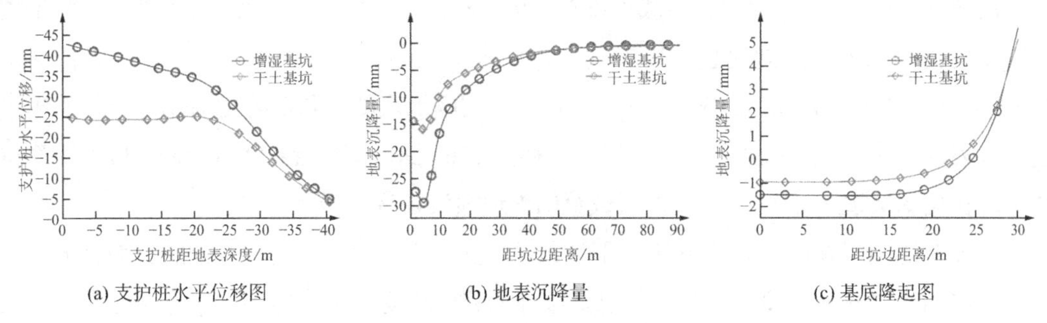

(a) 支护桩水平位移图　　(b) 地表沉降量　　(c) 基底隆起图

图 9.1-2　增湿作用对基坑位移变形的影响

9.1.2　开挖深度对基坑变形稳定性的影响分析

本节主要研究增湿作用下的双支护黄土基坑在周围无荷载条件情况下，采用分步开挖法对基坑变形的影响。为此，设置 10m、20m、30m 三种开挖深度情形，通过对支护桩水平位移、地表沉降和基底隆起量对比分析，探究开挖深度对基坑开挖变形的影响规律。

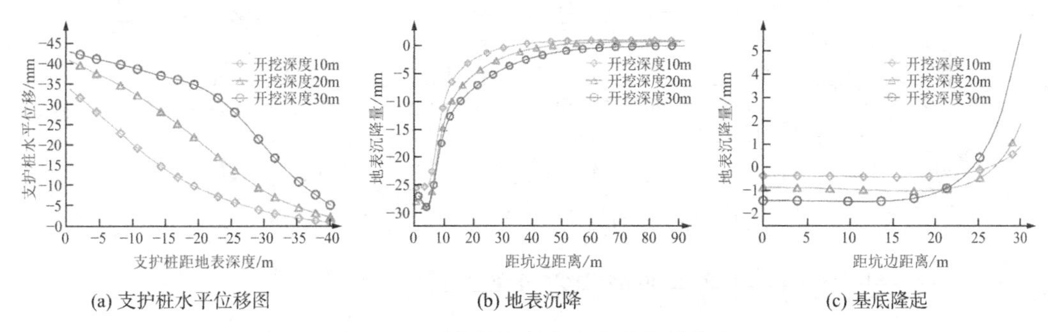

(a) 支护桩水平位移图　　(b) 地表沉降　　(c) 基底隆起

图 9.1-3　开挖深度对基坑位移变形影响

在主动土压力和被动土压力的作用下，导致桩体最大水平位移由 33.82mm 增大至 42.95mm，呈现出如图 9.1-3（a）所示的支护桩水平位移变形趋势。由图 9.1-3（b）可以看出，随着开挖进行土体沉降表现出先增大后减小的趋势，并最终趋于稳定。在此期间，地表沉降量最大值由 25.97mm 增大至 29.61mm。

综上所述，发现随着基坑开挖深度的增加，支护桩受到的被动土压力越来越大，导致基坑开挖变形逐渐增大。因此，基坑开挖施工中一定要严格控制支护桩的变形，必要时增加内支撑以提高支护能力，确保施工安全。

9.1.3 建筑物荷载对基坑变形稳定性的影响

本书考虑将建筑超载设在距离基坑开挖边缘15m远的距离，加载长度为40m，采用浅基础加载形式。通过查阅相关规范，建筑物每层的竖向荷载为 10～15kPa，本书每层取15kPa。结合前文所述，假设其他条件不变即模拟增湿后双支护基坑开挖至底，经计算分别取50kPa、65kPa、80kPa进行模拟，模拟结果如图9.1-4所示。

由图9.1-4（a）可以看出，荷载导致支护桩位移曲线“弓”形变化，桩体表现出先增大后减小的抛物线形态。同时也可以看到支护桩水平位移最大值也逐渐增大，最大位移由70.3mm增加到103.4mm。由图9.1-4（b）可知，周围地表的位移沉降随着基坑边距的越来越远也表现出先增大后减小的趋势，最大位移由136.46mm增加到228.14mm，最大沉降位移出现在据基坑边30m处，且模拟荷载范围内地表沉降变形最大。

通过对比相同条件下无荷载基坑开挖变形，发现建筑荷载对基坑开挖的影响较大。所以当基坑周边存在大量建筑物时，一定要做好相邻建筑物的沉降监测，发现问题及时汇报并作出相应的调整方案，以确保周边建筑物和基坑施工的安全。

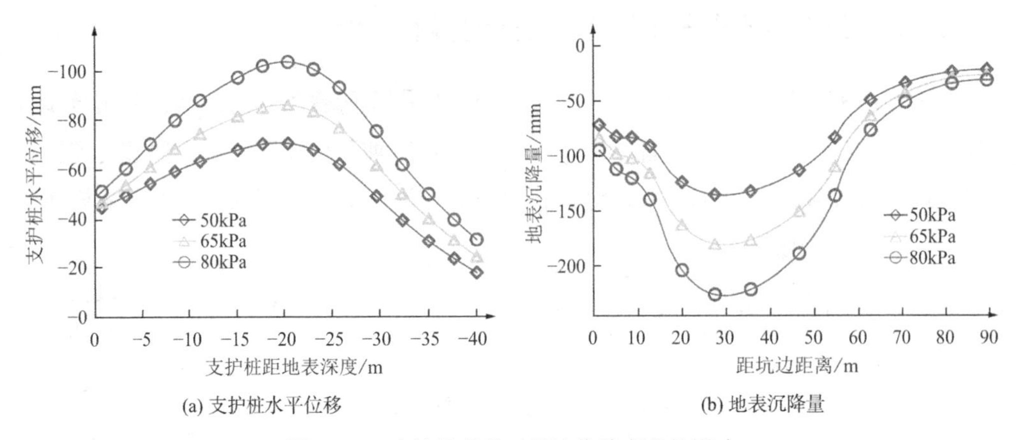

图9.1-4 建筑物荷载对基坑位移变形的影响

9.1.4 支护条件对基坑变形稳定性的影响

本节主要研究增湿作用下周围无荷载黄土基坑开挖20m时（无支护基坑开挖最多达到20m），不同支护条件对基坑开挖变形的影响。设置无支护、单支护和双支护三种情形，根据无支护的基坑变形特征，将双支护的位置分别设在基坑5m和15m的深度处，将单支护的位置设在基坑15m的深度处。

支护桩在不同支护情况下的水平位移如图 9.1-5（a）所示，可以看出，双支护情况可以比较有效的控制墙体的水平位移。当由无支护改为单支护时，支护桩水平位移最大值明显减小，减小幅度约为22%，再由单支护改为双支护时，水平位移减小的幅度增大，减小幅度约为 41%。将不同支护情况引起的地表沉降绘制成曲线，如图 9.1-5（b）所示，当从无支护改为单支护时，地表最大沉降量减小到 16.4mm，继续增加支护，地表最大沉降量减小到 16.7mm。从图 9.1-5（c）中可以看出，在不同支护情况下基坑底部隆起变形趋势大致相同，隆起量随着支护方式的优化逐步减小。综上所述，双支护设计方案确实能够较好地控制支护桩水平位移、地表沉降和基底隆起，以确保深基坑工程的施工安全。

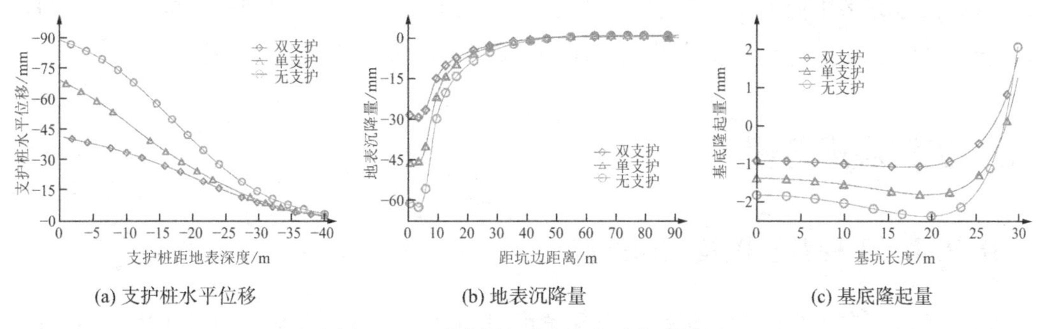

(a) 支护桩水平位移　(b) 地表沉降量　(c) 基底隆起量

图 9.1-5　不同支护对基坑位移变形影响

9.1.5　小结

本课题基于基坑工程稳定性分析平台，在本章节中首先考虑增湿作用对黄土基坑开挖变形的影响，然后考虑增湿作用下开挖深度、荷载情况及支护条件对基坑开挖变形和稳定性发展规律的影响，最后根据计算结果及其规律提出增湿作用下黄土基坑开挖变形支护的优化方案和变形控制要点。

增湿作用下场地土体的强度参数明显减小，结构性变差，导致土体抗剪强度降低，基坑稳定性变差。相同施工条件下，在基坑变形速率和变形最值两个方向上，增湿后的基坑变形较增湿前的基坑变形明显增大，增加了工程安全隐患，因此研究增湿基坑开挖变形规律具有非凡的意义。开挖深度、建筑荷载及支护条件都是影响基坑开挖变形规律的重要因素，开挖深度较大、坑边建筑荷载较大时，应尽可能采用较保守的支护方案；工程资金导致支护条件有限时，应适当减小开挖深度及选取坑边建筑荷载较小的场地进行开挖。在施工过程中，应重点监测支护桩水平位移变形情况，发现异常时应及时上报和调整设计施工方案，必要时可适当添加内支撑以提高基坑稳定性，避免基坑工程安全事故发生，减小事故造成的经济损失。

基于上述研究成果，结合实际工程设计和施工阶段的主要技术指标，提出增湿作用下基坑开挖变形支护方案和变形控制要点：

（1）基坑开挖施工应严格遵循“分层、分段、对称、平衡”的设计原则，并重视施工现场的工程地质条件，对于易受水分侵扰的基坑坑底土体应考虑采用换填土法，减小土体的渗透系数，提高被动区土体强度。

（2）当工程场地附近存在大量建筑物时，应考虑适当加大内支撑杆直径或提高内支撑杆的刚度等相对保守支护方案，应重点监测支护桩侧壁位移情况，发现风险及时上报并针对可能存在的施工风险调整设计施工方案。

（3）设计基坑支护方案时，应重视工程开挖深度的影响，对于开挖深度较大的地块，应适当考虑增加支撑道数，合理缩短支撑间距以达到提高支护密度的目的从而提高基坑稳定性。

（4）在考虑采用何种支护方案时，应根据当地工程地质条件及周围环境，因地制宜选择安全且经济的支撑材料和支撑类型，并严格遵守施工规范建议方法进行开挖。

9.2 工程应用背景

9.2.1 工程背景以及项目概况

本课题以西安市某深大湿陷性黄土基坑项目为例开展研究。基坑项目在建二期工程规划总建筑面积 14863.9m^2，其中地下建筑面积为 5485m^2。根据西安市地区主体建筑物布置格局的要求，项目基坑形状为三角形，自北向南逐渐变小，基坑南北方向长约 250m，北侧宽约 150m，南侧宽约 22m。基坑东侧为 G 地块，与 H 基坑相距约 50m。

基坑开挖深度为 18.2～28.1m，采用排桩＋预应力锚索支护方案。基坑东侧为某输水隧洞（简称“某管线”），管线与基坑东侧边线平行，管线中心距离基坑东侧壁水平距离 21m，埋深为现地面下 21～22m。

9.2.2 基坑支护设计方案

考虑到本基坑东侧邻近某输水隧洞，且开挖深度较大的现状，设计方案总体理念是“深坑化浅坑、强桩强锚、控制变形、保证超深基坑、超高土质边坡稳定”等思路。

设计方案的特点为：（1）分级支护技术；（2）混凝土灌注桩隔离技术；（3）旋喷锚索系统增强技术；（4）被动区旋喷加固结合防渗处理技术。

1）支护设计方案的选择

基坑支护方式：基坑北侧西段采用锚拉排桩支护方案，北侧东段采用微型桩结合土钉墙支护方案；基坑西侧及南侧采用坡顶卸载结合锚拉排桩支护方案，基坑东侧北段采用锚拉排桩支护方案，基坑东侧南段采用分级锚拉排桩结合被动区加固方案。

2）基坑周边环境

（1）基坑东侧：基坑东侧邻近某输水隧洞，4-4（4a-4a）断面上排桩外皮距离某管线侧壁 6.0m，下排桩距离某管线侧壁 19.50m（图 9.2-1）。

（2）基坑周边不存在某输水隧洞相关的排气孔、检修孔、通信设施、变形监测设施等；不存在其他既有的建筑物、构筑物等。

3）基坑设计基本参数

（1）本基坑侧壁安全等级为一级，重要性系数γ取 1.1，基本作用组合的综合分项系数γ取 1.25，锚索抗拔安全系数$k \geqslant 1.8$。

（2）本基坑支护为临时性基坑支护设计，设计使用年限为 12 个月。

（3）荷载取值：4-4 断面坡顶荷载取值见表 9.2-1。

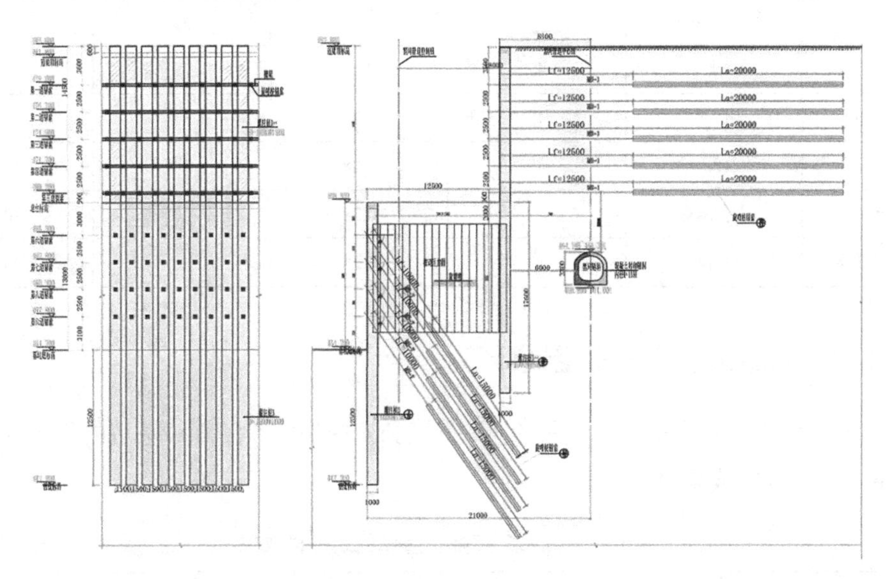

图 9.2-1　4-4 剖面设计图

断面 4-4 荷载取值表　　表 9.2-1

超载	类型	超载值	作用深度	作用宽度	距坑边距	形式	长度/m
序号		kPa，kN/m	m	m	m		
1		20.000	0.000	6.000	18.000	条形	—

9.3　深基坑开挖的稳定性安全计算

9.3.1　计算参数

根据西安市某基坑岩土工程勘察报告提供的物理力学参数建议值，本次计算采用的力学参数如表 9.3-1 所示。

土层物理力学参数　　表 9.3-1

土层	重度/（kN/m³）	弹性模量E/MPa	泊松比μ	黏聚力c/kPa	内摩擦角/°
素填土	18.1	6	0.32	15	15
湿陷性黄土 1	15.9	25	0.3	22	23
黏性土 1	18.0	33	0.3	30	22.5

续表

土层	重度/（kN/m³）	弹性模量E/MPa	泊松比μ	黏聚力c/kPa	内摩擦角/°
湿陷性黄土 2	16.3	29	0.3	24	22.5
黏性土 2	18.2	40	0.3	32	23
湿陷性黄土 3	17.7	35	0.3	28	22.5
黏性土 3	18.4	45	0.29	35	23
湿陷性黄土 4	18.1	42	0.29	28	22
黏性土 4	18.3	43	0.28	33	22
湿陷性黄土 5	18.9	48	0.28	30	20.5
黏性土 5	19.4	58	0.28	30	20.5
湿陷性黄土 6	18.0	70	0.28	30	20.5

9.3.2 天然状态基坑稳定性计算

对基坑上半部分和下半部分，按照设计方案和开挖加载顺序等对基坑的稳定性进行静态的分析计算，计算成果见表 9.3-2。

上半部分位移、沉降、整体稳定计算成果　　表 9.3-2

工况序号	工况类型	深度/m	支锚道号	位移/mm	沉降/mm			抗倾覆安全系数	整体稳定性安全系数
					三角形法	指数法	抛物线法		
1	开挖	4.0	—	0	—	—	—	6.597	
2	加撑	—	1.锚索	−0.06～3.04	—	—	—	7.360	
3	开挖	6.5	—	−0.36～4.63	—	—	—	5.913	
4	加撑	—	2.锚索	−0.34～4.82	—	—	—	6.609	
5	开挖	9.0	—	−1.00～5.20	—	—	—	5.252	
6	加撑	—	3.锚索	−0.79～4.76	—	—	—	5.881	2.661
7	开挖	11.3	—	−2.65～5.17	—	—	—	4.840	
8	加撑	—	4.锚索	−2.02～4.90	—	—	—	5.403	
9	开挖	14.0	—	−6.25～6.75	—	—	—	4.613	
10	加撑	—	5.锚索	−5.67～6.69	—	—	—	5.108	
11	开挖	14.5	—	−6.69～7.21	4.0	7.0	3.0	4.972	

根据计算结果（表 9.3-3），上半部分水平位移最大值为−6.69～7.21mm，工况序号为11，最大变形量位于上半部分基坑坑底 14.5m 处，基坑全部开挖加撑完成后，桩身最大水平位移小于本工程基坑变形值；用三种方法（三角形法、指数法、抛物线法）计算的最大沉降量分别为 4mm、7mm、3mm，最大沉降部位离坑边距离分别为 0m、0m、11m；抗倾

覆安全系数最小的工况序号为 9，最小安全系数为 4.613 > 1.250，满足规范要求；圆弧滑动整体稳定性安全系数k_s为 2.661 > 1.35，满足规范要求。

下半部分位移、沉降、整体稳定计算成果　　表 9.3-3

工况序号	工况类型	深度/m	支锚道号	位移/mm	沉降/mm			抗倾覆安全系数	整体稳定性安全系数
					三角形法	指数法	抛物线法		
1	开挖	18.0	—	−0.74～0.44	—	—	—	4.095	1.338
2	加撑	—	1.锚索	−0.75～0.81	—	—	—	4.471	
3	开挖	20.5	—	−1.20～1.98	—	—	—	3.341	
4	加撑	—	2.锚索	−1.21～1.96	—	—	—	3.675	
5	开挖	23.0	—	−2.35～1.35	—	—	—	2.757	
6	加撑	—	3.锚索	−2.19～1.31	—	—	—	3.043	
7	开挖	25.5	—	−6.62～1.80	—	—	—	2.363	
8	加撑	—	4.锚索	−6.62～1.80	—	—	—	2.616	
9	开挖	28.1	—	−13.56～5.64	12.0	18.0	10.0	2.037	

下半部分水平位移最大值为−13.56～5.64mm，工况序号为 9，最大变形量位于下半部分基坑坑底 28.1m 处，最大位移变形量不影响基坑的安全，更不会影响某管线的限制变形量。基坑全部开挖加撑完成后最大水平位移量小于基坑变形控制值，满足要求；用三种方法（三角形法、指数法、抛物线法）计算的最大沉降量分别为 12.0mm、18.0mm、10.0mm，最大沉降部位离坑边距离分别为 0m、0m、13m；抗倾覆安全系数最小的工况序号为 9，最小安全系数为 2.037 > 1.250，满足规范要求；圆弧滑动整体稳定性安全系数k_s为 1.338 > 1.35，满足规范要求。

9.3.3　不同工况下稳定性计算

本次稳定性复核验算考虑开挖支护完成后边坡在天然、饱和、地震三种工况下的稳定性。根据计算结果，天然工况下，稳定性系数$F_s = 1.349 > 1.30$，整体稳定验算满足规范要求；饱和工况下，稳定性系数$F_s = 1.162 < 1.20$，整体稳定验算不满足规范要求，但整体稳定系数大于 1.15，根据《建筑边坡工程技术规范》GB 50330—2013 对边坡稳定状态的划分，属基本稳定，$1.15 \leqslant F_s \leqslant F_{st}$，因此边坡经支护后整体属于稳定状态；地震工况下，稳定性系数$F_s = 1.351 > 1.10$，整体稳定性满足规范要求。

9.4　基于数值模拟的深基坑开挖可行性的分析评估

实际地层地质条件良好，取区域内典型地层地质断面建立模型。

三维模型计算边界取为 410m × 150m × 50m。在实际模拟中，基坑开挖的实际结构尺寸、施工工法，某管道的埋深、衬砌厚度等均按实际情况考虑；土层视为理想弹塑性体，强度准则采用摩尔-库仑准则；灌注桩、旋喷锚索以及某管道衬砌等均采用弹性本构模拟。其中，旋喷锚索采用植入式桁架单元，灌注桩（采用等效刚度换算截面）及管道衬砌采用板单元模拟。

以下所有计算结果图形（图 9.4-1、图 9.4-2），位移单位为 mm，轴力单位是 kN，应力单位是 kPa。

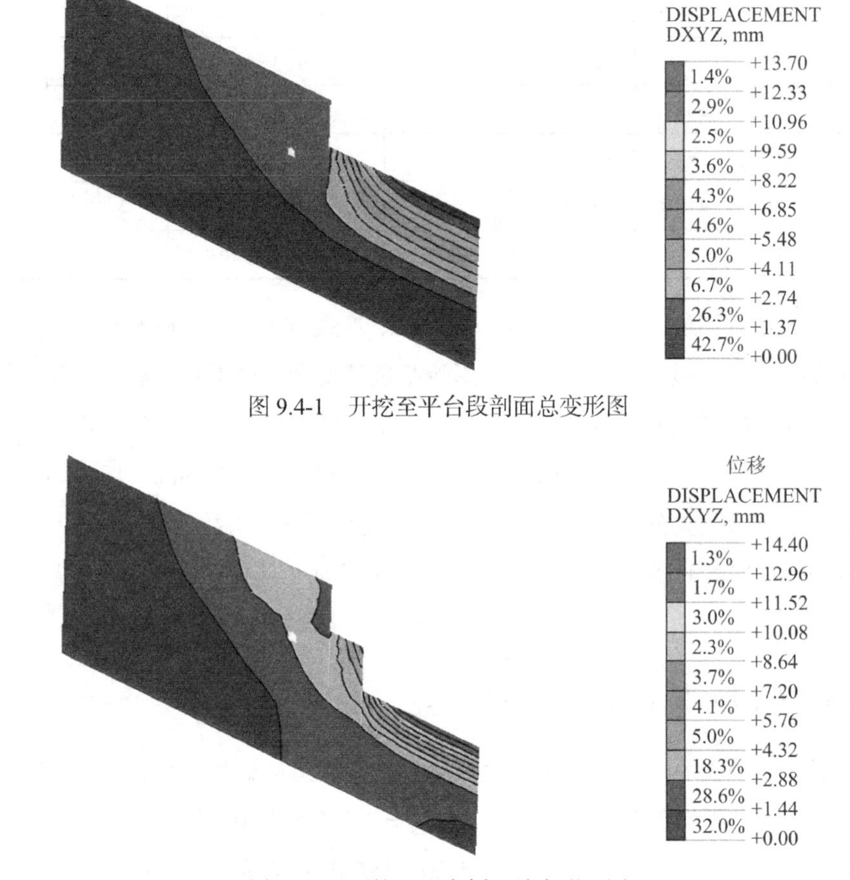

图 9.4-1　开挖至平台段剖面总变形图

图 9.4-2　开挖至坑底剖面总变形云图

由土层变形云图可知，当基坑开挖至平台段时，基坑底部隆起值为 1.37cm，当基坑开挖至坑底时，坑底最大隆起值为 1.34cm。由此可知，土体在施工上半部基坑时变形较下半部基坑施工更大。基坑顶部位移为 5.0～7.5mm，满足基坑变形量控制要求。

管道变形云图如图 9.4-3、图 9.4-4 所示。

由某管线变形云图可知，当基坑开挖至上半部分的平台段时，某管线受其开挖影响总变形量最大值为 2.5mm，当基坑开挖至坑底时，某管线受其开挖影响总变形量达到 2.9mm。

由此可见，某管线受基坑开挖影响主要发生在上半部基坑施工过程。

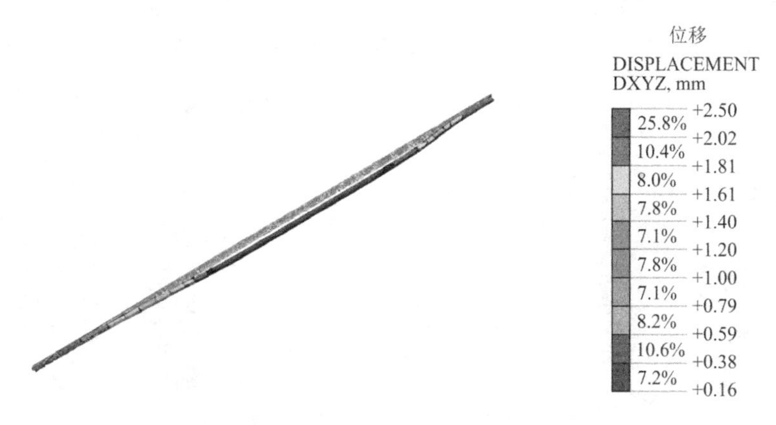

图 9.4-3　开挖至平台段某管线总变形云图

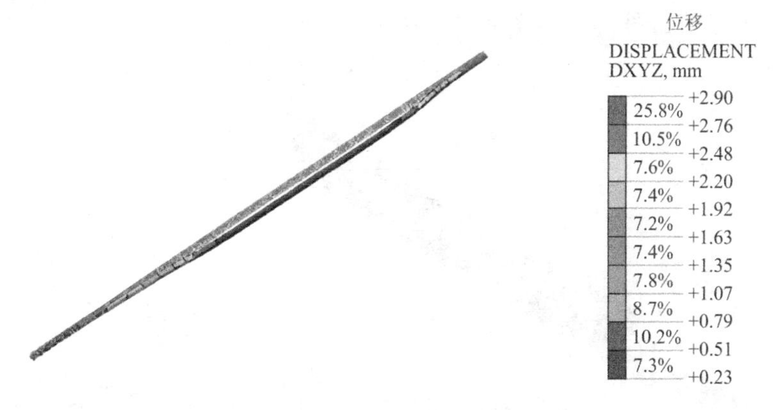

图 9.4-4　开挖至坑底某管线总变形云图

锚索轴力图如图 9.4-5 和图 9.4-6 所示。

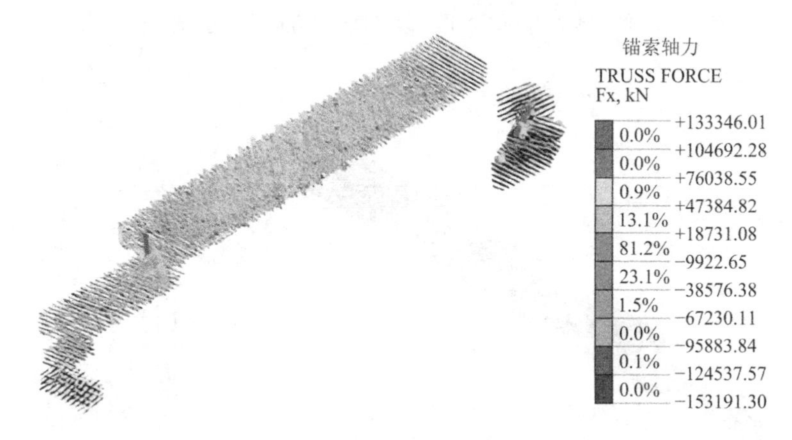

图 9.4-5　开挖至平台锚索轴力

由锚索轴力图可以看出，在开挖至平台段—开挖至坑底这一施工过程中，锚索轴力最大值的位置不同，开挖至坑底时 4-4 剖面的下灌注桩所对应的锚索轴力最大。

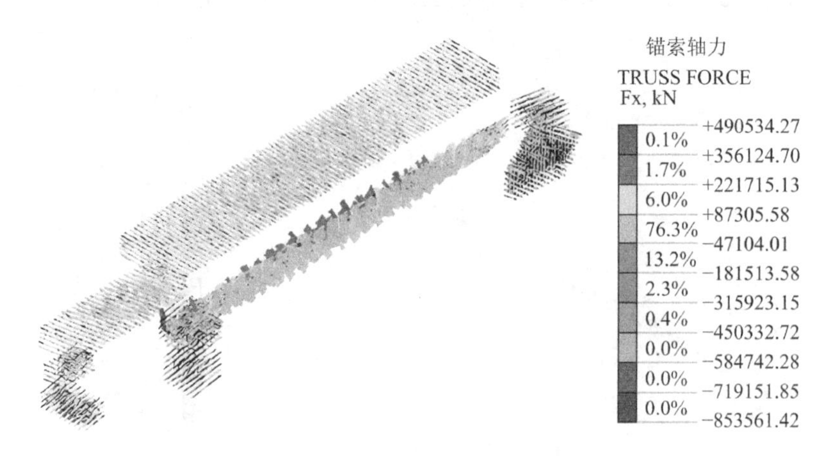

图 9.4-6　开挖至坑底锚索轴力

灌注桩变形云图如图 9.4-7～图 9.4-14 所示。

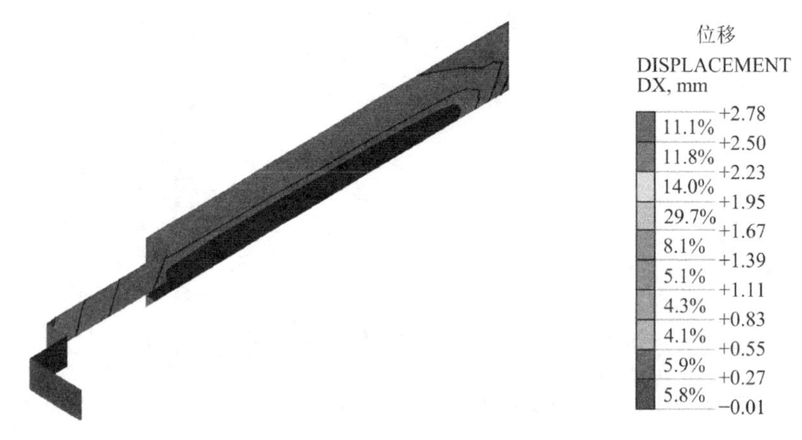

图 9.4-7　开挖至平台段灌注桩x方向变形云图

图 9.4-8　开挖至平台段灌注桩z方向变形云图

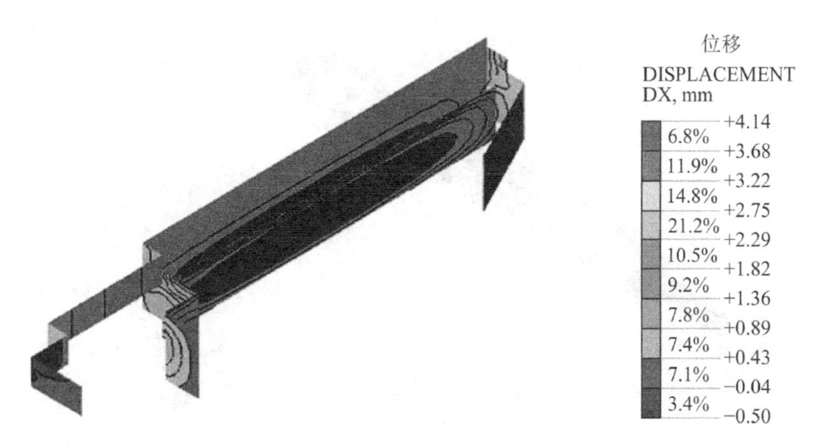

图 9.4-9　开挖至基坑底部灌注桩x方向变形云图

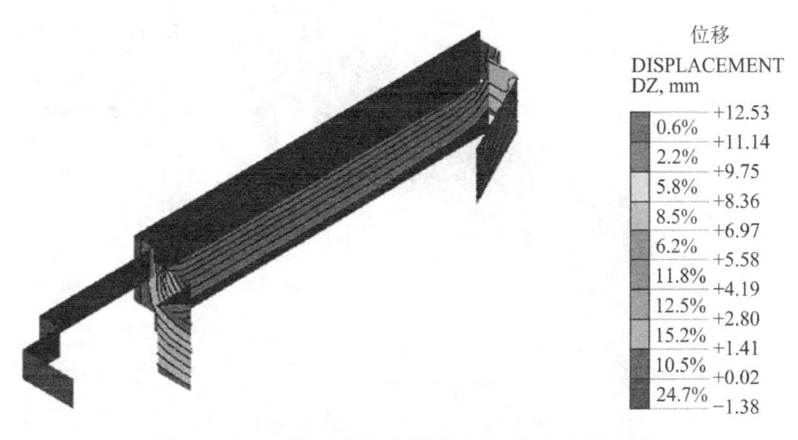

图 9.4-10　开挖至基坑底部灌注桩z方向变形云图

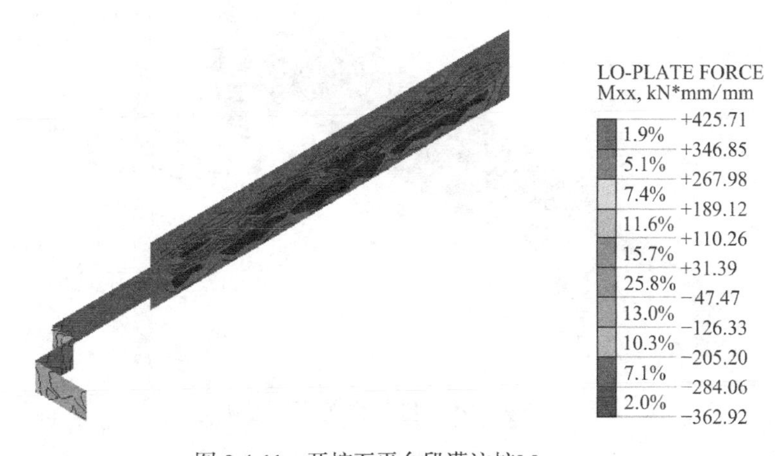

图 9.4-11　开挖至平台段灌注桩M_{xx}

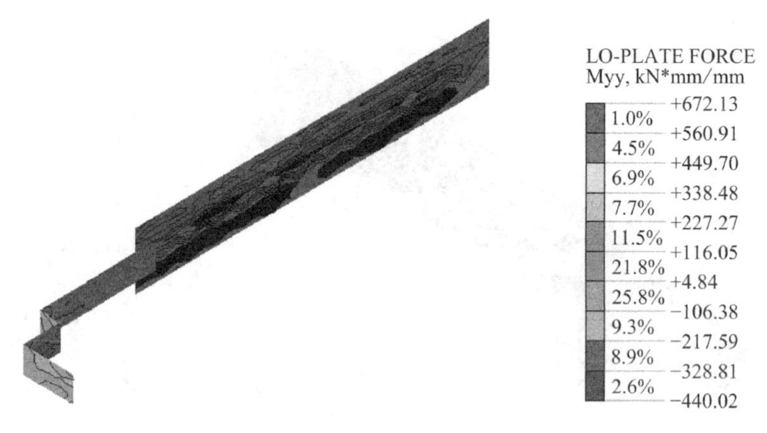

图 9.4-12　开挖至平台段灌注桩M_{yy}

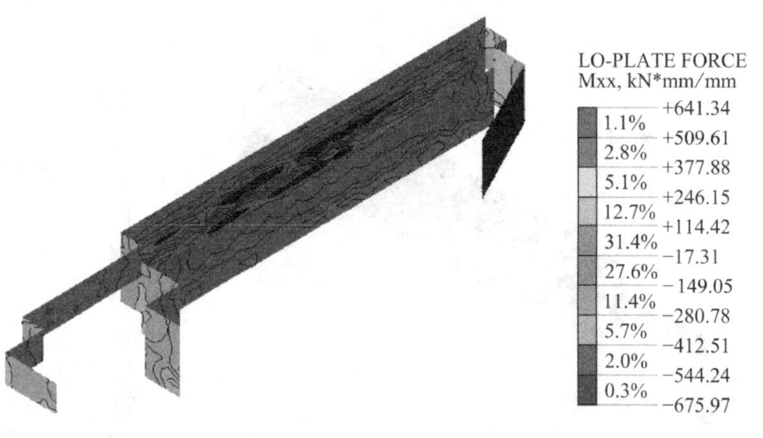

图 9.4-13　开挖至坑底灌注桩M_{xx}

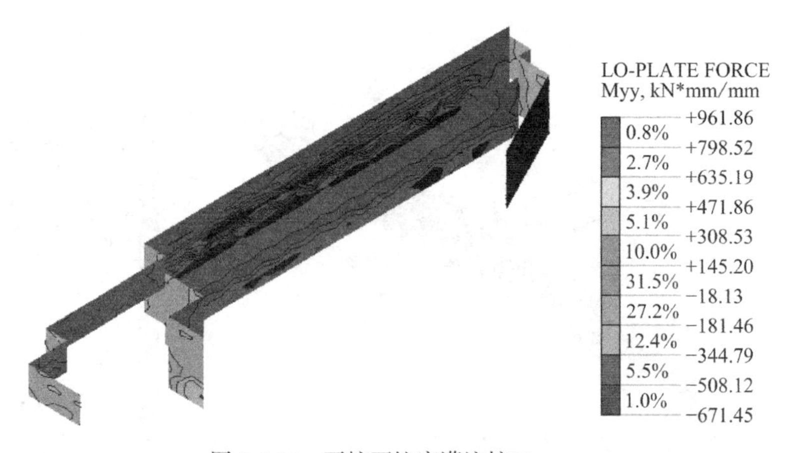

图 9.4-14　开挖至坑底灌注桩M_{yy}

由灌注桩的变形云图可知，在开挖过程中灌注桩的变形较小，不足 15mm。根据灌注桩M_{yy}，M_{xx}结果可知，基坑施工至坑底时，其最大弯矩为 961.9kN/m^2。

9.5　深基坑开挖对某管线影响的综合评估

9.5.1　深基坑总体风险评估

1）总体风险评估基本结论

依据风险评价指标（表 9.5-1），结合基坑勘察和设计文件，对本书基坑的工程地质条件、气候条件、场地位置和基坑深度进行逐项打分，最终确定该工程基坑总体风险等级为Ⅲ级，属高度风险。

深基坑工程总体风险评估等级　　表 9.5-1

评估指标	分类		分值	说明
工程地质条件 A1 = (a + b + c + d + e)	地层岩性 a	湿陷性黄土	4	结合勘察资料和设计文件综合判定
	断裂带 b	无断裂破碎带	0	
	不良地质情况 c	不存在不良地质情况	1	
	地下水 d	地下水不丰富	0	
	岩体结构 e	层状结构	1	
气候条件 A2	施工区气候条件良好，基本不影响施工安全		1	
场地位置 A3	地势平坦的区域		1	
基坑深度 A4	基坑深度超过 20m		7	总深度 28.1m
总体评价分值和等级			15（Ⅲ级）	高度风险

2）基坑对某管道安全影响的静态评估

对于某管道而言，基坑开挖形成的坑壁等同于管道的人工高边坡，基坑开挖对其安全的静态影响主要表现为人工高边坡的稳定与否对其的影响。

（1）不同施工工况下的安全性评价

根据第 9.3.2 节的计算结果，基坑上半部分在施工的 11 种工况下，抗倾覆安全系数最小的工况序号为 9，最小安全系数为 4.613 > 1.250，满足规范要求；圆弧滑动整体稳定性安全系数k_s为 2.661 > 1.35，满足规范要求。

下半部分，抗倾覆安全系数最小的工况序号为 9，最小安全系数为 2.037 > 1.250，满足规范要求；圆弧滑动整体稳定性安全系数k_s为 1.338 > 1.35，满足规范要求。

（2）基坑形成后的整体安全性评价

分别计算基坑在施工完成后边坡在天然工况下的整体稳定性。根据第 9.3 节的计算结果，稳定性系数F_s = 1.349 > 1.30，整体稳定验算满足相关规范要求。

（3）特殊工况下的抗灾性安全评价

饱和工况下，黄土性状发生变化，根据本研究成果对黄土抗剪强度指标进行评估和参数调整，计算得到稳定性系数$F_s = 1.162 < 1.20$，整体稳定验算不满足规范要求。

地震工况下，稳定性系数$F_s = 1.351 > 1.10$，整体稳定性满足规范要求。

根据上述分析计算，边坡在遭遇 8 度地震时整体稳定状态较好，稳定性达到规范规定安全系数的标准；在长时间暴雨、施工用水管理不善、基坑坑顶或边坡防排水措施失效，导致边坡土体饱和状态下，基坑边坡安全储备不足、稳定安全系数不满足相关规范要求，但整体稳定系数大于 1.15，该边坡仍处于稳定状态，不至于发生整体的坍塌破坏，因此边坡在地震、饱和等特殊工况下整体处于稳定状态。

9.5.2 基坑对某管道的安全评估标准及原则

1）基坑监测警戒值制定的原则

（1）基坑监测警戒值制定的原则

基坑监测警戒值的制定一般遵循以下原则：①满足相关规范的要求；②满足基坑设计的要求，不超过设计控制值；③满足某管线这一重要保护对象的要求，要确保施工期间保护对象满足安全和使用要求；④充分考虑到对周围环境的潜在影响；⑤在确保安全的前提下，统筹安全与经济的平衡，尽量节省资源。

（2）预警指标的确定

在确定预警指标时，通常应考虑如下因素：①基坑的工程地质条件；②基坑支护设计的水、土对策；③基坑周围的环境条件；④基坑的规模，包括基坑的深度、面积、几何形状等；⑤基坑的施工期；⑥基坑支护结构类型及结构平面布置；⑦已完成的桩基工程的影响，包括土体扰动、超静孔隙水压力变化等。

2）某管道容许变形量

鉴于某管线属早期设计建造的输水工程，混凝土衬砌强度等级不高，设计采用标准较低，且目前管线已存在渗漏小等实际现状，从管道构件安全、耐久的角度出发，本次评估以高标准、严要求的原则，最终确定某管道在本段的最大容许变形量为 3.5mm。

3）某管线预警值的确定

（1）多级别的灌注桩支护结构的内力评价标准，见表 9.5-2。

灌注桩支护结构内力安全评价标准　　表 9.5-2

灌注桩弯矩	安全级别	控制措施
$< 0.2M_{极}$	一级（安全）	正常，不需要采取措施
$0.2M_{极} \sim 0.4M_{极}$	二级（相对安全）	存在少量安全隐患，需持续关注
$0.4M_{极} \sim 0.7M_{极}$	三级（预警）	存在隐患，应采取有效的监控、防范措施
$0.7M_{极} \sim 1.0M_{极}$	四级（报警）	随时可能出现险情，启动应急预案
$> 1.0M_{极}$	五级（危险）	险情或已发生，停工并采取抢险补救措施

（2）某管线衬砌沉降变形安全状态评价标准，见表 9.5-3。

混凝土隧洞衬砌结构沉降变形安全状态评价标准　　表 9.5-3

安全等级	一级	二级	三级	四级	五级
$\delta_{实际}/\delta_{允许}$	< 0.4	0.4～0.7	0.7～0.9	0.9～1.0	> 1.0

注：$\delta_{实际}$、$\delta_{允许}$分为某衬砌结构实测差异沉降、最大容许沉降。

尚需说明：某管线的控制标准由三部分组成：①总变形控制标准为 3.5mm；②每节允许变形量理论控制标准为 0.3mm；③管节之间的差异变形量控制标准为 0.3mm。

（3）某管线保证控制变形的其他要求

①隧洞上覆不能产生过大的附加应力；②严禁发生某管线的错裂、不允许产生渗漏水；③严禁诱发产生基坑边坡的失稳变形等次生地质灾害。

9.5.3　基坑对某管道安全影响的动态评估

三维动态评估

对基坑东侧进行 3D 数值模拟的结果表明，当基坑开挖至平台段时，4-4 断面基坑底部隆起值为 2.9cm；当基坑开挖至坑底时，坑底最大隆起值为 3.0cm，土体在施工上半部基坑时变形较下半部基坑施工时更大。

当基坑开挖至平台段时，某管线受其开挖影响总变形量最大值为 2.5mm；当基坑开挖至坑底时，某管线受其开挖影响总变形量达到 2.9mm，最大水平位移 2.5mm。由此可见，某管道受基坑开挖影响主要发生在上半部基坑施工过程，某管线X方向变形为 Z 方向的 3 倍，主要为水平位移。

根据三维计算结果，基坑开挖造成某管道最大总变形量为 2.9mm，最大水平位移为 2.5mm，垂直方向最大位移为 0.79mm，均小于管道控制变形量 3.6mm 的标准。进一步分析认为，基坑上半部的总变形量仅为 2.5mm，下半部分基坑的总变形量为 2.9mm，满足某管线控制变形要求。

9.6　小结

（1）黄土地区大型市政基坑支护设计，尤其是周边密集管线区及重点需要保障区域，可通过对基坑空间划分，将一个深大基坑划分为上、下两个近似独立的浅基坑，从而大大降低基坑开挖对拟保护结构的影响，并最大限度地提高支护结构的安全性，其理念是先进的。

（2）边坡在施工期、基坑使用期，在天然状态、遭遇地震时的偶然状态下，基坑的稳定性及抗灾性均较好，仅在饱和工况下边坡安全储备不足，但边坡整体仍处于稳定状态，不存在发生整体坍塌破坏的现象。因此在基坑施工和使用期间，控制好施工用水和边坡排水，保证边坡的整体稳定。总体基坑开挖和使用过程中，边坡对隧洞的静态影响小。

（3）按照设计假定的边界条件、开挖顺序、加载方式等，采用三维数值模拟计算结果，基坑开挖造成某管道最大总变形量为 2.9mm，最大水平位移为 2.5mm，垂直方向最大位移为 0.79mm，均小于管道控制变形量 3.6mm 的标准。进一步分析认为，基坑上半部的总变形量仅为 2.5mm，下半部分基坑的总变形量为 2.9mm，满足某管线控制变形要求。

（4）按照“高标准、严要求”的原则，本工程控制变形量和预警值标准为：支护结构的累计变形量应控制在 15mm 之内，且变化速率应不大于 1.0mm/d；某管线的总变形量应限制在 3.5mm 之内，且不允许产生大于 0.3mm 的差异性变形。

第10章

改性湿陷性黄土功能化利用技术研究

10.1　试验材料及方案

为了研究市政工程背景下抗疏力改性黄土的强度特性和水稳性，理解其中的改性机理，分别进行了以下三个方面的试验研究：无侧限抗压强度试验、水稳性试验和微细观试验。本章主要介绍试验材料、试验仪器、试样制备以及试验方案。

10.1.1　试验材料

1）黄土

试验所用黄土取自陕西省西安市白鹿原，属于Q_3黄土，颜色呈褐黄色。所取黄土的颗粒分析试验、击实试验、相对密度试验及液塑限试验均按照规范《土工试验方法标准》GB/T 50123—2019进行。

所取黄土的不均匀系数$C_u = 6.38 > 5$且曲率系数$C_c = 2.02$介于1～3之间，表明所取黄土级配良好。基于轻型击实试验、相对密度试验以及液塑限试验结果，总结黄土基本物理性质指标如表10.1-1所示。根据《土的工程分类标准》GB/T 50145—2007对土的分类，试验取土为粉质黏土。

黄土基本物理性质指标　　表10.1-1

土粒相对密度	塑限含水率/%	液限含水率/%	塑性指数	最大干密度/（g/cm³）	最优含水率/%
2.70	23.8	38.2	14.4	1.62	21

2）抗疏力固化剂

抗疏力固化剂是瑞士抗疏力公司所研发的土壤固化材料，试验所用抗疏力固化剂来自甘肃瑞斯抗疏力技术工程有限公司，包括粉剂SOLIDRY（简称SD）和水剂抗疏力444（简称C444）。抗疏力固化剂如图10.1-1所示，其工作原理是削弱土颗粒表面的扩散层水膜，使颗粒间接触紧密，从而固化土壤。

3）水泥

水泥的选用应当符合《公路路面基层施工技术细则》JTG/T F20—2015、《城镇道路工程施工与质量验收规范》CJJ 1—2008等。试验所用水泥为普通硅酸盐水泥，购买于西安金星水泥厂，主要成分为硅酸二钙、硅酸三钙、铝酸三钙和铁铝酸四钙。

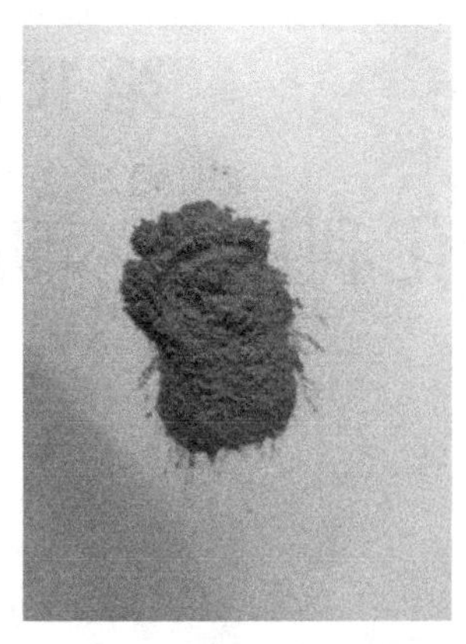

(a) 粉剂 SD 置于白纸观察

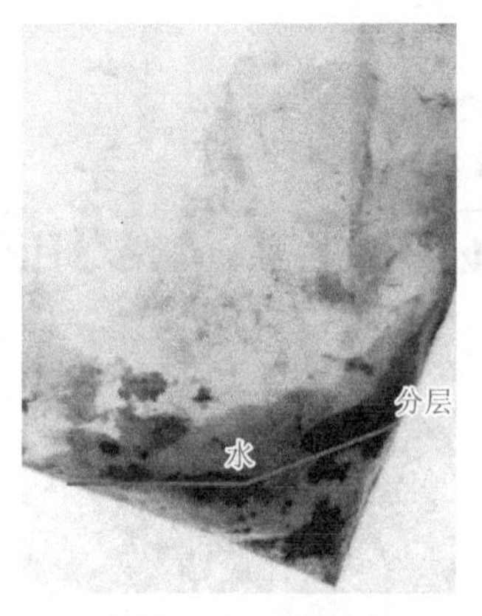

(b) 粉剂 SD 有极强的斥水性

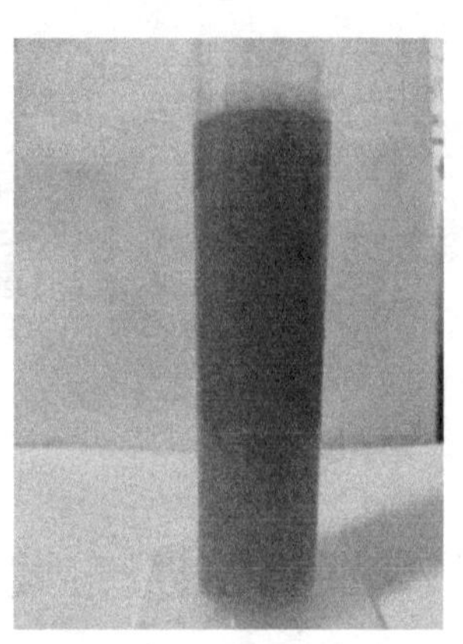

(c) 水剂 C444

图 10.1-1 抗疏力固化剂

4）石灰

石灰的选用应当符合《公路路面基层施工技术细则》JTG/T F20—2015、《城镇道路工程施工与质量验收规范》CJJ 1—2008 等。试验所用石灰为生石灰，购买于咸阳信德化工有限公司，主要成分为氧化钙。

10.1.2 试样制备

所有制备试样干密度统一为 1.62g/cm^3，含水率为 21%。抗疏力固化剂分为粉剂与水剂，粉剂的掺量为试样中干土质量的百分比，水剂则按照瑞士抗疏力 LTMD 公司所建议的配比掺入，掺量均为粉剂掺量的 1/20。为使行文简便，后文所述的抗疏力固化剂掺量均为粉剂掺量。同时，还将抗疏力固化剂的改性效果与石灰改性黄土、水泥改性黄土进行对比，因此石灰、水泥的掺量参照了《公路路面基层施工技术细则》JTG/T F20—2015、《城镇道路工程施工与质量验收规范》CJJ 1—2008，确定为试样中干土质量的 6%。

宏观试验所有试样的制备均采用压样法，计算干密度为 1.62g/cm^3、含水率为 21%时不同试样所需的湿土质量，称量并均匀倒入模具中，使用油压千斤顶和反力框架将湿土压实成样，最后置于保湿缸中养护。其中无侧限抗压强度试验的试样制样时需将称好的湿土平均分 5 次倒入模具压实，各层土样倒入前需要对下层土样先进行刮毛处理，以此保证试样间接触良好。

10.1.3 试验方案

1）无侧限抗压强度试验方案

具体试验方案如表 10.1-2 所示。

无侧限抗压强度试验方案　　表 10.1-2

试验用土	改性材料	固化剂掺量/%	养护时间/d	养护条件	试样数量	总计
黄土	抗疏力固化剂	1		保湿缸	3 × 4 = 12	84
		2			3 × 4 = 12	
		3			3 × 4 = 12	
		4	1		3 × 4 = 12	
		5	7		3 × 4 = 12	
	石灰	6	14		3 × 4 = 12	
			28			
	水泥	6			3 × 4 = 12	

2）水稳性试验方案

水稳性试验具体试验方案如表 10.1-3 所示。

水稳性试验方案　　表 10.1-3

试验内容	试验材料	改性材料掺量/%	养护时间/d	养护条件	试样数量	总计
水稳系数试验	黄土 + 抗疏力固化剂	1	7	保湿缸养护、最后 1d 浸水	3 × 2 = 6	48
		2			3 × 2 = 6	
		3			3 × 2 = 6	
		4			3 × 2 = 6	
		5			3 × 2 = 6	
	黄土 + 石灰	6			3 × 2 = 6	
	黄土 + 水泥	6			3 × 2 = 6	
	黄土	—	—	—	3 × 2 = 6	
崩解试验	黄土 + 抗疏力固化剂	1	7	保湿缸养护	1	8
		2			1	
		3			1	
		4			1	
		5			1	
	黄土 + 石灰	6			1	
	黄土 + 水泥	6			1	
	黄土	—	—	—	1	
水滴入渗试验	黄土 + 抗疏力固化剂	1	7	保湿缸养护	3	24
		2			3	
		3			3	
		4			3	
		5			3	

续表

试验内容	试验材料	改性材料掺量/%	养护时间/d	养护条件	试样数量	总计
水滴入渗试验	黄土 + 石灰	6	7	保湿缸养护	3	24
	黄土 + 水泥	6			3	
	黄土	—	—	—	3	
渗透试验	黄土 + 抗疏力固化剂	1	7	保湿缸养护	6	48
		2			6	
		3			6	
		4			6	
		5			6	
	黄土 + 石灰	6			6	
	黄土 + 水泥	6			6	
	黄土	—	—	—	6	

崩解试验是将试样（ϕ61.8mm × 24mm）放至玻璃器皿中，倒入蒸馏水，并用相机记录土样的破坏形态，描述试样在水中的情况；水稳系数的概念引自行业标准《土壤固化外加剂》CJ/T 486—2015，是以采用标准养护龄期 7d 最后 1d 浸水的土样无侧限抗压强度与不经过水浸泡的同龄期试样的无侧限抗压强度比值来评价土的水稳性，试验所用仪器、试样大小与无侧限抗压强度试验一致；水滴入渗试验是判断土体斥水性的一种方法，试验时将一定体积的水滴到土体（ϕ61.8mm × 24mm）表面，记录水滴完全渗入土体所需的时间，根据时间的长短可以判断土体斥水性的强弱；渗透试验根据水头的不同可以分为常水头试验与变水头试验，由于试验用土的粒径较小，选用变水头试验，试样为ϕ61.8mm × 40mm 的圆柱形土柱。

3）微细观试验方案

为研究抗疏力固化剂改性黄土的机理，采用了扫描电镜试验以及纳米压痕试验。扫描电镜试验可以获得试样表面的形貌，分析添加改性材料前后试样细观结构的变化。纳米压痕试验可以直接测试试样在细观层面上的弹性模量，进而与宏观上相联系，分析抗疏力固化剂改性黄土的机理。微细观试验具体方案如表 10.1-4 所示。

微细观试验方案　　表 10.1-4

试验内容	试验材料	改性材料掺量/%	养护时间/d	养护条件
扫描电镜试验	黄土 + 抗疏力固化剂	2	28	保湿缸
		3		
		4		
	黄土	—	—	

续表

试验内容	试验材料	改性材料掺量/%	养护时间/d	养护条件
纳米压痕试验	黄土 + 抗疏力固化剂	1	7 28	保湿缸
		2		
		3		
		4		
		5		

10.2　抗疏力改性黄土无侧限抗压强度试验研究

10.2.1　概述

本章对不同固化剂掺量（1%、2%、3%、4%、5%）、不同养护时间（1d、7d、14d、28d）条件下的抗疏力改性黄土进行了无侧限抗压强度试验，研究各因素对改性黄土应力应变曲线、无侧限抗压强度的影响，并与传统的水泥、石灰改性黄土的无侧限抗压强度进行对比，分析抗疏力固化剂的强度改性效果。

10.2.2　各因素对应力应变曲线的影响分析

1）固化剂掺量对应力应变曲线的影响分析

从图 10.2-1 中可以看出，所有改性黄土的应力应变曲线均属于应变软化型，在养护时间相同时曲线前期应力增长的速率比较接近，曲线有一定的交叉。在图 10.2-1（a）、（b）、（c）中，可以看出 3%掺量时的应力应变曲线均位于最上方，在养护时间为 1d、7d、14d 时峰值应力分别为 53.6kPa、70.3kPa、76.3kPa，而 1%掺量的应力应变曲线则位于最下方，养护时间为 1d、7d、14d 时的峰值应力分别为 44.9kPa、47.4kPa、53.5kPa，峰值应力从大到小对应的掺量排序为 3% > 4% > 5% > 2% > 1%，同时 3%掺量应力应变曲线上的拐点处更尖锐，1%掺量应力应变曲线上的拐点处则相对平缓，各掺量应力应变曲线上拐点处的尖锐程度排序也与峰值应力排序一致。而在图 10.2-1（d）中，养护时间为 28d 时，5%掺量对应的应力应变曲线则位于最上方，其峰值应力为 95.2kPa，1%掺量的应力应变曲线仍位于最下方，其峰值应力为 55.6kPa，峰值应力从大到小对应的掺量排序为 5% > 4% > 3% > 2% > 1%，同样曲线拐点处的尖锐程度排序也是如此。在养护时间为 1d 时，固化剂掺量的增加并不会使试样的应力应变特征产生明显的差异，峰值应变多在 3%左右。在 7d、14d 时，试样的应力应变特征产生明显的变化，但是加入过多的抗疏力固化剂仍会使试样的峰值应力减小，此时峰值应变仍在 3%左右。而在 28d 时，固化剂掺量的增加会使应力应变曲线的变化更加明显，固化剂掺量越多，峰值应力越大，曲线也更尖锐，此时峰值应变均位于 2%～3%之间。

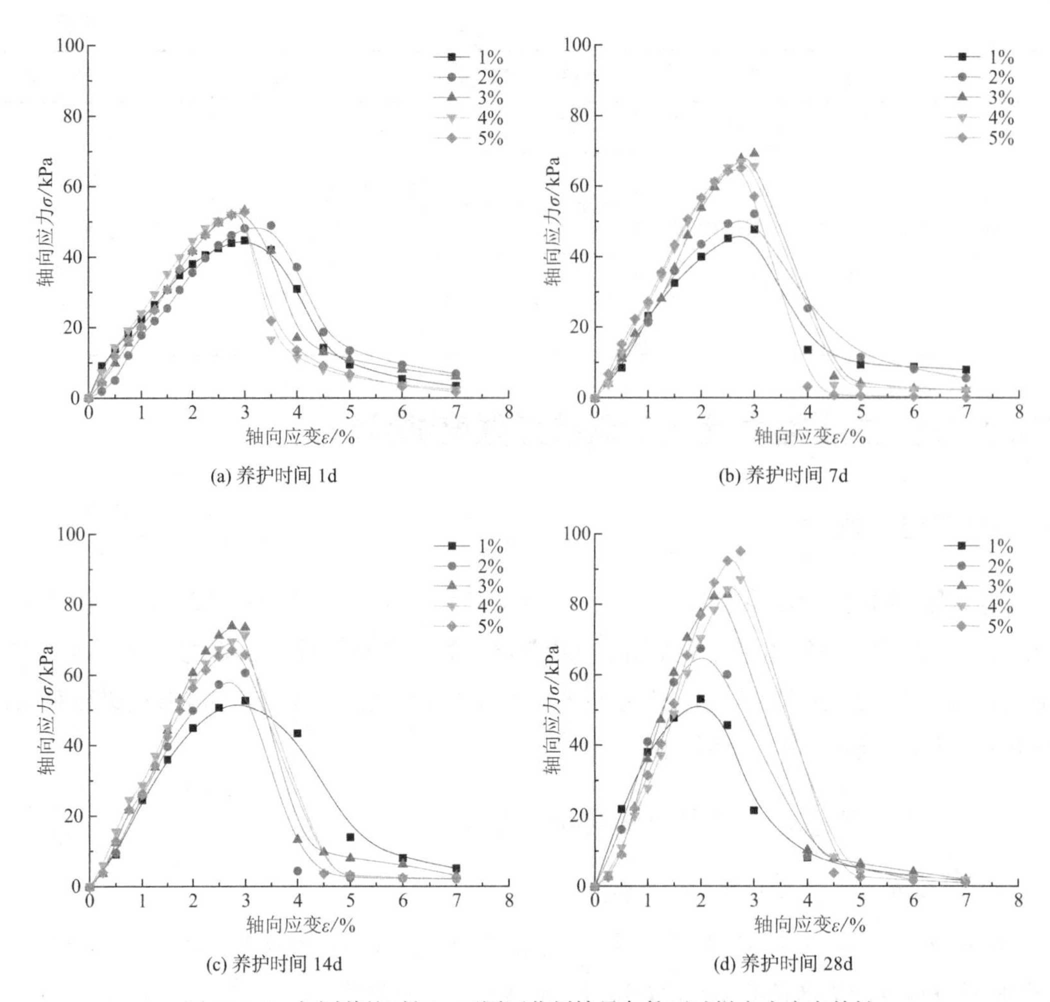

(a) 养护时间 1d

(b) 养护时间 7d

(c) 养护时间 14d

(d) 养护时间 28d

图 10.2-1 相同养护时间、不同固化剂掺量条件下试样应力应变特性

同时，同一养护时间、不同掺量下试样的应力应变曲线有一定的交叉，这是因为抗疏力固化剂对土样的最大干密度有一定影响。在固化剂掺量更大时，土样的最大干密度会有少量增长，由于试验控制了试样干密度和含水率一致，在同一条件下，更高的固化剂掺量代表着试样中土相对较少，因此高固化剂掺量试样的应力，在应变前期与小掺量试样的应力相比较低，从而出现应力应变曲线的部分交叉现象。

由此可见，固化剂掺量对试样的应力应变曲线有一定的影响。由于抗疏力固化剂有极强的斥水性，同时可以作为土体颗粒间的胶结物质，因此在掺量较小时增加固化剂掺量可以使应力应变曲线的峰值应力变大，但是在达到一定量后，峰值应力达到最大，继续增加固化剂掺量反而使试样中作为骨架的土颗粒相对含量变少，试样的峰值应力开始下降，需要更长的养护时间将试样中的水进行排除，才能使试样应力-应变曲线的应力峰值继续增长。

2）养护时间对应力应变曲线的影响分析

控制固化剂掺量一定，分别将养护时间为 1d、7d、14d、28d 试样的一组应力-应变曲线放在同一图中进行分析，如图 10.2-2 所示。

从图 10.2-2 中可以看出，固化剂掺量为 1%时，试样在 1d、7d、14d、28d 时的峰值应力分别为 44.9kPa、47.4kPa、53.5kPa、55.6kPa，峰值应变从 3%变化至 2%左右。固化剂掺量为 2%时，试样在 1d、7d、14d、28d 时的峰值应力分别为 49.3kPa、52.5Pa、61.2kPa、67.3kPa，峰值应变从 3.5%变化至 2%左右。固化剂掺量为 3%时，试样在 1d、7d、14d、28d 时的峰值应力分别为 53.6kPa、70.3kPa、76.3kPa、82.5kPa，峰值应变从 3%变化至 2.5%左右。固化剂掺量为 4%时，试样在 1d、7d、14d、28d 时的峰值应力分别为 52.8kPa、67.2kPa、72.5kPa、86.9kPa，峰值应变从 3%变化至 2.5%左右。固化剂掺量为 5%时，试样在 1d、7d、14d、28d 时的峰值应力分别为 52.9kPa、65.1kPa、67.9kPa、95.2kPa，峰值应变从 3%变化至 2.5%左右。可以得出在固化剂掺量一定时，不同的养护时间下试样应力应变曲线有着明显的差异。在养护时间比较短时，试样的峰值应力较小，峰值应变较大，曲线相对而言更平缓。随着养护时间的增加，试样的峰值应力会逐渐增大，同时峰值应变变得更小，曲线也更尖锐。

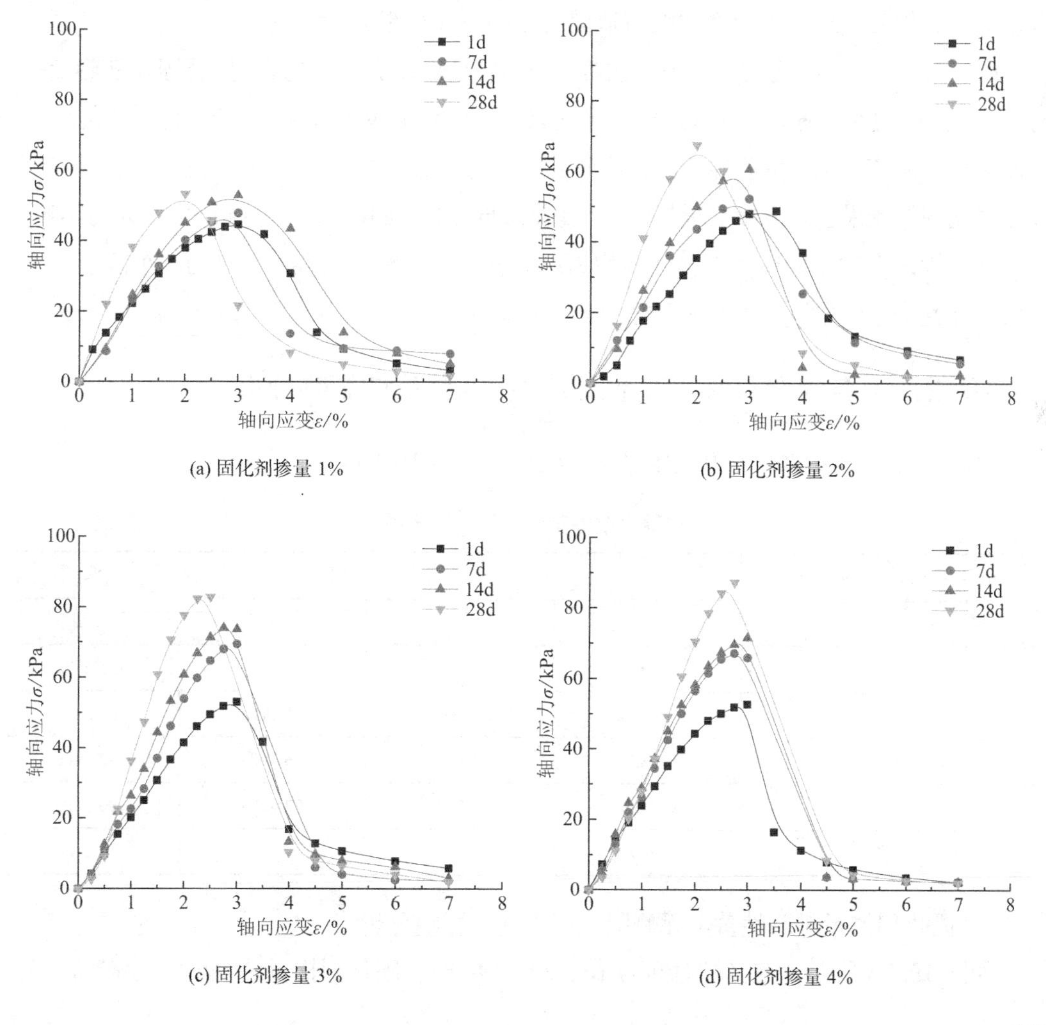

(a) 固化剂掺量 1%

(b) 固化剂掺量 2%

(c) 固化剂掺量 3%

(d) 固化剂掺量 4%

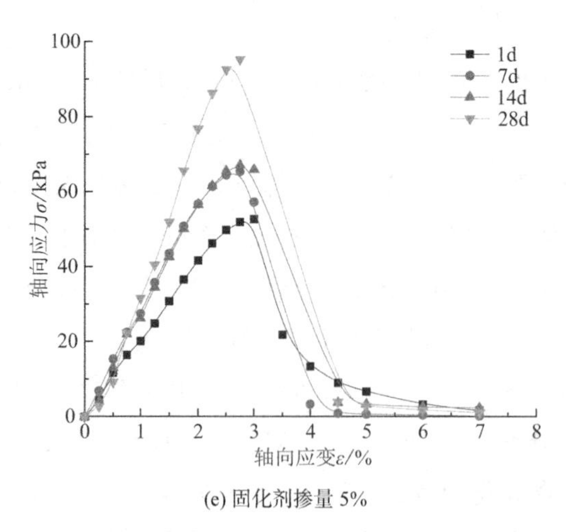

(e) 固化剂掺量 5%

图 10.2-2 相同固化剂掺量、不同养护时间条件下试样应力应变特性

在图 10.2-2（a）中，可以发现在养护时间从 14d 增长至 28d 时，应力应变曲线的变化并不大，峰值应力 14d 仅增长了 2.2kPa，可见在抗疏力固化剂充分发挥其斥水性效果后，继续增加养护时间对应力应变曲线所造成的影响不会有很大的变化。

由此可见，养护时间对抗疏力改性黄土应力应变曲线有一定的影响。在固化剂掺量一定时，增加试样的养护时间，可以充分发挥抗疏力固化剂斥水性的效果，使试样所含的水分进一步减小，促使试样发生脆性破坏，从而使试样的峰值应力不断增加，峰值应变逐渐减小。而在固化剂的效果达到或接近最好时，继续增加养护时间并不会对试样产生更大的影响。

抗疏力改性黄土的应力应变曲线均为应变软化型，曲线大致可以分为四个阶段：压密阶段、弹性变形阶段、塑性变形阶段及破坏阶段。

10.2.3 各因素对改性黄土无侧限抗压强度的影响分析

将各条件下对应的无侧限抗压强度值汇总，见表 10.2-1。

抗疏力改性黄土无侧限抗压强度 表 10.2-1

固化剂掺量/%	养护时间			
	1d	7d	14d	28d
1	44.9kPa	47.4kPa	53.5kPa	55.6kPa
2	49.3kPa	52.5kPa	61.2kPa	67.3kPa
3	53.6kPa	70.3kPa	76.3kPa	82.5kPa
4	52.8kPa	67.2kPa	72.5kPa	86.9kPa
5	52.9kPa	65.1kPa	67.9kPa	95.2kPa

1）固化剂掺量对改性黄土无侧限抗压强度的影响分析

如图 10.2-3 所示，在养护时间为 1d、7d、14d 时，固化剂掺量从 1%增加到 3%，无侧限抗压强度也相应增加，随着掺量进一步增加，强度曲线出现峰值，试样强度反而下降。在养护时间为 28d 时，固化剂掺量从 1%增加到 5%，试样的强度也不断增长。在固化剂掺量为 1%～3%时，无论养护时间如何变化，试样的强度随掺量的增加均呈增长趋势，但在 1d 时强度从 44.9kPa 增加到 53.6kPa，仅增加了 19.38%，相对于养护时间为 7d、14d、28d 时试样从掺量 1%～3%强度分别增加了 48.31%、42.62%、48.38%，其在 1d 时掺量增加强度增长较少，表现为直线斜率较为平缓。在掺量为 3%～5%时，随着掺量的增加，养护时间为 1d、7d、14d 所对应的强度出现下降，而 28d 的强度不断上升，其原因可能是更高掺量的抗疏力改性黄土需要更长的养护时间去发挥固化剂的效果，短期内由于固化剂无法充分其斥水性的效果，同时同质量的试样内高掺量的试样所含土的质量要少于低掺量的试样，因此会出现在固化剂掺量为 1%～5%的范围内 1d、7d、14d 时增大掺量强度先增大后减小、28d 时增大掺量强度会不断增大的结果。

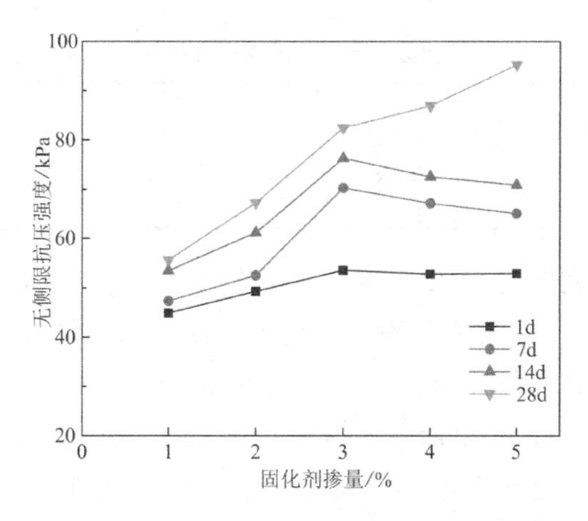

图 10.2-3　同一干密度、含水率下无侧限抗压强度与固化剂掺量关系曲线

2）养护时间对改性黄土无侧限抗压强度的影响分析

如图 10.2-4 所示，养护时间的增加有助于抗疏力固化剂更好地发挥其斥水性的效果，因此在所试验的 5 种固化剂掺量下，各试样的无侧限抗压强度均随着养护时间的增加而不断增大。

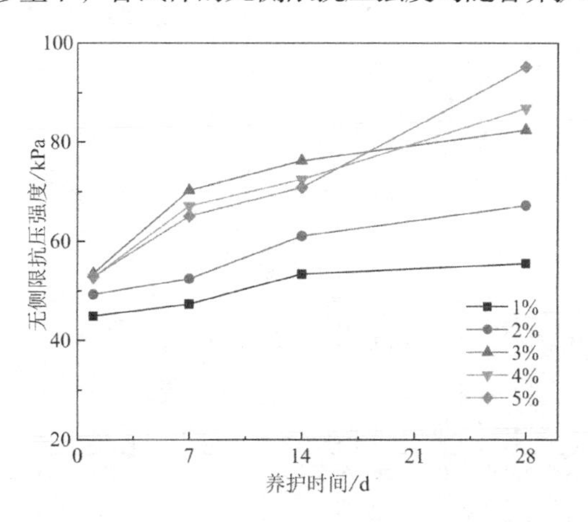

图 10.2-4　同一干密度、含水率下无侧限抗压强度与养护时间关系曲线

掺量为 1%时，在 1～7d、7～14d、14～28d 三个养护时间段内强度增长速率分别为 0.36kPa/d、0.87kPa/d、0.15kPa/d；掺量为 2%时，在 1～7d、7～14d、14～28d 三个养护时间段内强度增长速率分别为 0.36kPa/d、1.24kPa/d、0.44kPa/d；掺量为 3%时，在 1～7d、7～14d、14～28d 三个养护时间段内强度增长速率分别为 0.36kPa/d、0.86kPa/d、0.44kPa/d；掺量为 4%时，在 1～7d、7～14d、14～28d 三个养护时间段内强度增长速率分别为 0.36kPa/d、0.76kPa/d、1.03kPa/d；掺量为 5%时，在 1～7d、7～14d、14～28d 三个养护时间段内强度增长速率分别为 0.36kPa/d、0.4kPa/d、1.95kPa/d。在养护初期，试样强度增长较快，而后期速度则有所下降。

10.2.4 抗疏力改性黄土与传统改性黄土的强度对比

传统改性黄土包括石灰改性黄土和水泥改性黄土，其无侧限强度如表 10.2-2 所示。

传统改性黄土无侧限抗压强度　　表 10.2-2

养护时间/d	1	7	14	28
6%石灰改性黄土/kPa	41.2	49.2	59.7	72.0
6%水泥改性黄土/kPa	171.3	261.3	297.8	377.0

分别将相同养护时间的抗疏力改性黄土和石灰改性黄土、水泥改性黄土的强度绘制柱状图，如图 10.2-5 所示。从图中可以看出，在任意的养护时间内，水泥土的强度总是要远远大于抗疏力改性黄土和石灰土。而对于石灰土来说，在养护时间为 1d 时，石灰土强度为 41.2kPa，而抗疏力改性黄土在 1d 时最低强度为 1%掺量对应的 44.9kPa，石灰土强度在 1d 时低于任意掺量的抗疏力改性黄土；在养护时间为 7d 时，此时石灰土强度为 49.2kPa，高于 1%掺量的抗疏力改性黄土强度 47.4kPa，而低于 2%掺量的抗疏力改性黄土 52.5kPa；养护时间为 14d 时，此时石灰土强度为 59.7kPa，高于 2%掺量的抗疏力改性黄土 61.2kPa，低于 3%、4%、5%三个掺量的抗疏力改性黄土强度；到了 28d 时，石灰土强度虽仍有增加，但是仍旧低于 3%、4%、5%三个掺量的抗疏力改性黄土强度。

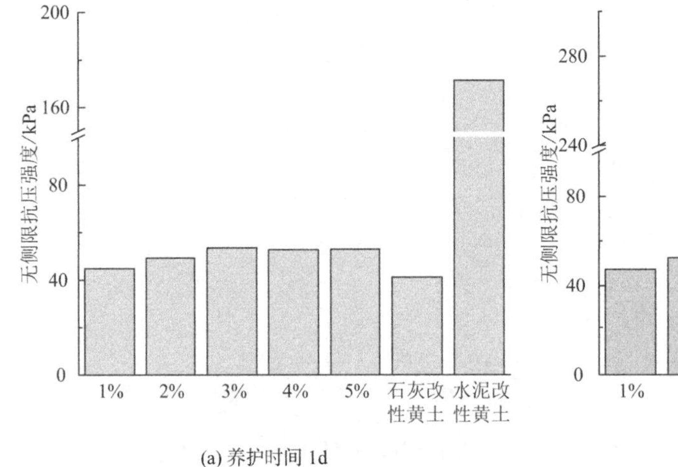

(a) 养护时间 1d

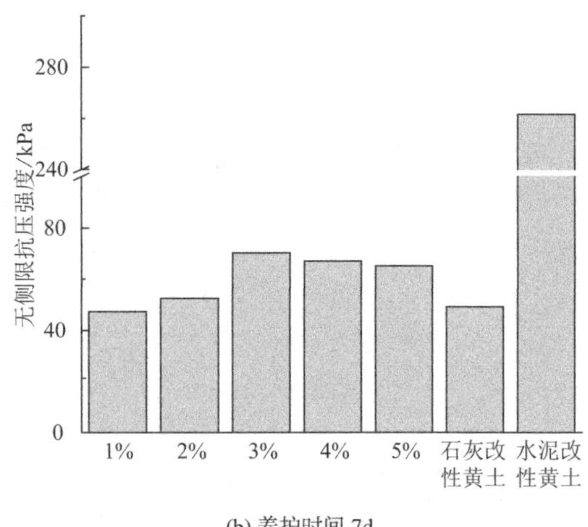

(b) 养护时间 7d

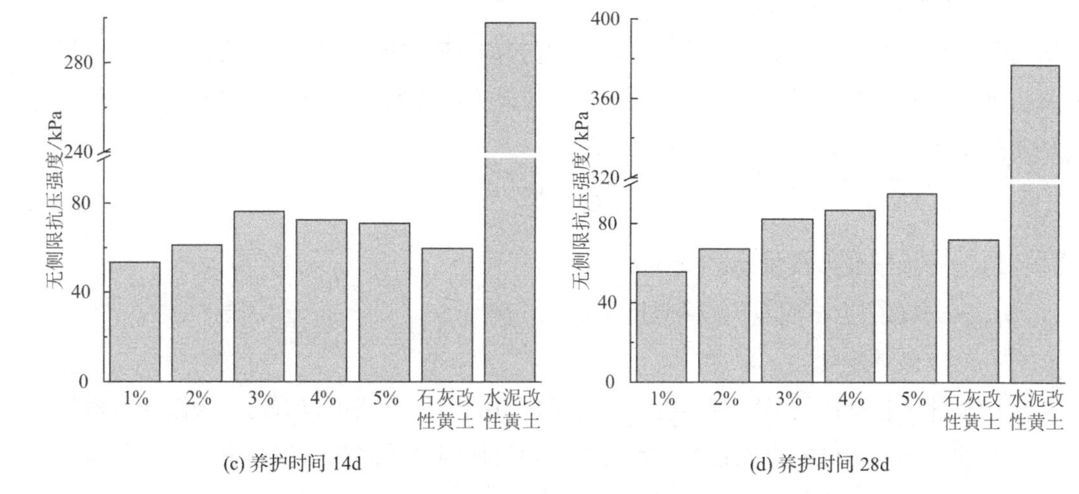

(c) 养护时间 14d　　(d) 养护时间 28d

图 10.2-5 抗疏力改性黄土与传统改性黄土的强度对比

总的来说，1%、2%、3%、4%、5%掺量的抗疏力改性黄土在强度上要小于 6%掺量的水泥改性黄土，但是相对于 6%掺量的石灰改性黄土来讲，3%、4%、5%掺量的抗疏力改性黄土在任意养护时间内强度更高，而 1%、2%掺量的抗疏力改性黄土在早期强度上要更高于石灰改性黄土，在后期强度上略有不足。本节选用的石灰、水泥掺量符合《公路路面基层施工技术细则》JTG/T F20—2015、《城镇道路工程施工与质量验收规范》CJJ 1—2008，因此抗疏力改性黄土的强度是满足某些市政工程强度要求的，在满足其他要求的情况下，抗疏力固化剂可以作为改性材料应用于实际工程中。

10.2.5 抗疏力改性黄土变形特征

1）改性黄土破坏应变

从表 10.2-3 可以看出，各条件下抗疏力改性黄土的破坏应变位于 2%～4%之间，并随着养护时间的增加，试样的破坏应变有逐渐减小的趋势，与无侧限抗压强度变化趋势相反。在施工中需要考虑变形的影响，对于改性土的变形要求值一般在 2%以下，就可以满足一般填土的变形要求，因此 1%～5%掺量的抗疏力改性黄土在养护 1～28d 的情况下均可以满足市政工程的需求。

抗疏力改性黄土破坏应变值　　表 10.2-3

固化剂掺量/%	破坏应变ε_f/%											
	1d			7d			14d			28d		
1	3.0	3.5	3.5	4.0	3.0	3.0	3.0	3.0	3.0	2.0	2.0	2.5
2	3.5	3.5	3.0	3.0	3.0	3.0	3.0	3.0	3.0	2.0	2.0	2.0
3	3.0	3.0	3.0	3.0	3.0	2.75	2.75	2.75	2.75	2.75	2.5	2.5
4	3.0	3.0	3.0	3.0	3.0	2.75	2.75	3.0	3.0	2.75	2.75	3.0
5	3.0	2.75	3.0	2.5	2.75	3.0	2.75	3.0	3.5	2.75	2.75	2.75

2）改性黄土极限变形模量

变形模量是指材料在某应力状态下压应力与其相应的压缩应变的比值，反映了材料自身抵抗弹塑性变形的能力。极限变形模量E_f是指应力应变曲线上应力从零增长至峰值应力q_u的割线斜率，其计算公式如式(10.2-1)所示。

$$E_f = \frac{q_u}{\varepsilon_f} \tag{10.2-1}$$

式中：E_f——极限变形模量（MPa）；

q_u——峰值应力等同于无侧限抗压强度（MPa）；

ε_f——破坏应变。

统计并计算各试样的极限变形模量，列于表 10.2-4。由表可以看出，极限变形模量随养护时间和固化剂掺量的变化趋势基本与无侧限抗压强度的趋势一致，也就是说其与抗压强度有着良好的对应关系。

抗疏力改性黄土极限变形模量值 表 10.2-4

固化剂掺量/%	极限变形模量E_f/MPa											
	1d			7d			14d			28d		
1	1.39	1.30	1.28	1.31	1.63	1.60	1.72	1.86	1.77	2.89	2.67	2.64
2	1.35	1.30	1.61	1.78	1.75	1.73	2.12	1.97	2.03	3.13	3.38	3.58
3	1.82	1.77	1.76	2.32	2.23	2.70	2.94	2.70	2.69	2.92	3.32	3.36
4	1.76	1.78	1.74	2.24	2.23	2.24	2.77	2.39	2.32	3.18	2.99	3.04
5	1.76	1.89	1.80	2.53	2.38	2.22	2.44	2.32	1.91	3.38	3.55	3.47

以无侧限抗压强度为横坐标，极限变形模量为纵坐标，作所有试样E_f与q_u的统计图，如图 10.2-6 所示。由图可以看出，极限变形模量与无侧限抗压强度呈较好的线性关系，随着强度的增大，改性黄土的极限变形模量也在不断增大。通过线性拟合各试样的散点图，得出两者之间的关系，如式(10.2-2)所示。

$$E_f = 0.035q_u \tag{10.2-2}$$

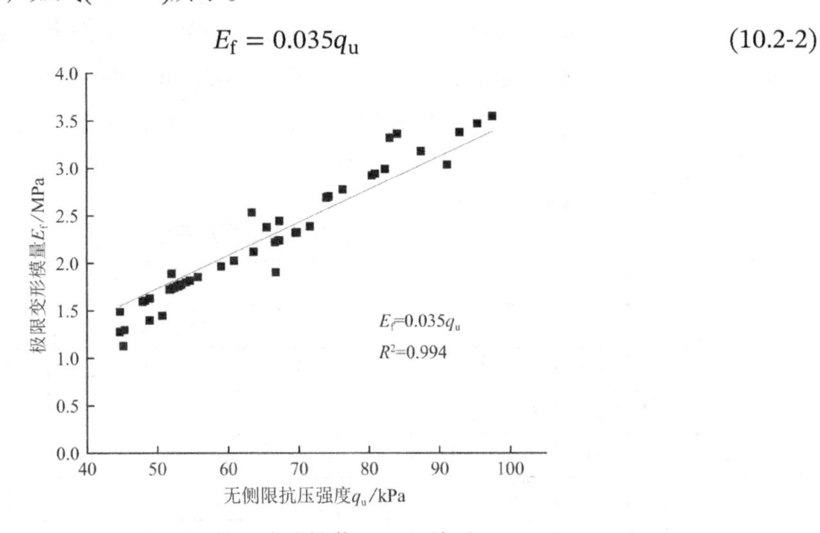

图 10.2-6 抗疏力改性黄土E_f-q_u关系

3）改性黄土平均变形模量

由于土性材料为非线性变形，变形模量不是常数，因此通常使用平均变形模量E_{50}来表征材料的变形特征。计算公式如式(10.2-3)所示。

$$E_{50} = \frac{\sigma_{50\%}}{50\%\varepsilon_{\mathrm{f}}} \tag{10.2-3}$$

式中：$\sigma_{50\%}$——应变达到峰值点应变的 50%时对应的应力（MPa）；

ε_{f}——峰值点的应变。

作平均变形模量E_{50}与无侧限抗压强度q_{u}的散点图，进行线性拟合，拟合所得的平均变形模量与抗压强度关系式为式(10.2-4)。根据此式可以计算改性黄土在某一强度对应的平均变形模量，为分析抗疏力改性黄土的抗弹塑性变形能力以及工程应用中提供相应的参数。

$$E_{50} = 0.079q_{\mathrm{u}} \tag{10.2-4}$$

10.2.6　小结

（1）抗疏力固化剂掺入黄土后，对土体的应力应变特征有一定的影响。抗疏力改性黄土的应力应变曲线可以分为四个阶段：压密阶段、弹性变形阶段、塑性变形阶段、破坏阶段。

（2）相同固化剂掺量下，养护时间增加，改性黄土强度有明显变大的现象。而相同的养护时间下，在固化剂掺量为 1%～3%时，改性黄土的无侧限抗压强度会随着掺量的增加而增大，而掺量继续增加时，更高的掺量则需要更长的时间来发挥抗疏力固化剂斥水性的效果，短时间内由于试样内黄土相对质量减少，因此会出现掺量在 3%～5%的范围内，养护时间为 1～14d 时强度随着掺量继续增加出现下降，28d 时强度反而上升的现象。

（3）水泥改性黄土的强度在 1～28d 的范围内总是远远大于抗疏力改性黄土与石灰改性黄土。养护时间为 1d 时，1%～5%掺量的抗疏力改性黄土强度均大于石灰改性黄土，随着时间继续增加，1%与 2%掺量的抗疏力改性黄土强度逐渐小于石灰改性黄土，而 3%～5%掺量时始终大于石灰改性黄土。因此，抗疏力改性黄土可以满足某些情形下的市政工程所需用土的强度要求。

（4）抗疏力改性黄土的破坏应变基本位于 2%～4%之间，可以满足工程需求，同时极限变形模量与平均变形模量随着无侧限抗压强度的增大呈现良好的线性增长趋势。

10.3　抗疏力改性黄土水稳性试验研究

10.3.1　概述

本章针对不同固化剂掺量（1%、2%、3%、4%、5%）的抗疏力改性黄土分别进行了水稳性试验，包括崩解试验、水稳系数试验、水滴入渗试验以及渗透试验，研究固化剂掺量对改性黄土水稳性的影响，并与传统的水泥改性黄土、石灰改性黄土在相同养护时间的试验结果进行比较，分析抗疏力固化剂对黄土水稳性的改性效果。

10.3.2 抗疏力改性黄土崩解试验研究

表 10.3-1 为试样崩解现象列表，可以很明显地看出，素黄土与石灰改性黄土在浸水后迅速崩解，很快变散，而抗疏力改性黄土与水泥改性黄土可以很好地保持形态不发生较大的变化。

试样崩解现象　　表 10.3-1

试样	崩解现象
素黄土	浸水后试样下部开始崩离，5min 后水变浑浊，试样基本分散，10min 后完全崩解
1%掺量抗疏力改性黄土	浸水后试样基本没有变化，24h 后试样下部稍有分散
2%掺量抗疏力改性黄土	浸水后试样基本没有变化，24h 后试样基本完整
3%掺量抗疏力改性黄土	浸水后试样基本没有变化，24h 后试样基本完整
4%掺量抗疏力改性黄土	浸水后试样基本没有变化，24h 后试样基本完整
5%掺量抗疏力改性黄土	浸水后试样基本没有变化，24h 后试样基本完整
6%掺量水泥改性黄土	浸水后试样基本没有变化，24h 后试样基本完整
6%掺量石灰改性黄土	浸水后试样下部开始崩离，5min 后水变浑浊，试样下部大约 2/3 部分分散，10min 后完全崩解

总体来看，将试样抗崩解性从弱到强排序依次为素黄土＜6%掺量石灰改性黄土＜抗疏力改性黄土＜6%掺量水泥改性黄土。而石灰与水泥掺量符合《公路路面基层施工技术细则》JTG/T F20—2015、《城镇道路工程施工与质量验收规范》CJJ 1—2008，因此抗疏力固化剂在改善黄土崩解性方面可以满足黄土地区某些市政工程需求。

10.3.3 抗疏力改性黄土水稳系数试验研究

从表 10.3-2 中可以看出，随着固化剂掺量的增加，抗疏力改性黄土标准养护 7d 的强度先增大后减小，在掺量为 3%时达到最大，而浸水 1d 后试样随着掺量的增加在 1%～5%的范围内强度一直在不断增大，在 5%掺量时试样强度达到最大值。同时随着固化剂掺量的不断增加，水稳系数也随之增大，证明固化剂掺量对改性黄土的水稳系数有很大影响。与水泥改性黄土相比，抗疏力改性黄土浸水与不浸水的强度均远远小于水泥改性黄土的强度，同时其水稳系数也比不过水泥改性黄土。

为了更直观地比较素黄土、抗疏力改性黄土、石灰改性黄土、水泥改性黄土的水稳系数，将各试样的水稳系数作柱状图，如图 10.3-1 所示。可以很明显看出水稳系数从小到大

依次为素黄土 = 6%掺量石灰改性黄土 < 1%掺量抗疏力改性黄土 < 2%掺量抗疏力改性黄土 < 3%掺量抗疏力改性黄土 < 4%掺量抗疏力改性黄土 < 5%掺量抗疏力改性黄土 < 6%掺量水泥改性黄土，因此抗疏力固化剂水稳系数方面优于石灰弱于水泥，在此方面可以满足黄土地区某些市政工程需求。

水稳系数试验结果 表10.3-2

试样	无侧限抗压强度q_u/kPa								水稳系数γ_w/%
	标准养护6d浸水1d		平均值		标准养护7d		平均值		
1%掺量抗疏力改性黄土	5.7	6.0	6.0	5.9	45.2	49.0	47.9	47.4	12.42
2%掺量抗疏力改性黄土	11.9	11.6	11.6	11.7	53.4	52.4	51.8	52.5	22.23
3%掺量抗疏力改性黄土	16.0	16.0	16.4	16.1	69.6	67.1	74.3	70.3	22.92
4%掺量抗疏力改性黄土	19.0	18.8	19.3	19.0	67.2	67.1	67.2	67.2	28.35
5%掺量抗疏力改性黄土	24.5	22.7	23.0	23.4	63.4	65.4	66.6	65.1	35.94
6%掺量水泥改性黄土	196.0	201.3	190.5	195.9	258.6	264.1	261.9	261.3	74.90

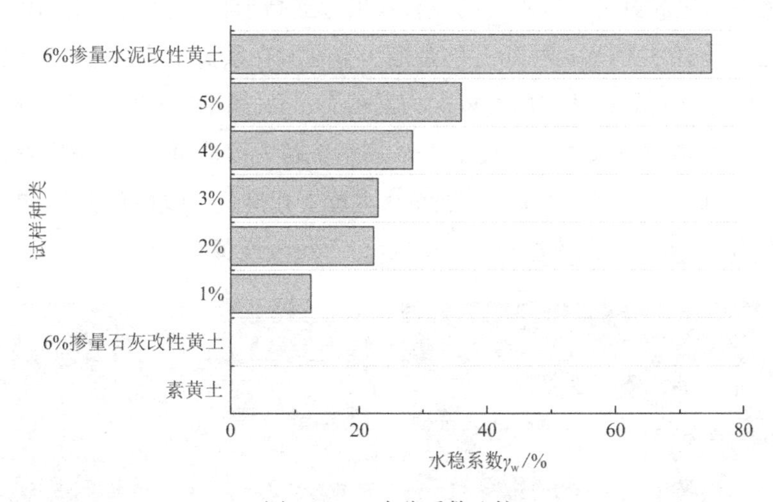

图10.3-1 水稳系数比较

10.3.4 抗疏力改性黄土水滴入渗试验研究

统计试样的水滴入渗时间，并取各试样的平均值作为试验结果，绘制如图10.3-2所示的柱状图。从图10.3-2中可以看出，抗疏力改性黄土的水滴入渗时间远远大于石灰改性黄土和水泥改性黄土，1%～5%掺量的抗疏力改性黄土水滴入渗时间分别是6%掺量石灰改性黄土的9.7倍、42.3倍、66.4倍、78.9倍、88.5倍，是6%掺量水泥改性黄土4.4倍、19.3倍、30.3倍、36.0倍、40.4倍，抗疏力固化剂对黄土斥水性的提升远远超过传统材料石灰、水泥。

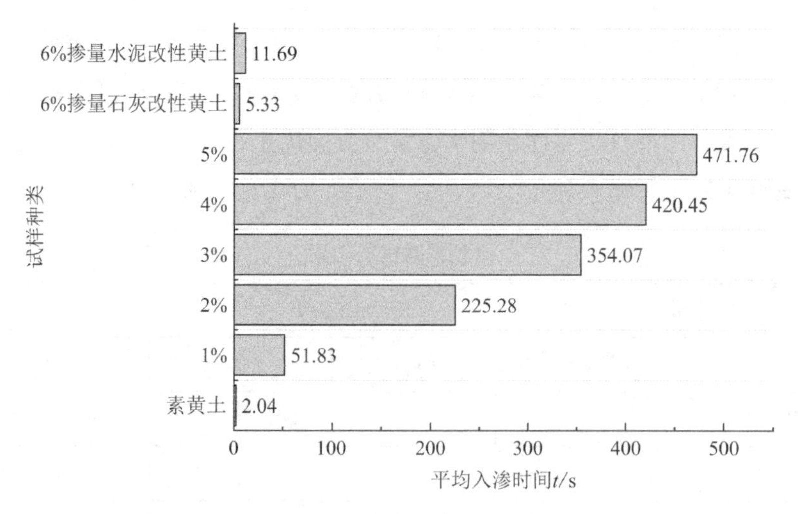

图 10.3-2　水滴入渗时间比较

依据 Bisdom 给出的界限值分级法，素黄土入渗时间小于 5s，具有亲水性，1%～5%掺量的抗疏力改性黄土的入渗时间为 51.83～471.76s，具有强斥水性；而 6%掺量的石灰改性黄土、水泥改性黄土的水滴入渗时间都处于 5～60s 间，属于有轻微斥水性的土体，也可以看出抗疏力固化剂对黄土斥水性的改善效果远远高于石灰、水泥。图 10.3-3 为各土样的斥水性对比。图 10.3-3（a）为 2mL 的蒸馏水分别滴在素黄土和抗疏力改性黄土上 120s 后的情形，土样从下向上、从左向右依次为素黄土、1%掺量抗疏力改性黄土、2%掺量抗疏力改性黄土、3%掺量抗疏力改性黄土、4%掺量抗疏力改性黄土、5%掺量抗疏力改性黄土。图 10.3-3（b）为 2mL 的蒸馏水分别滴在素黄土和抗疏力改性黄土上 60s 后的情形，从左向右依次为 6%掺量水泥改性黄土、6%掺量石灰改性黄土。

(a) 素黄土与抗疏力改性黄土

(b) 石灰改性黄土与水泥改性黄土

图 10.3-3　土样斥水性对比

10.3.5　抗疏力改性黄土渗透试验研究

将各试样的渗透系数列于表 10.3-3，绘制如图 10.3-4 所示的柱状图。由图 10.3-4 可以看出，由于渗透系数受干密度影响，干密度越大，土体内部的连通孔隙越少，渗透系数也越小，渗透试样所取干密度均为素黄土的最大干密度 1.62g/cm^3，因此所得素黄土的渗透系数较小，仅为 1.09×10^{-6}cm/s。在掺入了抗疏力固化剂、石灰、水泥后，试样渗透系数分别有一定的减小。对于抗疏力改性黄土而言，抗疏力固化剂可以有效降低黄土的渗透系数，在固化剂掺量为 1%～5%时，改性黄土的渗透系数在 0.36×10^{-6}～0.63×10^{-6}cm/s 的范围内，增大固化剂的掺量，可以减小试样的渗透系数。作为对比试样的 6%掺量石灰改性黄土和 6%掺量水泥改性黄土试样，渗透系数分别为 0.88×10^{-6}cm/s、0.32×10^{-6}cm/s，抗疏力改性黄土渗透系数位于两者之间，掺量小时与 6%掺量石灰改性黄土接近，掺量大时更接近于 6%掺量水泥改性黄土，渗透系数从小到大排序依次为素黄土 < 6%掺量石灰改性黄土 < 抗疏力改性黄土 < 6%掺量水泥改性黄土。因此，抗疏力固化剂可以满足黄土地区某些市政工程的防渗需要。

渗透系数　　　　表 10.3-3

试样	渗透系数k/（$\times 10^{-6}$cm/s）
素黄土	1.09
1%掺量抗疏力改性黄土	0.63
2%掺量抗疏力改性黄土	0.58
3%掺量抗疏力改性黄土	0.50
4%掺量抗疏力改性黄土	0.39
5%掺量抗疏力改性黄土	0.36
6%掺量石灰改性黄土	0.88
6%掺量水泥改性黄土	0.32

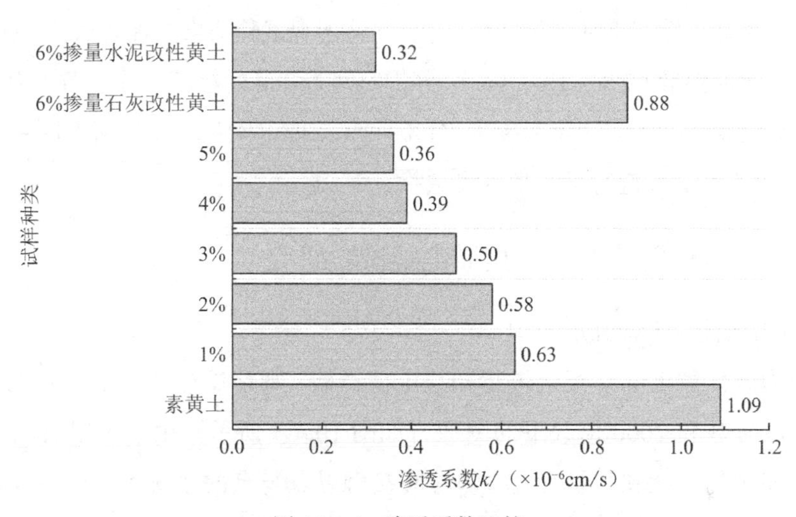

图 10.3-4　渗透系数比较

10.3.6 小结

（1）抗疏力固化剂可以改善黄土的抗崩解能力，固化剂掺量对改性黄土的抗崩解能力有一定的影响。抗崩解性从弱到强排序依次为素黄土 < 6%掺量石灰改性黄土 < 抗疏力改性黄土 < 6%掺量水泥改性黄土。

（2）抗疏力改性黄土标准养护 6d 然后浸水 1d 后试样随着掺量的增加在 1%～5%的范围内强度一直在不断增大，在 5%掺量时试样强度达到最大值。同时随着固化剂掺量的不断增加，水稳系数也随之增大，水稳系数从小到大依次为素黄土 = 6%掺量石灰改性黄土 < 抗疏力改性黄土 < 6%掺量水泥改性黄土。

（3）抗疏力固化剂可以增大水滴入渗的时间，随着固化剂掺量的增加在 1%～5%的范围内，水滴入渗的时间也在不断增长，同时抗疏力固化剂对黄土斥水性的提升远远超过 6%掺量的石灰改性黄土和水泥改性黄土。

（4）抗疏力固化剂可以有效降低黄土的渗透系数，防渗效果强于 6%掺量的石灰改性黄土而弱于 6%掺量的水泥改性黄土。

（5）1%～5%掺量的抗疏力固化剂在抗崩解效果、水稳系数与防渗效果上均强于 6%掺量的石灰改性黄土、弱于 6%掺量的水泥改性黄土，在提升黄土斥水性的方面远远超过 6%掺量石灰改性黄土和 6%掺量水泥改性黄土，因此抗疏力固化剂可以满足黄土地区某些工程的需求，作为黄土的改性材料。

10.4 抗疏力改性黄土微细观试验研究

10.4.1 概述

为研究抗疏力改性黄土细观结构的变化，并将宏观试验结果与细观试验结果进行联系，本章对不同固化剂掺量（2%、3%、4%）、养护时间为 28d 的抗疏力改性黄土以及素黄土进行了扫描电镜试验，对不同固化剂掺量（1%、2%、3%、4%、5%）、不同养护时间（7d、28d）的抗疏力改性黄土进行了纳米压痕试验。

10.4.2 抗疏力改性黄土扫描电镜试验研究

1）抗疏力改性黄土微细观结构

对抗疏力改性黄土和素黄土进行扫描电镜试验，观察试样的微细观结构，分别列出各试样在 500 倍数和 2000 倍数下的图像，如图 10.4-1 所示。由图可以看出，素黄土中颗粒多以不规则的粒状和片状存在，颗粒间接触以点与点的接触为主，使得颗粒间存在较多孔隙，大小不一，分布散乱，连通性较好。掺入抗疏力固化剂后，土体结构变得致密，整体性更高，颗粒表面存在较多微粒，随着固化剂掺量的增加颗粒间的接触由点与点的接触逐渐转变为面与面的接触，颗粒间大孔隙有明显减少，分布较为均匀，连通性较差。

(a) 素黄土，500 倍数

(b) 素黄土，2000 倍数

(c) 抗疏力改性黄土，掺量 2%，500 倍数

(d) 抗疏力改性黄土，掺量 2%，2000 倍数

(e) 抗疏力改性黄土，掺量 3%，500 倍数

(f) 抗疏力改性黄土，掺量 3%，2000 倍数

(g) 抗疏力改性黄土，掺量 4%，500 倍数

(h) 抗疏力改性黄土，掺量 4%，2000 倍数

图 10.4-1　试样 SEM 图像

2）孔隙定量分析

利用 Image-Pro Plus 6.0 对试样 500 倍数下的扫描电镜图像进行二值化处理，并提取各试样对应的孔隙特征值，对试样的孔隙面积、直径进行定量分析。每个试样对应的二值化图像如图 10.4-2 所示，图左为试样 500 倍数下的扫描电镜图像，图右为对应处理的二值化图像。

(a) 素黄土

(b) 2%掺量抗疏力改性黄土

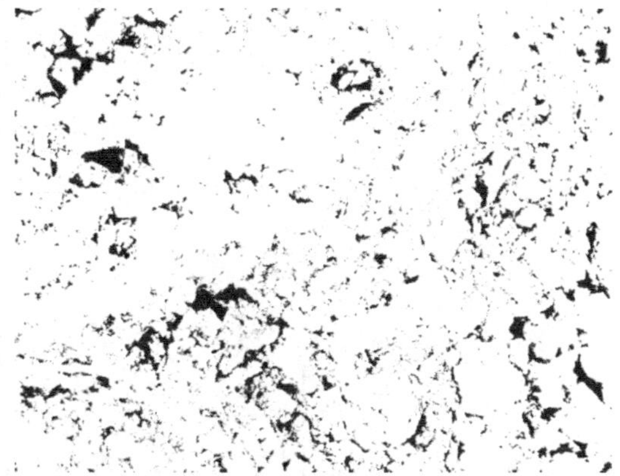

(c) 3%掺量抗疏力改性黄土

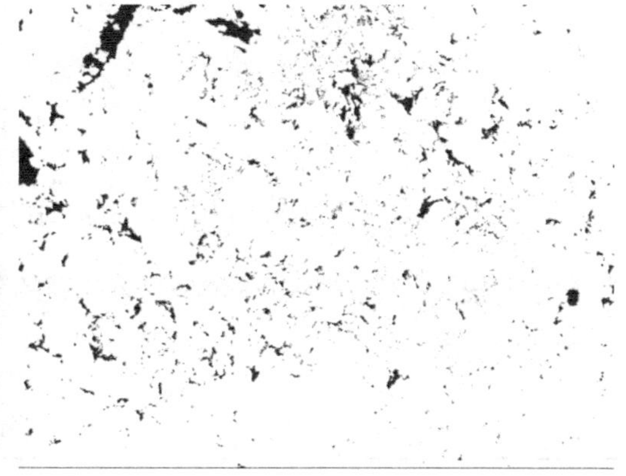

(d) 4%掺量抗疏力改性黄土

图 10.4-2　试样 SEM 图像及二值化图像

软件所计算的各试样孔隙面积如表 10.4-1 所示，并绘制孔隙面积与固化剂掺量的关系图，如图 10.4-3 所示。

试样孔隙面积　　　　表 10.4-1

试样	孔隙总面积/μm²	孔隙个数/个	孔隙平均面积/μm²
素黄土	6726.77	405	16.61
2%掺量抗疏力改性黄土	4212.82	796	5.29
3%掺量抗疏力改性黄土	3321.25	899	3.69
4%掺量抗疏力改性黄土	1644.14	602	2.73

从数据上明显看出，在素黄土中掺入抗疏力固化剂，可以使黄土的孔隙总面积和平均面积有大幅的下降，证明了抗疏力固化剂可以通过粉剂 SD 和水剂 C444 的共同作用使黄土中的孔隙减小，同时土体内部的孔隙数量有了一定增加，这是由于素黄土中颗粒间胶结增强，距离减小，大孔隙被充填，转化为更多的小孔隙。在固化剂掺量从 2%增加为 3%时，

孔隙总面积减小了 21.16%，平均面积减小了 30.77%；从 3%增加到 4%时，孔隙总面积减小了 50.50%，平均面积减小了 26.02%，证明固化剂的掺量对改性黄土的孔隙确实有较大的影响。

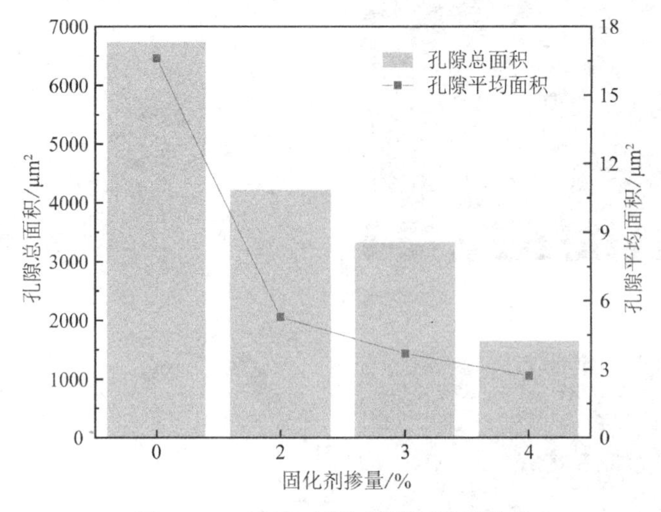

图 10.4-3 孔隙面积与固化剂掺量关系

学者们按照孔隙大小的不同对黄土孔隙的分类提出过许多不同的方案，选用如表 10.4-2 所示的孔隙分类。

孔隙分类 **表 10.4-2**

孔隙直径	孔隙分类
> 32μm	大孔隙
8～32μm	中孔隙
2～8μm	小孔隙
< 2μm	微孔隙

对 IPP 6.0 软件所获取的各个孔隙按照表 10.4-2 进行分类，得到试样中各类孔隙个数以及占比，分别表示为图 10.4-4 和图 10.4-5。从图 10.4-4 中可知，无论是素黄土还是改性黄土，孔隙占比排序从低到高均为大孔隙 < 中孔隙 < 小孔隙 < 微孔隙。在黄土中掺入抗疏力固化剂后，大、中、小孔隙所占比例均有了一定程度的下降，微孔隙占比有了一定提升，这是由于抗疏力改性黄土的孔隙个数较素黄土有大量的增加，但是孔隙的总面积是下降的，导致各个孔隙直径均有一定程度的减小。大孔隙在掺入固化剂后已经消失，中、小孔隙则随着固化剂掺量的增加呈现负增长趋势，而微孔隙个数在固化剂掺量达到 3%之前与掺量呈正相关关系，而后随着固化剂掺量的继续增加，开始下降，此时随着增加的固化剂继续发挥作用，使得中、小、微孔隙均开始减少。

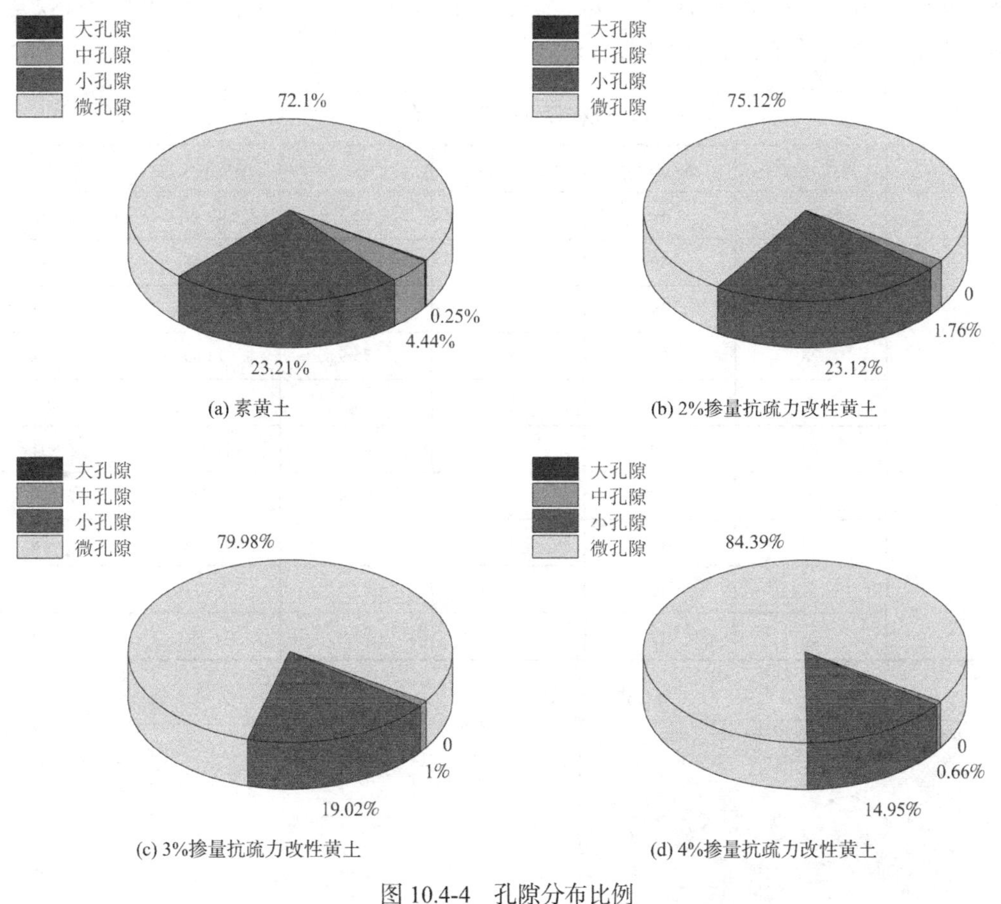

图 10.4-4　孔隙分布比例

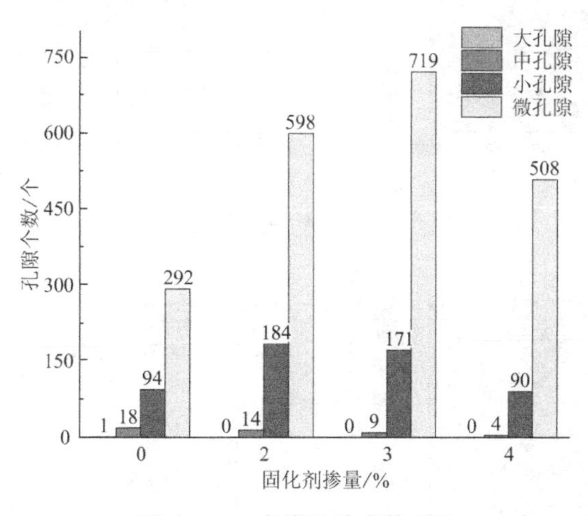

图 10.4-5　各类孔隙个数对比

10.4.3　抗疏力改性黄土纳米压痕试验研究

试验结果统计分析

将所测弹性模量的平均值作为试样的弹性模量，并获得测试的标准偏差计算汇总，以此衡量纳米压痕试验结果的准确性，试验结果如表 10.4-3 所示。绘制各试样的弹性模量分布图与分布频率图，如图 10.4-6 所示。

试样弹性模量汇总表　　表 10.4-3

固化剂掺量/%	养护时间/d	测点数/个	成功个数/个	成功率/%	平均值/GPa	标准偏差
1	7	49	42	85.7	4.811	2.642
	28	49	42	85.7	6.465	2.838
2	7	49	46	93.9	5.590	1.947
	28	49	47	95.9	7.085	2.427
3	7	49	36	73.5	7.199	2.461
	28	49	42	85.7	10.828	3.594
4	7	49	47	95.9	6.649	2.700
	28	49	45	91.8	11.206	1.658
5	7	49	41	83.7	5.731	2.002
	28	49	47	95.9	11.792	2.342

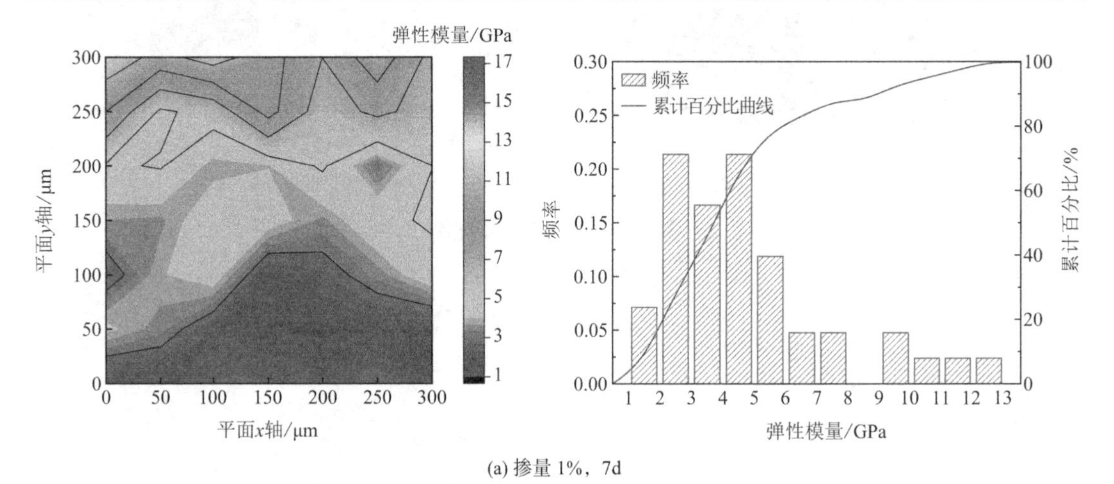

(a) 掺量 1%，7d

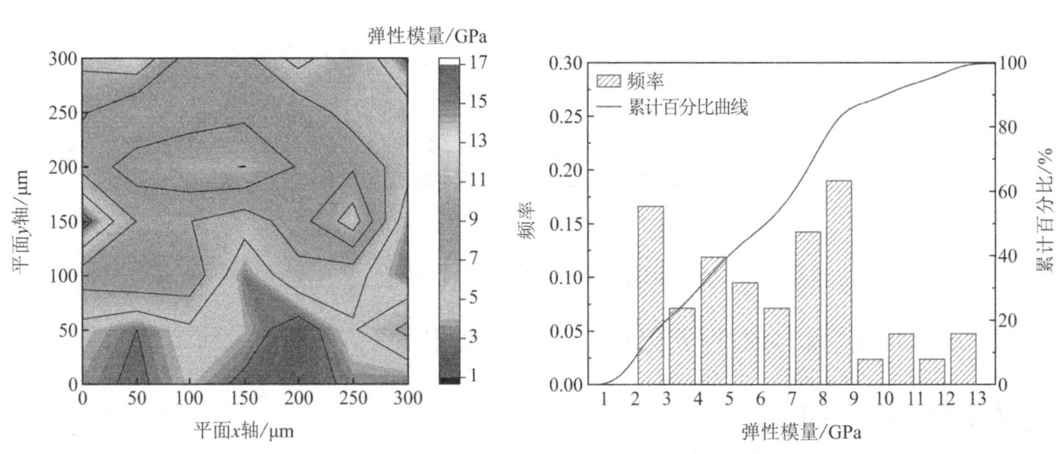

(b) 掺量 1%，28d

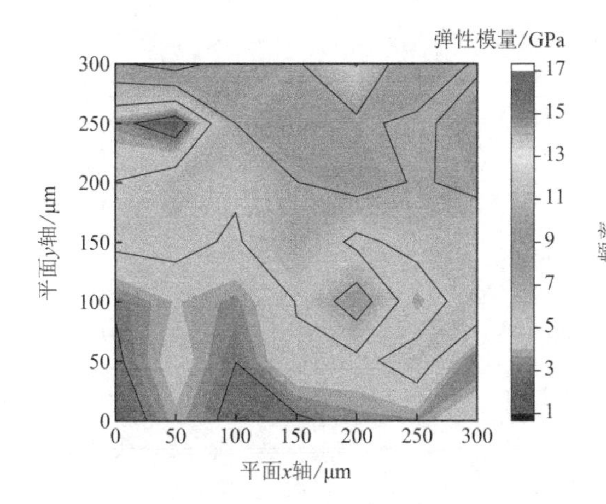

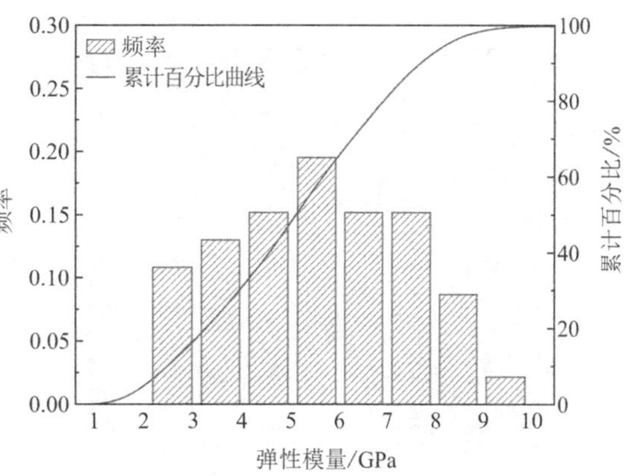

(c) 掺量 2%，7d

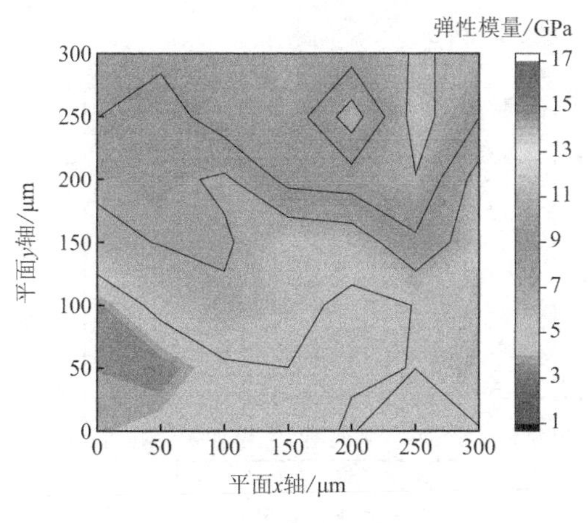

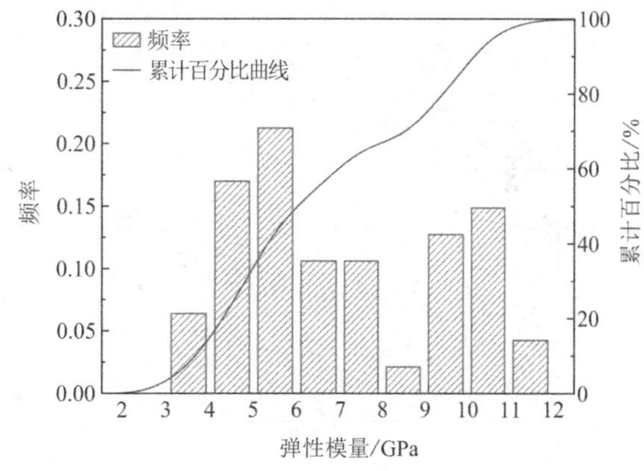

(d) 掺量 2%，28d

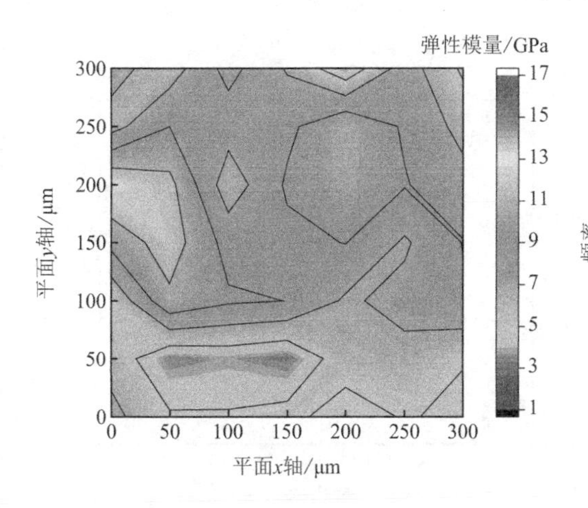

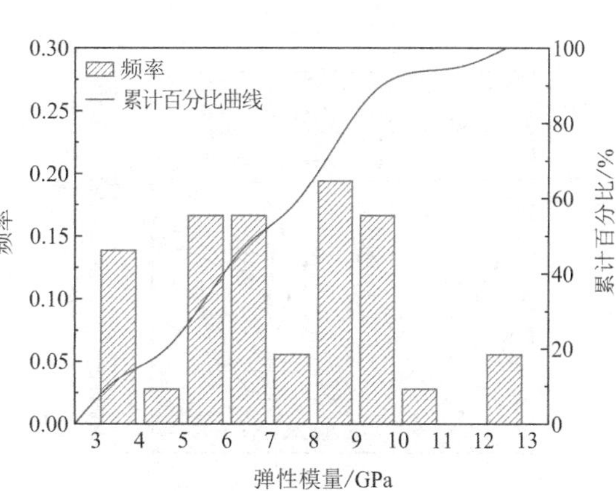

(e) 掺量 3%，7d

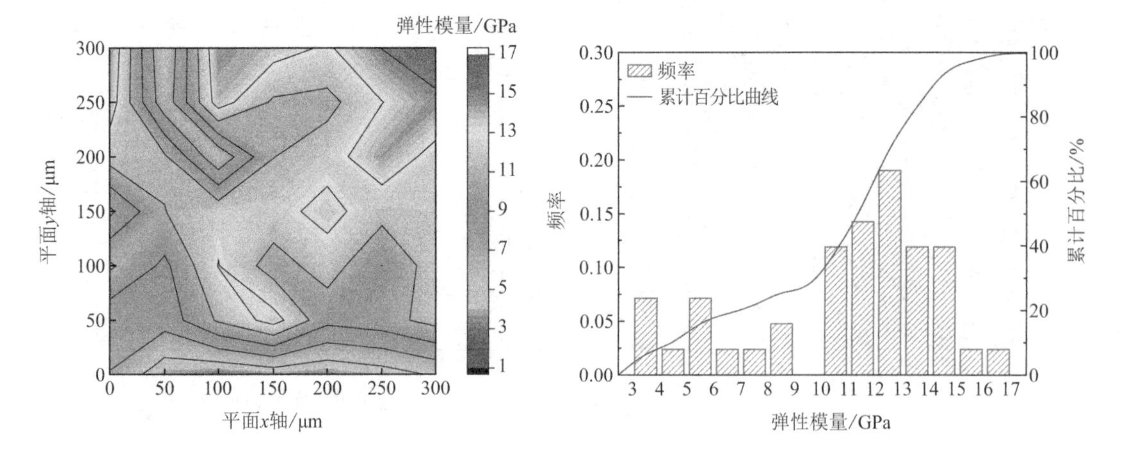

(f) 掺量 3%，28d

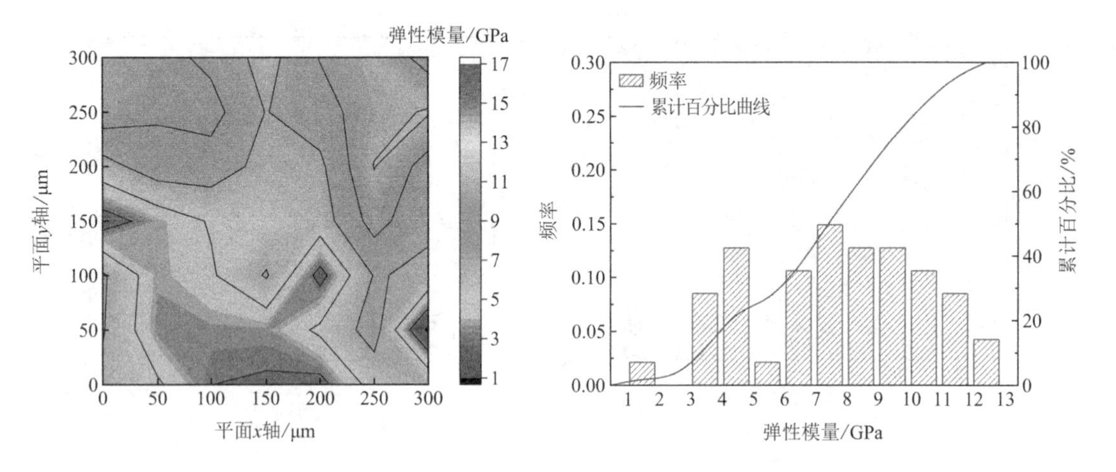

(g) 掺量 4%，7d

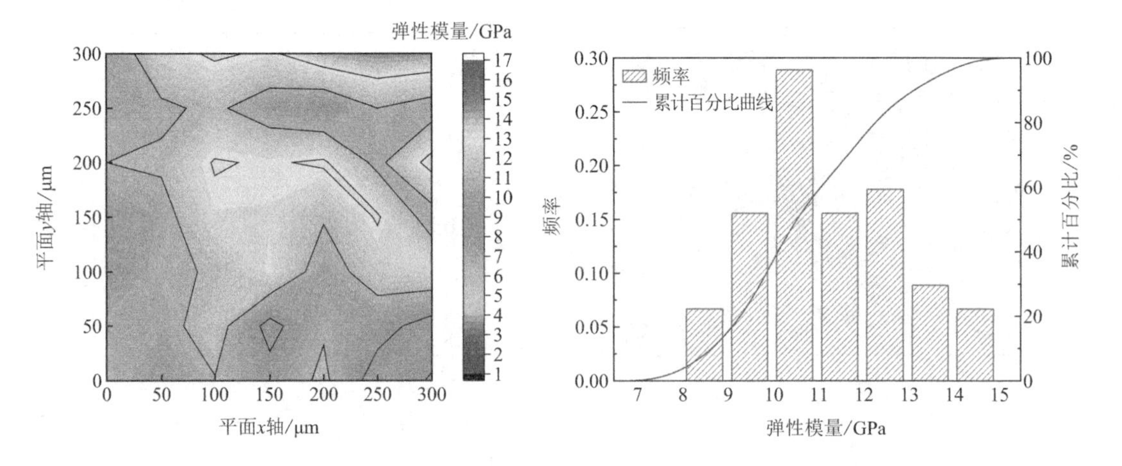

(h) 掺量 4%，28d

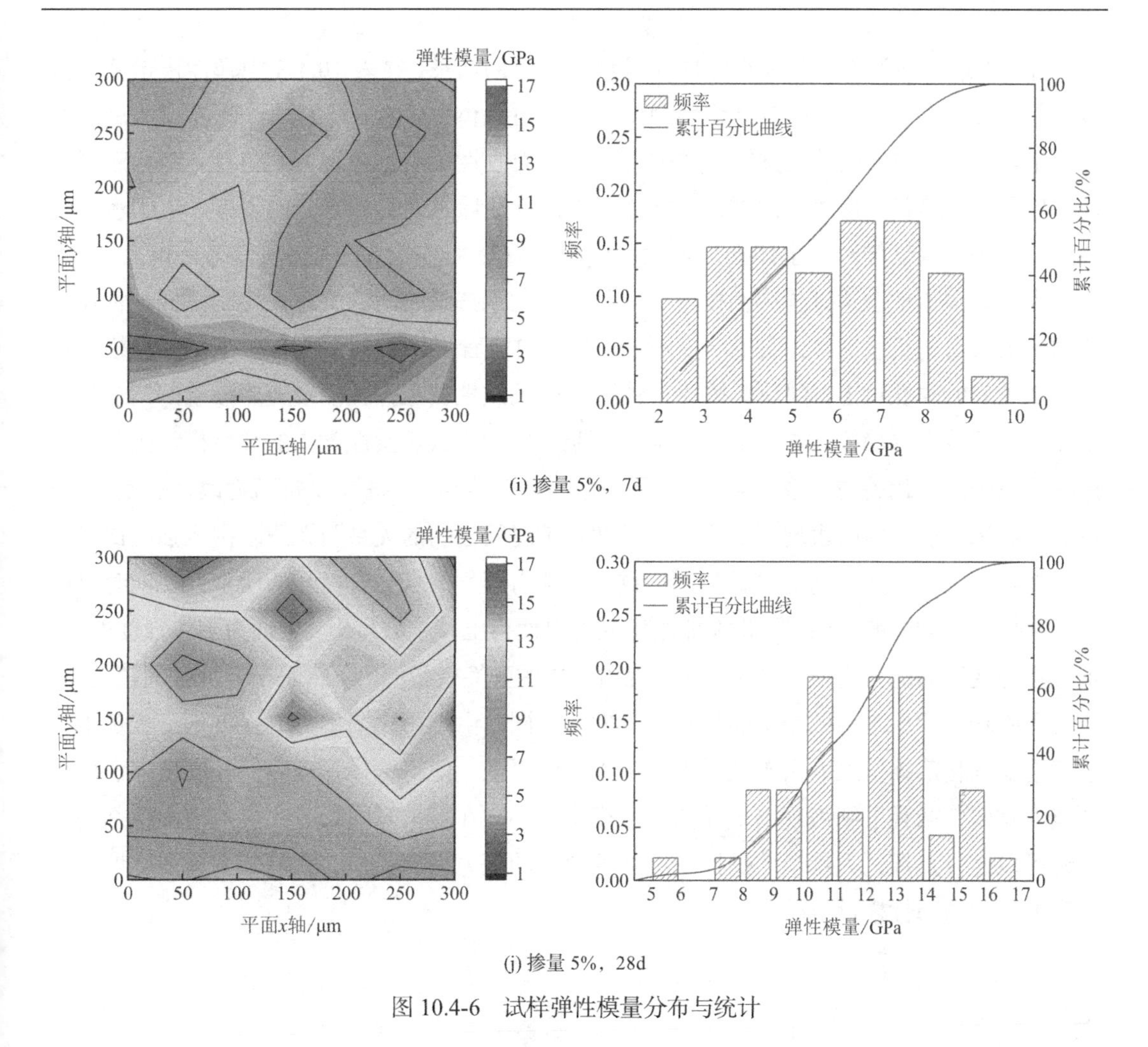

(i) 掺量 5%，7d

(j) 掺量 5%，28d

图 10.4-6　试样弹性模量分布与统计

从表 10.4-3 中可以看出，所有试样中固化剂掺量为 1%、养护时间为 7d 的试样弹性模量平均值最小，为 4.811GPa，弹性模量平均值最大的试样为固化剂掺量 5%、养护时间 28d，达到 11.792GPa。

将图 10.4-6（a）与（b）进行比较，可以看出固化剂掺量为 1%时 7d 的弹性模量在 1～6GPa 的区间内分布较为集中，占据了整体的 80%，而 28d 时 1～6GPa 区间内的弹性模量分布频率较 7d 时均有一定的下降，共占据了整体的 40%；6～9GPa 区间内的弹性模量分布则有明显的提高，同时也可以看出，28d 高弹性模量在图上分布明显增加，结合表 10.4-3 可知，1%掺量的弹性模量平均值在 7d 与 28d 时分别为 4.811GPa 和 6.465GPa，随着养护时间的增加弹性模量有了一定的增大。同理，将图 10.4-6（c）与（d）进行比较可以看出固化剂掺量为 2%时最大弹性模量由 9～10GPa 增长至 11～12GPa，9～12GPa 范围内的弹性模量由小于 5%增长到了 35%，试样弹性模量平均值则由 5.590GPa 增长为 7.085GPa，从图 10.4-6（e）与（f）、（g）与（h）、（i）与（j）进行比较的结果，也可以看出相同固化剂掺量的试样，7d 时的弹性模量在低弹性模量区间占比较大，而 28d 时，弹性模量明显从低弹性模量区间大规模分布向高弹性模量区间移动，高弹性模量区间所占比例有明显增加，测点中最大弹性模量与最小弹性模量也有一定的增长，在表 10.4-3 中弹性模量平均值也有着明显的增长。无论是从高弹性模量区间所占总体比例看，还是从试样测点的最大弹性模量来看，养护时间的增加，确实改善了抗疏力改性黄土的细观力学特性。结合宏观试验现象分析，随着养护时间的增加，抗疏力固化剂的斥水性得到充分的发挥，由于水分的减少，压头压入试样时，土体抵抗弹性变形的能力变大，得到的弹性模量结果也大。

为了更清晰地表达试样弹性模量平均值与固化剂掺量之间的关系，绘制试样弹性模量与固化剂掺量的折线图，如图 10.4-7 所示。由图可以看出，7d 时的改性黄土的弹性模量均低于 28d 时的改性黄土，同前文描述一致。7d 时的改性黄土弹性模量随着掺量的增加呈现出先增大后减小的趋势，在掺量为 3%时达到最大，而 28d 改性黄土的弹性模量则与固化剂掺量呈现出正相关的关系。与宏观的无侧限抗压强度试验相联系，抗疏力改性黄土 7d 与 28d 时纳米压痕试验所表现出的弹性模量和养护时间之间的关系与无侧限抗压强度试验中抗压强度和养护时间之间的关系基本一致。抗疏力固化剂自身有极强的斥水性，同时可以起到连接土体颗粒的作用，因此添加固化剂可以使得土体水分排出，表现为土体强度增大，抵抗弹性变形的能力增强，微观上则表现出试样的弹性模量增大；然而在养护时间较短时，抗疏力固化剂的斥水性效果不能得到充分发挥，同时由于固化剂本身的强度低于素黄土，继续增加固化剂掺量反而由于试样中黄土含量的降低，使得试样强度降低，抵抗弹性变形的能力减弱，微观上则表现出试样的弹性模量减小。在养护时间长时，抗疏力固化剂的斥水性可以充分发挥，大掺量的试样抵抗弹性变形的能力得到增强，无侧限抗压强度增大，细观上得到的弹性模量也较大。

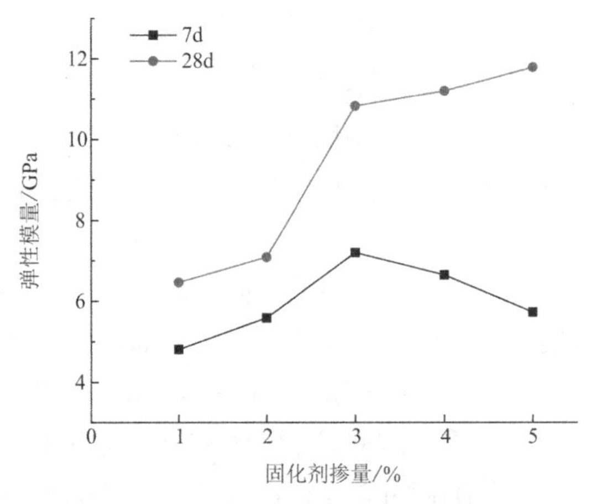

图 10.4-7　弹性模量和固化剂掺量的关系

荷载-位移曲线分析

从图 10.4-8 可知，抗疏力改性黄土试样的纳米压痕试验过程可分为加载、保载和卸载三个阶段，加载过程中试样经历了弹性变形和塑性变形，由于在保载过程中试样受到恒载产生徐变，因此在曲线上出现了一段水平线，即为试样的保载阶段，卸载时，各个试样均出现了弹性变形恢复的现象。每个试样的荷载-位移曲线每阶段均连接平滑，未有明显曲折点。相同固化剂掺量下养护时间越长的试样，在压头压入土体相同深度时所需的峰值荷载越大，同时保载阶段压头位移要稍小于养护时间短的试样，这是由于养护时间越长的试样所对应的弹性模量也大，压入相同的位移需要更大的荷载。

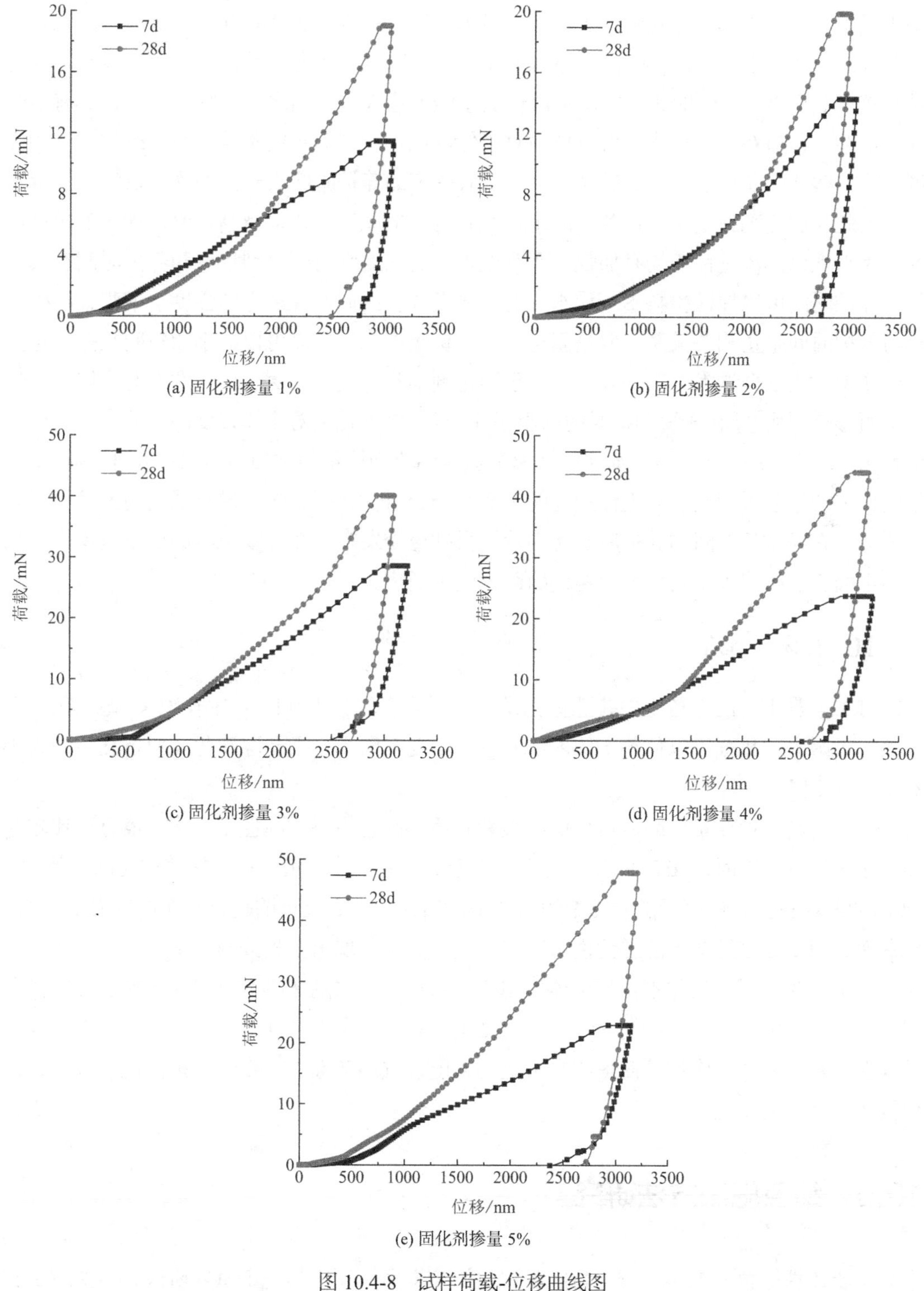

(a) 固化剂掺量 1%

(b) 固化剂掺量 2%

(c) 固化剂掺量 3%

(d) 固化剂掺量 4%

(e) 固化剂掺量 5%

图 10.4-8　试样荷载-位移曲线图

10.4.4 抗疏力固化剂改性机理分析

结合宏细观试验结果分析，抗疏力固化剂改性黄土的机理实质是粉剂 SD 和水剂 C444 的共同作用。水剂 C444 可以对颗粒表面的扩散层水膜造成一定的破坏，使颗粒与颗粒的距离减小，造成土体内部孔隙缩小，同时粉剂 SD 可以胶结土颗粒并填充颗粒间的孔隙，在两者同时作用下土体内部孔隙数量和大小有一定降低，因此导致抗疏力改性黄土的渗透系数较素黄土更小，同时也是抗疏力改性黄土强度增大的原因之一。粉剂 SD 还具有很强的斥水性，覆盖在土颗粒表面可以增强对土体的保护，减弱水的影响，使得改性黄土的强度、抗崩解性以及斥水性均有提高，但需要有一定的养护时间去充分发挥效果。

因此，固化剂掺量与改性黄土的水稳性有直接的联系，掺量越高，改性黄土的抗崩解性、斥水性以及渗透性等均有加强。而改性黄土的强度则与固化剂掺量和养护时间有关，较长养护时间可以保证粉料 SD 斥水性的充分发挥，因此改性黄土的强度、细观弹性模量均与养护时间呈正相关关系。但是固化剂掺入黄土中，一方面可以减小颗粒间孔隙、保护土体使得黄土强度增大；另一方面又由于固化剂本身强度小于黄土体强度而对土体强度造成负面影响。因此，在较短养护时间内小于 3%掺量时固化剂对土体强度的正面影响大于负面影响，导致改性黄土强度、细观弹性模量随着固化剂掺量的增加而增加；达到 3%掺量后继续增加掺量使得固化剂对土体强度的负面影响超过其正面影响，导致强度与弹性模量开始下降；在经过长时间的养护后固化剂效果得到充分发挥，在 1%～5%的掺量范围内固化剂的正面影响始终大于其负面影响，因此强度不断增大。

10.4.5 小结

（1）素黄土与改性黄土中孔隙占比排序从低到高均为大孔隙 < 中孔隙 < 微孔隙 < 小孔隙。抗疏力固化剂可以使黄土体内部的大、中孔隙向小、微孔隙转化，使得孔隙的大小有整体的下降。

（2）从高弹性模量区间所占比例、最大和最小弹性模量、弹性模量平均值方面比较，在固化剂掺量相同时，7d 时的改性黄土均小于 28d 时的改性黄土；而在养护时间一致时，7d 时的改性黄土弹性模量随着掺量的增加呈现出先增大后减小的趋势，在掺量为 3%时达到最大，而 28d 改性黄土的弹性模量则与固化剂掺量呈现出正相关的关系。

（3）抗疏力固化剂并不会与土体作用产生新物质，水剂 C444 可以对颗粒表面的扩散层水膜造成一定的破坏，粉剂 SD 可以胶结土颗粒、填充颗粒间的孔隙，同时还有极强的斥水性，在两者共同作用下使得改性黄土的强度、抗崩解性、斥水性、抗渗性、细观弹性模量产生相应的变化。

10.5 绿色施工方法研究

黄土改性绿色施工作为黄土地区工程建设全寿命周期中的一个重要阶段，是实现工程领域资源节约和节能减排的关键环节。黄土改性绿色施工技术是指工程建设中，在保证质量、安全等基本要求的前提下，通过改性技术进步，最大限度地节约资源并减少对环境负面影响的施工活动，实现节能、节地、节水、节材和环境保护（“四节一环保”）。

黄土改性绿色施工技术要点具有 4 个方面的特点：（1）生态环境保护和恢复治理要求体现在黄土改性施工全过程、各环节；（2）体现不同气候区、不同自我恢复能力、不同地质环境条件的差异性“绿色”要求；（3）倡导使用先进的技术、方法、工艺和设备，有效减少施工作业工作对生态环境影响的范围、程度及持续时间；（4）充分吸纳了国际主流勘测理念等。

10.5.1　黄土改性绿色施工技术适用原则

（1）减少场地干扰、尊重基地环境；

（2）施工结合气候；

（3）绿色施工要求节水、节电、环保；

（4）减少环境污染，提高环境品质。

10.5.2　黄土的改性绿色施工技术

1）改性的分类

黄土通过掺入水泥、石灰、粉煤灰、硅化浆液、弱酸盐等进行改性，工程施工中具体掺入比根据现场试验确定。改性添加材料可以分为固态改性剂和液态改性剂两种。目前，水泥、石灰等改良剂已大范围应用于工程实践。液态改性剂因其环境风险较低，使用限制较多。为了满足绿色施工需要，作为改性剂的浆液应满足以下要求：一是稳定性要好，在常温常压下，长期存放不改变性质，不发生任何化学反应；二是无毒无臭，对环境不污染，对人体无害，属非易爆物品；三是浆液对注浆设备、管路、混凝土结构物、橡胶制品等无腐蚀性，并容易清洗。

2）改性施工方法

改性黄土地基填筑采用机械化规范施工。填料采用装载机、挖掘机挖装，自卸汽车运输，推土机初平，平地机精平，压路机碾压。施工中按照“三阶段、四区段、八流程”的施工工艺组织施工，施工工序说明如下。

（1）三阶段：准备阶段—施工阶段—竣工验收阶段。

（2）四区段：黄土改性填筑工程区纵向按“填筑区—平整区—碾压区—检验区”四个区段进行布置。采用四区段布置路基填筑施工作业区域，是为了使各工序能够相对独立进行作业，各种机械设备各行其道，在各自的作业区域独立高效地进行施工作业，互不干扰，充分发挥其生产效能，提高生产效率，确保工程质量，达到绿色施工节约能源目的。

（3）八流程：路基填筑施工工艺流程按以下 9 个步骤进行循环作业：施工准备—基底

处理—分层填筑—摊铺整平—洒水或晾晒—碾压夯实—检验签证—路基整形。

压实顺序应按先两侧后中间，先静压后弱振、再强振的操作程序进行碾压。改性黄土每层填筑压实厚度不超过 30cm，两工作段的纵向搭接长度不小于 2m，混合料中不含超尺寸颗粒土块，沿工程区纵向行与行之间压实重叠不应小于 40cm，上下两层填筑接头应错开不小于 3.0m。各种压路机的最大碾压行驶速度不宜超过 4km/h。在下层施工完成经质量检验合格后，进行上层铺筑。

对改性黄土进行保湿养护，养护期不少于 7d，养护期间实行交通管制，除了洒水车外，其他车辆禁止通行。养护期间勿使改性黄土过湿，更不能忽干忽湿。当改性黄土分层施工时，下层检验如压实度、平整度等指标合格后，上层填土能连续施工时可不设专门的养护期。水泥等改性黄土外掺料的运输、使用应有环境保护的措施，外掺料应分类堆放、与原地面架空隔离，并有防风、雨设施，防止材料受潮、变质。

3）主要技术措施

改性黄土的改性材料指标应达到现行的试验规程标准。如改性黄土掺入水泥时，水泥的初凝时间应大于 3h，终凝时间应大于 6h（要注意控制水泥改性黄土从拌合到碾压完成的施工时间，使这个过程不大于 4h）。对符合要求的土质进行过筛处理，使水泥和黄土颗粒尽可能小，增加其表面积，并拌合均匀，能充分接触并发生反应。液态改性剂加入过程满足规范规定要求。

改性黄土在拌合、运输、摊铺过程中会有一定的水分损失，尤其是在夏天炎热气候的情况下水分损失会更大，因此为了实现绿色施工，应充分结合天气情况，确定改性黄土的含水率。要特别注意对化学改性黄土从拌合开始至碾压完成的时间控制。

第11章

复杂环境下黄土抗湿陷措施及地基绿色施工创新技术

11.1 黄土抗湿陷地基处理方法研究

11.1.1 地基挤密处理精细化布桩方法研究

地基处理一般是指用于改善地基的承载能力、变形性质或渗透性质而采取的工程技术措施，其技术方法现已发展出了强夯(强夯置换)、振冲(碎石)桩、水泥粉煤灰碎石桩(CFG桩)、挤密桩、石灰桩、搅拌桩、夯实水泥土桩、刚性桩等。其中，挤密、夯实的地基处理方法在黄土及软土地区已得到了广泛的应用，但增强体（桩体复合地基）的桩径、间距的取值关系着工程的沉降及桩间土挤密的要求，仍是一个棘手的问题。若桩间土未经过充分挤密，作为复合地基的一部分，后续使用过程中可能会由于桩间土受力偏小而造成桩本身应力较大，或由于孔隙大、水易浸入而造成地基沉降失稳，因此受到工程设计人员广泛关注。目前现行的国家、行业标准中规定桩径选取宜根据本地的成桩机械设备、工程量及整体受力适宜性而定，而桩间距仅规定一个范围值，不同经验工程师选择可能差异很大，导致工程成本的浪费或造成工程安全的降低。因此，亟需一种定量化、工程运用简便快捷地确定桩间距的方法。

为了解决桩间距的选取，在假定桩间土挤密系数已知，结合地基土体含水率对应不同桩径条件下，提出精准反算对应桩径及桩间距的方法，即基于挤密系数反分析的地基处理精细化布桩方法。本方法适用于地基处理中挤密的桩、置换墩等不进行取土的布桩方法，以工程勘察报告所提供的参数为依据，进行桩径及桩间距的选取，使得布桩方案更为合理，达到精细化设计的目的。

基于挤密系数反分析的地基处理精细化布桩方法，包含如下步骤：

步骤一：根据工程资料，按等边三角形布桩，桩孔直径R，桩长L，拟设计的桩孔之间的中心距离d，确定该 3 根桩的体积V'，及增加 3 根桩后的场地地基代表性体积单元的体积V：

$$V' = 3 \times \frac{\pi}{4} \times R^2 \times L = 2.355R^2$$

式中：V' ——3 根桩的体积；

R ——桩孔直径；

L ——桩长。

$$V = \frac{5d}{2} \times \frac{\sqrt{3}}{2} \times \frac{5d}{2} \times \frac{L}{2} = 2.71d^2L$$

式中：V ——代表性体积单元的体积；

d ——拟设计的桩孔之间的中心距离；

L ——桩长。

步骤二：建立场地土密度与含水率、孔隙比的关系，为后续挤密系数的引入做准备。地基桩间土初始密度ρ_0、干密度ρ_d及最大干密度$\rho_{d\max}$分别为：

$$\rho_0 = \frac{m}{V} = \frac{G_s\rho_w(1 + w_0)}{1 + e_0}$$

式中：ρ_0 ——地基桩间土初始密度；

m ——土体总质量；

V ——土体总体积；

G_s ——土颗粒相对密度；

ρ_w ——水的密度；

w_0 ——地基土的现状含水率；

e_0 ——挤密前代表性体积单元的初始孔隙比。

$$\rho_d = \frac{m_s}{V} = \frac{G_s\rho_w}{1 + e_1}$$

式中：ρ_d ——挤密后地基桩间土干密度；

m_s ——土粒总质量；

V ——土体总体积；

e_1 ——挤密后代表性体积单元的孔隙比。

$$\rho_{d\max} = \frac{\rho_0}{1 + w_{op}}$$

式中：$\rho_{d\max}$ ——地基桩间土最大干密度；

w_{op} ——地基土的最优含水率。

土体中最优含水率可采用经验公式进行计算：

$$w_{op} = w_p \pm 2\%$$

式中：w_p ——地基桩间土塑限。

所以，地基桩间土最大干密度可表示为：

$$\rho_{d\max} = \frac{\rho_0}{1 + (w_p \pm 2\%)}$$

步骤三：在增加桩后，由于土颗粒无法被压缩，被挤密的只有孔隙，计算代表性单元的挤密前后的孔隙比e_0及e_1：

$$e_0 = \frac{V_{vo}}{V_{so}} = \frac{V_{vo}}{V - V_{vo}}$$

式中：V_{vo}——挤密前代表性体积单元的孔隙体积；

V_{so}——代表性体积单元的土颗粒体积。

$$e_1 = \frac{V'_{vo}}{V_{so}} = \frac{V_{vo} - V'}{V - V_{vo}}$$

式中：V'_{vo}——挤密后代表性体积单元的孔隙体积；

V'——代表性体积单元被挤密的体积。

步骤四：将步骤一中得到的V与V'的计算公式带入步骤三的关系中，可根据挤密体积换算，将地基土体单元的初始孔隙比e_0与挤密后孔隙比e_1、桩径R及桩间距d建立联系。

步骤五：地基桩间土的挤密系数K是由其干密度与最大干密度的比值确定的，因此根据步骤二确定的参数，可得到挤密系数K为：

$$K = \frac{\rho_d}{\rho_{d\max}} = \frac{G_s\rho_w\left[1+\left(w_p \pm 2\%\right)\right]\times(1+e_0)}{(1+e_1)\times G_s\rho_w(1+w_0)} = \frac{\left[1+\left(w_p \pm 2\%\right)\right](1+e_0)}{(1+w_0)(1+e_1)}$$

将步骤四的关系式带入，可得到挤密系数K与含水率、桩径R及桩间距d的关系：

$$K = \frac{\left[1+\left(w_p \pm 2\%\right)\right]}{(1+w_0)} \times \frac{(1+e_0)}{1+e_0-(1+e_0)0.87\dfrac{R^2}{d^2}} = \frac{\left[1+\left(w_p \pm 2\%\right)\right]}{(1+w_0)} \times \frac{1}{1-0.87\dfrac{R^2}{d^2}}$$

步骤六：根据步骤五之间的关系，基于试验、工程及设备选型确定的参数，获得定量化、精细化确定桩间距的计算方法：

$$\frac{R^2}{d^2} = \frac{1}{0.87} - \frac{\left[1+\left(w_p \pm 2\%\right)\right]}{0.87K(1+w_0)} = 1.15 - 1.15\frac{\left[1+\left(w_p \pm 2\%\right)\right]}{K(1+w_0)}$$

步骤一中，由实际工程设计参数，及拟设计的桩孔之间的中心距离，按等边三角形的布桩方法，以场地地基代表性体积单元为研究对象，分别计算得到体积单元的体积V及其中的 3 根桩的体积V'，如图 11.1-1 所示。

步骤二中，根据场地土的土工试验结果，计算出地基桩间土初始密度ρ_0、干密度ρ_d及最大干密度$\rho_{d\max}$，与场地地基挤密系数相关。

步骤三中，由于增加桩将地基土单元中的孔隙体积压密，分别计算出代表性体积单元的初始孔隙比e_0，及增加桩挤密后的孔隙比e_1，建立孔隙比与代表性体积单元间的关系，如图 11.1-2 所示。

步骤四中，综合步骤一及步骤三得到的体积与孔隙比的关系式，根据挤密体积换算，建立初始孔隙比与挤密后孔隙、桩径及桩间距比间的联系。

步骤六中，根据步骤五确定的参数，提出挤密系数与含水率、桩径、桩间距之间的关系。

步骤七中，基于试验确定的参数为地基土的最优含水率w_{op}和现状含水率w_0，根据工程需要确定的参数为挤密系数K，根据工程及设备选型确定的参数为桩径R，获取桩间距d的定量化、精细化确定方法。技术优势为：

（1）方法及其推导具有清晰的物理力学概念，规避了桩间距随意选取的方式，确保了整个处理场地桩间土的压实效果和质量；

（2）公式所需的参数均为工程勘察报告所提供的已知量，整体便于工程人员操作计算，计算方法运用简便、快捷；

（3）对于梅花形布置方式可以推广应用于正方形布桩方法，同样也适用于任意形式的布桩方法，推广应用性强；

（4）除了可应用于黏性土地基外，还适用于非黏性土地基，同时由于考虑了孔隙整体概念，涵盖了孔隙水和空气，方法适用于饱和土地基，也适用于非饱和土地基，适用性广泛。

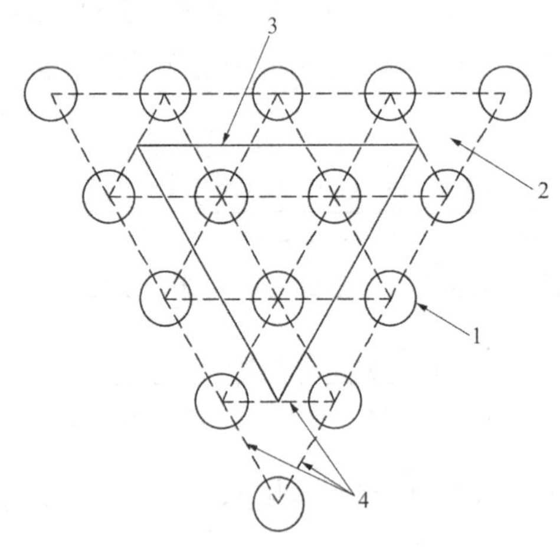

1—挤密桩；2—桩的等边三角形分布；3—代表性体积单元；
4—地基桩间土

图 11.1-1　挤密桩复合地基示意图

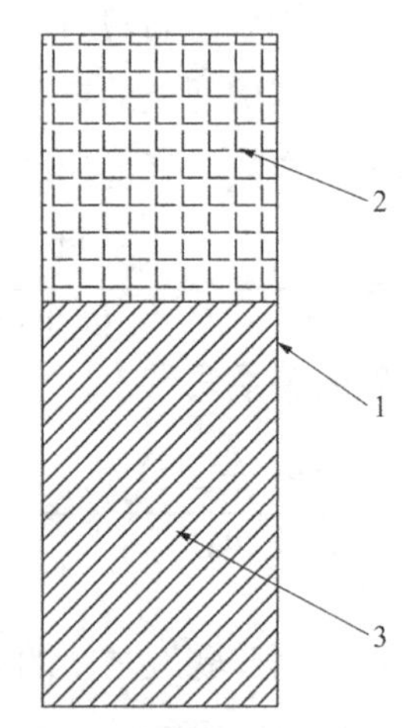

1—代表性地基土体单元；2—孔隙；3—土颗粒

图 11.1-2　代表性单元孔隙与土粒关系示意图

11.1.2　消除地层负摩阻力的刚柔复合桩结构研究

湿陷性黄土在土的自重压力或自重压力与附加压力共同作用下受水浸湿而产生的大量而急剧的附加下沉，会在桩侧表面产生负摩阻力，会成为附加于桩侧表面的下拽荷载。在湿陷性地基上进行工程建设时，必须考虑因地基湿陷引起附加沉降对工程可能造成的危害，选择适宜的地基处理方法，避免或消除地基的湿陷或因少量湿陷所造成的危害，湿陷性黄土地基处理的目的主要是通过消除黄土的湿陷性，提高地基的承载力。

为了克服现有施工方法繁琐、造价高的问题，本实用新型提供一种消除地层负摩阻力的刚柔复合桩结构，通过设置高强预应力混凝土管桩和碎石土这种刚柔结合的方式联合受力，有效控制上部结构沉降作用。碎石土受力后消除了湿陷性土层产生的负摩阻力效应，增加了其正摩阻力，节约成本。

一种消除地层负摩阻力的刚柔复合桩结构，包括桩孔、高强预应力混凝土管桩、碎石土、排水管道、钢筋混凝土垫层和褥垫层；高强预应力混凝土管桩设在桩孔内，碎石土填充在高强预应力混凝土管桩与桩孔的环空中，钢筋混凝土垫层设在高强预应力混凝土管桩顶部，褥垫层铺设在钢筋混凝土垫层上，排水管道下端穿过钢筋混凝土垫层后，穿入碎石土中并向下延伸；排水管道上端横向穿出褥垫层，如图 11.1-3 所示。

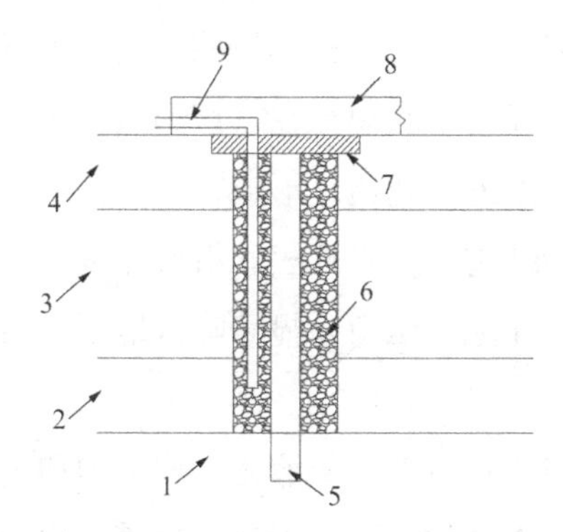

1—持力层；2—黏土层；3—液化层；4—黏土层；5—高强预应力混凝土管桩；
6—碎石土；7—钢筋混凝土垫层；8—褥垫层；9—排水管道

图 11.1-3　消除地层负摩阻力刚柔复合桩结构示意图

钢筋混凝土垫层上表面与地面平齐；钢筋混凝土垫层的截面长度大于桩孔的直径。

高强预应力混凝土管桩包括圆筒形桩身、端头板和钢套箍，端头板设在钢套箍两端，并分别通过钢套箍固定；圆筒形桩由空心钢管和填充在空心钢管内的钢筋混凝土组成，空心钢管外径不小于 400mm，壁厚不小于 40mm。

碎石土为粒径大于 38mm 碎石颗粒含量超过 30%的土，钢筋混凝土垫层厚度至少为 20cm，桩孔的直径在 1000～2000mm 之间。

本实用新型中，高强预应力混凝土管桩采用先张法预应力管桩（PHC），是采用先张法预应力工艺和离心成型法制成的一种空心筒体细长混凝土预制构件，其中，混凝土强度等级不得低于 C80。

桩孔直径的选择具体根据土层特性、上部结构形式、柱网尺寸、荷载分布和施工技术的可能性等进行合理确定。

桩孔处的土层从上到下依次分为上黏土层、液化层、下黏土层和持力层，桩孔从上到下依次经过上黏土层、液化层和下黏土层到达持力层；高强预应力混凝土管桩位于桩孔中，且下端插入持力层中；排水管道下端位于下黏土层处，且距液化层最低面的竖直距离至少为 20cm。具体施工过程为：

首先打出桩孔，然后在桩孔内挤密填筑隔离土层，再将高强预应力混凝土管桩从桩孔中间向下压入持力层，进行二次挤密，然后再填隔离土层并压实，使得其相对密度大于 0.93，平均相对密度大于 0.95；再施工钢筋混凝土垫层进行防渗，接着再施工排水管道，最后施工褥垫层。

相对密度为最大孔隙比（e_{max}）与天然孔隙比（e）之差和最大孔隙比与最小孔隙比（e_{min}）之差的比值，即$D_r=(e_{max}-e)/(e_{max}-e_{min})=(\rho-\rho_{min})\rho_{max}/(\rho_{max}-\rho_{min})\rho$。最小干密度$\rho_{min}$试验采用漏斗法和量筒法，最大干密度$\rho_{max}$试验采用振动锤击法。碾压之后的砂石土密度$\rho$采用原位密度试验测得，包括灌砂法和灌水法。上述各个试验方法均为现有技术，本实用新型中将不再进行进一步的说明。

在具体实施中，桩孔为多个，每个桩孔都按照上述施工方法进行处理，每个桩孔内均设有高强预应力混凝土管桩，隔离土层填充在管桩周边，排水管道深入隔离土层中，其出口连接至褥垫层，全部排水管道进行连通，形成完整的排水通道，本实用新型中，褥垫层为素混凝土结构，可作为防渗结构，阻隔地表水沿桩孔进入液化层。本实用新型能很好地阻止地基中存在液化层产生超孔隙水压力，显著降低地层产生液化的可能性，保障建筑物的结构安全。

本方法能够解决的液化问题：（1）浅层液化；（2）饱和土液化；（3）砂土/粉土液化；（4）超孔隙水压力大于有效应力液化；（5）无排水通道产生的超孔隙水压力，不能瞬间释放液化。

11.2 施工泥浆制备及创新技术

11.2.1 施工泥浆特性

地下水埋深较浅或超大超深成孔时需要进行泥浆护壁。泥浆主要由水和固相材料组成，黏土与膨润土的配比区间为 4：5～3：2。而一般泥浆的质量主要由泥浆的特性参数来控制，施工地质条件不同，对泥浆的质量要求不同，泥浆质量的优劣取决于泥浆特性与工作地层性质的相适应程度。地下施工泥浆特性指标非常多，如相对密度、黏度、滤失量、酸碱度、物理化学特性等。其中，相对密度、黏度和滤失量是泥浆三大主要特性指标。

1）泥浆相对密度

从稳定开挖面效果的方面来讲，泥浆的相对密度越大，成膜性越好，另外泥浆相对密度大，对掘削土砂的作用浮力也大，运送排放掘削土砂效果也好。而相对密度大的泥浆流动摩阻力也大，流动性变差，容易使泥浆运送泵超负荷运转，同时泥浆、土的分离难度也大。泥浆相对密度小，流动性好，但成膜速度慢，对稳定开挖面不利。因此在确定泥浆相对密度时，需从开挖面稳定以及设备承受能力两方面综合考虑。

2）泥浆黏度

泥浆具有一定黏度能防止泥浆中的黏土、砂颗粒在泥水舱内发生沉积，保持开挖面的稳定；能防止溢泥现象的发生；还能以流体的形式把掘削下来的渣土运出，经土、水分离设备滤除废渣，得原状泥浆。从有利于泥膜形成特性方面考虑，泥浆需有一定的黏度，确保不发生溢泥现象，但黏度不能过大，否则不利于泥浆以流体形式运出土渣及地表土、水分离。因此，泥浆的黏度应控制在一定范围。

3）泥浆滤失量

泥浆滤失量指泥膜形成过程中，泥浆中的细颗粒成分填充地层间隙，使地层的渗透系数变小，而泥浆中的水通过地层间隙流入地层的水量。滤水会使地层的间隙水压上升，地层间隙水压的升高部分称为过剩地下水压或超静孔隙水压力。滤失量大将导致地层超静孔隙水压力增大，导致泥浆有效压力减小，不利于开挖面的平衡。

4）泥浆物理稳定性

物理稳定性指泥浆经长时间静置，泥浆中固相成分颗粒始终保持浮游散悬物理状态的能力，通常用界面高度来描述。界面高度指将一定量的泥浆静置一段时间后，部分固相细颗粒失去悬浮特性出现沉淀，泥浆表层出现清水，底部出现土颗粒，中间为泥水，此时清水层的高度就是界面高度，界面高度越小，说明泥浆的物理稳定性越好。另外，对砂土的悬浮能力也是泥浆的一项重要工程特性。

5）泥浆化学稳定性

化学稳定性是指泥浆中混入带正电的杂质（含矿、矿、矿等）时，泥浆成膜功能减退的化学劣化现象。原因是黏土颗粒带负离子，当遇到正离子时，黏土颗粒就从悬浮状态变为凝聚状态，泥浆中浮游散悬的黏土颗粒数量锐减，导致泥膜生成困难。

11.2.2　泥浆护壁绿色泥浆制备及自循环装置

研制了一种绿色泥浆制备及自循环装置，其可以制备泥浆，可不必在工地上专门挖设泥浆池，还可以回收含渣泥浆中的大部分泥浆，大大减少了泥浆的制备量。

该装置构成如图 11.2-1 所示。第一过滤筒、第二过滤筒和第三过滤筒均倾斜设置在壳体内部，并依次首尾相连呈一条直线排布；第一过滤筒的第一端开设有一泥浆入口，泥浆入口与泥浆输入管连通，用于输入钻孔内的含渣泥浆，第二过滤筒的第一端与第一过滤筒的第二端通过一柔性管连通，第三过滤筒的第一端通过一柔性管与第二过滤筒的第二端连通，第一过滤筒、第二过滤筒和第三过滤筒中分别设置有第一过滤板、第二过滤板和第三过滤板；第一过滤板、第二过滤板和第三过滤板分别将第一过滤筒、第二过滤筒和第三过滤筒分隔为上下两个空间，第一过滤板与第二过滤板和第二过滤板与第三过滤板均通过柔性板连接，并使得第一过滤板、第二过滤板和第三过滤板位于同一平面；第一过滤筒、第二过滤筒和第三过滤筒表面分别设置有第一振动电机、第二振动电机和第三振动电机，第一振动电机的振动频率小于第三振动电机的振动频率，第二振动电机的振动频率大于第三振动电机的振动频率。

分流体设置于第一过滤桶内部，并靠近泥浆入口。分流体为竖直设置的倒四棱锥状结构，内部形成一与泥浆入口连通的内腔，每个侧面上开设有三个与内腔连通的喷口，对于每个侧面，三个喷口的喷浆方向均与垂直于侧面的方向呈相等的角度，使得从三个喷口喷出的泥浆始终在侧面正上方某位置相交。

第三过滤筒表面还开设有废渣出口和泥浆出口，并分别位于第三过滤板的上下两侧。

上述技术方案适用于任何钻孔方法成形的钻孔，如正循环、反循环、旋挖和冲击等，并不限于对其中一种泥浆进行制备和回收利用。在上述技术方案中，泥浆输入管伸入到钻孔中，将钻孔中的含渣泥浆抽入分流体中，含渣泥浆经分流体的内腔从分流体侧面的喷口中喷出，每个侧面具有三个喷口，三个喷口设置成从三个喷口喷出的含渣泥浆能够在侧面正上方某位置处相撞，使得含渣泥浆分散，初步将沉渣与泥浆分离，并且分散后的含渣泥浆能够方便过滤板的过滤。为了使分流体不至于堵塞，喷口的直径和内腔的体积分别为沉渣平均粒径和平均体积的3～4倍和10～15倍。从喷口中喷出的含渣泥浆进入第一过滤筒内，落到第一过滤板上，并且由于第一过滤筒、第二过滤筒和第三过滤筒呈一条倾斜的直线，第一过滤板、第二过滤和第三过滤板也呈一倾斜的平面，含渣泥浆会依次从第一过滤板上滑落至第二过滤板和第三过滤板，三块过滤板对含渣泥浆进行过滤，回收的泥浆进入三块过滤板下方，从第三过滤板下侧的泥浆出口输出，滤出的沉渣则留在三块过滤板表面，经由第三过滤板上侧的废渣出口排出。这样，实现了含渣泥浆的沉渣与泥浆的分离，将泥浆回收，回收的泥浆可以再灌注至钻孔中使用。为了提高三块过滤板的过滤速度和过滤效果，即提高泥浆的回收速度和回收率，使得回收的泥浆可以尽快灌注到钻孔中，在三个过滤筒上分别设置第一振动电机、第二振动电机和第三振动电机，由于三个过滤筒用两个柔性管连接起来，三个过滤板用两个柔性板连接起来，三个过滤筒相互之间振动的影响较小，可以使得三个过滤筒分别发挥自身的振动频率，使用三个振动电机相比于不使用振动电机，过滤速度明显更快，沉渣上的残留泥浆明显更少，而且三块滤板没有出现堵塞现象。三个的频率各不相同振动电机产生的过滤效果明显优于三个的频率一致振动电机，这是因为附着在沉渣和滤板上的泥浆在三块过滤板上移动的过程中受力不均、频率不均更容易脱落，第一振动电机的振动频率小于第三振动电机的振动频率，第二振动电机的振动频率大于第三振动电机的振动频率，这样，振动频率两边小，中间大，使得含渣泥浆在三块过滤板上的移动更加混乱，受力更加混乱，因而含渣泥浆的过滤效果更好。第一振动电机、第二振动电机和第三振动电机的振动频率分别为50Hz、80Hz和60Hz。柔性管和柔性板的材质为弹性橡胶。

在第二种技术方案中，绿色泥浆制备及自循环装置，还包括：泥浆制备筒，其顶部设置有投料口，筒内部设置有搅拌机构，泥浆制备筒上还开设有输入口和输出口，输入口与泥浆出口连通，输出口连有一泥浆灌注管，用于向钻孔灌注泥浆。从投料口投入黏土等泥浆原料和水，利用搅拌机构即可制备出所需的泥浆，并可以与从泥浆出口排出的回收泥浆混合，然后将泥浆通过泥浆灌注管灌注到钻孔中即可进行清渣护壁，泥浆灌注管还设有阀门，在泥浆制备筒内的泥浆达到规范标准后，打开阀门，将泥浆灌注到钻孔中。可以看出，使用本技术后，不必在工地专门挖设泥浆池，工地上不再会出现泥浆排放问题和环境污染问题，因而在工地上使用本技术省时省力、绿色环保。

在第三种技术方案中，绿色泥浆制备及自循环装置还包括：

三根减振柱，其上端分别与第一过滤筒、第二过滤筒和第三过滤筒表面固定，三个减振柱的下端均固定在壳体底面，所述减振柱包括套管和内杆，套筒内壁轴向设置有多个导槽，内杆外壁沿轴向设置有多个与导槽匹配的凸棱，内杆通过凸棱和导槽与套管可滑动连接，内杆外壁和套管外壁上还分别设置有第一限位部和第二限位部，第一限位部和第二限位部分别与一弹簧的两端抵压。如图 11.2-1 所示，为了使第一过滤筒、第二过滤筒和第三过滤筒减振，将三个过滤筒分别用第一减振柱、第二减振柱和第三减振柱支撑，弹簧呈伸张状态，用弹力抵消振动机的部分振动。

在第四种技术方案中，绿色泥浆制备及自循环装置壳体底部一侧设有两个万向轮，另一侧设置有两个支脚。万向轮可以方便装置移动至所需的位置使用，而支脚可以使装置定位在所需的位置，当需要移动时，抬起壳体有支脚的一侧，即可移动壳体。

在第五种技术方案中，绿色泥浆制备及自循环装置第一过滤筒与水平面呈 7°～13°角。在该优选夹角下，三个过滤筒对含渣泥浆兼具较快的过滤速度和较好的过滤效果，更与水平面呈 11°角。

在第六种技术方案中，绿色泥浆制备及自循环装置壳体表面镶有太阳能电池板，壳体内部设有蓄电池，蓄电池存储太阳能电池板的电能，向第一振动电机、第二振动电机和第三振动电机供电。在壳体上设置太阳能电池板，利用太阳能发电使得三个振动电机工作，使本装置更加适应野外环境，且更加绿色环保。

在第七种技术方案中，绿色泥浆制备及自循环装置泥浆输入管和泥浆灌注管上设置有泥浆泵，使用泥浆泵可以快速地将含渣泥浆泵入分流体内，并可以快速地将泥浆泵入钻孔内，所采用的泥浆性能指标控制参数如表 11.2-1 所示。

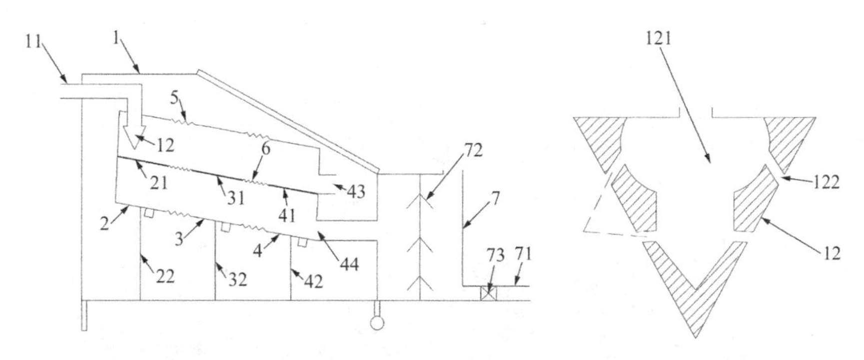

1—壳体；2—第一过滤筒；3—第二过滤筒；4—第三过滤筒；5—柔性管；6—柔性板；7—泥浆制备筒；11—泥浆输入管；12—分流体；21—第一过滤板；22—第一减振柱；31—第二过滤板；32—第二减振柱；41—第三过滤板；42—第三减振柱；43—废渣出口；44—泥浆出口；71—泥浆灌注管；72—搅拌机构；73—阀门；121—与泥浆入口连通的内腔；122—喷口

图 11.2-1　绿色泥浆制备及自循环装置及分流体结构示意图

泥浆性能指标控制参数　　表 11.2-1

钻孔方法	地质情况	泥浆性指标							
		相对密度	黏度/（Pa·s）	含砂率/%	胶体率/%	失水率/（mL/30min）	泥皮厚/（mm/30min）	静切力/Pa	酸碱度/pH
正循环	一般地层	1.05～1.20	16～22	8～4	≥96	≤25	≤2	1.0～2.5	8～10
	易塌地层	1.20～1.45	19～28	8～4	≥96	≤15	≤2	3～5	8～10
反循环	一般地层	1.02～1.06	16～20	≤4	≥95	≤20	≤3	1～2.5	8～10
	易塌地层	1.06～1.10	18～28	≤4	≥95	≤20	≤3	1～2.5	8～10
	卵石土	1.10～1.15	20～35	≤4	≥95	≤20	≤3	1～2.5	8～10
旋挖	一般地层	1.02～1.10	18～28	≤4	≥95	≤20	≤3	1～2.5	8～11
冲击	易塌地层	1.20～1.40	22～30	≤4	≥95	≤20	≤3	3～5	8～11

该装置的优点在于：

（1）具有泥浆制备筒，自身可以制备泥浆，不必在工地上专门挖设泥浆池，并可以利用太阳能发电带动振动电机，因而省时省力，绿色环保。

（2）具有分流体，含渣泥浆经分流体的内腔从侧面的喷口喷出，每个侧面三个喷口喷出的含渣泥浆在相应侧面正上方某位置碰撞，使得含渣泥浆更加分散，方便过滤板将泥浆滤出。

（3）用柔性管连接三个过滤筒，并利用柔性板连接三个过滤板，各过滤筒上均设置振动电机，且各振动电机的频率不相同，使得本装置能够充分地将泥浆回收，而且不堵塞滤板。

11.2.3 绿色泥浆泥渣快速分离器研发

钻孔灌注桩进行钻孔施工时，由于需要打孔的土层比较松散或者打孔时扰动了钻孔周围的土体，又或者土体的自稳能力比较弱，钻孔周围的土体有一种要向孔内塌孔的趋势，这就需要采用泥浆护壁。泥浆及泥浆在孔壁上形成的泥皮可以有效地防止孔壁坍塌或剥落，并维持挖成的形状不变，此外，泥浆还具有携渣、冷却和润滑钻具的作用，如图 11.2-2 所示。

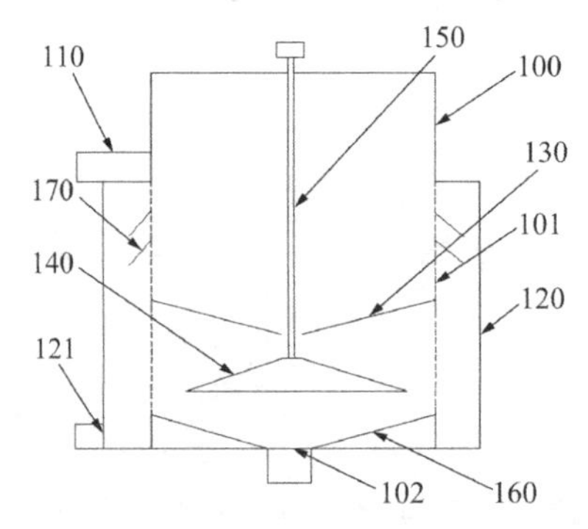

100—壳体；101—通孔；102—泥渣出口；110—进料管；120—套筒；121—泥浆出口；
130—集料板；140—分料板；150—旋转轴；160—汇料板；170—导流板

图 11.2-2　绿色回旋式泥浆泥渣分离器的结构示意图

课题组设计的绿色回旋式泥浆泥渣分离器包括两部分，见图 11.2-3、图 11.2-4。

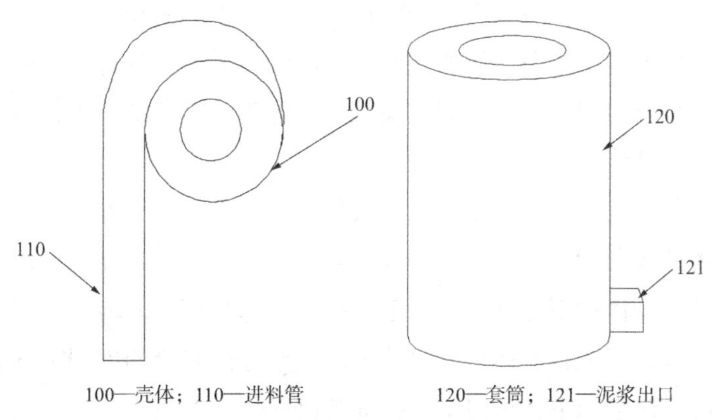

100—壳体；110—进料管　　120—套筒；121—泥浆出口

图 11.2-3　进水管的结构示意图　　图 11.2-4　套筒的结构示意图

壳体为内部中空的圆柱体形，壳体的下部侧壁上间隔设置有多个通孔，相当于一个滤网，通孔的尺寸小于泥渣的尺寸，其只能使泥浆通过；壳体的上部外侧壁上设置有进料管，进料管与壳体上部的外侧壁的连接部分呈蜗壳结构并从壳体的一侧接入壳体内，使得混有泥渣的泥浆在进料管中顺着壳体的切向方向前进；进入壳体内后，在自身重力和壳体的作用下绕壳体的内壁旋转而下，进料管应尽可能靠近套筒的顶部，壳体的底部设置有泥渣出口。

套筒为内部中空的圆柱体形，套筒套设在壳体外，内侧壁与壳体的外侧壁不接触，这样能使过滤后的泥浆进入套筒的内侧壁和壳体的外侧壁之间的区域，套筒的顶部和底部分别与壳体的外侧壁固定，且无缝连接，所有通孔均与套筒的内侧壁相对，套筒的下部侧壁上设置有泥浆出口，泥浆出口应尽量靠近套筒的底部。

集料板为直径上大下小的圆台形，内部中空，且顶部和底部均敞开，集料板的顶部外径与壳体的内径相等，集料板与壳体同轴设置，且集料板的顶部与壳体的下部内侧壁固定，且无缝连接。

分料板为直径上小下大的圆台形，为实心结构，且设置在集料板的下方，分料板的底部外径小于壳体的内径，分料板与壳体同轴设置，外侧壁与通孔相对。

旋转轴的底部与分料板的顶部固定连接，旋转轴的顶部依次穿过集料板的底部、集料板的顶部，以及壳体的顶部，旋转轴在动力装置的驱动下旋转。

汇料板为直径上大下小的圆台形，内部中空，且顶部和底部均敞开，汇料板的顶部外径与壳体的内径相等，汇料板与壳体同轴设置，且位于分料板的下方；汇料板的顶部与壳体的下部内侧壁固定，且无缝连接，汇料板的底部与壳体的底部固定，且无缝连接；壳体的下部外侧壁上与汇料板相对的部分未设置通孔，这样过滤后的泥浆无法再进入壳体内，泥渣出口与汇料板的内部连通。

绿色回旋式泥浆泥渣分离器在使用时，将壳体沿竖直方向放置，混有泥渣的泥浆通过进料管进入壳体内，因进料管与壳体的侧壁连接部分呈蜗壳结构，混有泥渣的泥浆在进料管中顺着壳体的切向方向前进，进入壳体内后，在自身重力和壳体的作用下绕壳体的内侧壁旋转而下，部分泥浆穿过通孔进入套筒和壳体之间的区域，之后随着混有泥渣的泥浆继续向下，通过集料板后流至分料板上，分料板在动力装置的驱动下旋转，混有泥渣的泥浆在分料板的离心作用下，被甩向壳体的侧壁，再经壳体的侧壁进行分离后，泥浆从泥浆出口流出，泥渣从泥渣出口出来，再分别收集泥浆和泥渣，这样既回收利用了泥浆，又能避免泥浆直接排放而污染环境。

绿色回旋式泥浆泥渣分离器中还包括多块导流板其沿壳体的轴线方向间隔设置，导流板为直径上小下大的圆台形，内部中空，且顶部和底部均敞开，导流板的顶部内径与壳体的外径相等，顶部与壳体的下部外侧壁固定连接，底部与套筒的内侧壁不接触，导流板位于集料板的上方。导流板能将壳体侧壁过滤后的泥浆导向套筒的内侧壁方向，防止过滤后的泥浆顺着壳体的外侧壁向下，阻碍下方的通孔进一步过滤泥浆。

绿色回旋式泥浆泥渣分离器中，套筒的底部与壳体的底部齐平，且两者一体成型。绿色回旋式泥浆泥渣分离器中，套筒与壳体同轴设置。绿色回旋式泥浆泥渣分离器中，分料板顶部的直径小于集料板底部的直径。绿色回旋式泥浆泥渣分离器中，泥渣出口的尺寸与汇料板底部的尺寸相同，且壳体竖直时，泥渣出口与汇料板底部的竖直投影重合。绿色回旋式泥浆泥渣分离器中，动力装置为电机。泥浆泥渣分离器工程应用如图 11.2-5 所示。

图 11.2-5　泥浆泥渣分离器工程应用

11.3　桩基施工技术研究

11.3.1　灌注桩灌浆装置研发

针对灌注桩的施工，研发了一种灌浆装置，以保证孔壁稳定性，其原理如图 11.3-1、图 11.3-2 所示。该装置包括：灌浆管，用于将灌浆液灌入到地面下的灌注桩内，为软管；辅助机构，固定于灌注桩外的地面上，包括为方体结构的辅助本体、一对固定块和多个挡柱，一对固定块均沿辅助本体的长度方向设置且相对位于辅助本体上表面沿宽度方向的两侧，一对固定块相对的侧面均向内凹陷形成多个贯通辅助本体上表面的凹通道，一对固定块上的多个凹通道均交错设置，每个凹通道开口的一对侧边上均铰接有一对限位板，限位板位于凹通道内且限位板远离凹通道一侧面的上部还固定有弧形的卡合板，其圆心朝向凹通道，固定块上表面靠近每个凹通道处还对应设置有向下凹陷的卡槽；辅助本体上表面沿其长度方向间隔设置有多个平行的滑道，其一一对应一对固定块上的凹通道，且每个滑道内均对应配合有可沿滑道自由滑动的挡柱，挡柱的高度略高于固定块的高度，挡柱上表面沿与其对应的凹通道方向向外延伸形成挡板，挡板端部设置有竖直贯通的滑槽，滑槽内配合有可上下滑动的插板，插板与卡槽相配合。

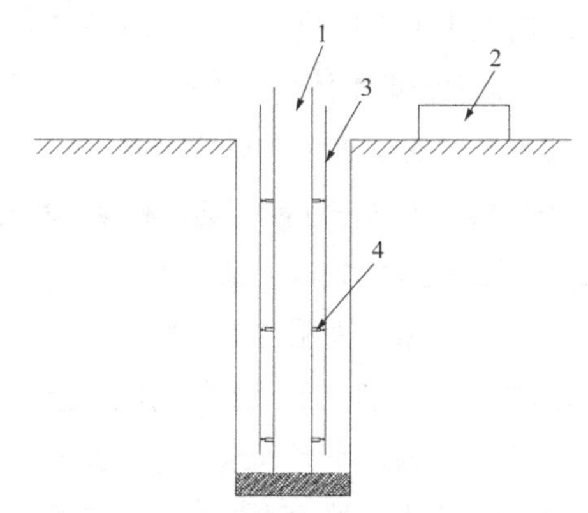

1—灌浆管；2—辅助机构；3—定位外套管；4—卡合结构

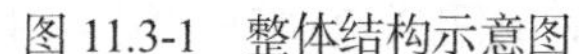

图 11.3-1　整体结构示意图

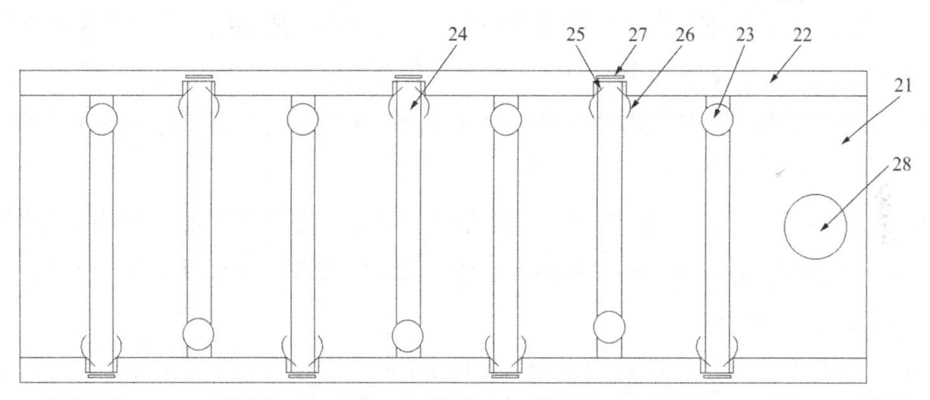

21—辅助本体；22—一对固定块；23—挡柱；24—滑道；25—限位板；26—卡合板；27—卡槽；28—固定杆

图 11.3-2　辅助机构的俯视图

灌浆过程中，灌浆管最开始是位于灌注桩的最下端，其长度最长，随着灌浆的进行，灌浆管要不停往上收拉，现有技术中为了维持灌浆管的长度不变，保持灌浆压力的稳定，收拉一定长度的灌浆管后，拆卸一节灌浆管，再通过在地面上再连接一节相同长度的其他软管，从而保证总的灌浆路径的不变，此设置较为复杂，施工效率不高，同时灌浆管还必须设置为多节依次连接可拆卸的结构，因此本实用新型通过改进设置了辅助机构结合灌浆管来达到保证总的灌浆路径不变的目的。辅助机构设置的位置靠近灌注桩的开口，灌浆管的一端连通灌浆设备，另一端位于灌注桩底，进行施工，施工一定时间后，需要收拉灌浆管时，由于灌浆管为软管，其可进行一定程度的弯曲折叠，具体收拉过程说明如下：

将灌浆管向上拉动，如图 11.3-3 所示的方位，由于灌浆管两端均相对固定，将灌浆管打一个环套设于右边的固定杆螺纹通道内，即灌浆管卡合于螺纹通道内，然后转动固定杆使其下部的外螺纹可通过与内螺纹孔的配合向下运动，而螺纹通道内的灌浆管在固定杆转动为向下运动时，其始终套设在固定杆螺纹通道内不脱离，只是套设的灌浆管两端的长短发生一定的变化，也就是灌浆管会在螺纹通道内发生上下的位移变化，最终灌浆管的高度低于固定块的高度，靠近辅助本体的上表面，方便后续的进一步操作，另外可保证灌浆管的位置相对保持不变。从右边看的第一个滑道上的挡柱向凹通道一侧移动，从而将灌浆管带动一起向凹通道移动，此时灌浆管位于挡柱 23 的下方，灌浆管紧贴且相当于套设于挡柱外侧先进入到凹通道内，在进入凹通道的过程中，一对限位板转动为紧贴凹通道的一对侧壁，而限位板上部的一对弧形卡合板恰好卡合包裹于挡柱的上部，将灌浆管分为两部分，分别位于滑道的两侧，挡柱和灌浆管的一部分进入凹通道内后，挡柱上延伸的挡板上的插板向下滑动卡合进入到卡槽内，通过插板和一对卡合板的配合作用将灌浆管定位于凹通道内。接着再进行下一步的灌浆管收拉，即将从右边数位于第二个滑道上的挡柱向其对应的凹通道滑动，滑动时挡柱位于灌浆管的下方，即可将灌浆管分为两部分，分别位于第二个滑道的两边，然后继续滑动挡柱，将灌浆管定位于第二个滑道的凹通道内，如此重复，可实现将灌浆管缠绕定位于辅助机构上，灌浆管在辅助机构上的定位形状最终呈现绕多个滑道依次分布的类 S 蛇形，分别通过交错设置的凹通道定位固定。

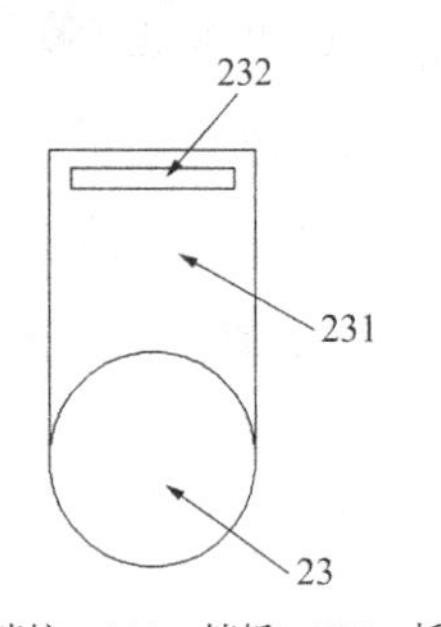

23—挡柱；231—挡板；232—插板

图 11.3-3　挡柱的俯视图

在第二种技术方案中，辅助本体上表面沿其长度方向的一端上表面中部向下凹陷形成内螺纹孔，其内配合有下部为外螺纹的固定杆，固定杆上部向内凹陷形成螺纹通道，灌浆管恰好可配合于螺纹通道内。

在第三种技术方案中，如图 11.3-4～图 11.3-7 所示，还包括：定位外套管，其上端凸出于地面上且固定、下端垂直位于灌注桩内，定位外套管上设置有多个定位轨道组，每个定位轨道组由定位外套管内壁向内凹陷的多个竖直通道组成，多个竖直通道沿定位外套管的轴向均匀间隔分布，多个定位轨道组包含的竖直通道上端贯通定位外套管上端、下端在定位外套管高度方向均匀间隔分布，且多个定位轨道组沿定位外套管轴向交错分布；多个卡合结构一一对应多个定位轨道组 31，卡合结构水平设置且中部具有贯通的通孔，灌浆管竖直依次卡合穿过多个卡合结构的通孔，卡合结构周向均匀间隔设置多个卡合件一端，卡合件另一端连接有滚轮，多个滚轮一一对应定位轨道组的多个竖直通道并可沿竖直通道上下滑动。

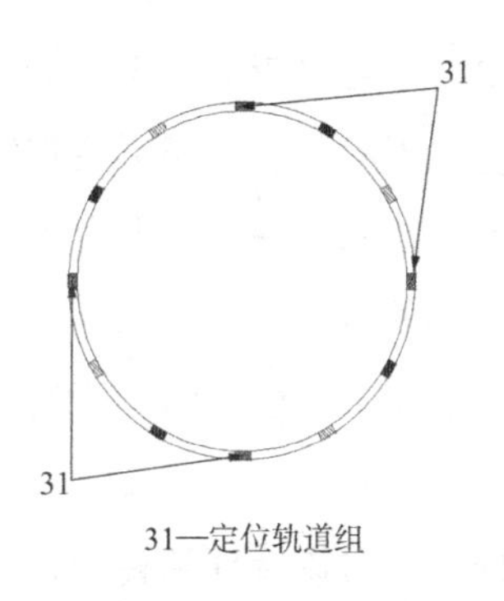

31—定位轨道组

图 11.3-4　定位外套管的俯视图

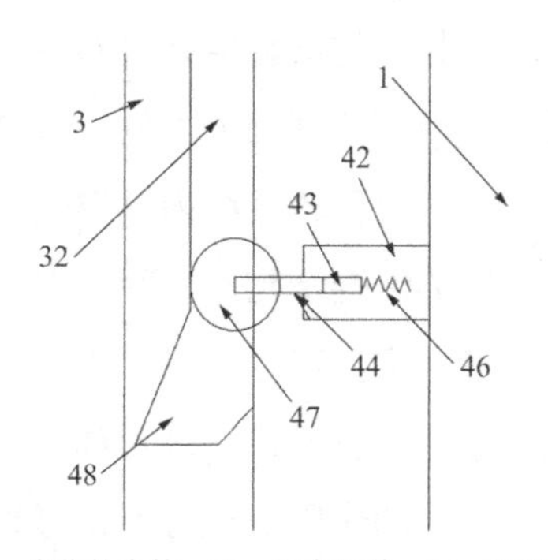

1—灌浆管；3—定位外套管；32—竖直通道；42—连接块；43—一对连接杆；44—一对铰接杆；46—一对弹簧；47—滚轮；48—卡合孔

图 11.3-5　卡合结构与定位外套管相配合的示意图（一）

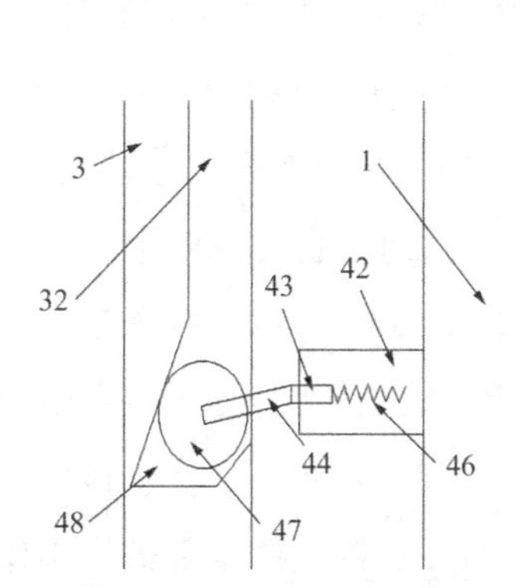

1—灌浆管；3—定位外套管；32—竖直通道；42—连接块；43—一对连接杆；44—一对铰接杆；46—一对弹簧；47—滚轮；48—卡合孔

图 11.3-6　卡合结构与定位外套管相配合的示意图（二）

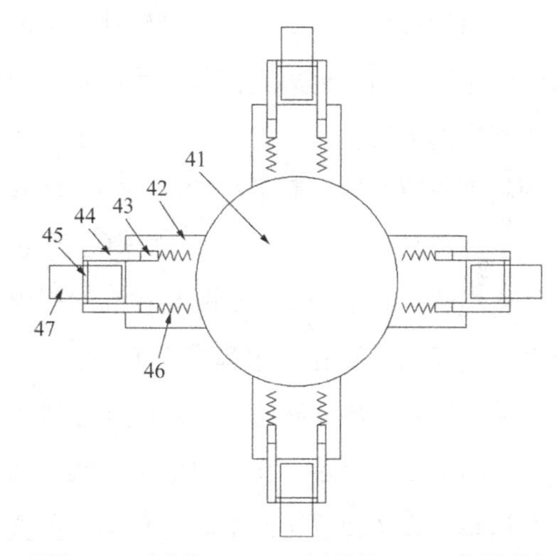

41—通孔；42—连接块；43—一对连接杆；44—一对铰接杆；45—转动轴；46—一对弹簧；47—滚轮

图 11.3-7　卡合结构的俯视图

在上述技术方案中，由于灌浆管为软管，方便了收拉，但是其在灌浆过程中是不稳定的，因此通过设置定位外套管将灌浆管进行定位，保证其灌浆时位置的稳定且保持垂直向下，同时可通过收拉定位外套管实现灌浆管的向上收拉。定位外套管内壁向内凹陷设置有 12 个竖直通道，每 4 个竖直通道为一个定位轨道组，分别有 3 个定位轨道组，每一个轨道组的 4 个竖直通道均沿定位外套管的轴向均匀间隔分布，即 3 个定位轨道组的 12 个竖直通道交错间隔分布，每个定位轨道组的下端在定位外套管的不同高度。对应的卡合结构设置个数也为 3 个，灌浆管依次套设于 3 个卡合结构的通孔内，卡合结构上对应设置 4 个卡合件，在下放灌浆管时，将最下端的卡合结构上的 4 个滚轮分别卡合于下端在定位外套管最下端的定位轨道组上，滚轮在竖直通道内向下滑动，带动灌浆管的下放，当下放到第二个卡合结构时，其上的滚轮恰好可对应卡合于下端位于定位外套管中间的定位轨道组内，继续向下滑动，当下放到最上方的卡合结构时，其上的滚轮恰好可对应卡合于下端位于定位外套管最上方的定位轨道组内，继续向下滑动下放灌浆管，当灌浆管下端下放到灌注桩底部时，最下方的卡合结构、中间的卡合结构、最上方的卡合结构分别对应卡合于下端在定位外套管 3 最下方的竖直通道下端、下端在定位外套管中部的竖直通道下端、下端在定位外套管最上方的竖直通道下端，如此可将灌浆管的位置固定且不会继续向下滑动，灌浆管在多个卡合结构的作用下也可保持竖直状态。

在第四种技术方案中，卡合件包括连接块、一对连接杆、一对铰接杆和转动轴，连接块一侧固定于卡合结构上、相对的另一侧向内凹有一对凹槽，一对凹槽底固定连接一对弹簧一端，一对弹簧另一端固定连接一对连接杆一端，一对连接杆另一端与一对铰接杆一端铰接，一对铰接杆另一端分别连接转动轴的两端，滚轮套设于转动轴上；竖直通道与开口相对的底边下端向下远离定位外套管内壁倾斜延伸形成第一倾斜面，竖直通道开口处的下端低于底边的下端且开口处的下端也向下远离定位外套管内壁倾斜延伸形成第二倾斜面，第一倾斜面与第二倾斜面平行且第一倾斜面和第二倾斜面之间为中空结构形成卡合孔。

在上述技术方案中，如果卡合结构只是位于竖直通道的下端，在地面上移动灌浆管时，有可能将灌浆管向上拉动，影响其在灌注桩内的位置，因此通过卡合件以及卡合孔可实现在卡合结构下滑后可在一定程度上卡合固定灌浆管。如图 11.3-6 所示的状态是下滑状态图，弹簧此时处于压缩状态，铰接杆部分和连接杆全部均位于凹槽内，当下放到卡合孔位置时，如图 11.3-7 所示，在左边的第一倾斜面处，弹簧的反弹力作用下，将连接杆和铰接杆向左边推出，从而滚轮向下向左移动，继续向下滑动过程中，铰接杆全部被推出位于凹槽外，由于滚轮的自重加上弹簧的弹力使得滚轮继续沿第一倾斜面滑动，铰接杆相对于连接杆向下转动，使得滚轮卡合到卡合孔中位于第一倾斜面和第二倾斜面之间，防止灌浆管上移。

在第五种技术方案中，定位外套管由多根可拆卸连接的定位外套管单元依次连接而成。定位外套管设置为通过定位外套管单元可拆卸连接，当收拉定位外套管从而收拉灌浆管时，可一节节拆除定位外套管单元，施工更为方便。

在第六种技术方案中，竖直通道的下端不位于相邻定位外套管单元的连接处，相邻定位外套管单元的相邻面通过设置多个凸起与多个凹孔相配合并通过定位外套管单元外壁上设置的卡扣卡合固定，凸起与凹孔设置的位置靠近定位外套管单元的外壁，不与竖直通道相干涉。

采用该装置的好处在于：

（1）通过设置辅助机构实现不同灌浆地点下总的灌浆路径始终保持不变，进而保证了整个灌浆过程灌浆压力的稳定。

（2）设置了定位外套管，再结合卡合结构可实现灌浆管的准确定位，且在外力作用下不会发生位置的随意变动，对灌浆过程的稳定起到关键性的作用。

11.3.2　劲芯水泥土搅拌桩施工方法

随着城市地下空间的开发，深基坑建设变得越来越普遍。而在深基坑开挖过程中，基坑的支护就显得尤为重要。深层搅拌桩和拉森钢板桩作为常见的两种基坑围护形式，存在着各自的优势和劣势。例如常规的深层搅拌桩重力式挡墙，其抗弯、抗剪、抗倾覆及抗滑移能力均较差，很容易在土压力作用下产生破坏，影响基坑及周围建筑物的安全。而拉森钢板桩通过锁口相互搭接围成基坑支护结构，支护深度有限，且容易出现缝隙，止水效果不佳。为了增加支护的抗弯性能及抗剪性能，使得整体具有良好的稳定性，采用劲芯水泥土搅拌桩施工方法。

此施工方法包含：拉森钢板，钢管，第一定位型钢，第二定位型钢，水泥土搅拌桩，第一油槽，第一槽体，第二槽体，第二油槽，第三槽体，第四槽体，第一外壳，喷头，喷管，进料管，第一连杆，第一支撑杆，料泵，装料装置，滑轨，第二外壳，第二出风口，第一出风口，第二连杆，第二支撑杆。

在第一种技术方案中，钢管为空心结构，其内灌注混凝土。

在第二种技术方案中，拉森钢板沿其高度方向开设有第一油槽，第一油槽位于拉森钢板上部 1/3 的高度为竖直的第一槽体，位于拉森钢板下部 2/3 的高度分支为至少两条第二槽体，第二槽体朝拉森钢板的两侧倾斜延伸，第一槽体与第二槽体连通，拉森钢板上外表面相对第一槽体和第二槽体处开设有多个第一油孔，第一油孔的尺寸为 0.5～1mm；钢管上远离拉森钢板的高度方向设置有第二油槽，第二油槽位于钢管上部 1/3 的高度为竖直的第三槽体，位于钢管下部 2/3 的高度分支为至少两条第四槽体，第四槽体朝向靠近拉森钢板方向延伸呈曲线状态；第三槽体与第四槽体连通，钢管外壁相对第三槽体和第四槽体处开设有多个第二油孔，第二油孔的尺寸为 0.5～1mm，如图 11.3-8 所示。

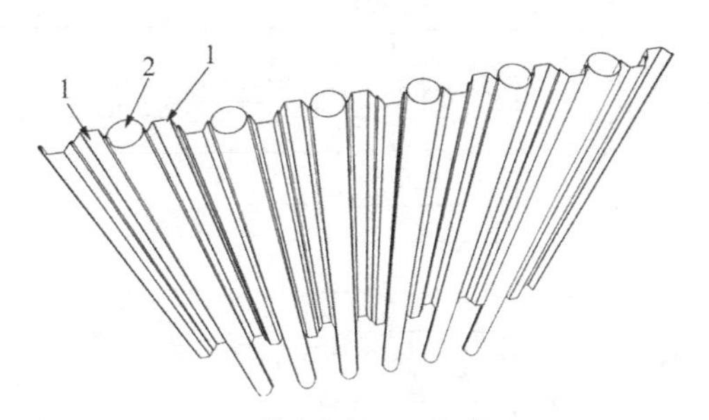

1—拉森钢板；2—钢管

图 11.3-8　钢管位于两个拉森钢板之间的结构示意图

在第三种技术方案中，拔出拉森钢板及钢管具体为：待主体工程施工结束，以冠梁为支点，用打拔桩机夹住拉森钢板桩头部振动 1～2min，使拉森钢板桩周围的土松动，振动前在第一油槽和第二油槽中注入润滑油，然后往上振拔，当发现上拔困难或拔不上来时，停止拔桩，先在第一油槽和第二油槽中注入润滑油振动 1～2min 再往上振拔如此反复即可，拉森钢板及钢管拔出后，立即用 ≥ 6%水泥浆液进行回填拔除后留下的缝隙，如图 11.3-9 所示。

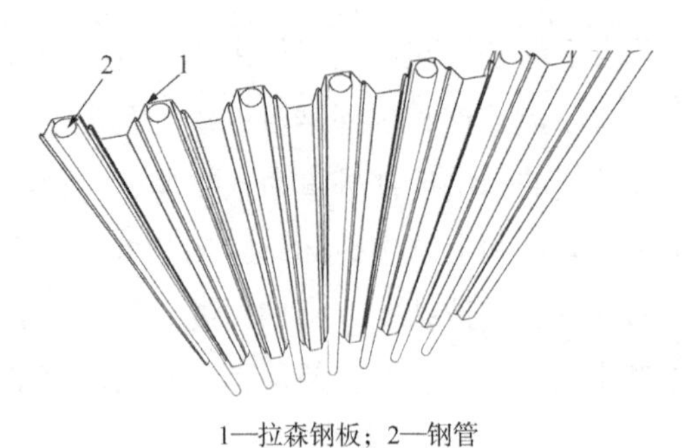

1—拉森钢板；2—钢管

图 11.3-9　钢管位于拉森钢板凹面的中部的结构示意图

在上述技术方案中，首先拉森钢板和钢管焊接形成了 OU 工法桩，再对拉森钢板和钢管的结构进行改进，通过振动和上拔即可实现拔桩。劲芯水泥土搅拌桩施工方法的流程如图 11.3-10 所示。

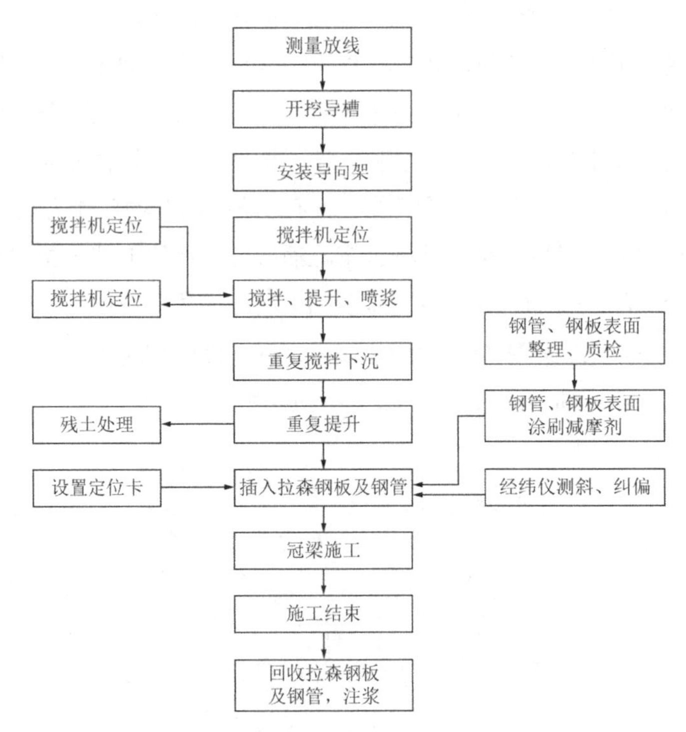

图 11.3-10　劲芯水泥土搅拌桩施工方法的流程示意图

11.3.3　大直径超深入钻孔灌注桩施工方法

钻孔灌注桩是指利用钻孔机械钻出桩孔，先在孔中吊放钢筋笼，并在孔中浇筑混凝土而成的桩，由于具有施工时无振动、无挤土、噪声小、适宜在城市建筑物密集地区使用等优点，得到越来越广泛的应用。而建筑物灌注桩的桩孔，传统方法是采用人工挖掘，这类桩虽然施工操作工艺简单，但是其存在以下问题：劳动强度大而且施工慢，尤其是安全性差，容易出现塌方等险情，当土层中可能有腐殖质物产生的气体扩散到孔中时，桩孔底部还会沉积大量的有毒气体，给施工带来安全隐患。大直径超深入钻孔灌注桩施工方法，效率高而且安全，应用性强、应用广泛。

如图 11.3-11～图 11.3-13 所示，所述钻孔装置包括：立柱 4 根，均竖直设置且呈正方形分布；顶板水平铺设在立柱的顶端；移动座为方形平板状座体，通过其四角处开设的柱状孔套设在立柱上并可沿立柱移动，移动座的中心处开设有上下贯穿的台阶孔，台阶孔由上方的小圆柱孔和下方的大圆柱孔连接而成，大圆柱孔的孔壁处设有一位于移动座内部的柱状空腔；液压缸设置在顶板的底面上，液压缸上连接竖直向下的活塞杆，活塞杆的下端固定在移动座上；转杆为柱状杆体，内设空腔，转杆上套设有一从动齿轮，从动齿轮的直径与大圆柱孔的直径相同；钻头安装在转杆的下端；旋转机构包括设置在移动座顶面上的旋转电机、位于柱状空腔内的主动齿轮和连接主动齿轮和旋转电机的旋转轴；护筒为两端开口的筒体，护筒侧壁上在靠近顶部处开设有两个对立的定位孔；护筒固定机构设置在移动座的底面上，包括在移动座的底面上开设的与大圆柱孔同心的环形凹槽，环形凹槽的直径和宽度分别与护筒的直径和厚度相同，移动座和底面上沿环形凹槽的径向还开设有两条对立的条形滑槽，条形滑槽内设有可沿其滑动的定位块，定位块的截面形状与定位孔的形状相同，定位块上设有可推动其沿所述条形滑槽移动的直线电机。

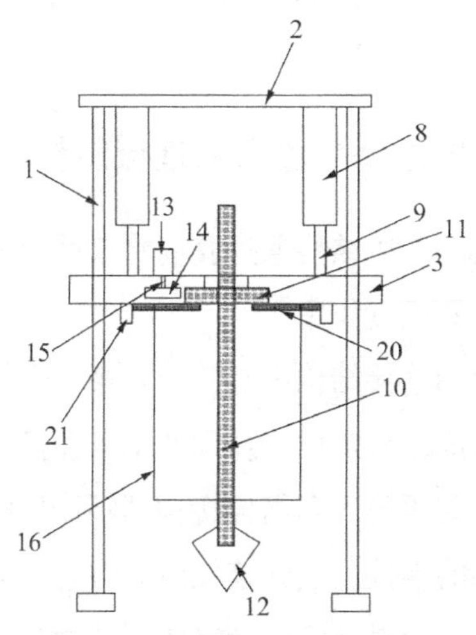

1—立柱；2—顶板；8—液压缸；9—活塞杆；10—转杆；11—从动齿轮；12—钻头；
13—旋转电机；14—主动齿轮；15—旋转轴；16—护筒；20—定位孔；21—直线电机

图 11.3-11　钻孔装置的结构示意图

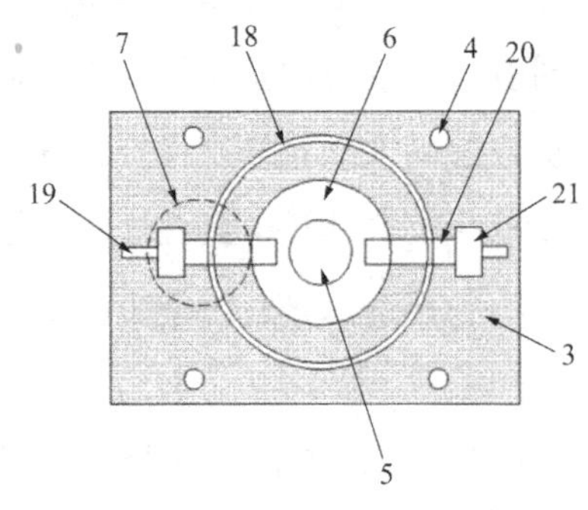

3—移动座；4—柱状孔；5—小圆柱孔；6—大圆柱孔；7—柱状空腔；18—环形凹槽；19—条形滑槽；20—定位孔；21—直线电机

图 11.3-12　移动座的仰视示意图

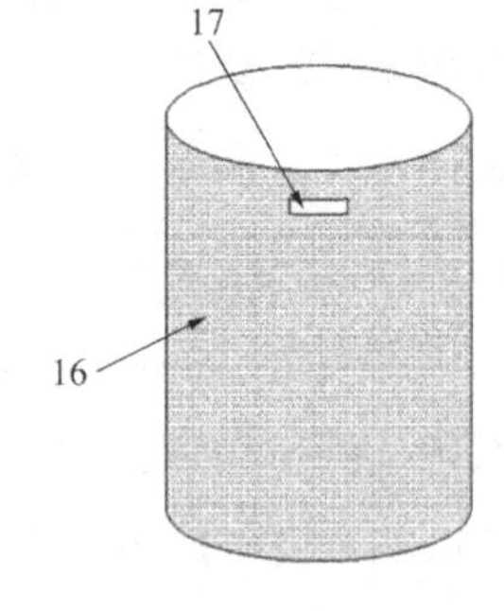

16—护筒；17—定位孔

图 11.3-13　护筒的结构示意图

当在砂土中施工时，所述泥浆由以下步骤制得：步骤（1）：取 300 重量份高岭土浸泡 48h，向其中投入 10 重量份碳酸钠，搅拌均匀，静置 6h；然后再向其中投入 100 重量份羧甲基纤维素钠溶液和 50 重量份玻璃纤维，得初步混合物；步骤（2）：取 180 重量份新鲜蕉麻，用木锤捶打蕉麻，直至蕉麻纤维暴露，且无浆液流出，用纯水将蕉麻冲洗 30min，然后浸泡于果胶酶水溶液 12h，浸泡过程中不断搅拌，使得蕉麻处于运动状态；步骤（3）：将步骤（2）处理的蕉麻切成 15cm 小段，置于干燥箱中干燥，得蕉麻纤维小段，其中干燥过程具体为：40～50℃保温 12h，120～130℃保温 24h，且干燥过程每 30min 对蕉麻进行翻动；步骤（4）：将步骤（1）得到的初步混合物、步骤（3）得到的蕉麻纤维小段与 1000 份水混合，得所述泥浆。本技术制备得到的泥浆的塑性指数较高，大于 18，且黏度更为适宜，为 20Pa · s；当在砂土中施工时，砂土黏性较差，此时需要塑性指数较高而黏度更为适宜的泥浆，不能直接采用水与土壤相溶得到泥浆，这样泥砂容易分离，砂土容易沉淀。

11.3.4　装配式建筑桩桩基与承台的连接结构

装配式建筑桩桩基与承台的连接结构通过套筒将锚固钢筋和预埋钢筋进行连接，对接强度和可靠性好，且具有一定的抗震作用。

装配式建筑桩桩基与承台的连接结构中套筒包括第一套筒、第二套筒、第三套筒，通过第一套筒与第二套筒之间形成套合定位，从而使第一套筒、第二套筒将锚固钢筋形成预定位连接，轻松实现对中，再利用第三套筒栓接预埋钢筋后将第一套筒与第二套筒锁紧，从而实现锚固钢筋和预埋钢筋的连接，这样连接较为省力、方便，单人即可实现操作且对接效率高。除此以外，将第二套筒设计为阶梯筒段，从而当第二套筒的内螺纹连接锚固钢筋时，锚固钢筋与第二套筒之间的螺纹锁紧力对所述第一套筒与第三套筒之间的螺纹锁紧具有增强锁紧的作用，使得螺纹钢对接强度及可靠性更高。

11.4　城市环境下防管网变形深基坑支护创新结构及建造

随着我国经济的高速发展，城市空间越来越密，高层建筑数量不断增多，相应多层地下室、地下隧道、商业街等配套的建立，导致深基坑工程日益增多，为了保证地下结构施工及基坑周边环境的安全，对深基坑侧壁及周边环境需采用支挡、加固与保护措施。常用的基坑支护方法主要包括排桩幕墙基坑支护、连续墙基坑支护、板桩基坑支护、土钉拉锚支护。在施工过程中，由于周边管线密集，基坑开挖后坡面容易坍塌或松动，导致坡面内管线位移难以控制而出现暴露、变形，甚至开裂的现象，采用传统的钻孔灌柱桩墙，灌注桩时同样会对周边管线造成一定程度的冲击，设计一种能够施工组装快捷、可拆卸重复利用、对周边管线进行有效保护的支护装置是目前急需解决的问题。

一种城市环境下防管网变形的深基坑辅助支撑装置的建造方法，包括以下步骤：

根据实际情况，依据原管线安装图纸计算管线基坑周边的分布情况，确定周边管线距离基坑边缘的最短距离L，在距离基坑边缘至少 0.5m 处，沿远离基坑边缘的方向开挖用于浇筑压板的第一沟槽，在第一沟槽靠近基坑的一端间距开挖用于浇筑竖向短桩的多个第二沟槽，第二沟槽的标高为–3～–4m，在第一沟槽和第二沟槽内分别安装压板和竖向短桩的钢筋笼，并将压板和竖向短桩的钢筋笼端部固接连为一体，后浇筑混凝土，其中任意相邻两个竖向短桩的相对侧壁均向内凹陷形成滑槽，以安装挡土板，挡土板可以为钢板，其中最短距离L大于 0.5m，其中两个第二沟槽分别垂直于第一沟槽的两个端部。

挖除竖向短桩与挡土板所围成区域的竖直范围内距离竖向短桩底端至少 0.5m 以上的土层，在基坑壁的位置做设计深度的支护桩，任意相邻两个支护桩部分重叠以连成支护墙，在支护桩的水泥初凝前，在支护桩上端沿其长度方向水平嵌入预制的钢筋桩，钢筋桩的长度等于支护墙的长度，钢筋桩包括：两排平行设置钢筋排、将两排钢筋排的中下部固连的横钢筋柱，其中钢筋排包括多根竖直设置的竖钢筋柱，两排钢筋排的竖钢筋柱一一对应，最上端的横钢筋柱到竖钢筋柱顶端的距离至少为 20cm，支护桩顶端到竖钢筋柱顶端的距离至少为 15cm。

竖向短桩远离压板的一侧上端连接竖向短桩设有滑道，滑道延伸的方向垂直于竖向短桩，且滑道的开口朝向远离竖向短桩的方向设置，即开口朝向背对竖向短桩的方向设置，还包括支撑件，支撑件包括：

上基座，其与滑道滑动连接，上基座位于滑道内的部分与滑道的内部空间相适配，且上基座沿滑道开口处向外延伸，并形成用于铰接的结构；

上铰接杆，其一端与上基座凸出滑道开口的一端的用于铰接的结构铰接，上铰接杆远离基座的一端向内凹陷形成第一凹槽，即上铰接杆远离基座的一端为中空管体状，第一凹槽的内侧壁具有内螺纹；

上连接杆，上连接杆的一端具有与第一凹槽的内螺纹相匹配的外螺纹，且与上铰接杆通过第一凹槽栓接，另一端向内凹陷形成第二凹槽，即上连接杆远离上铰接杆的一端为中空管体状；

下连接杆，下连接杆的一端抵接在第二凹槽底端，即下连接杆的一端插设并抵接在上连接杆的第二凹槽内，另一端具有外螺纹；

下铰接杆，其一端向内凹陷具有第三凹槽，第三凹槽具有与下连接件外螺纹相匹配的内螺纹，以使下铰接杆通过第三凹槽与下连接杆栓接；

下基座，其包括矩形底板、位于底板顶面的连接件，下铰接件远离下连接件的一端与连接件铰接，底板上设有四个第一穿孔，四个第一穿孔的连线呈矩形，并与位于支护桩顶端的任意相邻的四个呈矩形的竖钢筋柱一一对应，底板的四个第一穿孔穿过任意相邻的四个呈矩形的竖钢筋柱，并通过螺帽固定，以将下基座固接于支护桩顶端；

其中，滑道与支护桩顶面间设有多个支撑件，滑道和支护桩间的支撑件的连接件为耳帽；

支撑件沿竖直方向在支护桩上的投影垂直于竖向短桩。

在上述技术方案中，如图 11.4-2 所示，第一沟槽和第二沟槽的设置，在管网外端形成第一道保护装置，降低周边土层位移量，进而降低土层位移所造成的周边管线的位移爆裂等，第二沟槽之间安装挡土板，方便快捷实效，且挡土板为可拆卸物件，在工期完成后，可应用于下一工程，而回收利用，压板和竖向短桩的钢筋笼连为一体，增加内部结构的稳固性，支撑件的倾斜支撑在支护桩顶面形成一个三角形的稳固支撑结构，上连接件和下连接件之间通过套筒抵接的方式，上铰接件和下连接件之间、上铰接件和下连接件之间采用栓接的方式，便于不完全拆卸支撑件而方便调节支撑件的支撑长度，以更好地适用于竖向短桩和挡土板之间形成墙体的支撑，将刚性支撑和可伸缩支撑较好地融合，滑道和钢筋桩的设置使支撑件的安装更具有位置的随意性，也使在实际的操作过程中，能够更好地起到固定支撑的作用，钢筋桩在混凝土初凝前与所述支护桩的顶端连接，在固定各支护桩的同时，为下基座提供固定装置。

在第二种技术方案中，压板顶面与地面齐平，压板底面远离基坑的一端向下延伸形成四棱台形的纵向截面。采用这种方案能够使压板和上层土层更好地固定，四棱台形的纵向截面的设置，加大稳固性。

在第三种技术方案中，挡土板的厚度小于滑槽的宽度，挡土板的高度小于滑槽的长度，挡土板底端呈三棱柱状，将挡土板一侧贴敷在滑槽靠近基坑的一侧，竖直下压挡土板至其顶面与竖向短桩的顶面齐平，完成安装。采用这种方案能够固定竖直坡上层土体，且便于拆卸和安装。

在第四种技术方案中，如图 11.4-4 所示，在竖向短桩的水泥初凝前，在竖向短桩上端中心处间隔嵌入多个安装管，安装管的中上部中空设置，其内侧壁具有内螺纹，安装管的顶端略高于竖向短桩的顶面，还包括：

多个竖杆，竖杆的底端具有与安装管的内螺纹相匹配的外螺纹，将竖杆与安装管一一栓接，竖杆的顶端向下凹陷具有螺纹孔，竖杆沿其厚度方向设有四个第二穿孔，任意竖杆上的四个第二穿孔将竖杆位于其顶端至安装管顶端间的部分等分为 5 段；

横杆，横杆位于竖杆顶端，且垂直于竖杆，横杆位于竖杆顶端正上方具有第一通孔，螺栓穿过第一通孔与竖杆顶端的螺纹孔以将竖杆与横杆栓接，以将横杆固定于竖杆上；

多个伸缩杆，伸缩杆一端铰接有螺纹杆，螺纹杆远离伸缩杆的一端设有外螺纹，伸缩杆的另一端沿伸缩杆厚度方向设有第二通孔，其中，伸缩杆一端的螺纹杆穿过竖杆的一个第二穿孔，并通过螺帽固定，另一端的第二通孔与该伸缩杆相邻的伸缩杆的一个第二穿孔连通并通过螺栓固定，伸缩杆平行于横杆设置，且任意相邻两个竖杆之间设有两个伸缩杆，且两个伸缩杆与其中一个竖杆间固设的两个第二穿孔不相邻。采用这种方案通过安装管的设置为围栏提供一个稳定的支撑基础，竖杆、横杆以及伸缩杆均可拆卸连接，便于整体装置的再次回收利用，且用于二次加固的伸缩杆长度可调，以增大整个装置的实用性。

在第五种技术方案中，如图 11.4-1 所示，滑道和支护桩间的支撑件的连接件为竖直设置的柱体，柱体顶面与滑道位于同一平面，下铰接件远离下连接件的一端与柱体铰接，以固定支撑件。采用这种方案在倾斜支撑的基础上提供二次水平支撑，加强支护效果。

在第六种技术方案中，如图 11.4-3 所示，挡土板底端距其顶端的距离小于竖向短桩的长度，还包括：网喷，敷设在挡土板、竖向短桩及支护桩顶面所在平面围成的空间内。采用这种方案能够维护位于挡土板底端土层，加强稳固效果。

在第七种技术方案中，滑道与柱体间的支撑件与柱体间的夹角为 60°～90°。采用这种方案能够加强稳固效果。

采用该方法的优势在于：

（1）城市环境下防管网变形的深基坑辅助支撑装置的建造方法通过第一沟槽和第二沟槽的设置，在管网外端形成第一道保护装置，降低周边土层位移量，进而降低土层位移所造成的周边管线的位移爆裂等，第二沟槽之间安装挡土板，方便快捷实效，且挡土板为可拆卸物件，在工期完成后，可应用于下一工程，而回收利用，压板和竖向短桩的钢筋笼连为一体，增加内部结构的稳固性。

（2）使压板和上层土层更好地固定，四棱台形的纵向截面的设置加大稳固性，挡土板固定竖直坡上层土体的同时，便于拆卸和安装；通过安装管的设置为围栏提供一个稳定的支撑基础，竖杆、横杆以及伸缩杆均可拆卸连接，便于整体装置的再次回收利用，且用于二次加固的伸缩杆长度可调，以增大整个装置的实用性，在倾斜支撑的基础上提供二次水平支撑，加强支护效果。

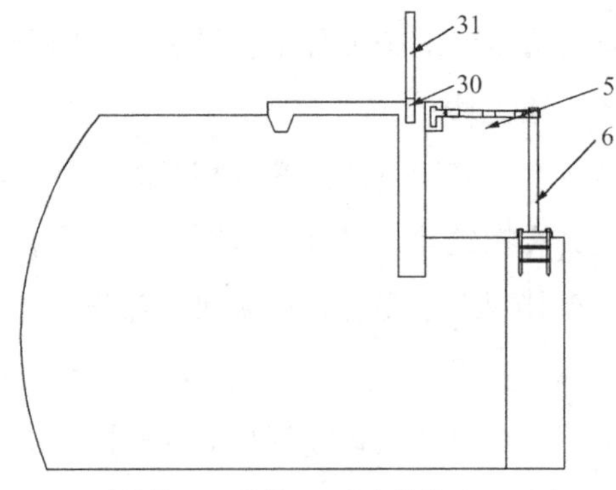

5—支撑件；6—柱体；30—安装管；31—竖杆

图 11.4-1 深基坑辅助支撑装置的建造方法的结构示意图

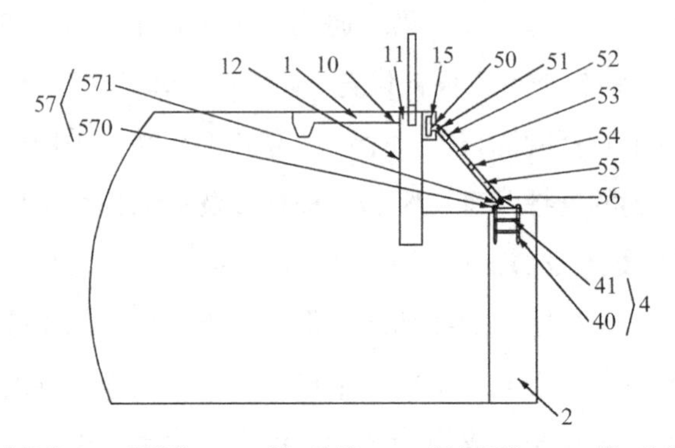

1—压板；2—支护桩；4—钢筋桩；10—第一沟槽；11—竖向短桩；12—第二沟槽；15—滑道；40—横钢筋柱；41—竖钢筋柱；50—上基座；51—上铰接杆；52—第一凹槽；53—上连接杆；54—第二凹槽；55—下连接杆；56—下铰接杆；57—下基座；570—矩形底板；571—耳帽

图 11.4-2 深基坑辅助支撑装置的建造方法的结构示意图

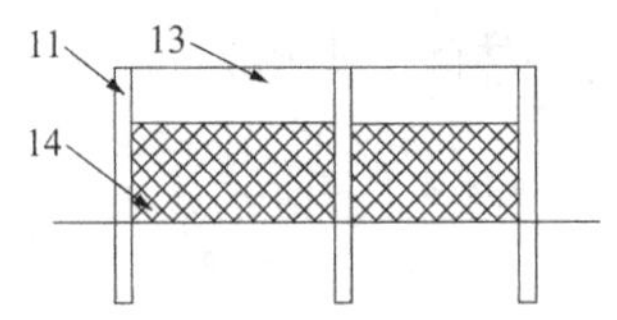

11—竖向短桩；13—挡土板；14—网喷

图 11.4-3 具有挡土板和网喷的结构示意图

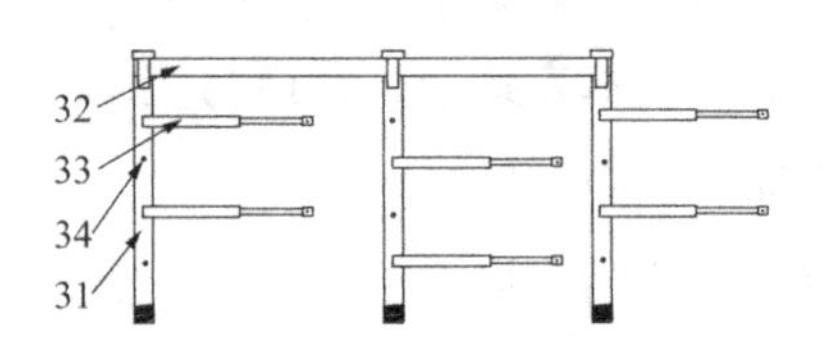

31—竖杆；32—横杆；33—伸缩杆；34—第二通孔

图 11.4-4 围栏结构示意图

第12章

主要结论

在湿陷性黄土湿载变形特性及水敏性评价方法方面：

（1）揭示了黄土湿载变形的特性，其压缩曲线具有可归一化的特性，给出了Q_3、Q_2黄土压缩曲线的数学表达式；

（2）给出了黄土水敏性评价的要点，即需对探井每一深度土层进行黄土构度试验或物理指标试验；

（3）分析了浸水条件下黄土结构性变化规律，构造了综合物理量，给出了综合物理量与黄土构度指标之间的定量计算关系；

（4）揭示了原状黄土的结构性与其压缩屈服的关系，给出了黄土构度指标与其压缩屈服应力之间的线性关系式；

（5）分析了的黄土湿载变形特性，归一化了不同含水率、不同初始孔隙比下的压缩曲线，给出了Q_3、Q_2黄土压缩曲线的数学表达式；

（6）提出了黄土湿陷性与水敏性评价分析的方法，通过实际场地的应用，说明此结构性方法所得的评价结论与勘察报告由现场砂井浸水试验结合室内湿陷性试验给出的结论是一致的，验证了该方法的可靠性。

在湿陷性黄土持水及水气迁移特性研究方面：

基于“颗粒-孔隙-集合体”的细-宏观多尺度分析模式，在非饱和黄土的持水及水气迁移特性方面主要得到了如下研究成果：首先，将黄土中的粉粒简化为不等径球体颗粒，其间吸附的水分视为液桥，提出了考虑颗粒粒径和液桥体积的毛细力计算方法；其次，基于变截面孔隙模型推得表征渗透及持水特性的理论表达式；再次，基于量纲分析原理提出了土壤转换函数，构建了关于颗粒级配参数的非饱和强度表达式；依据天然土颗粒集合体与理想球体颗粒集合体的内在关系，提出了预测非饱和渗透系数函数的物理方法；最后，研制了非饱和土水气运动联合测定三轴仪，在土体稳定性分析中提出了考虑变形-非饱和渗流耦合作用的数值分析方法。研究成果深化和完善了对非饱和黄土水力与力学特性的内在机理认识。

在湿陷性黄土冻融循环力学特性研究方面：

对不同初始干重度的湿陷性黄土开展了冻融前后物理力学指标变化规律的研究，主要包括压缩指数、回弹指数、前期固结压力、黏聚力、内摩擦角和静止侧向压力系数6个指标。根据四级不同初始干重度重塑土样的数据结果，代表土体压缩性的压缩指数和回弹指数在冻融前后没有显著变化。而与土体结构和应力历史紧密相关的前期固结压力、黏聚力、内摩擦角和侧压力系数，在土体初始干重度较高和较低条件下，冻融前后的变化趋势相反，且存在一个临界干重度，在此位置处前期固结压力、黏聚力、内摩擦角和侧压力系数在冻融前后不发生显著变化。

通过冻融作用下湿陷性黄土力学指标的敏感性分析表明，回弹指数和压缩指数的敏感性相对较低，冻融前后的参数变化对地基沉降量的影响较小；前期固结压力的敏感性最高，对地基沉降量的影响最剧烈，是决定沉降量变化趋势和变化幅度的最关键参数。

在湿陷性黄土勘察评价方法研究方面：

（1）室内压缩试验、试坑浸水试验和砂井浸水试验 3 种判定方法的评价结果表明，砂井试验结果与现场试坑浸水试验结果一致，砂井浸水试验对湿陷性评价具有可行性。

（2）对黄土固有属性和湿陷不连续性等影响因素进行修正给出的湿陷量经验公式，可很好地反映实际场地的湿陷量。

（3）得到了以水敏度为指标的黄土水敏性等级评价方法；同时，得到了综合物理量Z、构度m_u并绘制压缩曲线得到增湿湿陷量更能体现黄土的水敏性特性。

（4）考虑到“卸荷”市政工程的特殊性，基于不同含水率和实际压力条件下的“含水率化湿陷量”湿陷评价体系，可将卸荷黄土地基湿陷评价量改为含水率化湿陷量，并用Δp表示，其考虑了黄土在非饱和状态下最可能产生的湿陷量，能更好地对诸如渠道工程、廊道工程等开挖或者卸荷工程的黄土地基湿陷性做出更符合实际要求的评价。

（5）砂井载荷浸水试验与砂井浸水试验可模拟地基在实际基底压力与天然应力条件下的湿陷量实测值。根据实测结果可判定常宁基地二期项目场地为非自重湿陷性黄土场地，黄土地基的湿陷等级为 Ⅰ（轻微）。

（6）西安地铁 4 号线 YAK1 + 480.0m 与 YAK4 + 090.00m 附近现场试坑浸水试验各沉降标点均未发生明显自重湿陷沉降；依此判定 2 组试验场地为非自重湿陷性黄土场地，试验结论可以作为代表区段范围地基处理设计的依据。

在地基处理新措施研究方面：

本书以城市大型基础设施如综合管廊和地下调蓄库为研究对象，针对黄土地区地基因加载或浸水导致的地基变形，从而诱发市政工程结构局部显著变形的问题，开展模型试验和数值模拟研究，分析市政荷载作用下黄土地基和市政结构的受力和变形规律，并提出加筋黄土地基、消除地层负摩阻力的刚柔复合桩、基于挤密系数反分析的地基处理精细化布桩方法 3 种新型湿陷性黄土地基处理技术，得出以下主要结论：

（1）大型地下市政结构在荷载作用下结构角点会发生较大的应力集中，地基内部产生大变形，结合不同的地基土参数对不同埋深下的地下结构地基破坏模式进行分区。地下结构所受荷载可分为覆土荷载、侧向的土压力、侧墙土体的剪切力以及基底反力 4 部分，外荷载作用下地下结构周围的地基内部的附加应力为各部分荷载引起的附加应力的叠加。

（2）地下结构顶板变形近似抛物线形，从中间开始向内凹，中间竖向位移最大、两端竖向位移最小，地下结构顶板中轴线对荷载变化较为敏感。随着埋深的增加，顶板竖向位移也逐渐增大。结构侧壁变形则在结构上部较为显著，随着埋深的增加侧墙的水平位移也随之增加。

（3）筋材在黄土中能够约束土体的水平位移，从而提高地基承载力和减小沉降；加筋地基变形演化和筋材断裂过程与筋土模量比密切相关：筋土模量比较大，加载过程中加筋区下方两侧土体先产生水平位移，并由下至上向加筋区扩展，筋材自下而上断裂；筋土模量比较小，加筋区整体刚度弱，加筋层内土体位移较大，筋材自上而下断裂。可考虑将筋土模量比作为地基破坏模式的定量判据。

（4）根据加筋黄土地基内部变形演化规律，考虑了底层筋材与土体界面摩擦力，利用加筋地基加载过程中土体重力、超载、基础荷载的所做功率和筋土界面消耗功率之间的等量关系，采用上限解法推导了加筋地基承载力计算公式。

（5）提出可消除地层负摩阻力的刚柔复合桩创新结构，该结构是将高强预应力混凝土管桩与碎石桩进行结合，以刚柔复合结构联合受力，其中碎石土受力后消除了湿陷性土层产生的负摩阻力效应，增加了其正摩阻力，可有效控制上部结构的沉降。该技术克服了现有施工方法繁琐、造价高的问题，节约了成本。

（6）提出基于挤密系数反分析的黄土地基处理精细化布桩方法，该方法解决了桩间距的选取问题，在桩间土压实系数已确定数值标准的基础上，结合地基土体含水率对应不同桩径条件精准反算对应桩径及桩间距的方法。本方法适用于湿陷性黄土地基处理中挤密的桩、置换墩等不进行取土的布桩方法，以工程勘察报告所提供的参数为依据进行桩径及桩间距的选取，使得布桩方案更为合理，达到精细化设计的目的。

在湿陷性黄土地区深大基坑及地下结构变形计算方面：

本书针对湿陷性黄土地区基坑边坡和地下调蓄库在冻融和增湿作用影响下的变形稳定性问题，建立了考虑冻融作用的基坑边坡稳定性分析平台和考虑增湿作用的土-结构相互作用分析平台；研究了不同初始状态条件下冻融作用对基坑边坡变形稳定性的影响规律；分析了增湿作用下基坑边坡和地下调蓄库构件内力及周围土体的变形稳定性规律。基于这些研究工作得到以下主要结论：

（1）结合冰-水相变的热传导理论、考虑黏聚力的修正剑桥模型和强度折减法建立了冻融作用下基坑稳定性分析的计算平台，结合具体试验数据分析了冻融前后不同初始干重度条件下3种支护类型的基坑局部变形和整体稳定性的变化规律。

（2）根据计算结果及其规律提出冻融作用下基坑分段变形支护方案和变形控制要点。场地土体的初始干重度是基坑冻融前后变形情况的影响因素之一，土层初始干重度较小时，应尽可能避免采用放坡方案而采用土钉或桩锚支护等相对保守的设计方案，并重点注意侧壁位移变形情况，必要时应添加内撑以提高基坑稳定性，严格控制侧壁变形情况。

（3）放坡开挖基坑的安全系数在经历冻融作用后下降明显，而在支护结构作用下基坑冻融前后安全系数不发生改变，且不同支护方式基坑边坡的位移变形情况在冻融作用下表现出差异性，故采用分段支护方案时应叠加分析不同支护形式对基坑不同点位变形的影响进而进行综合评判。

（4）基于数值仿真软件平台提出增湿作用下土-结构相互作用数值分析平台。采用适用于非饱和-饱和土的 Richards 水分扩散方程计算土体水分场的变化，在此基础上将使用土体饱和度和土体模量、强度参数间的量化关系将水分场和力学场相关联，以此反映土体增湿对力学稳定性的影响。将水分场相关的力学参数引入土体弹塑性本构关系，分析增湿过程的土-结构相互作用。

（5）结合已建立的土-结构相互作用分析平台，计算分析调蓄水库结构及周围土体在不同储水状态下的受力情况，得到水库结构及周围土体的内部应力分布图及变形位移，研究结构在使用过程中的稳定性，通过考虑储水高度变化的不同工况，得到相应水库结构表面的应力分布及变形位移；周围土体在不同渗流时间节点的状态，计算得到表征土的强度系列指标随时间节点变化的云图分布以及有效饱和度的云图分布；水-力场耦合计算后，得到结构与土体的应力与位移计算成图，分析得到水库结构及周围土体在增湿作用下土-结构相互作用的稳定性发展趋势及变化规律。

（6）通过地下调蓄库结构构件的受力分析表明：在增湿前，调蓄库内正中部立柱受压最大，两旁侧立柱受压较小且对称，旁侧立柱横截面存在受剪情况。考虑其受力特性，内部正中立柱受压力最大要特别考虑轴压比问题，可采用螺旋箍筋并提高混凝土强度等级改进，受剪情况可考虑增加立柱直径或采用螺旋箍筋改进；内部立柱不论增湿前后，在其支撑位置处的应力显著大于周边板缘的应力，采用板受拉侧（左右壁板内缘、上壁板外缘）增加配筋或弯起钢筋且各壁板采用高强度混凝土改进。立柱在上下两端压力随储水位升高而减小，两侧边壁先增大后减小，加固立柱上下端与调蓄库上下边壁的连接，并加强两侧边结构的混凝土强度。

（7）基于增湿前后地下调蓄库结构及周围土体的受力、变形位移情况，分析揭示了水库结构及周围土体的力学特性及变形稳定发展规律，并通过揭示的特性及规律分析得出相应优化改进要点。在结构渗漏情况下，土体渗流区形成应力空洞区，在工程防护中应特别考虑在调蓄水库基底采用疏水材料或防水帷幕；由于因渗流发展引起结构变形的规律是由前期变形剧烈到后期逐步稳定的，水库应及时发现并修补渗漏部位。

（8）基于考虑增湿作用的土-结构数值分析平台研究了邻近管线渗水对黄土基坑开挖变形产生的影响，通过分析不同开挖深度、支护条件、荷载情况对基坑变形的影响，提出增湿作用下基坑开挖变形控制要点。设计基坑支护方案时，应综合考虑邻近地下管线的渗水风险，采用邻近基坑土体换填、实时监测周围土体变形、提高支护结构强度和支护密度等措施预防土体增湿对基坑侧壁造成的不利影响。

（9）以西安市某深大湿陷性黄土基坑项目为例开展研究，总体采用“深坑化浅坑、强桩强锚、控制变形、保证超深基坑、超高土质边坡稳定”等思想理念，按照设计预定的边界条件、开挖顺序、加载方式等，得到了三维数值模拟计算结果，对总体基坑开挖过程，邻近隧道的影响以及基坑支护稳定性进行了计算分析，结果显示该湿陷性黄土基坑项目中采用的变形和稳定性防控措施能够满足既定工程稳定性要求。

在湿陷性黄土功能化利用研究方面：

1）通过对抗疏力改性黄土进行无侧限抗压强度试验、水稳性试验以及微细观试验，研究改性黄土的力学特性、水稳性，分析改性黄土细观结构及细观弹性模量的变化，得出以下结论：

（1）抗疏力固化剂掺入黄土后，对土体的应力应变特征有一定的影响。抗疏力改性黄土的应力应变曲线均属于应变软化型，可以分为四个阶段：压密阶段、弹性变形阶段、塑性变形阶段、破坏阶段。相同固化剂掺量下，改性黄土强度与养护时间呈现出正相关关系。而相同的养护时间下，在固化剂掺量为1%～3%时，改性黄土的无侧限抗压强度会随着掺量的增加而增大，而掺量继续增加时，掺量在3%～5%的范围内，养护时间为1～14d时强度随着掺量继续增加出现下降，28d时强度反而上升。

（2）抗疏力固化剂可以改善黄土的水稳性，使得改性黄土的抗崩解性、斥水性、抗渗性均有一定的增强。固化剂掺量对改性黄土的抗崩解能力有一定的影响，同时随着固化剂掺量的增加，在掺量为1%～5%时，抗疏力改性黄土的水稳系数、水滴入渗时间均呈现出正向增长的趋势，而渗透系数则与固化剂掺量呈现出负增长的趋势。

（3）1%～5%掺量的抗疏力改性黄土的无侧限抗压强度总是小于6%掺量的水泥改性黄土，养护时间为1d时，1%～5%掺量的抗疏力改性黄土强度始终大于6%掺量的石灰改性黄土，随着时间继续增加，1%与2%掺量的抗疏力改性黄土强度逐渐小于6%掺量石灰改性黄土，而3%～5%掺量时始终大于6%掺量石灰改性黄土。1%～5%掺量的抗疏力改性黄土的抗崩解性、水稳系数和抗渗性总是好于6%掺量的石灰改性黄土，小于6%掺量的水泥改性黄土。1%～5%掺量的抗疏力改性黄土的斥水性则远远高于6%掺量的水泥、石灰改性黄土。

（4）压实的素黄土与抗疏力改性黄土中孔隙面积占比中均为微孔隙最多，大孔隙最少。抗疏力固化剂使得黄土体细观结构发生了一定变化，随着固化剂掺量的增加，大、中、小孔隙面积占比均不断下降，微孔隙面积占比变大，同时孔隙总面积与平均面积均有大幅下降。抗疏力改性黄土的细观弹性模量随固化剂掺量和养护时间的变化与宏观的无侧限抗压强度变化基本一致，与养护时间呈现出正相关关系，与固化剂掺量增加在7d时表现出先增大后减小的趋势，在28d时则呈现出不断增大的结果。

（5）抗疏力固化剂并不会与土体作用产生新物质，水剂C444可以对颗粒表面的扩散层水膜造成一定的破坏，粉剂 SD 可以胶结土颗粒、填充颗粒间的孔隙，同时还有极强的斥水性，在两者共同作用下使颗粒间接触由点接触为主向面接触为主转变，从而使改性黄土的强度、抗崩解性、斥水性、抗渗性、细观弹性模量产生相应的变化。

2）提出的黄土改性绿色施工技术具有以下四个方面的特点：（1）生态环境保护和恢复治理要求体现在黄土改性施工全过程、各环节；（2）体现不同气候区、不同自我恢复能力、不同地质环境条件的差异性“绿色”要求；（3）倡导使用先进的技术、方法、工艺和设备，有效减少施工作业工作对生态环境影响的范围、程度及持续时间；（4）充分吸纳了国际主流勘测理念等。

在黄土抗湿陷措施及地基绿色施工创新技术开发方面：

（1）提出精准反算对应桩径及桩间距的方法，适用于地基处理中挤密的桩、置换墩等不进行取土的布桩方法，以工程勘察报告所提供的参数为依据进行桩径及桩间距的选取，使得布桩方案更为合理，达到精细化设计的目的。

（2）研制了适用于砂卵石层钻孔护壁绿色泥浆制备及自循环装置、绿色泥浆泥渣快速分离器、新型灌注桩灌浆装置。

（3）创新提出了城市深基坑黄土地层支护技术。

参考文献

[1] 谢定义. 黄土土力学[M]. 北京: 高等教育出版社, 2016.

[2] 王兰民, 孙军杰. 黄土高原城镇建设中的地震安全问题[J]. 地震工程与工程振动, 2014, 34(4): 115-122.

[3] 李荣建, 郑文, 刘军定, 等. 考虑初始结构性参数的结构性黄土边坡稳定性评价[J]. 岩土力学, 2014, 35(1): 143-150.

[4] 刘祖典. 黄土力学与工程[M]. 西安: 陕西省科学技术出版社, 1997.

[5] 高国瑞. 黄土湿陷变形的结构理论[J]. 岩土工程学报, 1990, 12(4): 1-10.

[6] 员康锋, 赵建斌, 李宏儒, 等. 晋南黄土结构性与湿陷性的相关性研究[J]. 石家庄铁道大学学报(自然科学版), 2014, 27(4): 37-40.

[7] 陈立, 李靖, 王俊卿, 等. 黄土的结构强度及其与结构屈服压力的关系[J]. 土工程学报, 2008, 30(6): 895-899.

[8] 陈存礼, 曹程明, 王晋婷, 等. 湿载耦合条件下结构性黄土的压缩变形模式研究[J]. 岩土力学, 2010, 31(1): 39-45.

[9] 邓国华, 邵生俊, 佘芳涛. 结构性黄土的修正剑桥模型[J]. 岩土工程学报. 2012, 34(5): 834-841.

[10] 周茗如, 王晋伟, 王腾, 等. 黄土塬非饱和黄土增湿变形特性及结构性研究[J]. 建筑科学与工程学报, 2017, 34(1): 99-104.

[11] ŠAJGALIK J. Sagging of loesses and its problems [J]. Quaternary International, 1990, 7/8: 63-70.

[12] DERBYSHIRE E, DIJKSTRA T A, SMALLEY I J, et al. Failure mechanisms in loess and the effects of moisture content changes on remoulded strength [J]. Quaternary International, 1994, 24: 5-15.

[13] 高国瑞. 黄土显微结构分类与湿陷性[J]. 中国科学, 1980, 23(12): 1203-1208.

[14] 王永焱, 腾志宏. 中国黄土的微结构及其在时代和区域上的变化[J]. 科学通报, 1982, 27(2): 102-105.

[15] 雷祥义. 中国黄土的孔隙类型与湿陷性[J]. 中国科学 B 辑, 1987, 17(12): 1309-1318.

[16] 胡瑞林, 官国琳, 李向全, 等. 黄土湿陷性的微结构效应[J]. 工程地质学报, 1999, 7(2): 161-167.

[17] FEDA J. Collapse of loess upon wetting [J]. Engineering Geology, 1988, 25: 263-269.

[18] FRANKOWSKI Z. Physico-mechanical properties of loess in Poland (Studied in situ) [J]. Quaternary International, 1994, 24: 17-23.

[19] LUTENEGGER A, HALLBERG G. Stability of loess [J]. Engineering Geology, 1988, 25: 247-261.

[20] 谢定义. 试论我国黄土力学研究中的若干新趋向[J]. 岩土工程学报, 2001, 23(1): 3-13.

[21] 谢定义. 黄土力学特性与应用研究的过去，现在与未来[J]. 地下空间, 1999, 19(4): 273-284.

[22] VAN GENUCHTEN M T. A closed-form equation for predicting the hydraulic conductivity of unsaturated soils[J]. Soil Science Society of America Journal, 1980, 44(5): 892-898.

[23] FREDLUND D G, XING A. Equation for the soil-water characteristic curve[J]. Canadian Geotechnical Journal, 1994, 31(4): 521-532.

[24] KOSUGI K. Three-parameter lognormal distribution model for soil water retention[J]. Water Resource Research, 1994, 30(4): 891-901.

[25] HWANG S I, POWERS S E. Lognormal distribution model for estimating soil water retention curves for sandy soils[J]. Soil Science, 2003, 93(6): 405-412.

[26] 方祥位，陈正汉，申春妮，等. 剪切对非饱和土土-水特征曲线影响的探讨[J]. 岩土力学, 2004, 25(9): 1451-1454.

[27] 张雪东，赵成刚，刘艳，等. 变形对土水特征曲线影响规律模拟研究[J]. 土木工程学报, 2011, 44(7): 119-126.

[28] ZHOU A N, SHENG D C, CARTER J P. Modelling the effect of initial density on soil-water characteristic curves[J]. Géotechnique, 2012, 62(8): 669-680.

[29] HU R, CHEN Y F, LIU H H, et al. A water retention curve and unsaturated hydraulic conductivity model for deformable soils: Consideration of the change in pore size distribution[J]. Géotechnique, 2013, 63(16): 1389-1405.

[30] 张昭，刘奉银，赵旭光，等. 考虑应力引起孔隙比变化的土水特征曲线模型[J]. 水利学报, 2013, 44(5): 578-585.

[31] RUDIYANTO, SAKAI M, VAN Genuchten M T, et al. A complete soil hydraulic model accounting for capillary and adsorptive water retention, capillary and film conductivity, and hysteresis[J]. Water Resources Research, 2015, 51(11): 8757-8772.

[32] 张昭，刘奉银，张国平. 土在全含水率范围内持水及非饱和渗透特性的模型描述[J]. 岩土工程学报, 2014, 36(11): 2069-2077.

[33] 栾茂田，李顺群，杨庆. 非饱和土的理论土-水特征曲线[J]. 岩土工程学报, 2005, 27(6): 611-615.

[34] YANG S, LU T H. Study of soil-water characteristic curve using microscopic spherical particle model[J]. Pedosphere, 2012, 22(1): 103-111.

[35] 张昭，刘奉银，张国平. 均匀湿颗粒材料边界滞回持水曲线的物理模型[J]. 水利学报, 2013, 44(10): 1165-1174.

[36] 徐炎兵，韦昌富，陈辉，等. 任意干湿路径下非饱和岩土介质的土水特征关系模型[J]. 岩石力学与工程学报, 2008, 27(5): 1046-1052.

[37] 蔡国庆，赵成刚，刘艳. 非饱和土土-水特征曲线的温度效应[J]. 岩土力学, 2010, 31(4): 1055-1060.

[38] 秦冰，陈正汉，孙发鑫，等. 高吸力下持水曲线的温度效应及其吸附热力学模型[J]. 岩土

工程学报, 2012, 34(10): 1877-1886.

[39] FREDLUND M D, WILSON G W, FREDLUND D G. Use of the grain-size distribution for estimation of the soil-water characteristic curve[J]. Canadian Geotechnical Journal, 2002, 39(5): 1103-1117.

[40] CHU C F, YAN W M, YUE K V.Estimation of water retention curve of granular soils from particle-size distribution-a Bayesian probabilistic approach[J]. Canadian Geotechnical Journal, 2012, 49(9): 1024-1035.

[41] ARYA L M, LEIJ F J, Van GENUCHTEN M T, et al. Scaling parameter to predict the soil water characteristic from particle-size distribution data[J]. Soil Science Society of America Journal, 1999, 63(3): 510-519.

[42] MUALEM Y. A new model for predicting the hydraulic conductivity of unsaturated porous media[J]. Water Resources Research, 1976, 12(3): 513-522.

[43] ZOU Y Z. A macroscopic model for predicting the relative hydraulic permeability of unsaturated soils[J]. Acta Geotechnica, 2012, 7(2): 129-137.

[44] 徐永福, 黄寅春. 分形理论在研究非饱和土力学性质中的应用[J]. 岩土工程学报, 2006, 28(5): 635-638.

[45] DOUSSAN C, RUY S. Prediction of unsaturated soil hydraulic conductivity with electrical conductivity[J]. Water Resources Research, 2009, 45(10): W10408.

[46] TULLER M, OR D. Hydraulic conductivity of variably saturated porous media: Film and corner flow in angular pore space[J]. Water Resources Research, 2001, 37(5): 1257-1276.

[47] PETERS A, DURNER W. A simple model for describing hydraulic conductivity in unsaturated porous media accounting for film and capillary flow[J]. Water Resources Research, 2008, 44(11): W11417.

[48] TOKUNAGA T K. Hydraulic properties of adsorbed water films in unsaturated porous media[J]. Water Resources Research, 2009, 45(6): W06415.

[49] 刘奉银, 张昭, 周冬. 湿度和密度双变化条件下的非饱和黄土渗气渗水函数[J]. 岩石力学与工程学报, 2010, 29(9): 1907-1914.

[50] 姚志华, 陈正汉, 黄雪峰, 等. 非饱和 Q_3 黄土渗气特性试验研究[J]. 岩石力学与工程学报, 2012, 31(6): 1264-1273.

[51] TULI A, HOPMANS J W. Effect of degree of fluid saturation on transport coefficient indisturbed soils[J]. European Journal of Soil Science, 2004, 55(1): 147-164.

[52] YANG Z, MOHANTY B P. Effective parametrizations of three nonwetting phase relative permeability models[J]. Water Resource Research, 2015, 55(8): 6520-6531.

[53] KUANG X, JIAO J J. A new model for predicting relative nonwetting phase permeability from soil water retention curves[J]. Water Resource Research, 2011, 47(8): 427-438.

[54] ARYA L M, BOWMANN D C, THAPA B, et al. Scaling soil water characteristics of golf course

and athletic field sands from particle-size distribution[J]. Soil Science Society of America Journal, 2008, 72(1): 25-32.

[55] 齐吉琳，程国栋，等. 冻融作用对土工程性质影响的研究现状[J]. 地球科学进展，2005, 20(8): 887-892.

[56] EIGENBROD K D. Effects of cyclic freezing and thaw on volume changes and permeabilities of soft fine-grained soils [J]. Canadian Geotechnical Journal. 1996, 33(4): 529-537.

[57] VIKLANDER P. Permeability and volume changes in till due to cyclic freeze-thaw [J]. Canadian Geotechnical Journal, 1998, 35(3): 471-477.

[58] 崔自治，朱楠，王晓芸. 黄土自重湿陷性评价的理论与试验研究[J]. 兰州理工大学学报，2013, 39(6): 115-117.

[59] 邵生俊，李骏，李国良，等. 大厚度自重湿陷黄土湿陷变形评价方法的研究[J]. 岩土工程学报，2015, 37(6): 965-978.

[60] 邵生俊，郑文，王正泓，等. 黄土的构度指标及其试验确定方法[J]. 岩土力学，2010, 31(1): 15-19+38.

[61] 骆亚生，张爱军. 黄土结构性的研究成果及其新发展[J]. 水力发电学报，2004, 23(6): 66-69.

[62] 中华人民共和国住房和城乡建设部. 土工试验方法标准：GB/T 50123—2019[S]. 北京：中国计划出版社，2019.

[63] 中华人民共和国住房和城乡建设部，国家市场监督管理总局. 湿陷性黄土地区建筑标准：GB 50025—2018[S]. 北京：中国建筑工业出版社，2019.

[64] 刘祖典，党发宁，胡再强. 黄土湿陷变形量计算方法的改进[J]. 岩土工程技术. 2001, 15(3): 138-142.

[65] 邵生俊，李骏，邵将，等. 大厚度湿陷性黄土地层的现场砂井浸水试验研究[J]. 岩土工程学报，2016, 38(9): 10.

[66] 李克强. 政府工作报告——2017 年 3 月 5 日在第十二届全国人民代表大会第五次会议上[J]. 中国应急管理，2017, 326(2): 234-249.

[67] 杨涛. 湿陷性黄土地区海绵城市路基换填轻量土配比研究[D]. 咸阳：西北农林科技大学，2019.

[68] 李国良，邵生俊，靳宝成，等. 黄土隧道地基的湿陷性问题研究[J]. 铁道工程学报，2015, 32(12): 12-16.

[69] 腊润涛，张荣. 强夯法处理湿陷性黄土地基的效果评价[J]. 公路，2020, 65(1): 54-57.

[70] 吴丹洁，詹圣泽，李友华，等. 中国特色海绵城市的新兴趋势与实践研究[J]. 中国软科学，2016(1): 79-97.

[71] 沈乐，单延功，陈文权，等. 国内外海绵城市建设经验及研究成果浅谈[J]. 人民长江，2017, 48(15): 21-24.

[72] 仇保兴. 海绵城市(LID)的内涵、途径与展望[J]. 现代城市，2015, 10(4): 1-6.

[73] 鞠茂森. 关于海绵城市建设理念、技术和政策问题的思考[J]. 水利发展研究，2015, 15(3):

7-10.

[74] LIN Z, LIANG W. Engineering properties and zoning of loess an loess-like soils in China[J]. Canadian Geotechnical Journal, 1982, 19(1).

[75] 王恒栋, 薛伟辰. 综合管廊工程理论与实践[M]. 北京: 中国建筑工业出版社, 2012.

[76] 田子玄. 装配叠合式混凝土地下综合管廊受力性能试验研究[D]. 哈尔滨: 哈尔滨工业大学, 2016.

[77] 王灵仙, 崔锡虎, 王新玲. 基于ABAQUS的某地下综合管廊主体结构受力性能分析[J]. 结构工程师, 2017, 33(5): 28-35.

[78] 王述红, 阿力普江·杰如拉, 王鹏宇, 等. 预制矩形箱涵受力性能模拟及其潜在的破坏模式[J]. 东北大学学报(自然科学版), 2018, 39(2): 260-265.

[79] 魏纲, 裘慧杰, 魏新江. 沉管隧道施工期间与工后长期沉降的数据分析[J]. 岩石力学与工程学报, 2013, 32(S2): 3413-3420.

[80] 周舟, 丁文其, 刘洪洲, 等. 预应力锚索对沉管隧道接头力学特性影响研究[J]. 地下空间与工程学报, 2015, 11(S1): 24-29.

[81] JAN SAVEUR. Chapter 3 structural design of immersed tunnels[J]. Tunnelling and Underground Space Technology incorporating Trenchless Technology Research, 1997, 12(2).

[82] 严松宏, 高波, 潘昌实. 地震作用下沉管隧道接头力学性能分析[J]. 岩石力学与工程学报. 2003, 22(2): 286-289.

[83] 刘鹏, 丁文其, 杨波. 沉管隧道接头刚度模型研究[J]. 岩土工程学报, 2013, 35(S2): 133-139.

[84] 管敏鑫. 越江沉管隧道管段及接头防水[J]. 现代隧道技术, 2004(6): 57-59.

[85] 陆明. 大型排污沉管隧道管段接头防水研究[D]. 上海: 同济大学, 2004.

[86] 黄雪峰, 陈正汉, 方祥位, 等. 大厚度自重湿陷性黄土地基处理厚度与处理方法研究[J]. 岩石力学与工程学报, 2007(S2): 4332-4338.

[87] 李奋, 屈耀辉, 武小鹏, 等. 湿陷性黄土区公路路基挤密桩复合地基质量检测指标优化研究[J]. 公路, 2018, 63(6): 28-33.

[88] 李岩磊, 孙晓红, 师秀钦. 湿陷性黄土地基处理方案优选[J]. 武汉大学学报(工学版), 2018, 51(S1): 205-208.

[89] 丛嘉珅. 重载铁路路桥过渡段湿陷性黄土特性及路基沉降控制研究[D]. 北京: 北京交通大学, 2017.

[90] 齐静静. 湿陷性黄土地区地基处理试验研究[D]. 南京: 东南大学, 2005.

[91] 朱彦鹏, 杜晓启, 杨校辉, 等. 挤密桩处理大厚度自重湿陷性黄土地区综合管廊地基及其工后浸水试验研究[J]. 岩土力学, 2019, 40(8): 2914-2924.

[92] 黄元库, 曾有全. 振冲碎石桩在湿陷性黄土路基处理中的应用与控制[J]. 公路, 2009(6): 28-29.

[93] 张恩祥, 何腊平, 龙照, 等. 黄土地区刚-柔性桩复合地基的承载机理[J]. 交通运输工程学

报, 2019, 19(4): 70-80.

[94] 于硕. CFG 桩复合地基在非自重湿陷性黄土地区的加固机理[D]. 西安: 西安科技大学, 2019.

[95] 鞠兴华, 杨晓华. 建筑垃圾挤密桩处理湿陷性黄土地基沉降特性研究[J]. 公路, 2018, 63(5): 46-51.

[96] 马林, 赵队家, 陈昌禄. 平面应变下结构性对黄土基坑稳定性的影响[J]. 岩土力学, 2013, 34(S1): 423-428.

[97] 赵浩. 地铁车站深基坑的变形规律研究与风险识别[D]. 西安: 西安建筑科技大学, 2011.

[98] 安宏科. 湿陷性黄土场地大型深基坑预应力锚杆与土钉联合支护结构失稳分析与研究[D]. 兰州: 兰州交通大学, 2015.

[99] 王立新. 湿陷性黄土地层与地铁结构相互作用机理及变形控制标准研究[D]. 西安: 长安大学, 2016.

[100] 王晓峰, 胡春艳, 卫伟, 等. 基于 SPI 的渭北黄土高原干旱时空特征[J]. 生态环境学报, 2016, 25(3): 415-421.

[101] 宋春霞. 冻融作用对土物理力学性质影响的试验研究[D]. 西安: 西安理工大学, 2007.

[102] 张晋毅, 刘维宁. 明挖地铁车站的平面简化和空间受力分析比较[C]//中国土木工程学会第十一届、隧道及地下工程分会第十三届年会论文集, 2004.

[103] 张仙义. 圆形隧道围岩应力与位移的数值模拟与分析[D]. 杭州: 浙江大学, 2007.

[104] 黄洲. 大型地下人防工程结构空间受力分析研究[D]. 广州: 广州大学, 2011.

[105] 党进谦, 郝月清. 含水量对黄土结构强度的影响[J]. 西北水资源与水工程学报, 1998(2): 17-21.

[106] 杜东宁. 基于冻融循环作用的基坑变形机理及支护方案优化研究[D]. 阜新: 辽宁工程技术大学, 2015.

[107] 李国锋, 李宁, 刘乃飞, 等. 多年冻岩土区露天矿边坡局部稳定性探究[J]. 西安理工大学学报, 2019, 35(1): 53-61.

[108] SUBRAMANIAN S S, ISHIKAWA T, TOKORO T. Stability assessment approach for soil slopes in seasonal cold regions[J]. Engineering Geology, 2017, 221: 154-169.

[109] QIN Z P, LAI Y M, TIAN Y, et al. Stability behavior of a reservoir soil bank slope under freeze-thaw cycles in cold regions[J]. Cold Regions Science and Technology, 2021, 181: 103181.

[110] 柴军瑞, 仵彦卿, 等. 均质土坝渗流场与应力场耦合分析的数学模型[J]. 陕西水力发电, 1997, 13(3): 4-7.

[111] 张巍. 地下工程复杂渗流场数值模拟与工程应用[D]. 武汉: 武汉大学, 2005.

[112] 叶永, 许晓波, 牟玉池. 基于 COMSOL Multiphysics 的重力坝渗流场与应力场耦合分析[J]. 水利水电技术, 2017, 48(3): 7-11.

[113] 张村, 贾胜, 吴山西, 等. 基于矿井地下水库的煤矿采空区地下空间利用模式与关键技术[J]. 科技导报, 2021, 39(13): 36-46.

[114] 徐铁，徐青. 基于COMSOL Multiphysics的渗流有限元分析[J]. 武汉大学学报, 2014, 47(2): 165-170.

[115] 柳厚祥，李宁，等. 考虑应力场与渗流场耦合的尾矿坝非稳定渗流分析[J]. 岩石力学与工程学报, 2004, 23(17): 2870-2875.

[116] 张苏民. 黄土与黄土力学——推荐介绍刘祖典教授编著的《黄土力学与工程》[J]. 岩土工程技术, 1998(2): 60-62+2.

[117] 莫腾飞，郭敏霞，娄宗科，等. 含水率变化对伊犁黄土变形和剪切特性的影响[J]. 中国农村水利水电, 2018(04): 87-90+94.

[118] 王立新，刘保健，白阳阳. 湿陷性黄土与地铁地下结构相互作用机理研究[J]. 现代隧道技术, 2019, 56(1): 72-78+86.

[119] 陈存礼，高鹏，胡再强. 黄土的增湿变形特性及其与结构性的关系[J]. 岩石力学与工程学报, 2006, 25(7): 1352-1360.

[120] 邢义川，李京爽，李振. 湿陷性黄土与膨胀土的分级增湿变形特性试验研究[J]. 水利学报, 2007(05): 546-551.

[121] 韦锋，姚志华，陈正汉，等. 结构性对非饱和Q_3黄土强度和屈服特性的影响[J]. 岩土力学, 2015, 36(9): 2551-2559.

[122] 刘祖典，陈正汉. 黄土的湿陷变形特性和工程问题[C]//海峡两岸土力学及基础工程地工技术学术研讨会论文集, 1994.

[123] 陈正汉. 非饱和土与特殊土力学的基本理论研究[J]. 岩土工程学报, 2014, 36(2): 201-272.

[124] 焦五一，赵树德，郭志恭，等. 美国技术标准用弦线模量对我国技术更新的启示[J]. 岩土力学, 2009, 30(S2): 105-109+122.

[125] 邢义川. 非饱和特殊土增湿变形理论及在渠道工程中的应用[D]. 北京：中国水利水电科学研究院, 2008.

[126] 邵生俊，李骏，邵将，等. 大厚度湿陷性黄土地层的现场砂井浸水试验研究[J]. 岩土工程学报, 2016, 38(9): 1549-1558.

[127] 李虎军. 黄土隧道变形控制基准研究[D]. 兰州：兰州交通大学, 2012.

[128] 程雪松，甄洁，郑刚，等. 软土地区基坑坑底隆起稳定破坏滑动半径研究[J]. 建筑科学与工程学报, 2021, 38(6): 90-97.

[129] 李忠超，陈仁朋，陈云敏，等. 软黏土中某内支撑式深基坑稳定性安全系数分析[J]. 岩土工程学报, 2015, 37(5): 769-775.

[130] 陈福全，吕艳平，刘毓氚. 内撑式支护的软土基坑开挖抗隆起稳定性分析[J]. 岩土力学, 2008(2): 365-369.

[131] 赵杰，邵龙潭. 基坑土钉支护边坡有限元稳定性分析方法探讨[J]. 岩土力学, 2008(6): 1654-1658.

[132] 李永刚. 基质吸力对黄土边坡稳定性及基坑支护计算的影响[D]. 西安：西安建筑科技大学, 2005.

[133] 宋晓宇, 黄茂松, 王卫东. 考虑土体强度各向异性基坑抗隆起上限分析[J]. 地下空间与工程学报, 2009, 5(1): 28-34.

[134] FREDLUND D G, XING A. Equation for the soil-water characteristic curve[J]. Canadian Geotechnical Journal, 1994, 31(4): 521-532.

[135] 孟长江. 考虑吸力的非饱和黏性土地基承载力分析[J]. 路基工程, 2009(5): 141-142.

[136] 陈东霞, 龚晓南. 非饱和残积土的土-水特征曲线试验及模拟[J]. 岩土力学, 2014, 35(7): 1885-1891.

[137] FREDLUND D G, XING A. Equation for the soil-water characteristic curve[J]. Canadian Geotechnical Journal, 1994, 31(4): 521-532.

[138] 姚志华, 陈正汉, 方祥位, 等. 非饱和原状黄土弹塑性损伤流固耦合模型及其初步应用[J]. 岩土力学, 2019, 40(1): 216-226.

[139] 包承纲, 吴天行. 多层地基沉降的概率分析[J]. 中国科学(A辑 数学 物理学 天文学 技术科学), 1985(11): 1038-1048.

[140] VAN GENUCHTEN M T. A closed-form equation for predicting the hydraulic conductivity of unsaturated soils[J]. Soil Science Society of America Journal, 1980, 44(5): 892-898.

[141] 刘东生. 黄土与环境[M]. 北京: 科学出版社, 1985.

[142] 郑晏武. 中国黄土的湿陷性[M]. 北京: 地质出版社, 1982.

[143] 卢全中, 彭建兵, 陈志新, 等. 黄土高原地区黄土裂隙发育特征及其规律研究[J]. 水土保持学报, 2005, 19(5): 193-196.

[144] 王红肖. 新型固化剂改良黄土边坡稳定性分析[D]. 太原: 太原理工大学, 2015.

[145] 王银梅, 高立成. 黄土化学改良试验研究[J]. 工程地质学报, 2012, 20(6): 1071-1077.

[146] 李学德. 双灰固化土本构关系及冻融损伤模型研究[D]. 咸阳: 西北农林科技大学, 2013.

[147] PEETHAMPARAN S, OLEK J, LOVELL J. Influence of chemical and physical characteristics of cement kiln dusts (CKDs) on their hydration behavior and potential suitability for soil stabilization[J]. Cement and concrete research, 2008, 38(6): 803-815.

[148] KASSIAN W N J. Typical field application of consoled in Tanzania[C]//First Road Transportation Technology Transfer Conference in AfricaTanzania Ministry of Works. 2001.

[149] 侯艺飞, 李萍, 肖涛, 等. 固化剂加固黄土研究综述[J]. 工程地质学报, 2019, 27(S1): 481-488.

[150] 丁毅. 土壤固化及其应用: 筑路材料与技术的变革[M]. 北京: 中国广播电视出版社, 2009.

[151] 刘秀秀, 吴朦, 翟杰群, 等. 土壤固化剂研究现状及其在软土加固中的应用前景[J]. 土木工程, 2017, 6(3): 318-327.

[152] 彭建兵, 林鸿州, 王启耀, 等. 黄土地质灾害研究中的关键问题与创新思路[J]. 工程地质学报, 2014, 22(4): 684-691.

[153] 刘世奇, 陈静曦, 潘冬子. 强夯法处理湿陷性黄土地基的效果分析[J]. 探矿工程: 岩土钻掘工程, 2004, 31(6): 3.

[154] 贺为民, 范建. 强夯法处理湿陷性黄土地基评价[J]. 岩石力学与工程学报, 2007, 26(S2): 4095-4095.

[155] 米海珍, 杨鹏. 挤密桩处理湿陷性黄土地基的现场试验研究[J]. 岩土力学, 2012(7): 36-41.

[156] 刘志伟, 申汝涛. 钻孔挤密桩处理强湿陷性黄土地基试验研究[J]. 岩土力学, 2009(S2): 5.

[157] 王军海, 刘亚明. 基于动三轴试验的压实黄土动强度特性研究[J]. 地震工程学报, 2016(3): 439-444.

[158] 王兰民, 袁中夏. 干密度对击实黄土震陷性影响的试验研究[J]. 地震工程与工程振动, 2000(1): 75-80.

[159] 何开明. 经若干方法处理黄土地基抗液化性状的研究[D]. 杭州: 浙江大学, 2001.

[160] 王谦, 王兰民, 王峻, 等. 基于密度控制理论的饱和黄土地基抗液化处理指标研究[J]. 岩土工程学报, 2013, 35(S2): 844-847.

[161] 张虎元, 赵天宇, 吴军荣, 等. 膨润土改性黄土衬里防渗性能室内测试与预测[J]. 岩土力学, 2011, 32(7): 8.

[162] 袁中夏. 黄土动残余变形的特性与机理研究[D]. 哈尔滨: 中国地震局工程力学研究所, 2010.

[163] 李兰, 王兰民, 石玉成. 粘粒含量对甘肃黄土抗液化性能的影响[J]. 世界地震工程, 2007, 23(4): 102-106.

[164] 李琦, 何兆益, 冷艳玲. 抗疏力固化土的室内击实试验研究[J]. 西部交通科技, 2008(6): 3.

[165] 吴朱敏. 改性水玻璃固化黄土研究[D]. 兰州: 兰州大学, 2013.

[166] 康永. 水玻璃的固化机理及其耐水性的提高途径[J]. 佛山陶瓷, 2011(5): 22+49-52.

[167] 吕擎峰, 吴朱敏, 王生新, 等. 复合改性水玻璃固化黄土机理研究[J]. 工程地质学报, 2013, 21(2): 324-329.

[168] 中华人民共和国住房和城乡建设部. 土壤固化剂应用技术标准: CJJ/T 286—2018[S]. 北京: 中国建筑工业出版社, 2018.